普通高等教育系列教材

流体力学与流体机械

第 2 版

主编　王贞涛
参编　闻建龙　王军锋
　　　王晓英　李　彬
主审　罗惕乾

机 械 工 业 出 版 社

本书根据高等院校工科类流体力学与流体机械的教学大纲编写而成，围绕实际流动讲述流体力学基础、泵与风机理论、工程常见问题及其处理方法，力求使读者掌握解决常见流体力学与流体机械相关问题的知识。

本书主要内容包括：绪论，流体静力学，流体运动学与动力学基础，相似理论与量纲分析，黏性不可压缩流体的管内流动，黏性流体动力学，计算流体力学导论，泵与风机概述，叶片式泵与风机的理论基础，泵与风机的相似理论，泵的汽蚀，泵与风机的运行、调节及选型，其他常用泵与压缩机。

本书可作为高等院校能源与动力工程、建筑环境与设备工程、环境与安全工程、机械工程等专业的本科生教材，也可作为有关工程技术人员的参考用书。

本书配有电子课件，向授课教师免费提供，需要者可登录机械工业出版社教育服务网（www.cmpedu.com）下载。

图书在版编目（CIP）数据

流体力学与流体机械/王贞涛主编. —2版. —北京：机械工业出版社，2023.12

普通高等教育系列教材

ISBN 978-7-111-73026-2

Ⅰ.①流… Ⅱ.①王… Ⅲ.①流体力学-高等学校-教材②流体机械-高等学校-教材 Ⅳ.①O35②TK05

中国国家版本馆CIP数据核字（2023）第068263号

机械工业出版社（北京市百万庄大街22号 邮政编码100037）

策划编辑：段晓雅　　责任编辑：段晓雅

责任校对：肖 琳 王 延　　封面设计：王 旭

责任印制：单爱军

保定市中画美凯印刷有限公司印刷

2024年4月第2版第1次印刷

184mm×260mm · 16.25印张 · 396千字

标准书号：ISBN 978-7-111-73026-2

定价：53.00元

电话服务　　网络服务

客服电话：010-88361066　　机 工 官 网：www.cmpbook.com

010-88379833　　机 工 官 博：weibo.com/cmp1952

010-68326294　　金 书 网：www.golden-book.com

封底无防伪标均为盗版　　机工教育服务网：www.cmpedu.com

前言

流体力学是长期以来人们在利用流体的过程中逐渐形成的一门学科，起源于人类对空气、水、石油等物质的认识。流体机械中的泵与风机是通用机械，在国民经济各个部门中有着广泛的应用，其耗电量占全国总用电量的30%。流体力学、泵与风机是高等院校众多专业的必修课程，是工程技术人员必备的专业知识之一。

党的二十大报告提出，“必须坚持科技是第一生产力、人才是第一资源、创新是第一动力，深入实施科教兴国战略、人才强国战略、创新驱动发展战略”。本书的编写按照国家高等教育改革的方向，立足于宽口径、基础知识与工程实践能力并重的人才培养目标，注重基础理论知识与工程实践技术的紧密结合，从流体力学的基本概念出发，遵循由浅入深的基本原则，详细阐述流体运动的基本原理，研究流体运动的基本方法以及解决实际工程流体力学问题所采用的实验、理论和计算方法等，并适当增加流体力学在工程应用方面的典型范例。在流体机械中，突出了泵与风机基本原理与工程应用的基本知识，讲述常用的叶片式泵与风机的结构、原理与运行以及泵内常见的汽蚀问题，不涉及复杂的设计问题。

本书可作为高等院校能源与动力工程、建筑环境与设备工程、环境与安全工程、农业工程、机械工程等专业的本科生教材，也可作为有关工程技术人员的参考用书。

本书由江苏大学王贞涛任主编。书中第一、六、七、九、十章由王贞涛编写；第四、五、十一章由闻建龙编写；第三、十二章由王军锋编写；第二、十三、十四章由王晓英编写；第八章由李彬编写。本书由江苏大学罗惕乾教授担任主审，罗教授仔细审阅了本书，提出了许多宝贵的建议，在此表示感谢。

由于编者水平有限，书中难免存在错误和不妥之处，恳请读者批评指正。

编　者

于江苏大学

目录

第一章

绪论

第一节 概 述

流体力学是研究流体在外力作用下平衡和运动规律的一门学科，是力学的一个分支。自然界物质存在的主要形式是固体、液体和气体，液体和气体统称为流体。从力学角度看，流体和固体的主要差别在于抵抗外力的能力不同。固体可以抵抗拉力、压力和剪力，而流体则几乎不能承受任何形式的拉力，处于平衡状态的流体还不能抵抗剪力，即流体在很小的剪力作用下将发生连续不断的变形运动，直至剪力消失为止，流体的这种宏观力学特性称为易流动性。易流动性也是流体区别于固体的根本标志。气体和液体的主要差别在于前者易于压缩，而后者难于压缩。

一、流体力学的发展

流体力学是随着生产实践而发展起来的。相传四千多年以前的大禹治水，表明我国古代进行过大规模的治河防洪工作。都江堰、郑国渠和灵渠三大水利工程的修建，说明秦代前后对明渠流动和堰流已有了一定的认识。一般认为，公元前250年阿基米德（Archimedes）提出的浮力定律标志着流体力学研究的开端。

近代流体力学始于17世纪，1653年，帕斯卡（B. Pascal）发现了静止液体的压强可以均匀地传遍整个流场，即帕斯卡原理。1687年，牛顿（I. Newton）提出了表征液体内各流层间摩擦阻力的定律，即牛顿内摩擦定律。1738年，伯努利（D. Bernoulli）对管道流动进行了大量的观察和测量，提出了伯努利定理。1755年，欧拉（L. Euler）提出了描述理想流体运动的微分方程。纳维（L. Navier）和斯托克斯（G. G. Stokes）分别于1823年、1845年采用不同的方法建立了黏性流体运动的微分方程，从而引入了流体黏性的概念。从此，流体力学得到了迅速的发展。

现代流体力学形成于20世纪初，以普朗特（L. Prandtl）的边界层理论为标志，还有卡门（V. Karman）和泰勒（C. Taylor）等一批流体力学家在空气动力学、湍流和旋涡理论等方面的卓越成就奠定了现代流体力学的基础。以周培源、郭永怀为代表的中国科学家在湍流理论、空气动力学等许多重要领域内也做出了基础性、开创性的贡献。

在科学技术发达的今天，流体力学所研究的问题更加广泛深入，出现了许多新的分支和交叉学科，例如电磁流体力学、化工流体力学、生物流体力学、高温流体力学、计算流体力学、非牛顿流体力学、流变学等。这些新兴学科的出现和发展，使流体力学这一古老的学科焕发出新的生机和活力。

生产的发展和需要是流体力学发展的动力。今天，很难找出一个技术部门，它的发展与流体力学无关。除了航空、航海、水利之外，动力、机械、燃烧、冶金、市政、建筑、环境、医学等领域都存在大量的流体力学问题有待深入研究。例如，动力工程中流体的能量转换与非定常流动，机械工业中的润滑、液压传动，燃烧中的空气动力学特性，冶金中高温液态金属在炉内或铸模内的流动，市政工程中的给排水，高层建筑的风载，环境工程中污染物在大气中的扩散，血液在人体中的流动等。这些都是工程技术领域经常遇到的流体力学问题。

二、流体力学的研究方法

流体力学的研究方法包括理论分析、实验研究和数值计算。

理论分析是根据工程实际中流动现象的特点，依据物理学中的质量守恒、动量守恒与能量守恒，建立描述流体运动的基本方程，根据初始条件、边界条件等定解条件，运用数学工具求出方程的精确解。理论分析的关键在于提出理论模型（数学模型），并运用数学方法求出揭示描述流体运动规律的理论结果。但由于方程求解的困难，许多实际流动问题还难于获得精确解。

实验研究在流体力学中占有极其重要的地位，它是检验理论分析结果正确与否的标准。实验研究是通过对具体流动的测量来认识流体运动的规律。流体力学的实验研究主要包括原型观测、系统实验和模型实验，而以模型实验为主。

数值计算又称数值模拟，是伴随现代计算机技术及其应用而出现的一种方法。它广泛采用有限差分法、有限单元法、有限体积法等将流体力学中一些难于用解析方法求解的理论模型离散为数值模型，用计算机求得定量描述流体运动规律的数值解。

以上三种方法相互结合，为发展流体力学理论和解决复杂的流体力学问题奠定了基础。

第二节　连续介质模型

一、流体的定义和特征

物质常见的存在状态是固态、液态和气态，分别称为固体、液体和气体。液体和气体统称为流体。

一般将流动的物质称为流体，从力学的角度将流体定义为：在任何微小剪力的持续作用下能够连续不断变形的物质。如水、空气和汽油等。流体在剪力作用下将发生连续不断的变形运动，直至剪力消失为止。

流体与固体的差别：固体在静止状态下能抵抗一定数量的拉力、压力和剪力，当其受到外力作用时，将产生相应的变形以抵抗这个外力；而静止的流体不能抵抗无论多小的拉力和剪力。液体和气体都具有易流动性，但气体比液体更容易变形（流动），这是因为气体的分子分布比液体稀疏得多（即分子间距大，分子间引力小），而且气体还存在体积的易变性。此外液体通常存在自由表面，这是固体和气体所没有的。

二、连续介质假设

流体由大量不断地做无规则热运动的分子或原子（以下简称分子）所组成，从微观角度看，分子间存在间隙，且不停地做随机热运动。显然，以离散的分子为对象来讨论流体的运动将是极其复杂的。

流体力学所要研究的并不是个别分子的微观运动，而是流体的宏观运动特性，如速度、压力、温度等，即大量分子无规则热运动的统计平均物理特性。因此，在流体力学中，引入流体质点的概念，并把流体质点看作是流体的最小组成单元。

1. 流体质点

流体质点：含有大量分子并能保持其宏观力学特性的一个微小体积。流体质点的概念提出以后，可以认为组成流体的最小物理单元是流体质点，而不是流体分子或原子。

现以密度为例说明流体质点的含义。如图 1-1 所示，在流体中任一点 A 处围绕 A 点取 ΔV 的微小体积，质量为 Δm，则密度可表示为

$$\rho=\lim_{\Delta V\to 0}\frac{\Delta m}{\Delta V} \tag{1-1}$$

$\Delta V\to 0$ 不能简单地理解为数学上的趋近于零，可以理解为一个很小的值（微小体积）。在标准状态下，1mm^3 体积中含有 2.7×10^{16} 个气体分子，或含有 3.4×10^{19} 个水分子。例如 10^{-6}mm^3（一粒灰尘）的体积，比工程中常见的物体小得多，但仍由大量的分子组成。因此把这种宏观上足够小、微观上足够大的微小体积称为流体质点。对一般的流体力学问题，不需要探讨分子的运动问题，而是关注这些大量分子的统计平均特性。例如一滴水存在温度、速度及压强等宏观物理量，而少数分子则不具备这些宏观物理量。

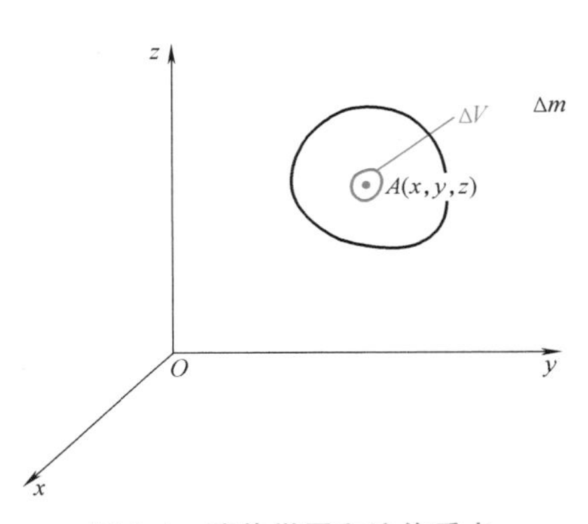

图 1-1 流体微团和流体质点

通常把流体中的一个微小体积称为流体微团。在流体中任一点 $A(x,\ y,\ z)$处取一个流体微团 ΔV，当 $\Delta V\to 0$ 时，这个流体微团趋于点 A，称为流体质点。通常认为流体质点在几何上是一个点，体积趋于零（但不等于零）。

因此，对研究宏观运动规律的流体力学问题而言，完全可以将流体视为由连续分布的流体质点所组成，而流体质点的物理性质、运动参数可以作为研究流体宏观运动规律的出发点，由此建立起流体的连续介质模型。

2. 连续介质假设

流体是由无数连续分布的流体质点所组成的连续介质，称为连续介质假设。这一假设是流体力学中的基本假设之一，由欧拉于 1753 年提出。

引进了连续介质假设以后，描述流体质点所具有的宏观运动的物理量（如速度、密度、压强等）都可以表示成空间坐标和时间的连续函数，数学表达式为

$$\boldsymbol{v}=\boldsymbol{v}(x,\ y,\ z,\ t),\quad \rho=\rho(x,\ y,\ z,\ t),\quad p=p(x,\ y,\ z,\ t) \tag{1-2}$$

从而可以运用连续函数和场论等数学工具来研究流体的平衡和运动规律。

流体作为连续介质的假设对一般工程实际问题都是适用的，但对于某些特殊问题不适用。例如，航天器在高空稀薄空气中飞行时，气体的分子间距与航天器的尺寸相仿，此时不

能采用连续介质假设，需要用分子动力论的微观方法研究。本书只讨论满足连续介质假设的流体力学规律。

第三节　作用在流体上的力

流体的平衡和运动是作用在流体上力的结果，作用在流体上的力包括重力、惯性力、摩擦力、压力等，按力的作用特点不同，可分为质量力和表面力两类。

一、质量力

质量力集中作用在流体质点（或微团）上，其大小与流体质量成正比。对于均质流体，其大小也与流体的体积成正比，又称体积力。常见质量力有重力、惯性力等，常用单位质量力表示。

设在均质流体中取一质量为 Δm、体积为 ΔV 的流体微团，作用在微团上的质量力为 $\Delta \boldsymbol{F}$，则单位质量力 $\boldsymbol{f}$ 为

$$\boldsymbol{f}=\frac{\Delta \boldsymbol{F}}{\Delta m}=f_x\boldsymbol{i}+f_y\boldsymbol{j}+f_z\boldsymbol{k} \tag{1-3}$$

式中，$\Delta \boldsymbol{F}$ 为作用在流体微团上的力；Δm 为流体微团的质量；f_x、f_y、f_z 分别为单位质量力 $\boldsymbol{f}$ 在 x、y、z 轴上的分量，称为单位质量力的分量。

若作用在流体上的质量力只有重力 $\Delta \boldsymbol{G}=\Delta m\boldsymbol{g}$，当坐标轴 z 铅直向上时，单位质量力为

$$f_x=0,\quad f_y=0,\quad f_z=-g$$

二、表面力

作用在流体表面上的力称为表面力，其大小与作用的表面积成正比。例如流体的压力、摩擦力等都是表面力。

表面力常用单位面积上的力即应力表示。如图 1-2 所示，任一点 $B(x,y,z)$ 处所受的力 $\Delta \boldsymbol{F}$ 可分为法向力 $\Delta \boldsymbol{F}_{\mathrm{n}}$ 和切向力 $\Delta \boldsymbol{F}_{\mathrm{t}}$。假定 $\Delta \boldsymbol{F}$ 处的作用面为 ΔA，则 B 点处的法向应力 p 和切向应力 τ 分别为

$$p=\lim_{\Delta A\to 0}\frac{\Delta F_{\mathrm{n}}}{\Delta A},\quad \tau=\lim_{\Delta A\to 0}\frac{\Delta F_{\mathrm{t}}}{\Delta A} \tag{1-4}$$

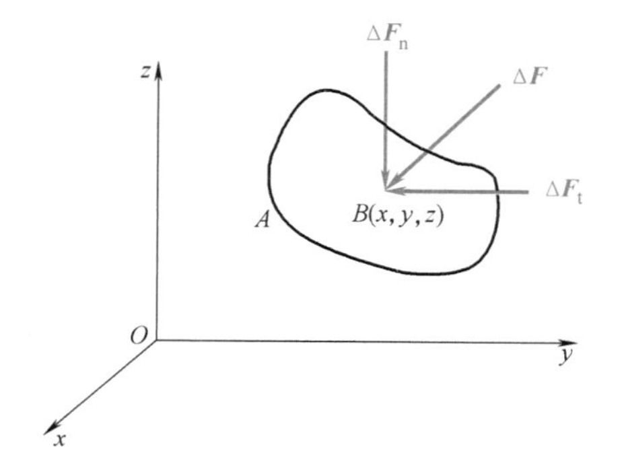

图 1-2　作用在流体上的表面力

第四节 流体的主要物理性质

一、流体的密度、比体积和相对密度

1. 密度

单位体积流体所具有的质量称为流体的密度，用 ρ 表示。对均质流体

$$\rho=\frac{m}{V} \tag{1-5}$$

式中，m 为流体的质量（kg）；V 为流体的体积（m^3）；ρ 为流体的密度（kg/m^3）。

流体的密度一般与流体的种类、压强和温度有关。对于液体，密度随压强和温度的变化很小，可视为常数。通常水的密度为 $1000kg/m^3$，水银的密度为 $13.6\times10^3kg/m^3$。

2. 比体积

单位质量的流体所具有的体积称为比体积，用 v 表示。对均质流体

$$v=\frac{v}{m}=\frac{1}{\rho} \tag{1-6}$$

通常，水的比体积为 $0.001m^3/kg$，水银的比体积为 $7.35\times10^{-5}m^3/kg$。

3. 相对密度

液体密度 ρ 与温度为 4℃ 纯水密度 ρ_w 的比值称为相对密度，用 d 表示，即

$$d=\frac{\rho}{\rho_w} \tag{1-7}$$

通常，水的相对密度为 1.0，水银的相对密度为 13.6。

如图 1-1 所示，对于非均质的流体，围绕 A 点取一流体微团 ΔV，质量为 Δm，当 $\Delta V\to0$ 时，A 点处的密度为

$$\rho=\lim_{\Delta V\to0}\frac{\Delta m}{\Delta V} \tag{1-8}$$

二、流体的压缩性和膨胀性

当温度保持不变时，流体体积随压强的增加而减小的性质称为流体的压缩性。当压强保持不变时，流体体积随温度的升高而增大的性质称为流体的膨胀性。

1. 压缩性

流体的可压缩性通常用体积压缩率或压缩系数 κ 来表示，即当温度保持不变时，单位压强增量引起流体体积相对变化量（图 1-3），即

$$\kappa=\lim_{\Delta V\to0}\frac{-\Delta V/V}{\Delta p}=-\frac{1}{V}\frac{dV}{dp} \tag{1-9}$$

κ 的单位为 Pa^{-1}（或 m^2/N）。由于当 Δp 为正值时，ΔV 必为负值，故式（1-9）加上负号，以保证 κ 为正值。体积压缩率越小，说明流体越不容易被压缩。

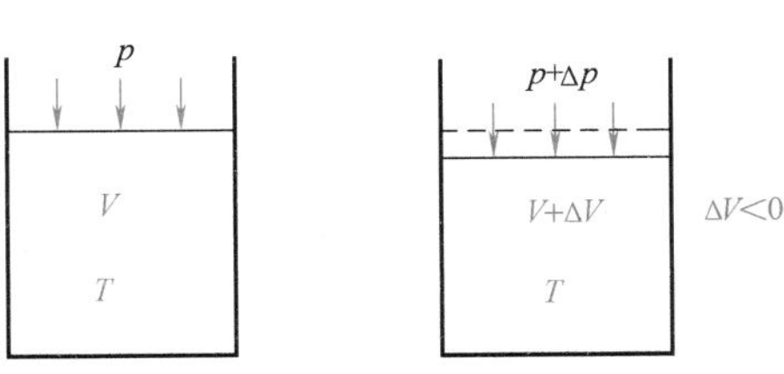

图 1-3 流体在等温下的体积压缩

体积压缩率 κ 的倒数称为流体的体积模量，用符号 K 表示，即

$$K=\frac{1}{\kappa}=-V\frac{\Delta p}{\Delta V} \tag{1-10}$$

K 的单位为 Pa（或 N/m^2）。体积模量 K 越大，说明流体越不容易被压缩，体积模量 K 是温度的函数，不同的温度下 K 值不同。例如，水在 20℃时，标准大气压下的体积模量 $K=2.17\times10^9 N/m^2$。因此，液体的压缩率很小，可以忽略不计。

2. 膨胀性

流体的膨胀性通常用体膨胀系数 α_V 来表示。即当压强不变时，增加单位温度时，所引起的流体体积相对变化量（图 1-4），即

$$\alpha_V=\frac{\Delta V/V}{\Delta T}=\frac{1}{V}\frac{\Delta V}{\Delta T} \tag{1-11}$$

水在 20℃、标准大气压下的体膨胀系数 $\alpha_V=1.5\times10^{-4}℃^{-1}$。可见水的膨胀率很小，在工程中通常可不考虑其膨胀性。

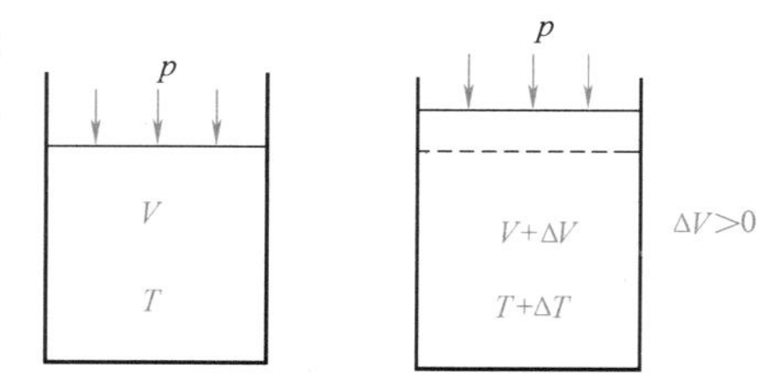

图 1-4　流体在定压下的体积膨胀

为了研究问题的方便，压缩系数和膨胀系数等于零的流体通常称为不可压缩流体。这种流体受压后体积不减小，受热后体积不膨胀。在通常情况下，液体的压缩性和膨胀性都很小，可以作为不可压缩流体处理。只有在液体中爆炸、管道内发生水击等极少数情况下，才考虑液体的压缩性。

三、完全气体状态方程

气体与液体不同，具有明显的压缩性和膨胀性。

通常情况下，对理想气体，压强是体积和温度的函数，即

$$pv=RT \quad 或 \quad p/\rho=RT \tag{1-12}$$

式中，p 为气体的绝对压强（Pa 或 N/m^2）；v 为气体的比体积（m^3/kg）；R 为气体状态常数［J/（kg·K）］；T 为气体的热力学温度（K）。

在一般工程条件下，完全气体状态方程对常用气体也是适用的。但在本书中，其流动速度通常不高于 100m/s，气体密度（ρ）相对变化值小于 3%，通常按不可压缩流体处理。

四、汽化压强

在标准大气压下，水在 100℃开始沸腾，称为汽化。当大气压强降低时（如在高原地区），水将在低于 100℃的温度下开始沸腾汽化。这一现象表明作用于水的绝对压强降低时，水可在较低温度下发生汽化。水在某一温度发生汽化时的绝对压强称为饱和蒸汽压强或汽化压强。液体的汽化压强与温度有关，水的汽化压强值见表 1-1。

表 1-1　水的汽化压强值

水温/℃	0	5	10	15	20	25	30
汽化压强/kPa	0.61	0.87	1.23	1.70	2.34	3.17	4.24
水温/℃	40	50	60	70	80	90	100
汽化压强/kPa	7.38	12.33	19.92	31.16	47.34	70.10	101.33

当液体某处的压强低于汽化压强时，在该处发生汽化，形成空化现象，将对液体运动和液体与固体相接触的壁面均产生不良影响。因此在工程中应当避免空化现象的发生。

第五节 流体的黏性

黏性是流体的重要物理属性之一，通过一个简单的实验可以表明流体具有黏性。如图 1-5 所示，两个圆盘上下放置，靠得很近但不接触，用电动机带动下面的圆盘旋转，当下圆盘旋转后，发现上面的圆盘也会慢慢地开始旋转，但速度远小于下圆盘，即 $\omega' \ll \omega$。

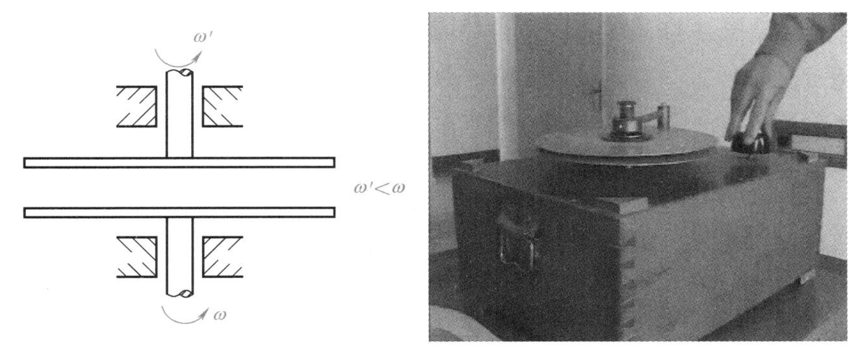

图 1-5 空气黏性实验

下圆盘与上圆盘没有接触，上圆盘却会跟着下圆盘转动，这是因为两圆盘之间的空气具有一定的黏性，能传递摩擦力使上圆盘转动。当上、下两个圆盘之间充满水时，发现当下圆盘转动速度不变时，上圆盘的旋转速度将远大于两圆盘之间充满空气的情况，说明空气与水的黏性不同。

一、流体的黏性

黏性是流体抵抗剪切变形的一种属性，是流体运动时内部流层之间产生切应力（内摩擦力）的性质。

用牛顿平板实验来说明流体的黏性。如图 1-6 所示，面积为 A、相距为 h 的两平行平板之间充满流体，下平板固定，上平板在力 F 作用下，以匀速 u 沿 x 方向运动。

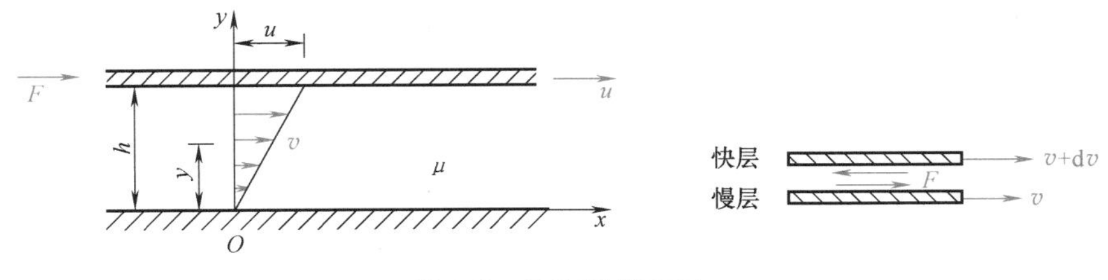

图 1-6 牛顿平板实验

由于流体与平板间有附着力，黏附于上平板的一薄层流体将以速度 u 跟随上平板运动，由于流体内部存在分子间的内聚力，将带动相邻的下层流体，直至传递到黏附于下平板的一薄层流体，黏附在下平板的薄层流体与平板速度均为零。实验证明，当 h 和 u 较小时，两平

板间的流体速度沿 y 方向呈线性分布，即

$$v=\frac{u}{h}y \tag{1-13}$$

式中，$\frac{u}{h}$为速度梯度，通常表示为一般形式的速度梯度$\frac{\mathrm{d}v}{\mathrm{d}y}$。

流体内部各流层速度不同，流层间出现相对运动产生切向作用力，称为内摩擦力。流体层接触面上的内摩擦力总是成对出现的，即大小相等、方向相反，分别作用在具有相对运动的相邻的两个流层上。

二、牛顿内摩擦定律

根据牛顿平板实验的结果，如图 1-6 所示，作用在上平板的力 F 的大小与垂直于流动方向的速度梯度 $\mathrm{d}v/\mathrm{d}y$ 成正比，与平板面积 A 成正比，并与流体的种类（黏度）有关，而与接触面上的压强 p 无关。力 F 的表达式为

$$F=\mu A\frac{\mathrm{d}v}{\mathrm{d}y} \tag{1-14}$$

式中，F 为牵引平板所需的力（N）；A 为平板面积（m^2）；μ 为流体的动力黏度（Pa·s）。

显然，流体层间接触的内摩擦力与牵引平板的力 F 相同，但一般情况下采用流体层间单位面积上的内摩擦力来表示流体层间的剪切力，即黏性切应力，用符号 τ 表示

$$\tau=\frac{F}{A}=\mu\frac{\mathrm{d}v}{\mathrm{d}y} \tag{1-15}$$

式中，τ 为黏性切应力（$\mathrm{N/m^2}$ 或 Pa）。

式（1-15）称为牛顿内摩擦定律。当速度梯度等于零时，黏性切应力也等于零。所以当流体处于静止状态或平衡状态（流层间没有相对运动）时，黏性切应力为零，此时流体的黏性作用无法表现出来。对于不考虑黏性（$\mu=0$）的流体，黏性切应力等于零，称为理想流体。

流体的黏度与温度有关，随着温度的升高，流体的黏度下降，气体黏度升高。在工程计算中，常采用动力黏度 μ 和密度 ρ 的比值来表示黏性的大小，该比值称为运动黏度，用符号 ν 表示

$$\nu=\frac{\mu}{\rho} \tag{1-16}$$

式中，ν 为运动黏度（$\mathrm{m^2/s}$）。

动力黏度、运动黏度这两个名词的来源是它们的量纲，前者有动力学量纲，后者有运动学量纲。标准大气压下常见流体的物理属性见表 1-2。

表 1-2　标准大气压下常见流体的物理属性

流体	温度/℃	密度/($\mathrm{kg/m^3}$)	比体积/($\mathrm{m^3/kg}$)	体积压缩率/$\mathrm{Pa^{-1}}$	动力黏度/Pa·s	运动黏度/($\mathrm{m^2/s}$)
蒸馏水	4	1000	1×10^{-3}	0.485×10^{-9}	1.52×10^{-3}	1.52×10^{-6}
原油	20	856	1.17×10^{-3}	—	7.2×10^{-3}	8.4×10^{-6}
汽油	20	678	1.47×10^{-3}	—	0.29×10^{-3}	0.43×10^{-6}

（续）

流体	温度/℃	密度/(kg/m³)	比体积/(m³/kg)	体积压缩率/Pa⁻¹	动力黏度/Pa·s	运动黏度/(m²/s)
甘油	20	1258	0.79×10^{-3}	0.23×10^{-9}	1490×10^{-3}	1184×10^{-6}
煤油	20	803	1.24×10^{-3}	—	1.92×10^{-3}	2.4×10^{-6}
水银	20	13590	0.074×10^{-3}	0.038×10^{-9}	1.63×10^{-3}	0.12×10^{-6}
润滑油	20	918	1.09×10^{-3}	—	440×10^{-3}	479×10^{-6}
水	20	998	1.002×10^{-3}	0.46×10^{-9}	1.00×10^{-3}	1.00×10^{-6}
海水	20	1025	0.976×10^{-3}	0.43×10^{-9}	10.8×10^{-3}	1.05×10^{-6}
酒精	20	789	1.27×10^{-3}	1.1×10^{-9}	1.19×10^{-3}	1.5×10^{-6}

三、牛顿流体和非牛顿流体

凡是切应力和速度梯度之间的关系符合牛顿内摩擦定律的流体称为牛顿流体，如空气、水、汽油、酒精等；否则称为非牛顿流体，如牙膏、油漆、纸浆等。

非牛顿流体的切应力与速度梯度的关系可以表示为

$$\tau=\tau_0+\eta\left(\frac{\mathrm{d}v}{\mathrm{d}y}\right)^n \tag{1-17}$$

式中，τ_0 为屈服应力；η 为非牛顿流体的表观黏度；n 为常系数。

图 1-7 中给出了胀塑性流体、假塑性流体和理想塑性流体（宾汉流体）等非牛顿流体以及牛顿流体的切应力与速度梯度的关系曲线。

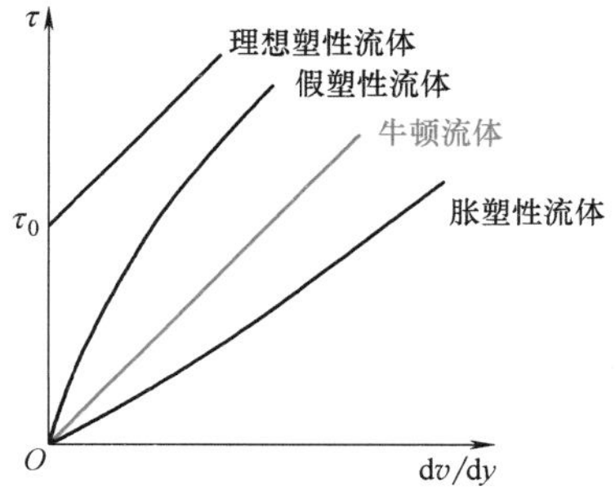

图 1-7　切应力与速度梯度的关系曲线

四、黏性流体和理想流体

自然界中存在的实际流体都具有黏性，称为黏性流体。

不考虑黏性的假想流体称为理想流体。黏性的存在，使流体运动规律的研究变得十分困难。为了使问题简化，在流体力学中引入理想流体这一假设的流体模型。

水和空气等常见流体黏性不大，应用在某些工程问题中作为理想流体仍可得到较满意的结果，如对波浪运动、潮汐运动和翼型的升力等的研究。但在研究物体的绕流阻力时就必须考虑流体的黏性，否则将得出与实际情况相反的结论。

例 1-1　同心环形缝隙中的回转运动如图 1-8 所示，直径为 d 的轴在长度为 l 的轴承内以角速度 ω 运动，带动同心缝隙中的润滑油（动力黏度为 μ）做回转运动。同心缝隙 $\delta\ll d$，假定润滑油内速度分布近似为直线分布。求转轴克服摩擦所需的功率 P。

解： 轴表面处的线速度为

$$u=\omega\frac{d}{2}$$

故在润滑油内的速度梯度为

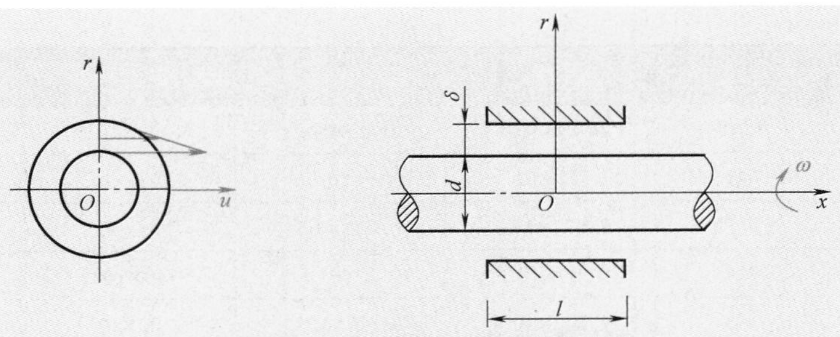

图 1-8　同心环形缝隙中的回转运动

$$\frac{dv}{dr}=\frac{u}{\delta}=\frac{\omega d}{2\delta}$$

切应力为
$$\tau=\mu\frac{dv}{dr}=\frac{\mu\omega d}{2\delta}$$

摩擦表面积 $A=\pi ld$，则液体作用在轴表面上的摩擦力为

$$F=\tau A=\frac{\pi\mu ld^2\omega}{2\delta}$$

缝隙中液体作用在轴表面上的摩擦力矩为

$$T=F\frac{d}{2}=\frac{\pi\mu ld^3\omega}{4\delta}$$

轴克服摩擦所需的功率为

$$P=T\omega=\frac{\pi\mu ld^3\omega^2}{4\delta}$$

第六节　液体的表面性质

一、表面张力

液体中的分子都要受到它周围分子引力的影响，而引力的作用范围很小，大约只有3~4倍的平均分子间距，若用 r 来表示其大小，显然当某分子到自由液面的距离大于或者等于 $2r$ 时，该分子受到的周围分子的引力是平衡的。当某分子到自由液面的距离小于 $2r$ 时，由于自由液面另一侧的气体分子和该分子间的引力小于液体分子对该分子的引力，其结果使得这一分子受到一个将其拉向液体内部的合力。在到液面小于 $2r$ 的范围内所有分子均受到这样一个力的作用，其大小因到液面的距离不同而不同，当其距离大于或等于 $2r$ 时，这一合力为零，随着距离的减小合力逐渐增大，当到液面的距离小于 r 时，合力达到最大值。这一合力称为内聚力，由于内聚力的作用，液体自由表面有明显的呈现球形的趋势。

表面张力是由液体分子间的力引起的，其作用使得液面好像一张紧的弹性膜。若假想一和自由液面垂直的平面将自由液面分开，则平面两侧的自由液面彼此之间均作用着引力，其方向沿自由液面的切线方向，试图将液面张得更紧。作用在自由液面上的这样的力称为表面张力，用 σ 表示，单位为 N/m。

液体表面张力的大小和液体的种类有关，不同的液体表面张力的大小不同。温度变化时，表面张力的大小也要发生变化，温度升高表面张力减小。另外，表面张力还和自由表面上的气体种类有关。表1-3给出了常温和标准大气压下几种常见液体和空气接触时的表面张力，表1-4给出了一个标准大气压、不同温度下水和空气接触时的表面张力。

表1-3 几种常见液体和空气接触时的表面张力

液体名称	酒精	煤油	润滑油	原油	水	水银
表面张力/($\times10^{-3}$N/m)	22.3	27	36	30	72.8	465

表1-4 一个标准大气压、不同温度下水和空气接触时的表面张力

温度/℃	0	10	20	30	40	60	80	100
表面张力/($\times10^{-3}$N/m)	75.6	74.2	72.8	71.2	69.6	66.2	62.6	58.9

二、毛细现象

液体分子间的相互引力形成内聚力，使得分子间相互制约，不能轻易破坏它们之间的平衡。液体和固体接触时，液体分子和固体分子之间相互吸引，形成液体对固体壁面的附着力。

当液体和固体壁面接触时，若内聚力小于附着力，液体将在固体壁面上伸展开来，润湿固体壁面，这种现象称为浸润现象。例如，水在玻璃表面上将出现浸润现象。而当内聚力大于附着力时，液体将缩成一团，不湿润与之接触的固体壁面。水银和玻璃接触时，就会出现这种现象。

内聚力和附着力之间的关系可以用来解释毛细现象。如图1-9a所示，将细玻璃管插入水中时，由于附着力大于内聚力，出现浸润现象，表面张力将牵引液面上升一段距离 h，并使管内液面呈现向下凹的曲面。如图1-9b所示，将细玻璃管插入水银中时，由于附着力小于内聚力，在表面张力的作用下将呈现上凸的形状，并下降一段距离 h。内聚力和附着力的差别使得微小间隙的液面上升和下降的现象称为毛细现象。土壤中水分的蒸发、地下水的渗流、植物内部水分的输送都是靠毛细现象来完成的。

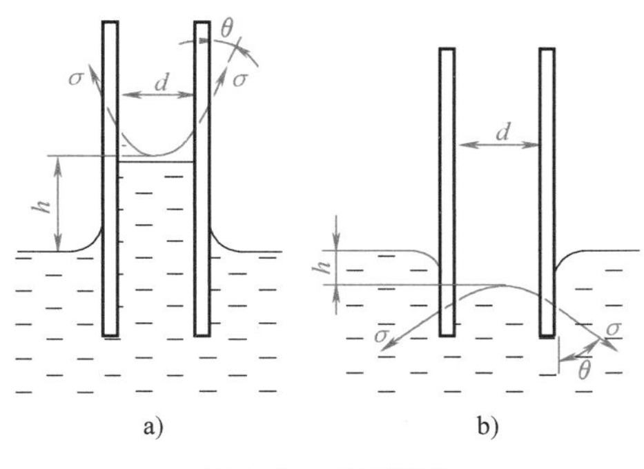

图1-9 毛细现象

液面之所以是弯曲的，是因为液面两侧的压强不同，这一压差是由表面张力引起的，称为毛细压强。曲面两侧的压差可用下述方法求得。

如图1-10所示，在弯曲的液面上取一微小矩形曲面，边长分别为 dS_1 和 dS_2，两相互垂直的平面和曲面正交，在这两平面内平面和曲面交线对应的圆心角分别为 $d\alpha$ 和 $d\beta$，交线的曲率半径分别为 R_1 和 R_2。由图知：在矩形的两对边 dS_1 和 dS_2 上表面张力在铅直方向上的合力分别为 $\sigma dS_1\tan\dfrac{d\beta}{2}$ 和 $\sigma dS_2\tan\dfrac{d\alpha}{2}$，由于 $d\alpha$ 和 $d\beta$ 很小，角度的正切约等于角度值，因此

这两个合力可以分别表示为 $\sigma \mathrm{d}S_1 \dfrac{\mathrm{d}\beta}{2}$ 和 $\sigma \mathrm{d}S_2 \dfrac{\mathrm{d}\alpha}{2}$。矩形曲面四个边上的表面张力的合力和曲面两侧压差产生的铅直方向上的合力相平衡，其平衡方程为

$$(p_1-p_2)\mathrm{d}S_1\mathrm{d}S_2=2\sigma\left(\mathrm{d}S_1\frac{\mathrm{d}\beta}{2}+\mathrm{d}S_2\frac{\mathrm{d}\alpha}{2}\right) \tag{1-18}$$

由于 $\mathrm{d}\alpha=\mathrm{d}S_1/R_1$，$\mathrm{d}\beta=\mathrm{d}S_2/R_2$，将该关系式代入式（1-18），两端同除以 $\mathrm{d}S_1\mathrm{d}S_2$，可得到曲面两侧的压差

$$p_1-p_2=\sigma\left(\frac{1}{R_1}+\frac{1}{R_2}\right) \tag{1-19}$$

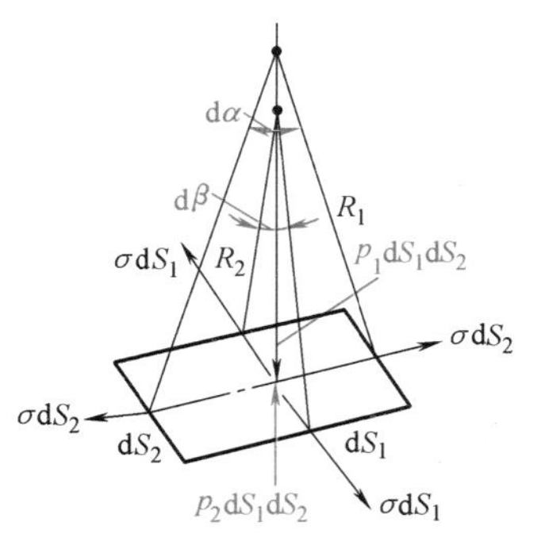

图 1-10 毛细管中液面的上升和下降现象分析

对于球形液滴液面内外的压差可由式（1-19）求出，因为 $R=R_1=R_2$，所以液面内外的压差为

$$p_1-p_2=\Delta p=\frac{2\sigma}{R}$$

同理，也可以求得肥皂泡内外的压差 $\Delta p=\dfrac{4\sigma}{R}$。

毛细管中液面上升或下降的高度可用下述方法求得。

如图 1-9 所示，毛细管的直径为 d，表面张力和管壁的夹角为 θ，则沿管壁一周表面张力的合力在管轴方向上的投影为 $\pi d\sigma\cos\theta$，这个力应和上升与下降的液柱的重力相等，所以有

$$\pi d\sigma\cos\theta=\rho gh\pi d^2/4$$

由上式可以解得

$$h=\frac{4\sigma\cos\theta}{\rho gd} \tag{1-20}$$

由式（1-20）可知：毛细管中液面上升或下降的高度与流体的种类、管材、液体接触的气体种类和温度有关，因为这些因素都影响到表面张力的大小及附着力的大小、θ 的大小，另外 h 还和管子的直径 d 有关，在一定条件下，管径 d 越大 h 越小。通常情况下，对于水，若管径大于 20mm；对于水银，若管径大于 12mm，毛细现象的影响可以忽略不计。在实际工程中，考虑到误差容许范围，一般当常用的测压管管径大于 10mm 时，毛细现象引起的误差就可以忽略不计。

习 题

1-1 存放 $4\mathrm{m}^3$ 液体的储液罐，当压强增大 0.5MPa 时，液体体积减小 1L，求该液体的体积模量。

1-2 压缩机向气罐充气，绝对压强从 0.1MPa 升到 0.6MPa，温度从 20℃ 升到 78℃，求空气体积缩小的百分数。

1-3 用直径 $d=400\mathrm{mm}$、长 $L=2000\mathrm{m}$ 的输水管做水压实验，当输水管内水的压强加至 $7.5\times10^6\mathrm{Pa}$ 时封闭，经 1h 后由于泄漏压强降至 $7.0\times10^6\mathrm{Pa}$，不计输水管的变形，水的压缩

率为 $0.5\times10^{-9}Pa^{-1}$，求水的泄漏量。

1-4 如图 1-11 所示，面积为 $1.5m^2$ 的薄板在液面上水平移动，速度 $u=16m/s$，液层厚度 $\delta=4mm$，假定沿垂直方向速度为直线分布。求当液体分别为 20℃ 的水（$\nu=1.5\times10^{-6}m^2/s$）和 20℃ 时的密度为 $856kg/m^3$ 的原油（$\nu=8.4\times10^{-6}m^2/s$）时，移动平板所需的力 F。

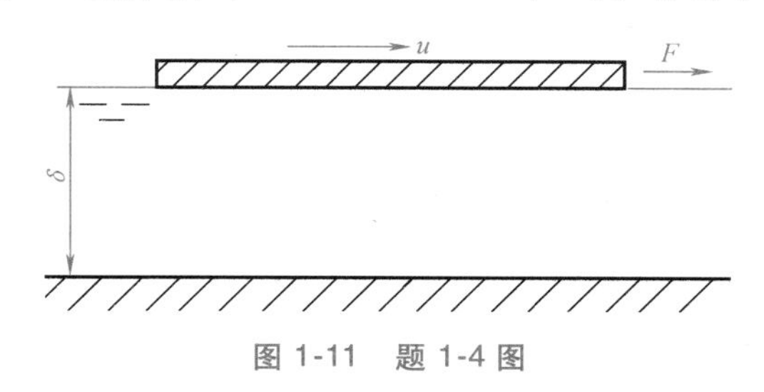

图 1-11 题 1-4 图

1-5 如图 1-12 所示，在相距 $\delta=40mm$ 的两平行平板间充满动力黏度 $\mu=0.7Pa\cdot s$ 的液体，液体中有一边长 $a=60mm$ 的正方形薄板以 $v_0=15m/s$ 的速度水平移动，由于黏性带动液体运动。假设沿垂直方向速度大小的分布规律是直线。试求：

（1）当 $h=10mm$ 时，薄板运动的液体阻力。

（2）如果 h 可改变，则 h 为多大时，薄板的阻力最小？并计算其最小阻力值。

1-6 如图 1-13 所示，直径 $d=76mm$ 的轴在同心缝隙 $\delta=0.03mm$、长度 $l=150mm$ 的轴承中旋转，轴的转速 $n=226r/min$，测得轴颈上的摩擦力矩 $M=76N\cdot m$，试确定缝隙中油液的动力黏度 μ。

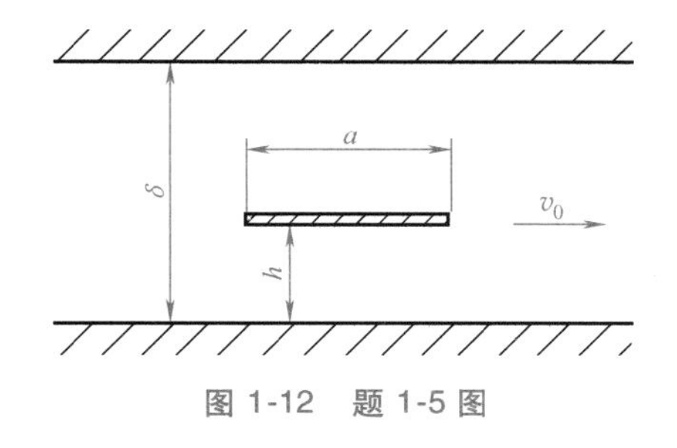

图 1-12 题 1-5 图

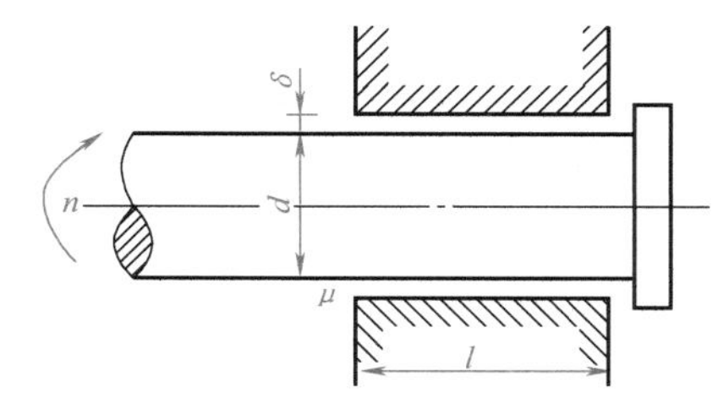

图 1-13 题 1-6 图

第二章

流体静力学

流体静力学主要研究平衡（静止）流体的力学规律及其在工程中的应用，主要包括平衡流体的压强、密度、温度分布和对容器壁面或物体表面的作用力。

流体的平衡状态有两种（图 2-1）：一种是绝对平衡，即重力场的平衡，液体对地球没有相对运动或液体处于匀速直线运动状态，如图 2-1a 所示；另一种是相对平衡，即流体相对于运动容器或液体质点相互之间没有相对运动，如图 2-1b 所示，液体处于匀加速直线运动状态，图中 C 表示常数。处于平衡状态的流体的共性是流体质点之间没有相对运动，流体的黏性作用表现不出来，切向应力等于零，作用在流体上的表面力（压力）和质量力达到平衡。图 2-1c 所示为液体的相对平衡，容器内液体处于等角速回转状态。

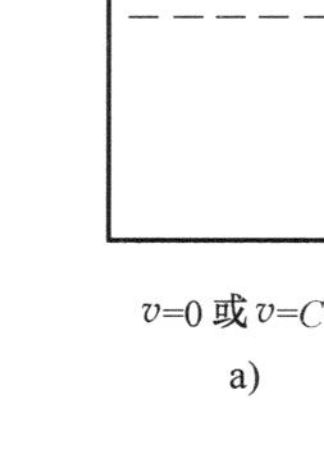

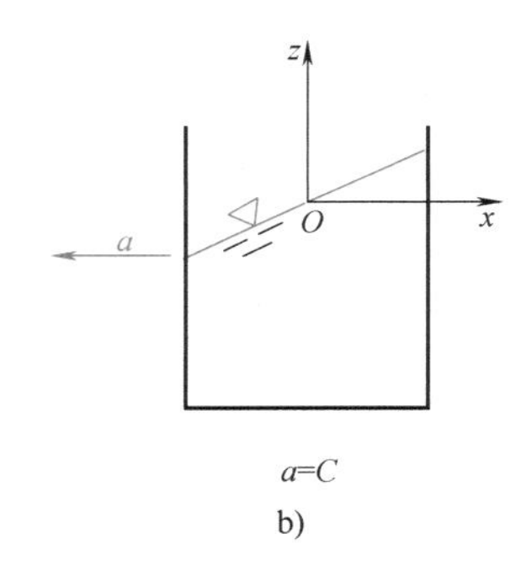

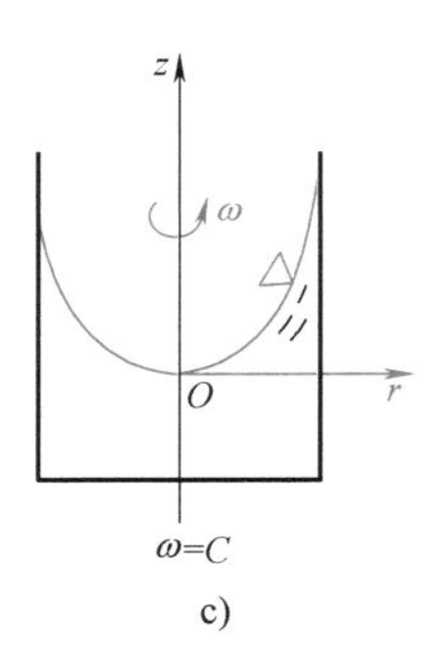

图 2-1　液体的绝对平衡和相对平衡

a）绝对平衡　b）、c）相对平衡

第一节　流体静压强及其特性

流体处于平衡状态时的内部压强称为流体静压强，用符号 p 表示，单位为 Pa（或 $\mathrm{N/m^2}$）。流体静压强有两个基本特性。

特性一：流体静压强的方向与作用面相互垂直，并指向作用面的内法线方向。

这一特性可由反证法来证明。如图 2-2 所示，取一块处于静止状态的流体，假定作用面 AB 上的应力 p' 的方向向外且不垂直于 AB，则 p' 可分解为法向应力 p_n 和切向应力 τ。

1）若存在 τ，流体必然有流动，这与静止的前提不符，所以 τ 应等于零。

2）流体不能承受拉力，因此 p' 的方向必然是内法线方向。C 点处液体静压强 p 的方向垂直指向作用面，如图 2-3 所示。

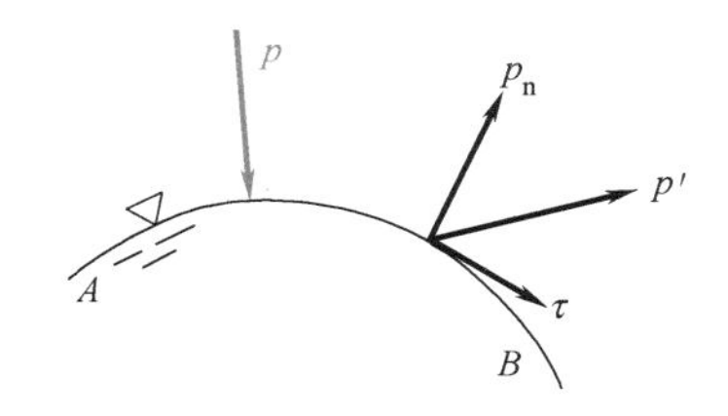

图 2-2　流体的静压强

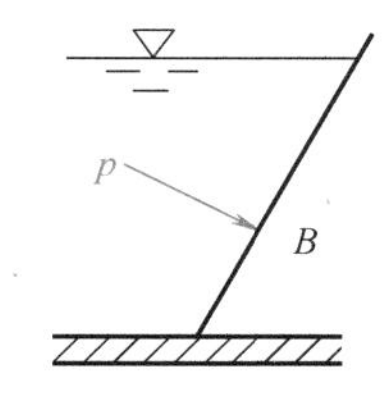

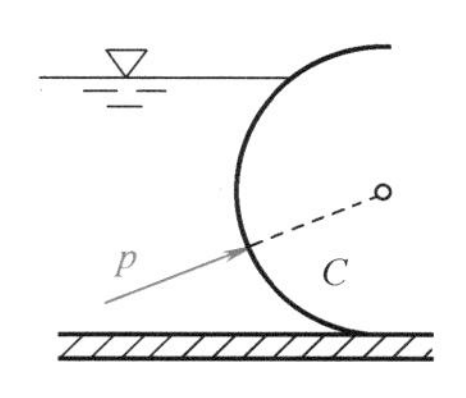

图 2-3　流体静压强的方向

特性二：平衡流体中任一点处各个方向上作用的静压强大小相等，与作用面的方位无关，即静压强只是该点坐标的函数，$p=p(x, y, z)$。

证明：在平衡流体中取二维微元体，如图 2-4 所示。微元体在 x 方向受到的所有外力的合力为零，有

$$p_x\Delta y-p_n\Delta s\sin\theta=0$$

因为 $\Delta s\sin\theta=\Delta y$，所以 $p_x=p_n$。

同理，y 方向上合外力也为零，即

$$p_y\Delta x-p_n\Delta s\cos\theta-\rho g\frac{1}{2}\Delta x\Delta y=0$$

因为 $\Delta s\cos\theta=\Delta x$，所以

$$p_y-p_n-\rho g\frac{1}{2}\Delta y=0$$

当 $\Delta y\to 0$ 时

$$p_y=p_n$$

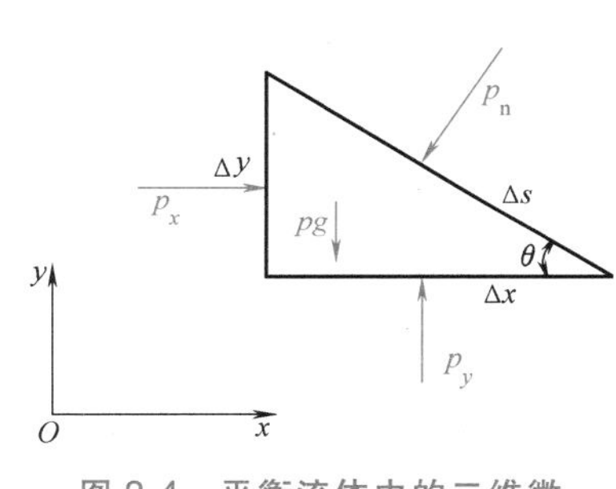

图 2-4　平衡流体中的二维微元体

因此，在平衡流体中，法向应力与作用方位无关，即 $p_x=p_y=p_n$；对三维情况，同理可得 $p_x=p_y=p_z=p_n$。于是静压强可表示为

$$p=p(x, y, z)$$

第二节　流体平衡的微分方程

一、欧拉平衡微分方程

在平衡流体中任取一微元正六面体，边长分别为 dx、dy、dz，如图 2-5 所示。以 x 方向为例，分析作用在该微元正六面体上的受力情况。

1. 表面力

处于平衡的流体中没有摩擦力，作用在微元六面体上的表面力只有垂直指向作用面的静压力。设微元六面体中心点 $A(x, y, z)$ 处压强为 $p(x, y, z)$，压强是坐标的连续函数。微元六面体左右两个面形心处的压强与微元体中心处的压强相比均有一个微小的增量，其形心处的压强可按泰勒级数展开，并略去二阶小量，分别为

$$左面：p-\frac{\partial p}{\partial x}\frac{\mathrm{d}x}{2}；\quad 右面：p+\frac{\partial p}{\partial x}\frac{\mathrm{d}x}{2}$$

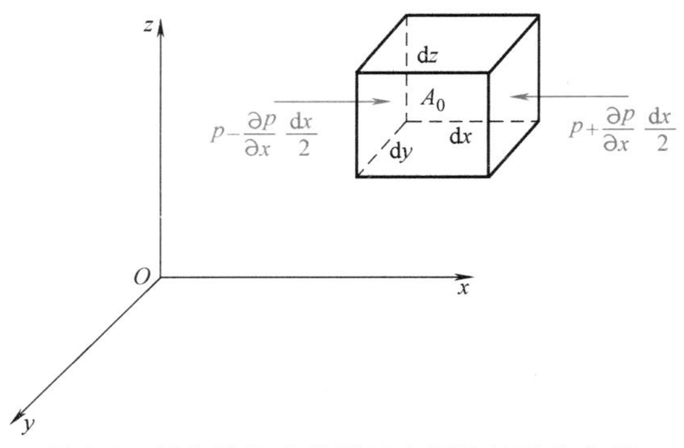

图 2-5 平衡流体中微元正六面体的受力分析

$\frac{\partial p}{\partial x}$是压强在 x 方向的变化率。以左右两个平面中心点处的压强表示该平面上的平均压强，相应的压力分别为

左面：$\left(p-\frac{\partial p}{\partial x}\frac{dx}{2}\right)dydz$；右面：$\left(p+\frac{\partial p}{\partial x}\frac{dx}{2}\right)dydz$

作用在微元六面体上 x 方向的总压力为

$$\left(p-\frac{\partial p}{\partial x}\frac{dx}{2}\right)dydz-\left(p+\frac{\partial p}{\partial x}\frac{dx}{2}\right)dydz=-\frac{\partial p}{\partial x}dxdydz \qquad (2\text{-}1)$$

2. 质量力

设 ρ 是微元六面体的平均密度，则微元六面体质量为 $\rho dxdydz$。若 x 方向上的单位质量力的分量是 f_x，则 x 方向的质量力为 $f_x\rho dxdydz$。因微元六面体处于平衡状态，所以作用在 x 方向的质量力和总压力的合力为零，即 $\sum F_x=0$。

$$f_x\rho dxdydz-\frac{\partial p}{\partial x}dxdydz=0$$

等式两边同除以微元六面体的质量 $\rho dxdydz$，得

$$f_x-\frac{1}{\rho}\frac{\partial p}{\partial x}=0 \qquad (2\text{-}2a)$$

同理可得 y、z 方向的方程

$$f_y-\frac{1}{\rho}\frac{\partial p}{\partial y}=0 \qquad (2\text{-}2b)$$

$$f_z-\frac{1}{\rho}\frac{\partial p}{\partial z}=0 \qquad (2\text{-}2c)$$

这组方程称为流体平衡的微分方程，由欧拉于 1755 年提出，又称为欧拉平衡微分方程。方程的矢量形式为

$$\boldsymbol{f}-\frac{1}{\rho}\mathbf{grad}p=0 \quad 或 \quad \boldsymbol{f}-\frac{1}{\rho}\nabla p=0 \qquad (2\text{-}3)$$

将式（2-2a）~式（2-2c）各项分别乘以 dx、dy、dz，然后相加得

$$\rho(f_x dx+f_y dy+f_z dz)=\frac{\partial p}{\partial x}dx+\frac{\partial p}{\partial y}dy+\frac{\partial p}{\partial z}dz$$

静压强是坐标的连续函数，即 $p=p(x, y, z)$，全微分为

$$dp=\frac{\partial p}{\partial x}dx+\frac{\partial p}{\partial y}dy+\frac{\partial p}{\partial z}dz$$

于是

$$dp=\rho(f_x dx+f_y dy+f_z dz) \qquad (2\text{-}4)$$

式（2-4）是欧拉平衡微分方程的综合表达式，称为压差公式，积分可得到平衡流体中静压强的分布规律。

二、质量力势函数

压差公式（2-4）左端是压强 $p(x, y, z)$的全微分，对均质不可压缩流体，密度 ρ 是一

个常数，因而方程右端也必须是某个函数 $U(x, y, z)$ 的全微分，这样才能保证积分结果的唯一性。右端写成

$$-\mathrm{d}U=f_x\mathrm{d}x+f_y\mathrm{d}y+f_z\mathrm{d}z$$

函数 $U(x, y, z)$ 的全微分为

$$\mathrm{d}U=\frac{\partial U}{\partial x}\mathrm{d}x+\frac{\partial U}{\partial y}\mathrm{d}y+\frac{\partial U}{\partial z}\mathrm{d}z$$

对以上两式进行对比，可得

$$f_x=-\frac{\partial U}{\partial x},\quad f_y=-\frac{\partial U}{\partial y},\quad f_z=-\frac{\partial U}{\partial z} \tag{2-5}$$

式（2-5）表示单位质量力的分量等于函数 $U(x, y, z)$ 的偏导数，函数 $U(x, y, z)$ 称为质量力的势函数，相应的质量力称为有势的质量力（简称有势力），如重力、惯性力等。

于是压差公式又可写为

$$\mathrm{d}p=-\rho\mathrm{d}U \tag{2-6}$$

不可压缩流体只有在有势的质量力作用下，才能保持平衡状态。

例 2-1 求重力场中只受重力的平衡流体的质量力势函数。

解： 取图 2-6 所示的坐标系，质量为 Δm 的流体微团受到的重力为 Δmg，单位质量力的分量分别为 $f_x=0$，$f_y=0$，$f_z=-g$。于是

$$\begin{aligned}\mathrm{d}U &=\frac{\partial U}{\partial x}\mathrm{d}x+\frac{\partial U}{\partial y}\mathrm{d}y+\frac{\partial U}{\partial z}\mathrm{d}z\\ &=-(f_x\mathrm{d}x+f_y\mathrm{d}y+f_z\mathrm{d}z)=g\mathrm{d}z\end{aligned}$$

积分得

$$U=gz+C$$

设基准面 $z=0$ 处的势函数值为零，即 $U|_{z=0}=0$，于是 $C=0$。

所以

$$U=gz$$

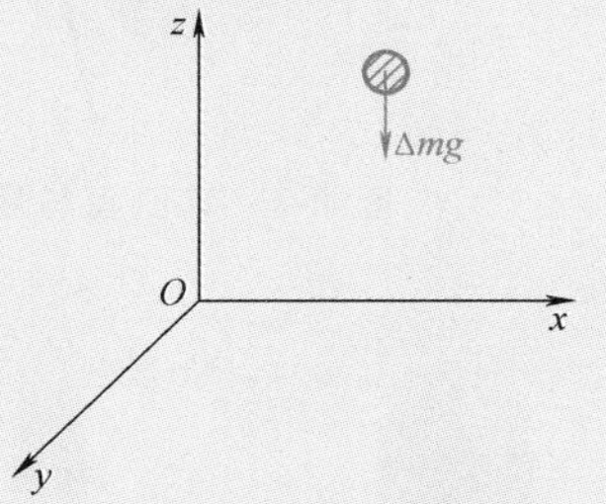

图 2-6 仅受重力的流体微团

质量力势函数 $U=gz$ 的物理意义是：单位质量流体在基准面上高度为 z 处所具有的位置势能。

三、等压面

流体中压强相等的各点组成的平面或曲面称为等压面。等压面的数学表达式为 $p(x, y, z)=C$。在等压面上 $p=C$，所以 $\mathrm{d}p=0$，代入压差公式（2-4），可得等压面微分方程为

$$f_x\mathrm{d}x+f_y\mathrm{d}y+f_z\mathrm{d}z=0 \tag{2-7}$$

矢量形式为

$$\boldsymbol{f}\cdot\mathrm{d}\boldsymbol{r}=0 \tag{2-8}$$

等压面具有以下性质：

1）等压面也是等势面。由式（2-6）可知，当 $\mathrm{d}p=0$ 时，$\mathrm{d}U=0$，即 $U=C$。所以等压面即为等势面。在重力场中，$U=gz$。当 $U=C$ 时，其等势面（或等压面）必然是 $z=C$ 所代表的水平面。

2）等压面与质量力垂直。如图 2-7 所示，在等压面上任取一微元线段 $\mathrm{d}\boldsymbol{r}=\mathrm{d}x\boldsymbol{i}+\mathrm{d}y\boldsymbol{j}+\mathrm{d}z\boldsymbol{k}$，

与单位质量力 $\boldsymbol{f}=f_x\boldsymbol{i}+f_y\boldsymbol{j}+f_z\boldsymbol{k}$ 两者标量积得

$$\boldsymbol{f}\cdot \mathrm{d}\boldsymbol{r}=f_x\mathrm{d}x+f_y\mathrm{d}y+f_z\mathrm{d}z=0$$

两矢量的标量积等于零，说明两矢量相互垂直，即等压面与质量力垂直。

由等压面的这个性质，可以根据质量力的方向确定等压面。例如只受重力作用的平衡流体，因为重力方向总是垂直向下的，所以等压面必然是水平面。

3）两种互不相混的液体平衡时，交界面必是等压面。在一个密封容器中装有密度为 ρ_1 和 ρ_2 的两种液体，在分界面 a–a 上任取两点 A、B，如图 2-8 所示。A、B 两点的压差为 $\mathrm{d}p$、势差为 $\mathrm{d}U$，可写出以下两式

$$\mathrm{d}p=\rho_1\mathrm{d}U,\quad \mathrm{d}p=\rho_2\mathrm{d}U$$

因 $\rho_1\neq\rho_2$，且都不等于零，这组等式只有当 $\mathrm{d}p$ 和 $\mathrm{d}U$ 均为零时才成立，因而交界面 a–a 必是等压面。如果容器相对于地球没有转动，则重力场中两种互不相混的液体的交界面不但是等压面，而且必是水平面。

图 2-7　等压面与质量力垂直

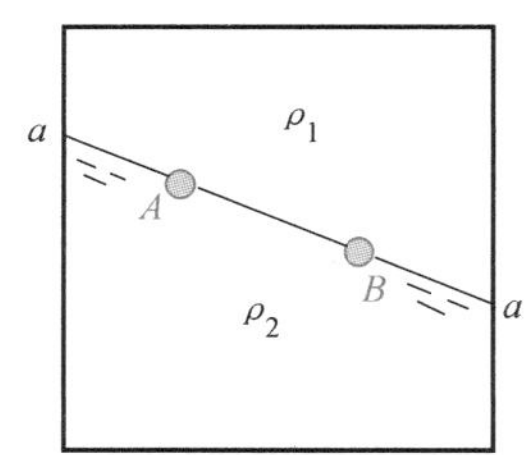

图 2-8　两种互不相混液体的交界面

第三节　流体静力学基本方程

本节讨论在重力作用下静止流体的压强分布规律，即作用在流体上的质量力只有重力的流体的压强分布规律。

一、压强分布公式

设容器中装有液体，取图 2-9 所示的坐标系，液体所受的单位质量力的分量分别为 $f_x=0$，$f_y=0$，$f_z=-g$。

将单位质量力的分量代入压差公式 $\mathrm{d}p=\rho(f_x\mathrm{d}x+f_y\mathrm{d}y+f_z\mathrm{d}z)$ 中，可得

$$\mathrm{d}p=-\rho g\mathrm{d}z$$

对均质不可压缩流体，ρ 为常数，上式积分得

$$z+\frac{p}{\rho g}=C \tag{2-9a}$$

在容器中任取 1、2 两点，点 1 的位置高度坐标为 z_1、压强为 p_1；点 2 的位置高度坐标为 z_2、压强为 p_2，则式（2-9a）可写成

$$z_1+\frac{p_1}{\rho g}=z_2+\frac{p_2}{\rho g} \tag{2-9b}$$

式（2-9a）与式（2-9b）称为**流体静力学基本方程**。

流体静力学基本方程反映了液体的位置高度与压强的函数关系。当 z 为常数时，压强也

是个常数，因此等压面是一个水平面，所以对于不透明的密闭容器（如贮油罐、锅炉），通常采用图 2-10 所示的方法观测容器内液面的高度。

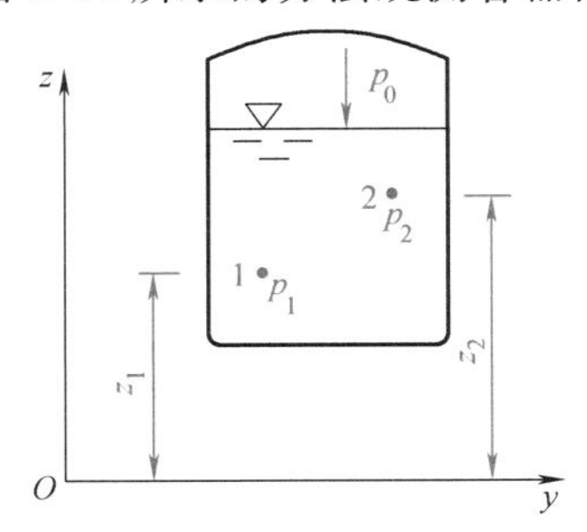

图 2-9 重力作用下的静止液体

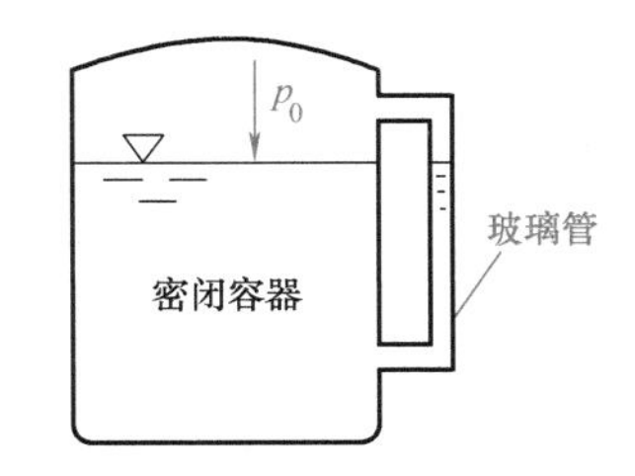

图 2-10 密闭容器中的液面显示

二、静力学基本方程的物理意义和几何意义

1. 物理意义

由式（2-9a）得

$$z+\frac{p}{\rho g}=\text{单位重量流体的位置势能}+\text{单位重量流体的压强势能}=\text{常数}$$

该方程表明静止流体中各点单位重量流体的总势能保持不变。

图 2-11 中，在静止液体中的 C 点连接一个抽成完全真空的玻璃闭口测压管。容器内的液体在压强 p 作用下，在测压管中上升一定的高度 h，压强转换为液柱的位置势能。对 B、C 两点列静压强基本方程，得

$$z_C+\frac{p_C}{\rho g}=z_B+\frac{p_B}{\rho g}$$

将 $z_C=z$、$p_C=p$、$z_B=z+h$、$p_B=0$ 代入上式，得 $h=p/(\rho g)$。可见流体静压强代表使液柱上升一定高度的势能，故称**压强势能**，简称压能。实际上由于液体的汽化而无法做到 $p_B=0$。

2. 几何意义

方程中 z 表示某一点在基准面以上的高度，$p/(\rho g)$ 代表一定的液柱高度，即两者都可以用线段高度（线段）表示，如图 2-12 所示。

通常将这一高度或线段长度称为水头。z 称为位置水头，$p/(\rho g)$ 称为压强水头，$z+p/(\rho g)$ 称为测压管水头。方程的几何意义是：静止流体中各点的测压管水头都相等，测压管水头线为一水平线。

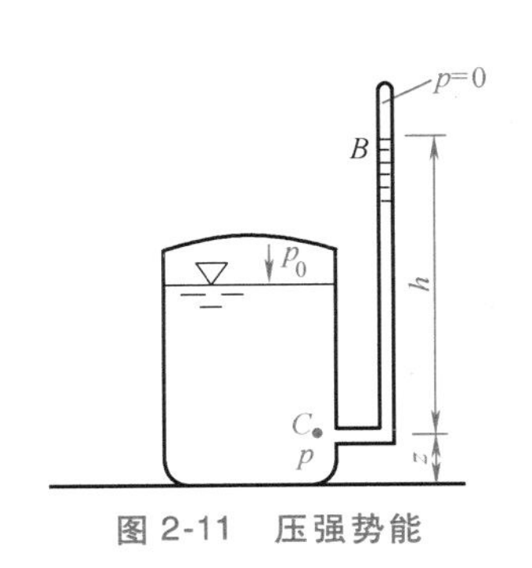

图 2-11 压强势能

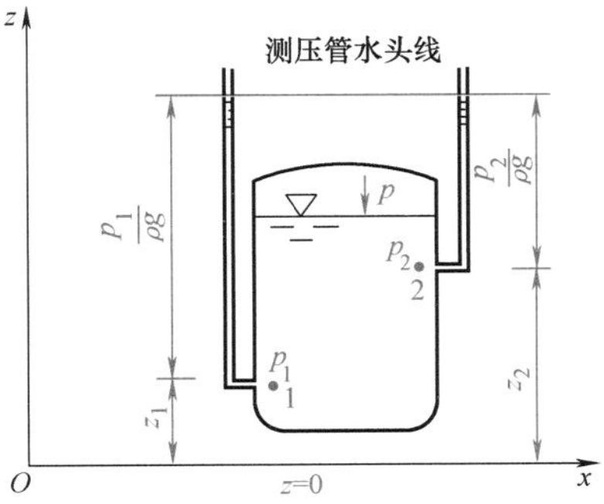

测压管水头线

图 2-12 静压强基本方程的几何意义

三、静压强计算公式

在图 2-13 中，自由液面上的压强为 p_0，坐标为 z_0，液体中任一点 C 处的压强为 p、坐标为 z，由式（2-8b）得

$$z+\frac{p}{\rho g}=z_0+\frac{p_0}{\rho g}$$

$$p=p_0+\rho g(z_0-z)=p_0+\rho gh \tag{2-10}$$

式中，h 为淹没深度。

式（2-10）为不可压缩流体的静压强分布规律。当自由液面上的压强 p_0 变化时，液体内部所有各点的压强 p 也都变化相同的数值。即作用在静止液体表面上的压强将均匀地传递到液体中各点而不改变它的大小，这就是帕斯卡定律（或静压强传递定律）。

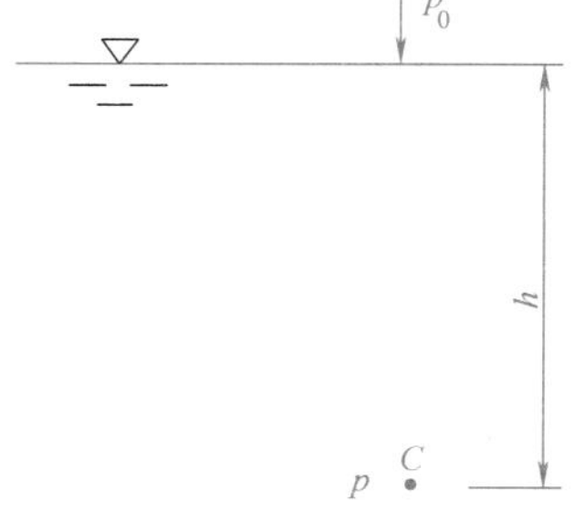

图 2-13　静压强计算公式

四、静压强分布图

表示静压强沿作用面的分布情况的几何图形称为静压强分布图。以图 2-14 为例，画出挡水矩形平面 AB 上的静压强分布图。

自由液面上压强等于大气压 $p_0=p_a$，用线段 CA 表示。水深 h 处 B 的压强为 $p_B=p_0+\rho gh$，用线段 DB 表示，如图 2-14a 所示。连接 C、D 两点，由于静压强的方向垂直指向作用面，用带箭头的线段来表示各点的压强大小及方向，则为静压强分布图。若不计大气压 p_a，则压强分布图如图 2-14b 所示。

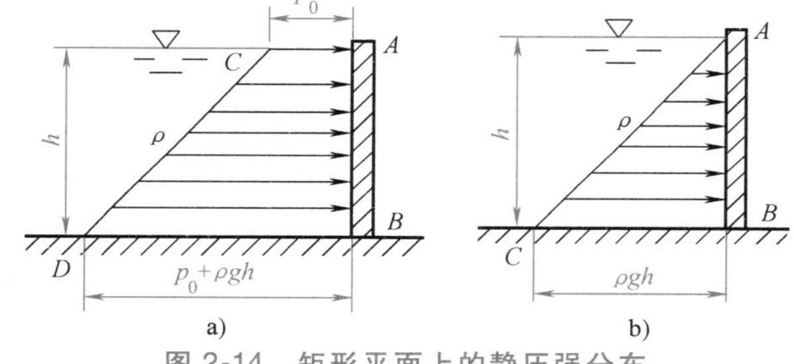

图 2-14　矩形平面上的静压强分布

第四节　绝对压强、计示压强和液柱式测压计

一、压强的表示方法

计量压强的大小按不同的基准有两种不同的表示方法。以完全真空为基准计量的压强称为绝对压强，以当地大气压为基准计量的压强称为计示压强（相对压强），分别以 p_{ab}、p_m 表示。

绝对压强总是正的，而计示压强可正可负，如果绝对压强小于当地大气压，则绝对压强与当地大气压的差值称为真空度。真空度在数值上等于负的计示压强，以 p_v 表示，即

$$p_v=p-p_{ab}=-p_m$$

如果用液柱高表示，则

$$h_v=\frac{p_v}{\rho g}=\frac{p-p_{ab}}{\rho g}$$

工程上的测压表在当地大气压下的读数为零，即以当地大气压为计算基准，仪表上的读数只表示所测压强与当地大气压的差值，绝对压强、计示压强、真空度的关系用图 2-15 表示。

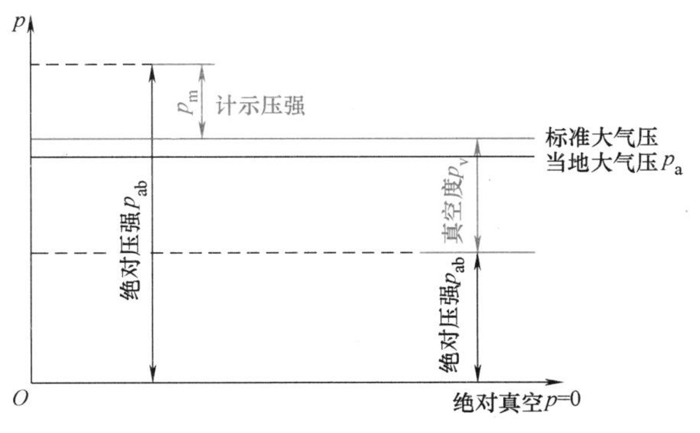

图 2-15 压强的表示方法

在一般工程计算中，通常以标准大气压作为计示压强和真空度的起点，忽略当地大气压和标准大气压之间的差别。

二、静压强的计量单位

在工程上，常用的静压强的计量单位有以下三种。

1. 应力单位

应力单位用单位面积上的力 N/m^2（即 Pa）表示。

2. 液柱高单位

因压强和液柱高的关系为 $h=p/(\rho g)$，说明一定的压力对应着一定的液柱高。液柱高的单位有 mH_2O、mmHg 等。如一个工程大气压（9.81×10^4Pa）对应的水柱高为

$$h=\frac{p_0}{\rho g}=\frac{9.81\times10^4\text{Pa}}{1000\text{kg/m}^3\times9.81\text{m/s}^2}=10\text{mH}_2\text{O}$$

3. 大气压单位

标准大气压是北纬 45°海平面上温度为 15℃时测定的数值。与其他单位的换算关系为

$$1\ 标准大气压=1.013\times10^5\text{Pa}=10.33\text{mH}_2\text{O}=760\text{mmHg}$$

在工程上常用工程大气压为压强的单位，工程大气压是为了使计算方便，同时满足工程精度要求而设定的一个单位。与其他单位的换算关系为

$$1\ 工程大气压=10^5\text{Pa}=10\text{mH}_2\text{O}=735\text{mmHg}$$

三、液柱式测压计

流体静压强的测量仪表主要有三种：金属式、电测式和液柱式。实验室测量常用液柱式测压计，如测压管、U 形测压计、U 形差压计、倾斜式微压计等。

1. 测压管

测压管常为玻璃管，内径为 5~10mm，如图 2-16 所示。图 2-16a 所示管道中 A 点处的计示压强为 $p_m=\rho gh$，图 2-16b 所示管道中的真空度 $p_v=\rho gh_v$。

2. U 形测压计

U 形测压计由一根 U 形玻璃管构成，一端接被测点，另一端接大气，如图 2-17 所示。已知被测液体密度 ρ_1，工作液体密度 ρ_2，测量管道中 A 点处的压强为 p。U 形管中的工作液

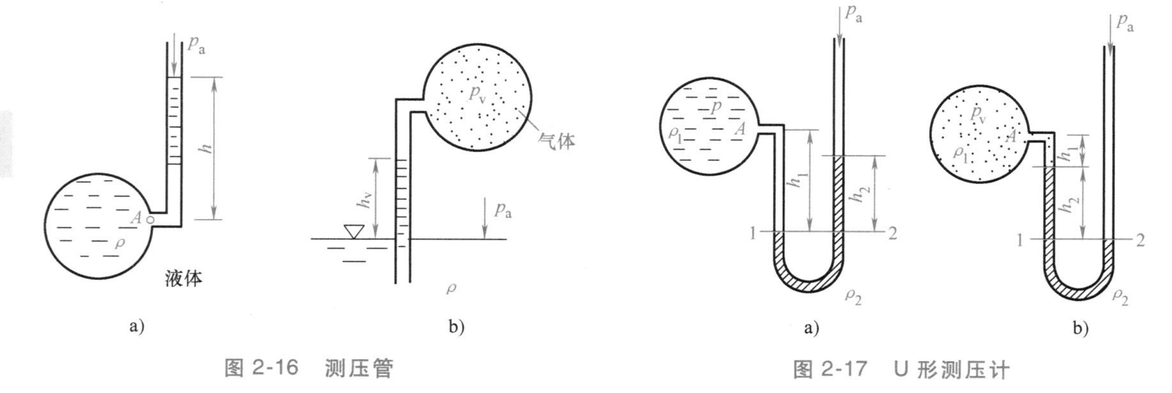

图 2-16　测压管　　　　图 2-17　U 形测压计

体不能和被测液体相混。

图 2-17a 中 1、2 两点在等压面上，即 $p_1=p_2$，则

$$p_A+\rho_1 gh_1=p_a+\rho_2 gh_2$$

A 点处的绝对压强　$$p_A=p_a+\rho_2 gh_2-\rho_1 gh_1$$

A 点处的计示压强　$$p_{mA}=\rho_2 gh_2-\rho_1 gh_1$$

如果测量点 A 处的绝对压强小于当地大气压，如图 2-17b 所示，同样 1、2 两点处的压强相等，即 $p_1=p_2$，则

$$p_A+\rho_1 gh_1+\rho_2 gh_2=p_a$$

得 A 处的绝对压强　$$p_A=p_a-(\rho_1 gh_1+\rho_2 gh_2)$$

A 处的真空度　$$p_{vA}=\rho_1 gh_1+\rho_2 gh_2$$

若容器中为气体，则 $\rho_1\ll\rho_2$，$\rho_1 gh_1$ 可忽略不计。则图 2-17a 中，$p_{mA}=\rho_2 gh_2$；图 2-17b 中，$p_{vA}=\rho_2 gh_2$。

3. U 形差压计

测量两点间压差的仪器称为差压计，图 2-18 中用 U 形差压计测得管中 A、B 两点间的压差为

$$p_A-p_B=(\rho_2-\rho_1)gh$$

4. 倾斜式微压计

测量微小压强或压差的仪器称为微压计，图 2-19 所示为倾斜式微压计的工作原理图，工作液体常用酒精。

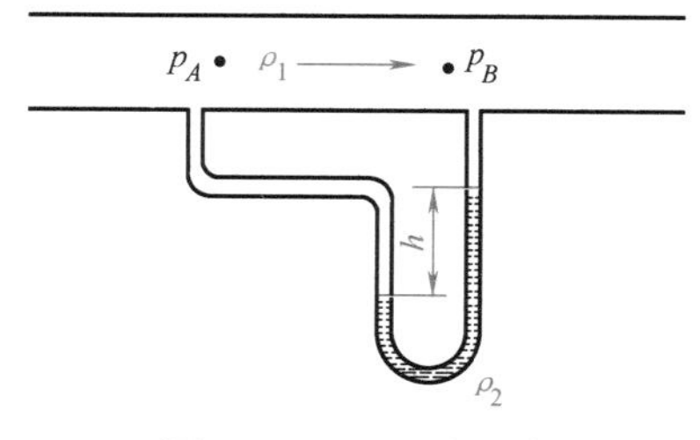

图 2-18　U 形差压计

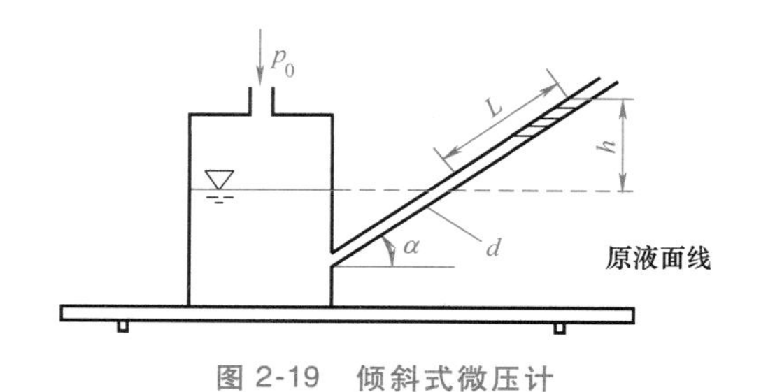

图 2-19　倾斜式微压计

通常测压管的直径远小于容器的直径，也就是忽略容器中的液面变化，则所测得的计示压强为

$$p_{\mathrm{m}}=\rho gL\sin\alpha=\rho gh$$

倾斜式微压计将高度 h 放大为 L，放大倍数为$\dfrac{1}{\sin\alpha}$，可提高测量精度。

四、国际标准大气

大气层中的压强与密度、温度的变化有关，而且受到季节、时间、气候等因素的影响。为了统一计算标准，国际上约定了一种大气压强、密度和温度随海拔变化的关系，称为**国际标准大气**。

国际标准大气取北纬45°海平面为基准面，在基准面上的大气参数为

$$T_0=288K,\quad z_0=0,\quad p_0=101325\mathrm{Pa},\quad \rho_0=1.225\mathrm{kg/m^3}$$

从海平面到11km的高空为对流层，在对流层里，温度随海拔升高线性地减小，即

$$T=T_0-\beta z$$

式中，T_0 为海平面温度，取 $T_0=288\mathrm{K}$（15℃）；β 为温度下降率，$\beta=0.0065\mathrm{K/m}$；z 为海拔高度（m）。

对流层的压强分布为

$$p=1.013\times10^5\times\left(1-\frac{z}{44300}\right)^{5.256}$$

海拔11~25km处认为是温度不变的同温层，温度 $T=216.5\mathrm{K}$（即−56.5℃），同温层的压强分布为

$$p=0.226\times10^5\exp\left(\frac{11000-z}{6334}\right)$$

第五节　液体的相对平衡

若液体随同容器一起做匀加速直线运动，或绕容器中心轴做等角速度旋转运动，则液体与容器之间没有相对运动。此时，如果将运动坐标系取在容器上，则在此动坐标系下，液体可视为相对平衡状态。

一、容器做匀加速直线运动

容器及其内液体沿水平方向以等加速度 $\boldsymbol{a}$ 做直线运动，取图2-20所示的坐标系，则液体受到的单位质量力的分量分别为

$$f_x=a,\quad f_y=0,\quad f_z=-g$$

1. 等压面方程

将单位质量分力代入等压面微分方程 $f_x\mathrm{d}x+f_y\mathrm{d}y+f_z\mathrm{d}z=0$ 中，得

$$a\mathrm{d}x-g\mathrm{d}z=0$$

积分得

$$z=\frac{a}{g}x+C \tag{2-11}$$

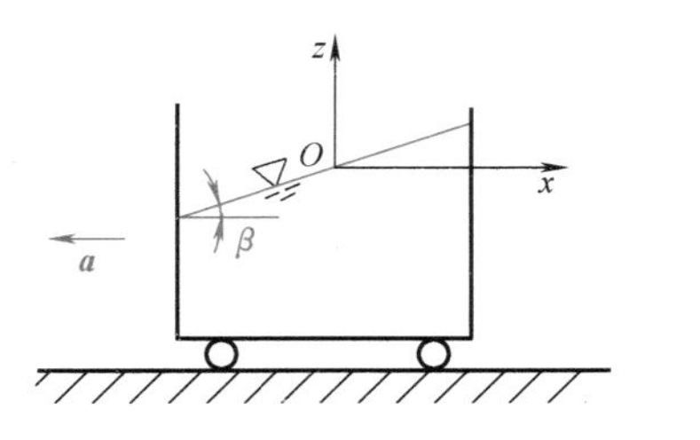

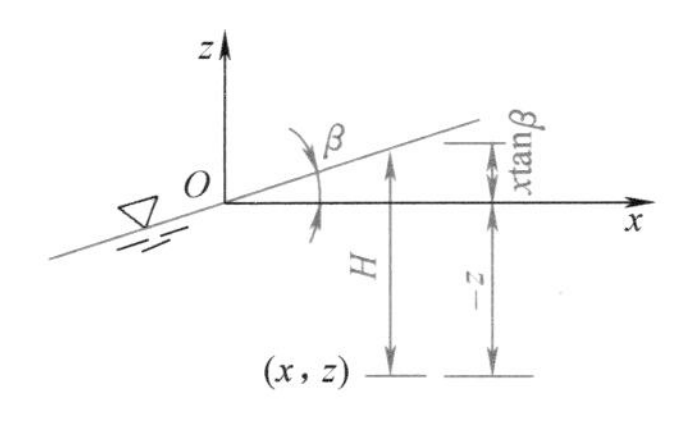

图 2-20　容器做匀加速直线运动

这是一组斜平面族，等压面的斜率 $\tan\beta=\dfrac{dz}{dx}=\dfrac{a}{g}$。自由液面的方程为 $z_0=\dfrac{a}{g}x$，与水平面的夹角为 β。

2. 静压强分布规律

将单位质量力的分量代入压差公式 $dp=\rho(f_x dx+f_y dy+f_z dz)$ 中，得

$$dp=\rho(a dx-g dz)$$

积分得

$$p=\rho(ax-gz)+C$$

在 $x=0$、$z=0$ 处，即自由表面上静压强 $p=p_0$，得 $C=p_0$，因此

$$p=p_0+\rho(ax-gz)=p_0+\rho g\left(\frac{a}{g}x-z\right) \tag{2-12a}$$

或可写成

$$p=p_0+\rho gH \tag{2-12b}$$

式中，H 为任一点在倾斜自由液面下的深度，$H=ax/g-z=x\tan\beta-z$。

式（2-12b）和绝对静止流体静压强分布规律式（2-10）形式一样，所不同的是此时自由液面是一个倾斜的液面。

二、容器做等角速度回转运动

盛有液体的容器绕其中心铅直轴做等角速度旋转运动时，由于重力和离心惯性力的作用，液面成为一个类似漏斗形状的旋转面，如图 2-21 所示。设液体中任取一点 A 的坐标为（r，θ，z），该处单位质量液体的重力为 g、离心力为 $\omega^2 r$，则单位质量力的分量分别为

$$f_x=\omega^2 r\cos\alpha=\omega^2 x,\quad f_y=\omega^2 r\sin\alpha=\omega^2 y,\quad f_z=-g$$

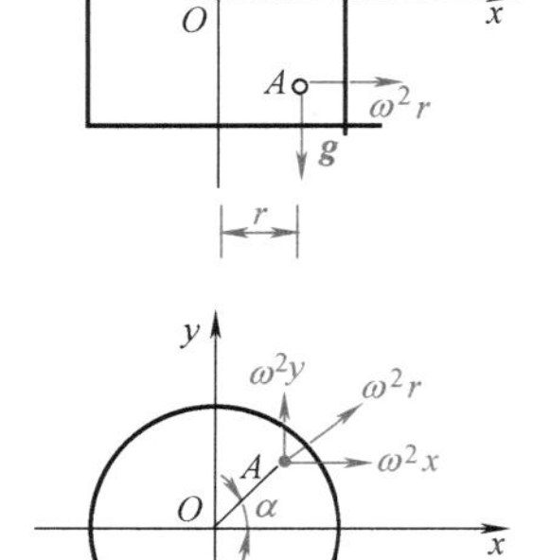

图 2-21　容器做等角速度回转运动

1. 等压面方程

将单位质量力的分量代入等压面微分方程式 $f_x dx+f_y dy+f_z dz=0$ 中，得

$$\omega^2 x dx+\omega^2 y dy-g dz=0$$

积分得

$$\frac{\omega^2 x^2}{2}+\frac{\omega^2 y^2}{2}-gz=C \quad 或 \quad \frac{\omega^2 r^2}{2}-gz=C \tag{2-13}$$

等压面是一组旋转抛物面。自由液面上，在 $r=0$ 处，$z=0$，得 $C=0$。自由液面方程为

$$\frac{\omega^2 r^2}{2g}-z_0=0 \quad 或 \quad z_0=\frac{\omega^2 r^2}{2g}$$

2. 静压强分布规律

将单位质量力的分量代入压差公式 $dp=\rho(f_x dx+f_y dy+f_z dz)$ 中，得

$$dp=\rho(\omega^2 x dx+\omega^2 y dy-g dz)$$

积分得
$$p=\rho\left(\frac{\omega^2 x^2}{2}+\frac{\omega^2 y^2}{2}-gz\right)+C=\rho\left(\frac{\omega^2 r^2}{2}-gz\right)+C$$

自由表面上，在 $r=0$、$z=0$ 时，静压强 $p=p_0$，得 $C=p_0$，因此

$$p=p_0+\rho g\left(\frac{\omega^2 r^2}{2g}-z\right) \tag{2-14a}$$

将 $z_0=\dfrac{\omega^2 r^2}{2g}$ 代入上式，得

$$p=p_0+\rho g(z_0-z)=p_0+\rho gH \tag{2-14b}$$

式中，H 为任一点在自由液面（旋转抛物面）下的深度。

式（2-14b）仍和绝对静止流体静压强分布规律式（2-10）形式一样，所不同的是此时自由液面为旋转抛物面，在旋转的作用下，液体的静压强比 $\omega=0$ 时多了 $\rho g\dfrac{\omega^2 r^2}{2g}$。机械工程中的离心铸造就是利用这一作用，以获得高质量的铸件。

第六节　平衡流体对壁面的作用力

在实际工程中，设计各种阀门、压力容器以及水利工程中的挡水坝、水闸等时，需计算平衡流体对固体壁面的总压力。

一、平面上的总压力

任一形状的平面 ab，面积为 A、倾角为 α，左边承受水的压力，如图 2-22 所示。取如图 2-22 所示的坐标系，并将平面 ab 绕 Oy 轴旋转 90°，则平面 ab 展现在纸面上。在平面 ab 上取一微元面积 dA，纵坐标为 y、深度为 $h=y\sin\alpha$，则作用在微元面积 dA 上的压力为

$$dF=p dA=\rho gh dA=\rho gy\sin\alpha dA$$

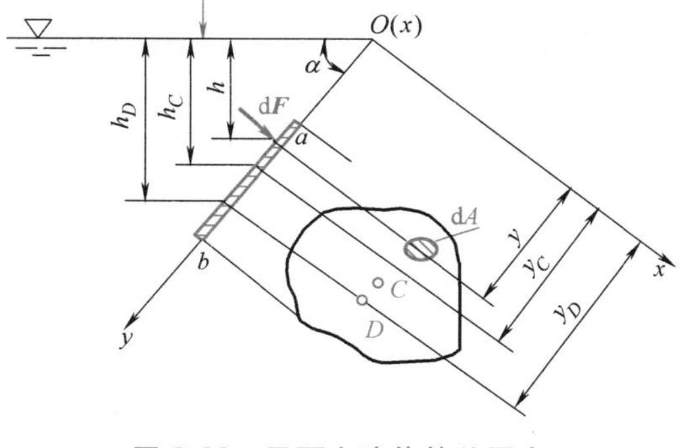

图 2-22　平面上液体的总压力

在面积 A 上积分可得作用在平面 ab 上的总压力为

$$F=\iint_A dF=\iint_A \rho gy\sin\alpha dA=\rho g\sin\alpha\iint_A y dA$$

式中，$\iint_A y dA$ 是面积 A 对 Ox 轴的面积矩，它等于面积 A 与其形心 C 到 x 轴距离的乘积。设平面形心 C 点的纵坐标为 y_C、深度为 h_C，则

$$\iint_A y dA=y_C A$$

代入总压力公式中
$$F=\rho g\sin\alpha y_C A=\rho gh_C A \tag{2-15}$$

式（2-15）表明作用在任意平面上的总压力 F 等于平面形心处的压强 $\rho g h_C$ 与平面面积 A 的乘积。

设 D 点为总压力的作用点，坐标为 y_D，由合力矩定理得

$$Fy_D = \iint_A \mathrm{d}Fy = \iint_A y\rho g y\sin\alpha \mathrm{d}A = \rho g\sin\alpha\iint_A y^2\mathrm{d}A$$

将 $F=\rho g\sin\alpha y_C A$ 代入

$$\rho g\sin\alpha y_C A y_D = \rho g\sin\alpha\iint_A y^2\mathrm{d}A$$

$$y_D = \frac{\iint_A y^2\mathrm{d}A}{y_C A} = \frac{I_x}{y_C A}$$

式中，I_x 是面积 A 对 Ox 轴的惯性矩，$I_x = \iint_A y^2\mathrm{d}A$ 。

利用惯性矩的平行移轴定理 $I_x = I_{Cx} + Ay_C^2$，将面积 A 对 Ox 轴的惯性矩 I_x 换成通过面积形心 C 且平行于 Ox 轴的惯性矩 I_{Cx}，则

$$y_D = y_C + \frac{I_{Cx}}{y_C A} \tag{2-16}$$

因为$\dfrac{I_{Cx}}{y_C A}$永为正值，所以 $y_D > y_C$，即压力中心永远在形心的下面。

实际工程中平面多数是对称的，因此 $x_D = x_C$。常用图形的几何性质见表 2-1。

表 2-1　常用图形的几何性质

图形名称		惯性矩 I_{Cx}	形心 y_C	面积 A
矩形	y_C, h, C, b	$\dfrac{bh^3}{12}$	$\dfrac{h}{2}$	bh
三角形	y_C, h, C, b	$\dfrac{bh^3}{36}$	$\dfrac{2h}{3}$	$\dfrac{bh}{2}$
等边梯形	a, y_C, h, C, b	$\dfrac{h^3(a^2+4ab+b^2)}{36(a+b)}$	$\dfrac{h(a+2b)}{3(a+b)}$	$\dfrac{h(a+b)}{2}$

（续）

图形名称		惯性矩 I_{Cx}	形心 y_C	面积 A
圆		$\dfrac{\pi R^4}{4}$	R	πR^2
半圆		$\dfrac{(9\pi^2-64)R^4}{72\pi}$	$\dfrac{4R}{3\pi}$	$\dfrac{\pi R^2}{2}$
圆环		$\dfrac{\pi(R^4-r^4)}{4}$	R	$\pi(R^2-r^2)$

二、矩形平面上的总压力

矩形平面是工程中最常见的平面图形。图 2-23 所示为一侧有液体的铅垂矩形平面，上边缘与液面齐平，矩形宽为 b、高为 h。

由式（2-15）与式（2-16）可得，总压力及总压力的作用点分别为

$$F=\rho g h_C A=\rho g\ \frac{h}{2}bh=\frac{1}{2}\rho g b h^2$$

$$y_D=y_C+\frac{I_{Cx}}{y_C A}=\frac{h}{2}+\frac{\frac{1}{12}bh^3}{\frac{h}{2}bh}=\frac{2}{3}h$$

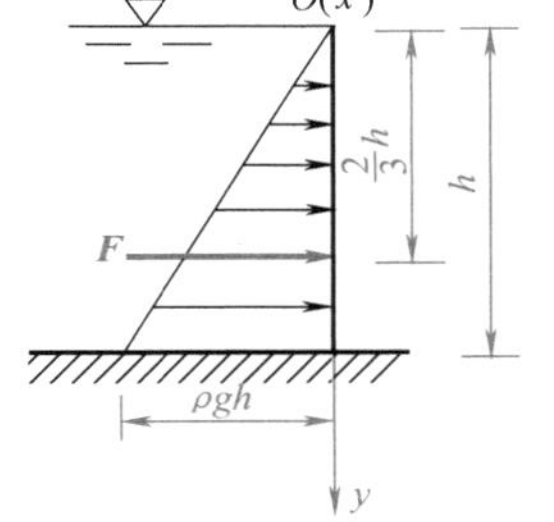

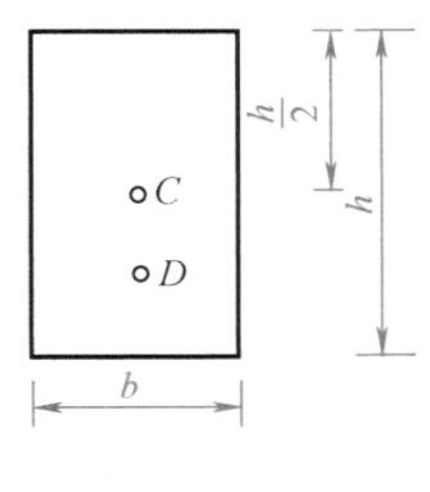

图 2-23　矩形平面上的总压力

用压强分布图计算总压力及总压力的作用点。压强分布图的面积为

$$S=\frac{1}{2}\rho g h^2$$

压强分布图的面积等于单位宽度上的总压力。矩形平面上的总压力等于压强分布图的面积乘以矩形宽度，即

$$F=Sb=\frac{1}{2}\rho g b h^2$$

压强分布图的形心的 y 坐标为$\dfrac{2}{3}h$，总压力的作用点位于压强分布图的形心处，对称图形 $x_D=x_C$。

三、曲面上总压力计算

工程上常见的二维 ab 曲面，面积为 A，如图 2-24 所示，求液体作用在曲面 ab 上的总压力。

在曲面 ab 上取一微元面积 $\mathrm{d}A$，作用力为

$$\mathrm{d}F=p\mathrm{d}A=\rho gh\mathrm{d}A$$

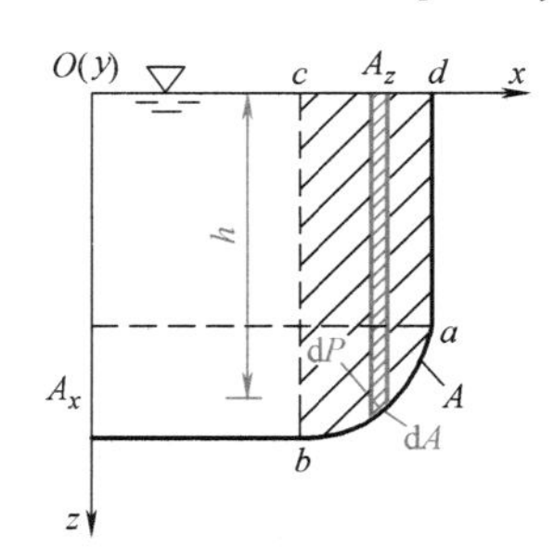

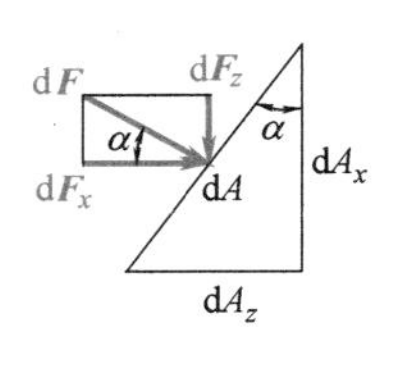

图 2-24　曲面上液体的总压力

将 $\mathrm{d}F$ 沿水平和垂直方向分解成 $\mathrm{d}F_x$、$\mathrm{d}F_z$，分别在相应投影面积 A_x、A_z 上积分，得水平分力 F_x 和垂直分力 F_z

$$\mathrm{d}F_x=\mathrm{d}F\cos\alpha=\rho gh\mathrm{d}A\cos\alpha=\rho gh\mathrm{d}A_x$$

$$\mathrm{d}F_z=\mathrm{d}F\sin\alpha=\rho gh\mathrm{d}A\sin\alpha=\rho gh\mathrm{d}A_z$$

将 $\mathrm{d}F_x$、$\mathrm{d}F_z$ 分别在 A_x、A_z 上积分

$$F_x=\iint_{A_x}\mathrm{d}F_x=\rho g\iint_{A_x}h\mathrm{d}A_x=\rho gh_CA_x \tag{2-17a}$$

$$F_z=\iint_{A_z}\mathrm{d}F_z=\rho g\iint_{A_z}h\mathrm{d}A_z=\rho gV \tag{2-17b}$$

式中，h_CA_x 为面积 A 在 Oyz 坐标面上的投影面积 A_x 对 y 轴的面积矩，$\iint_{A_x}h\mathrm{d}A_x=h_CA_x$；$V$ 为图 2-24 中阴影部分 $abcd$ 体积，称为压力体，有 $\iint_{A_z}h\mathrm{d}A_z=V$。

静止液体作用在曲面 ab 上总压力的水平分力等于作用在这一曲面的垂直投影面上的总压力，垂直分力等于压力体的液体重力。

压力体是从积分 $\iint_{A_z}h\mathrm{d}A_z$ 得到的，是一个纯数学的概念。即压力体中无论是否存在液体，压力体大小均相同。图 2-25 所示两个形状、尺寸、淹没深度都相同的曲面 ab，这两个曲面的压力体相等。为了区别，称有液体的压力体为实压力体，没有液体的压力体为虚压力体，并用实线表示实压力体，虚线表示虚压力体。实压力体 F_z 表现为压力（方向向下），虚压力体 F_z 表现为浮力（方向向上）。

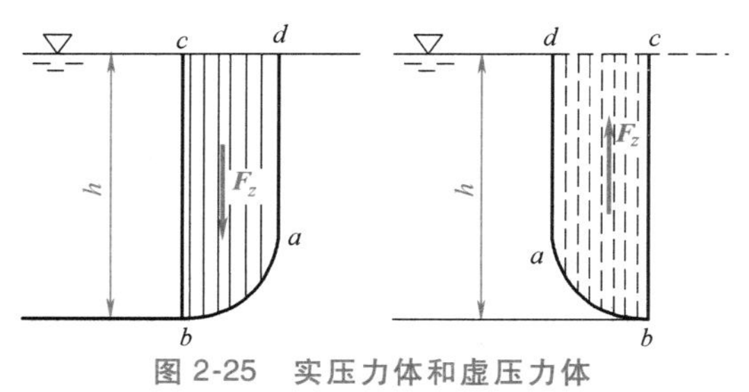

图 2-25　实压力体和虚压力体

第七节　浮体和潜体的稳定性

在工程问题中，常需要求解浸没在静止液体中的潜体和漂浮在液面上的浮体所受的液体总压力，即所谓的浮力问题，如漂浮在湖面上的物体所受的力等。

一、阿基米德原理

设有一物体完全浸没在静止的液体中，如图 2-26 所示。

先研究物体表面所受水平方向的液体压力。为此，将物体分成许多极其微小的水平棱柱体，其轴线平行于 x 轴，如图中的 M 所示。因水平棱柱体的两端面积极其微小，可认为在同一高程，且其上各点的液体压强相等。所以，作用在微小面积上的液体的两端压力的大小相等，而方向相反。因此，作用在物体全部表面上的力在水平方向的合力等于零。同样，作用在物体全部表面上沿 y 轴的水平分力的合力也为零。

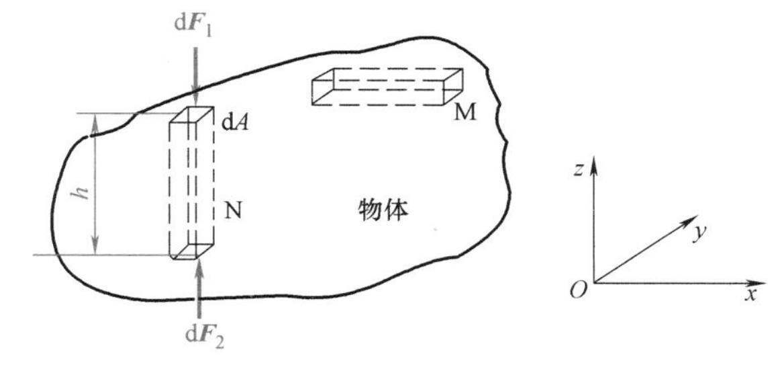

图 2-26　沉没在液体中的物体受力

再研究物体表面所受垂直方向的液体压力。为此，将物体分成许多极其微小的铅垂棱柱体，其轴线平行于 z 轴，如图中 N 所示。因铅垂棱柱体的两端面积 $dA(dA_z)$ 极其微小，可以认为是一个平面，且两者面积相等。两端面的铅垂深度为 h；作用在微小铅垂棱柱体顶面和底面上的液体压力的合力 dF_z 的方向向上，其大小为

$$dF_z = \rho g h dA = \rho g dV \tag{2-18}$$

式中，dV 为微小铅垂棱柱体的体积。

作用在物体全部表面上的力在铅垂方向的合力 F_z 为

$$F_z = \int_V \rho g dV = \rho g V \tag{2-19}$$

式中，ρ 为液体的密度；V 为浸没于液体中的物体体积。

式（2-19）表明：作用在浸没于液体中物体的总压力（即浮力）的大小等于物体所排开的同体积的液体的重量，方向向上，作用线通过物体的几何中心（也称浮心），这就是阿基米德原理。

阿基米德原理对于漂浮在液面的物体（浮体）来说，也是适用的，此时式（2-19）中的物体体积不是整个物体的体积，而是浸没在液体中的那部分体积。

一切浸没于液体中或者漂浮在液面上的物体，均受到两个作用力：物体的重力 G 和浮力 F_z。重力的作用线通过重心而垂直向下，浮力的作用线通过浮心而竖直向上。根据重力 G 和浮力 F_z 的大小，有以下三种可能性：

1）当 $G>F_z$ 时，物体继续下沉。

2）当 $G=F_z$ 时，物体可以在液体中任何深度处维持平衡。

3）当 $G<F_z$ 时，物体上升，减小浸没在液体中的物体体积，从而减小浮力。当所受浮力等于物体重力时，则达到平衡。

二、潜体及浮体的稳定性

上面提到的重力和浮力相等，只是潜体维持平衡的必要条件。只有物体的重心和浮心同时位于同一铅垂线上，潜体才会处于平衡状态。

潜体在倾斜后恢复其原来平衡位置的能力，称为潜体的稳定性。当液体在流体中倾斜后，能否恢复原来的平衡状态，按照重心 C 和浮心 D 在同一铅垂线上的相对位置，有三种可能性：

1）重心 C 位于浮心 D 的下方，如图 2-27a 所示。潜体如有倾斜，重力 G 和浮力 F_z 能形成一个使潜体恢复到原来平衡位置的转动力矩，使潜体能恢复原位。这种情况下的平稳称为稳定平衡。

2）重心 C 位于浮心 D 之上，如图 2-27b 所示。潜体如有倾斜，重力 G 和浮力 F_z 将产生一个使潜体继续倾斜的转动力矩，潜体不能恢复其原位。这种情况的平衡称为不稳定平衡。

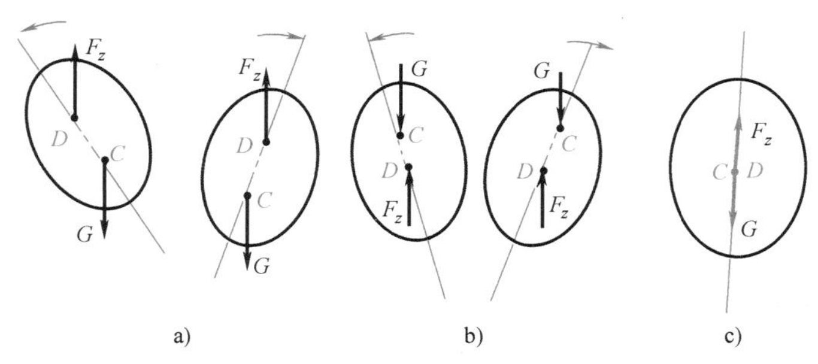

图 2-27　潜体的稳定性分析

3）重心 C 和浮心 D 相重合，如图 2-27c 所示。潜体如有倾斜，重力 G 和浮力 F_z 不会产生转动力矩，潜体处于随遇平衡状态下不再恢复原位。这种情况下的平衡称为随遇平衡。

从以上的讨论可以知道，为了保持潜体的稳定，潜体的重心必须位于浮心以下。

浮体的平衡条件和潜体一样，如图 2-28 所示。浮体的重心位置 C 不因倾斜面改变（如果在容器内装有自由液面的液体，则容器倾斜后重心不在原来的位置上），而浮心则因浸入液体中的那一部分体积形状的改变，从原来的 D 点移动到 D' 的位置。浮体与自由表面相交的平面称为浮面，垂直于浮面并通过重心 C 的垂直线称为浮轴。当浮体处于原来的平衡位置时，浮心和重心都在浮轴上；倾斜后浮力和浮轴不重合，相交于点 M 定倾中心。定倾中心到浮心 D 的距离称为定倾半径，以 ρ 表示。重心和原浮心的距离为偏心距，以 e 表示。浮体倾斜后能否恢复其原平衡位置，取决于重心和定倾中心的相对位置，存在以下三种情况：

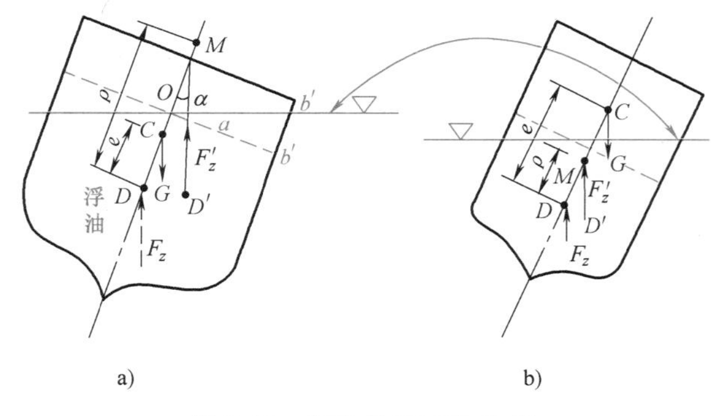

图 2-28　浮体的稳定性分析

1）$\rho>e$，即 M 点高于 C 点，如图 2-28a 所示。这时重力 G 和倾斜后的浮力 F_z' 构成一个使浮体恢复到原来平衡位置的转动力矩，浮体处于稳定平衡状态。

2）$\rho<e$，即 M 点低于 C 点，如图 2-28b 所示。这时重力 G 和倾斜后的浮力 F_z' 构成一个使浮体继续转动的转动力矩，浮体处于不稳定平衡状态。

3）$\rho=e$，即 M 点与 C 点重合。这时重力 G 和倾斜后的浮力 F_z' 不会产生转动力矩，浮体处于随遇平衡状态。

从以上的讨论可以知道，为了保持浮体的稳定，浮体的定倾中心 M 必须高于物体的重心 C，即 $\rho>e$。但是，重心 C 在浮心 D 之上时，其平衡仍有可能是稳定的，这由图 2-28a 可以看出。浮体稳定性的具体计算可参阅相关文献。

习　题

2-1　如图 2-29 所示，一开口测压管与一封闭盛水容器相通，若测压管中的水柱高出容器液面 $h=2\text{m}$，求容器液面上的压强。

2-2　如图 2-30 所示，压差计中水银柱高差 $\Delta h=0.36\text{m}$，A、B 两容器盛水，位置高差 $\Delta z=1\text{m}$，试求 A、B 容器中心处的压差 p_A-p_B。

2-3　如图 2-31 所示，一复式水银测压计用来测密封水箱中的表面压强 p_0。根据图中读数（单位为 m）求密封水箱中表面的绝对压强和相对压强。

2-4　如图 2-32 所示，在盛有油和水的圆柱形容器的盖上加载荷 $F=5788\text{N}$。已知：$h_1=0.3\text{m}$，$h_2=0.5\text{m}$，$d=0.4\text{m}$，$\rho_{油}=800\text{kg/m}^3$。求 U 形测压管中水银柱的高度 H。

2-5　直径 $D=0.2\text{m}$、高度 $H=0.1\text{m}$ 的圆柱形容器，顶盖中心开口与大气接触。装 2/3 容量的水后，绕其铅垂轴旋转。（1）试求自由液面到达顶部边缘时的转速 n_1。（2）试求自由液面到达底部中心时的转速 n_2。

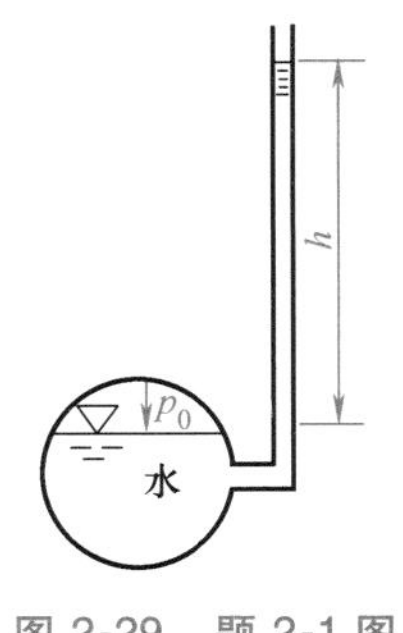

图 2-29　题 2-1 图

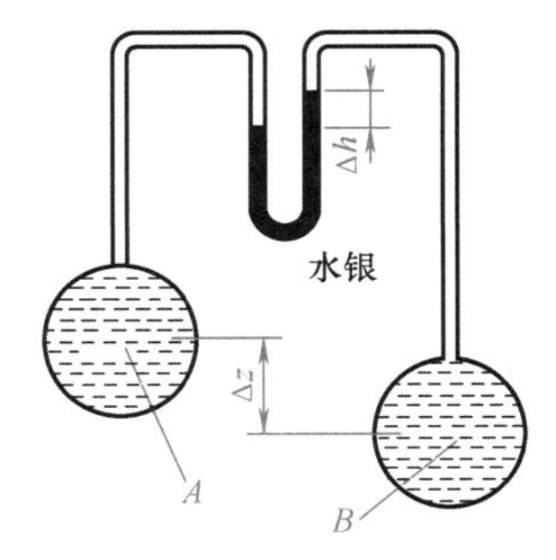

图 2-30　题 2-2 图

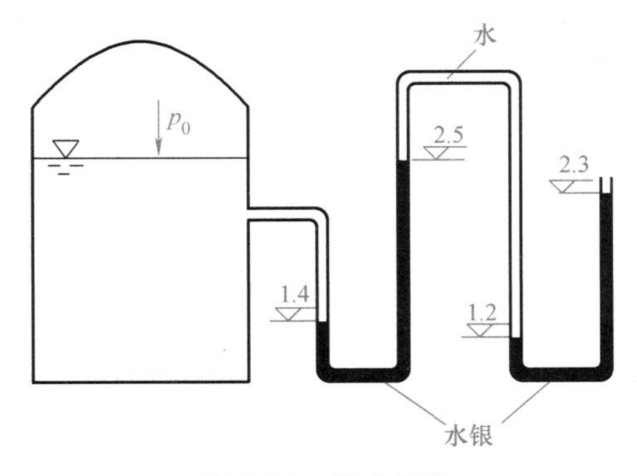

图 2-31　题 2-3 图

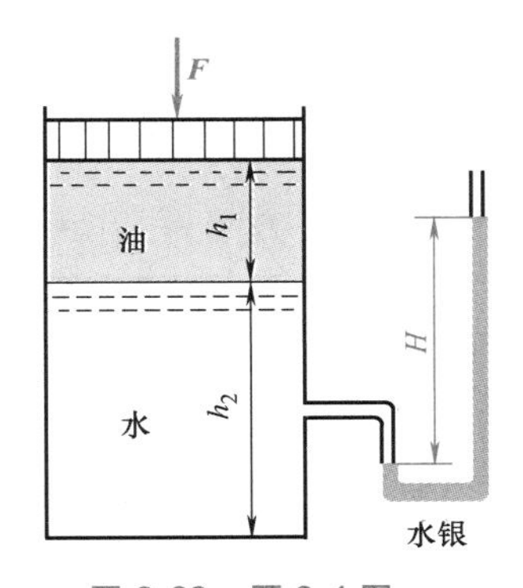

图 2-32　题 2-4 图

2-6　图 2-33 所示为离心分离器，已知：半径 $R=0.15\text{m}$，高 $H=0.5\text{m}$，充水深度 $h=$

0.3m，若容器绕 z 轴以等角速度 ω 旋转。试求：容器以多大极限转速旋转时，才不致使水从容器中溢出。

2-7　如图 2-34 所示，一盛有液体的容器以等加速度 a 沿 x 轴方向运动，容器内的液体被带动也具有相同的加速度 a，将坐标系建在容器上，则液体处于相对平衡状态，单位质量分力为 $f_x=-a$，$f_y=0$、$f_z=-g$。求此情况下液体中的等压面方程和压强分布规律。

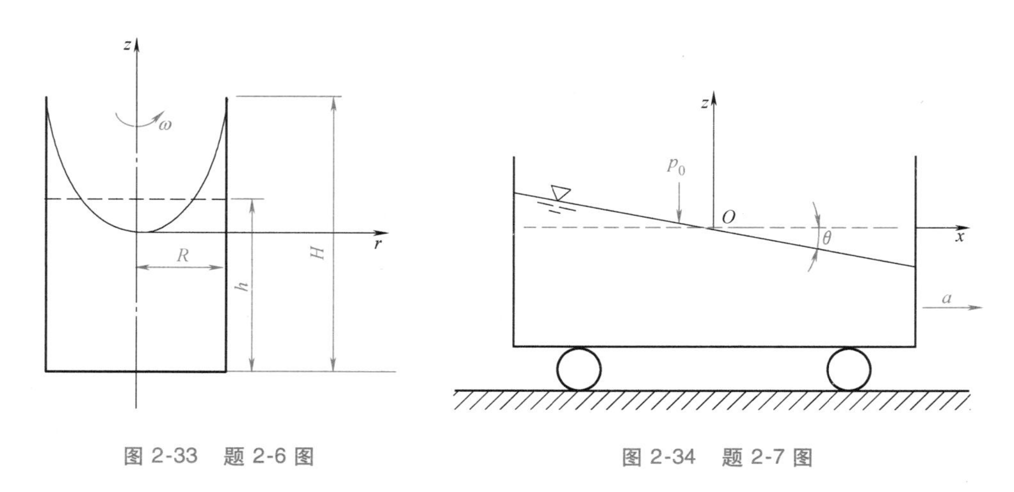

图 2-33　题 2-6 图　　图 2-34　题 2-7 图

2-8　图 2-35 所示矩形闸门 AB，宽 $b=3\text{m}$，门重 $G=9800\text{N}$，$\alpha=60°$，$h_1=1\text{m}$，$h_2=2\text{m}$。试求：（1）下游无水时的启门力 F_T。（2）下游有水，$h_3=1\text{m}$ 时的启门力 F'_T。

2-9　图 2-36 所示为一溢流坝上挡水的弧形闸门 AB，已知：$R=10\text{m}$，$h=4\text{m}$，门宽 $b=8\text{m}$，$\alpha=30°$。求作用在该弧形闸门上的静水总压力。

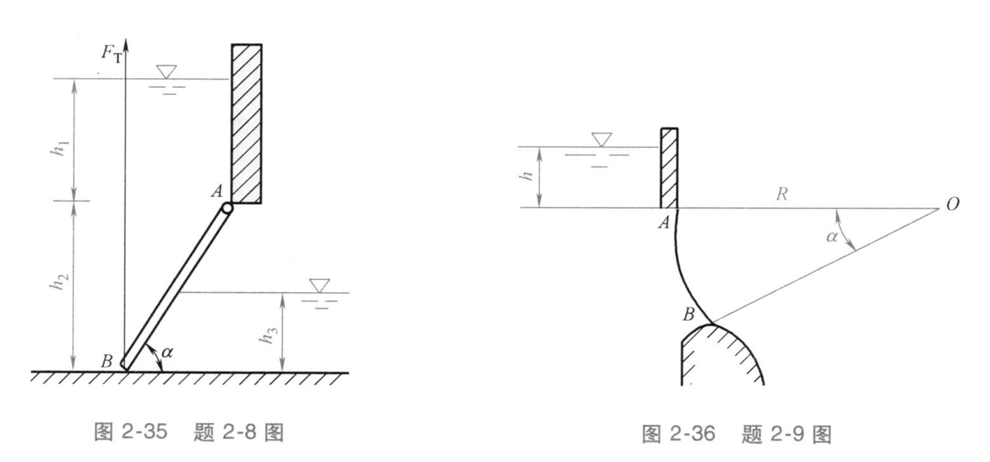

图 2-35　题 2-8 图　　图 2-36　题 2-9 图

2-10　如图 2-37 所示，绕轴 O 转动的自动开启式水闸，当水位超过 $H=2\text{m}$ 时，闸门自动开启。若闸门另一侧的水位 $h=0.4\text{m}$，角 $\alpha=60°$，试求铰链的位置 x。

2-11　如图 2-38 所示，边长 $a=1\text{m}$ 的立方体，上半部分的相对密度是 0.6，下半部分的相对密度是 1.4，平衡于两层不相混的液体中，上层液体相对密度是 0.9，下层液体相对密度是 1.3。求立方体底面在两种液体交界面下的深度 x。

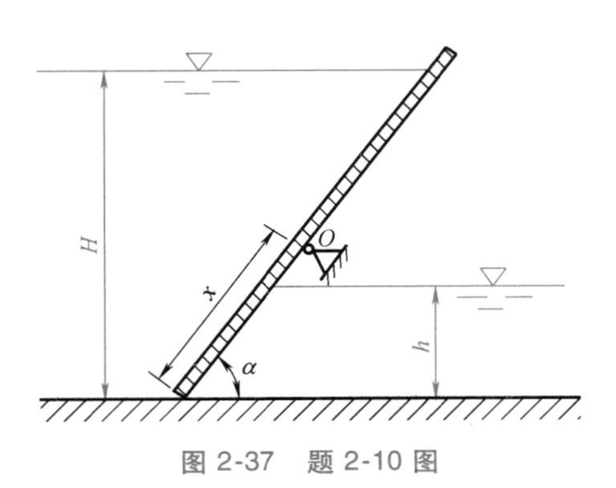

图 2-37　题 2-10 图

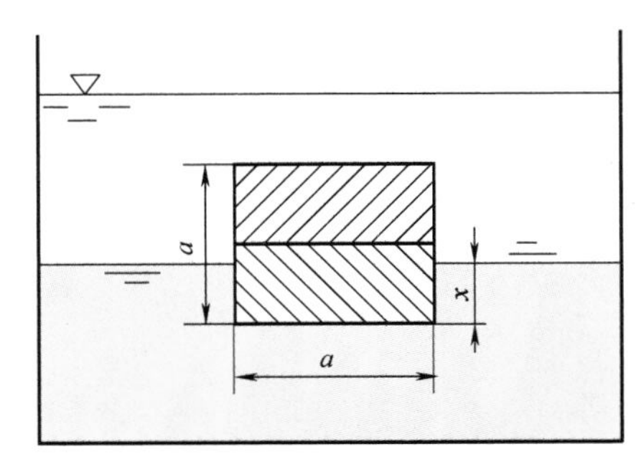

图 2-38　题 2-11 图

第三章

流体运动学基础

流体运动学主要研究流体的速度、加速度等运动参数的变化规律。本章主要介绍描述流体运动的两种方法、流体运动分类、连续方程和流体微团的运动等。

第一节 描述流体运动的两种方法

描述流体运动的速度、加速度等运动参数都是空间点的坐标和时间的连续函数。根据着眼点的不同，描述流体运动有两种不同的方法。一是研究组成整个运动流体的每一个流体质点的运动情况，认为流体的运动是每一个流体质点运动的综合，这种方法称为**拉格朗日法**或**质点系法**；二是在流体所占据的空间中，对每一个固定的空间点，研究流体质点经过该点时运动参数的变化情况，流体的运动可认为是空间各点运动参数情况的综合，称为**欧拉法**或**流场法**。

图 3-1 所示为两种测量流速的方法。图 3-1a 中把随液体运动的漂浮物看作流体质点，测量流体质点的流速（$v=s/t$）；图 3-1b 中用一根直角弯管（总压管）对准来流方向，测量固定空间点处的流速（$v=\sqrt{2gh}$）。这两种方法分别对应描述流体运动的拉格朗日法和欧拉法。

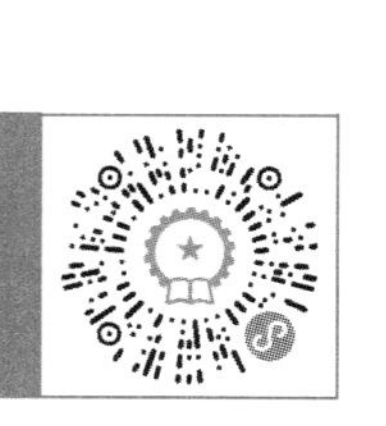

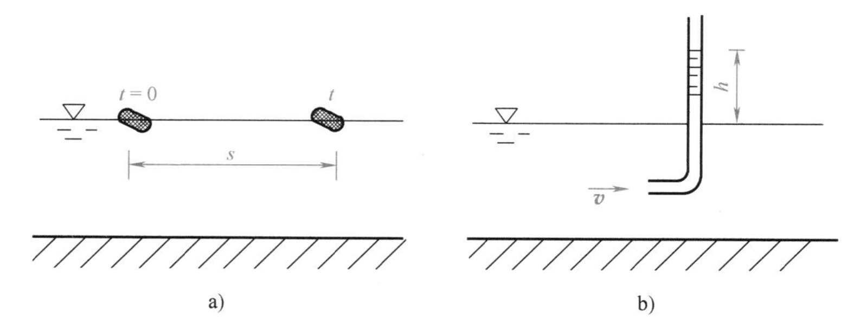

图 3-1 两种测量流速的方法

一、拉格朗日法

拉格朗日法着眼于流体各质点的运动情况，研究每一个流体质点的运动，并通过综合所有流体质点的运动情况得到整个流体运动的规律。

拉格朗日法的数学描述：研究初始时刻 $t=0$ 时的任一块流体，从中取一流体质点 $A(a, b, c)$，其速度为$\boldsymbol{v}_0$，在任一时刻 t 时，流体质点 A 运动到 (x, y, z) 处，速度为$\boldsymbol{v}_1$，如图 3-2 所示。

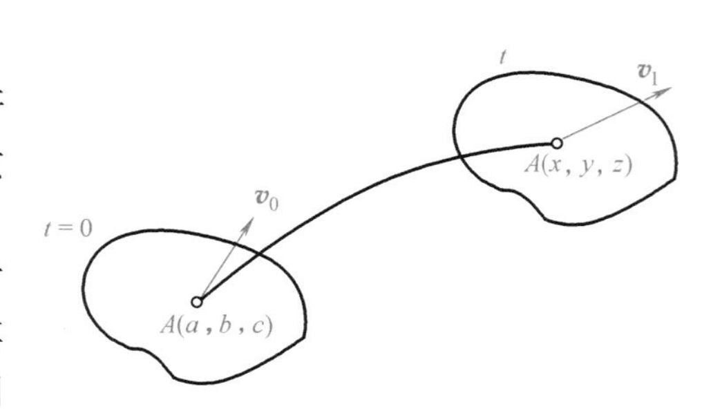

图 3-2 拉格朗日法的数学描述

流体质点在任一时刻的位置坐标（x，y，z）可以表示为时间 t 和初始坐标 $A(a, b, c)$ 的函数，即

$$x=x(a, b, c, t), \quad y=y(a, b, c, t), \quad z=z(a, b, c, t) \tag{3-1a}$$

或

$$\boldsymbol{r}=\boldsymbol{r}(a, b, c, t) \tag{3-1b}$$

式中，a、b、c、t 为拉格朗日变量，当 a、b、c 固定时，表示某个流体质点在 t 时刻所处的位置；当 t 固定时，表示某一瞬时不同流体质点在空间的分布情况。

流体质点的速度、加速度等也可以表示为初始坐标和时间的函数

$$\boldsymbol{v}=\boldsymbol{v}(a, b, c, t)=\frac{\partial \boldsymbol{r}(a, b, c, t)}{\partial t} \tag{3-2a}$$

$$\boldsymbol{a}=\boldsymbol{a}(a, b, c, t)=\frac{\partial^2 \boldsymbol{r}(a, b, c, t)}{\partial t} \tag{3-2b}$$

拉格朗日法的物理概念清楚，用这种方法来研究，必须了解每一个流体质点的运动情况。由于流体运动的复杂性，在数学处理上常会遇到很多困难，在研究流体运动时，除波浪运动、流体振动等少数流体运动的研究使用这一方法外，其他流体运动的研究均采用欧拉法。

二、欧拉法

欧拉法着眼于研究流体质点经过固定空间点时的流动情况，研究流体质点经过某一空间点时的速度、压强、密度等的变化规律，并通过综合流场（充满运动流体的空间）中所有空间点上流体质点的运动参数及变化规律得到整个流场的运动特性。

在气象观测中广泛使用欧拉法，在各地设立的气象站（相当于空间点），把同一时间观察到的气象要素报到规定的通信中心，绘制成同一时刻的气象图，据此进行天气预报。

用欧拉法研究流体运动时，将速度、加速度和压强等流动参数表示为空间坐标 x、y、z 和时间 t 的函数，即

$$\boldsymbol{v}=\boldsymbol{v}(x, y, z, t), \quad \boldsymbol{a}=\boldsymbol{a}(x, y, z, t), \quad p=p(x, y, z, t) \tag{3-3}$$

式中，x、y、z、t 为欧拉变量。

式（3-3）中，当 x、y、z 固定时，表示某一个确定空间点上的运动参数随时间的变化；当 t 固定时，表示某一瞬时运动参数在空间的分布规律。

借以观察流体流动的空间区域称为控制体，控制体的表面称为控制面，控制体可以有流体进出。采用拉格朗日法和欧拉法研究流体的运动是分别基于流体系统和控制体进行的（图 3-3）。流体系统运动时，其位置、形状都可能发生变化，但系统内所含流体质量不会增加也不会减少，即系统的质量是守恒的。

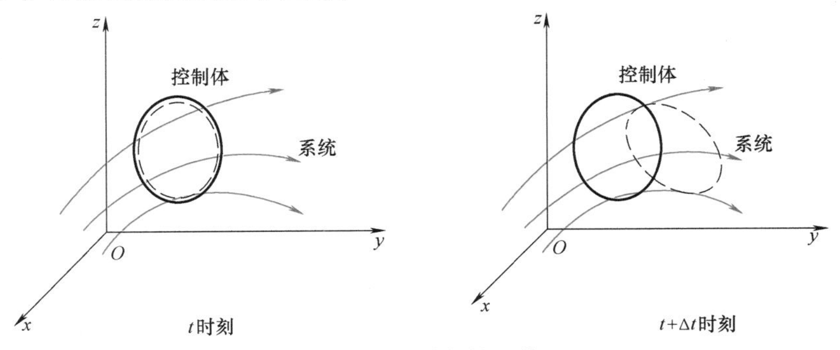

图 3-3　系统与控制体

三、质点加速度

在拉格朗日法中，由于流体质点的轨迹已经确定，因此加速度容易求得（$\boldsymbol{a}=\partial^2\boldsymbol{r}/\partial t^2$）。在欧拉法中，流体质点的运动轨迹未知，而只是给出了每个空间点的速度分布。如图 3-4 所示，通过空间点 $A(x, y, z)$ 的流体质点的速度为$\boldsymbol{v}_0$（x，y，z，t），经过 Δt 时刻，通过空间点 $B(x+\Delta x, y+\Delta y, z+\Delta z)$ 的流体质点的速度为$\boldsymbol{v}_1$，（$x+\Delta x$，$y+\Delta y$，$z+\Delta z$，$t+\Delta t$）。其中 AB 是一段可能的运动轨迹。

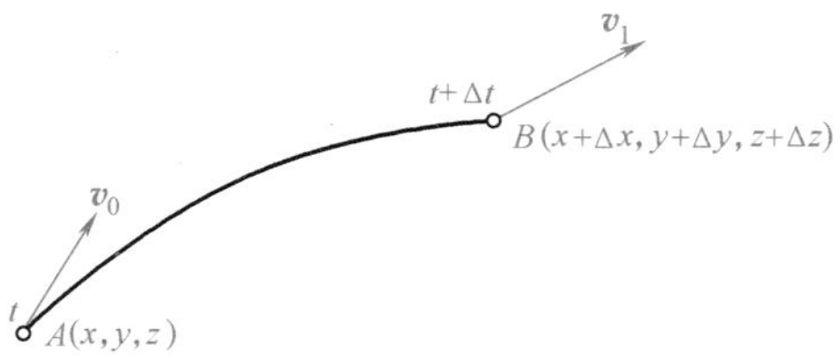

图 3-4　流体质点的运动

按照加速度的定义，流体质点的加速度等于速度对时间的变化率，即

$$\boldsymbol{a}=\lim_{\Delta t\to 0}\frac{\Delta \boldsymbol{v}}{\Delta t}=\lim_{\Delta t\to 0}\frac{\boldsymbol{v}_1-\boldsymbol{v}_0}{\Delta t} \tag{3-4}$$

速度是空间坐标和时间的函数，因此速度的变化可表示为

$$\Delta \boldsymbol{v}=\boldsymbol{v}_1(x+\Delta x, y+\Delta y, z+\Delta z, t+\Delta t)-\boldsymbol{v}_0(x, y, z, t)=\frac{\partial \boldsymbol{v}}{\partial t}\Delta t+\frac{\partial \boldsymbol{v}}{\partial x}\Delta x+\frac{\partial \boldsymbol{v}}{\partial y}\Delta y+\frac{\partial \boldsymbol{v}}{\partial z}\Delta z \tag{3-5}$$

因此，流体质点的加速度为

$$\boldsymbol{a}=\frac{\mathrm{d}\boldsymbol{v}}{\mathrm{d}t}=\lim_{\Delta t\to 0}\frac{\Delta \boldsymbol{v}}{\Delta t}=\frac{\partial \boldsymbol{v}}{\partial t}\frac{\Delta t}{\Delta t}+\frac{\partial \boldsymbol{v}}{\partial x}\frac{\Delta x}{\Delta t}+\frac{\partial \boldsymbol{v}}{\partial y}\frac{\Delta y}{\Delta t}+\frac{\partial \boldsymbol{v}}{\partial z}\frac{\Delta z}{\Delta t}=\frac{\partial \boldsymbol{v}}{\partial t}+v_x\frac{\partial \boldsymbol{v}}{\partial x}+v_y\frac{\partial \boldsymbol{v}}{\partial y}+v_z\frac{\partial \boldsymbol{v}}{\partial z} \tag{3-6a}$$

分量形式为

$$\begin{cases} a_x=\dfrac{\mathrm{d}v_x}{\mathrm{d}t}=\dfrac{\partial v_x}{\partial t}+v_x\dfrac{\partial v_x}{\partial x}+v_y\dfrac{\partial v_x}{\partial y}+v_z\dfrac{\partial v_x}{\partial z} \\ a_y=\dfrac{\mathrm{d}v_y}{\mathrm{d}t}=\dfrac{\partial v_y}{\partial t}+v_x\dfrac{\partial v_y}{\partial x}+v_y\dfrac{\partial v_y}{\partial y}+v_z\dfrac{\partial v_y}{\partial z} \\ a_z=\dfrac{\mathrm{d}v_z}{\mathrm{d}t}=\dfrac{\partial v_z}{\partial t}+v_x\dfrac{\partial v_z}{\partial x}+v_y\dfrac{\partial v_z}{\partial y}+v_z\dfrac{\partial v_z}{\partial z} \end{cases} \tag{3-6b}$$

写成矢量形式，即

$$\boldsymbol{a}=\frac{\mathrm{d}\boldsymbol{v}}{\mathrm{d}t}=\frac{\partial \boldsymbol{v}}{\partial t}+(\boldsymbol{v}\cdot\nabla)\boldsymbol{v} \tag{3-6c}$$

式中，∇是矢量微分算子，$\nabla=\boldsymbol{i}\dfrac{\partial}{\partial x}+\boldsymbol{j}\dfrac{\partial}{\partial y}+\boldsymbol{k}\dfrac{\partial}{\partial z}$。

用欧拉法描述流体运动时，流体质点的加速度由两部分组成：$\dfrac{\partial \boldsymbol{v}}{\partial t}$是通过某一空间点处流体质点速度随时间的变化而产生的，称为当地加速度或时变加速度。$(\boldsymbol{v}\cdot\nabla)\boldsymbol{v}$ 是某一时刻流体质点的速度随空间点的变化而引起的，称为迁移加速度或位变加速度。

图 3-5 所示水箱里的水经收缩管道流出。由于水箱中的水位逐渐下降，收缩管道内同一点 A 处的流速随时间不断减小。

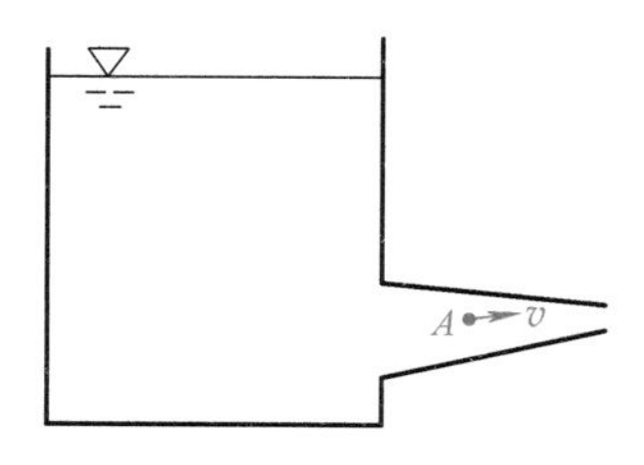

图 3-5　收缩管道中的加速度

由于管段收缩，同一时刻收缩管内各点处的流速又沿程增加。前者引起的加速度为当地加速度，后者引起的加速度为迁移加速度。

第二节 流体运动的基本概念

一、迹线与流线

1. 迹线

迹线是流体质点的运动轨迹，是某一流体质点在不同时刻所在位置的连线。例如，在水面上放一木块，木块随水流漂移的路线可认为是迹线。

迹线是拉格朗日法对流动的几何描述，其数学表达式为

$$\frac{\mathrm{d}x}{\mathrm{d}t}=v_x(x,y,z,t),\quad \frac{\mathrm{d}y}{\mathrm{d}t}=v_y(x,y,z,t),\quad \frac{\mathrm{d}z}{\mathrm{d}t}=v_z(x,y,z,t) \tag{3-7}$$

式中，t 为自变量；x、y、z 为 t 的函数。

2. 流线

流线是流场中某一瞬时的一条光滑曲线，曲线上每一个流体质点的速度矢量均与曲线相切。流线是同一时刻由不同流体质点所组成的曲线，如图 3-6 所示。

设流线上任一点 M（x，y，z）处速度为$\boldsymbol{v}$（x，y，z，t），沿切向取微元线段 d$\boldsymbol{s}$，根据流线的定义，位于该点处的流体质点的速度$\boldsymbol{v}$ 与 d$\boldsymbol{s}$ 方向一致，即

$$\boldsymbol{v}\times\mathrm{d}\boldsymbol{s}=\mathbf{0} \tag{3-8a}$$

写成直角坐标形式为

$$\frac{\mathrm{d}x}{v_x(x,y,z,t)}=\frac{\mathrm{d}y}{v_y(x,y,z,t)}=\frac{\mathrm{d}z}{v_z(x,y,z,t)} \tag{3-8b}$$

式中，v_x、v_y、v_z 是空间坐标 x、y、z 和时间 t 的函数，其中 t 为参变量。

式（3-8）积分时，t 作为常数处理。

如果将流场中各点的流线同时画出，这些流线描述了流场的流动图像，称为流谱，图 3-7 所示为绕翼型流动的流谱。

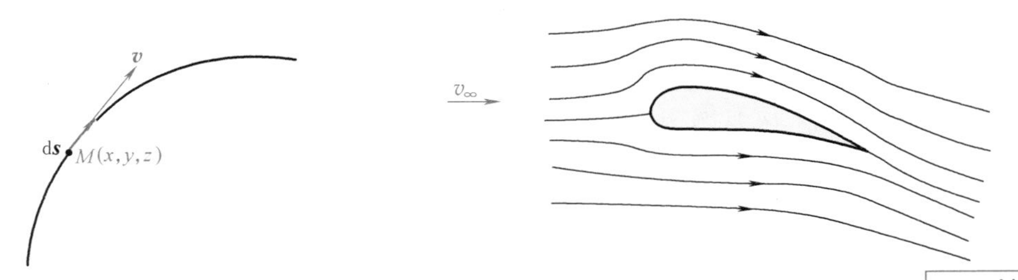

图 3-6 流线的概念　　图 3-7 绕翼型流动的流谱

二、定常流动、非定常流动

若流场中各空间点上的流动参数（速度、压强等）都不随时间变化，这种流动称为定常流动，否则称为非定常流动。

在定常流动中，所有流动参数对时间的偏导数为零，仅为空间位置坐标的函数。速度的

数学表达式为

$$\frac{\partial \boldsymbol{v}}{\partial t}=\mathbf{0} \quad 或 \quad \boldsymbol{v}=\boldsymbol{v}(x, y, z) \tag{3-9}$$

两种流动如图 3-8 所示，水箱中的水经孔口流出。当水位保持不变时，从孔口的出流即为定常流动，如图 3-8a 所示；当水位随时间变化时，从孔口的出流即为非定常流动，如图 3-8b 所示。

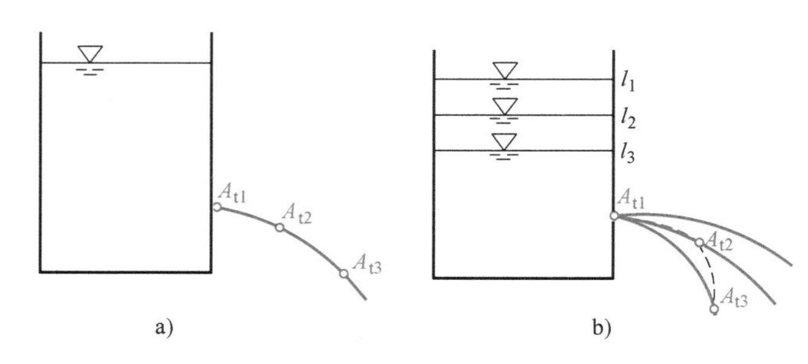

图 3-8　定常流动与非定常流动

严格地说自然界及工程中的流动都属于非定常流动。实际工程中，若观察和分析问题的时间段内，流动参数随时间的变化很小，可看作定常流动。图 3-8 中，若容器很大，则流动可以视为定常流动。

流线具有以下性质：

1）定常流时，流线形状不随时间变化，流线和迹线重合，如图 3-8a 所示。非定常流时，流线与迹线不重合，如图 3-8b 所示。

2）流场中，除速度为零的点（驻点）、速度为无穷大的点（奇点）外，流线既不能相交，也不能突然转折。

3）流线没有大小、粗细，但有疏密，疏的地方表示流速小，密的地方表示流速大。

三、均匀流动、非均匀流动

若流场中各空间点上的流动参数（主要是速度）都不随位置变化，这种流动称为**均匀流动**，否则称为**非均匀流动**。均匀流动中各流线是彼此平行的直线，过流断面上的流速分布沿程不变，迁移加速度等于零，过流断面为平面。

在均匀流动中，所有流动参数对坐标的偏导数为零，仅为时间的函数，速度的数学表达为

$$\frac{\partial \boldsymbol{v}}{\partial x}=\frac{\partial \boldsymbol{v}}{\partial y}=\frac{\partial \boldsymbol{v}}{\partial z}=\mathbf{0} \quad 或 \quad \boldsymbol{v}=\boldsymbol{v}(t) \tag{3-10}$$

图 3-9 给出了以上定义的均匀流动与非均匀流动的速度分布。图 3-9a 所示为均匀流动，图 3-9b 所示为非均匀流动。在实际工程中，对均匀长直管道，则图 3-9b 所示速度分布沿程不变，可认为是均匀流动。

实际工程中的流体流动大多为流线彼此不平行的非均匀流动。按流线沿程变化的缓急程度，即流线是否接近于平行直线，将非均匀流动分为缓变流动和急变流动。缓变流动是指各流线近似于平行直线的流动。缓变流动中的流线近似平行直线，过流断面近似为平面。定常

缓变流动过流断面上流体动压强近似地按静压强分布（图 3-10），即同一过流断面上满足静力学基本方程 $z+\frac{p}{\rho g}\approx C$。

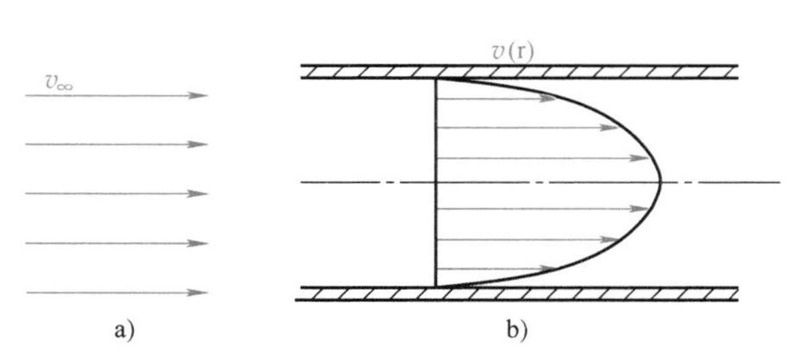

图 3-9 均匀流动与非均匀流动

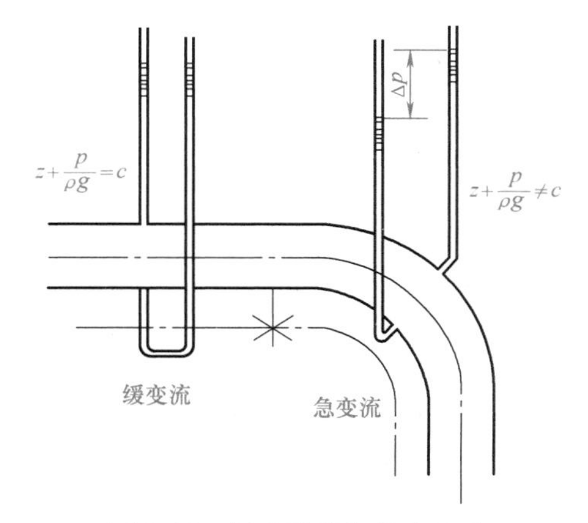

图 3-10 缓变流动和急变流动

四、一元流动、二元流动、三元流动

根据流场中各运动参数与空间坐标的关系，把流体流动分为一元流动、二元流动和三元流动。运动参数仅随一个坐标（包括曲线坐标）变化的流动称为一元流动。

实际工程中的流动，运动参数一般是三个坐标的函数，属于三元流动。通常根据具体问题的性质把它简化为二元流动或一元流动来处理。

图 3-11 所示为实际流体在逐渐扩大的圆管中的流动，速度 v_x 是坐标（r，x）的函数，为二元流动 $v_x=v_x(r, x)$。若用平均流速 $\bar{v}_x$ 代替 v_x，则可简化为一元流动 $\bar{v}_x=\bar{v}_x(x)$。

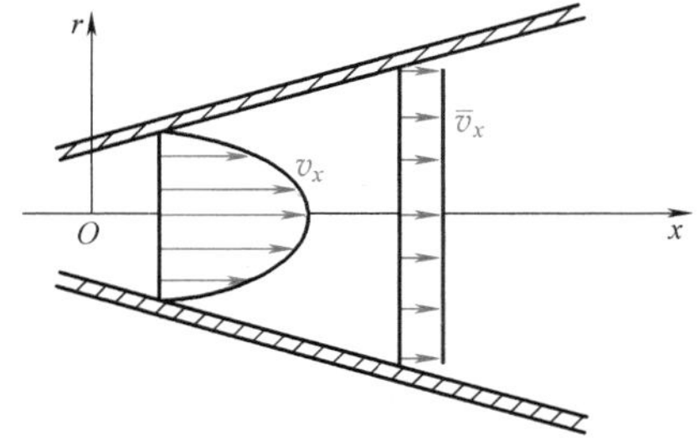

图 3-11 实际流体在逐渐扩大的圆管中的流动

五、流管、流束

在流场中任取一封闭曲线 c（非流线），过 c 上的每一点绘制流线所围成的管状表面称为流管，如图 3-12 所示。根据流线的定义，流管表面的流体速度与流管表面相切。因此，流体质点不会穿过流管表面，流管如同实际管道，其管状表面周界可视为固壁。

流管内部的流体称为流束，断面无穷小的流束为微元流束，微元流束断面上各点的运动参数如速度、压强等可以认为相等。无数微元流束的总和称为总流，如实际工程中的管道流动和明渠水流都是总流。

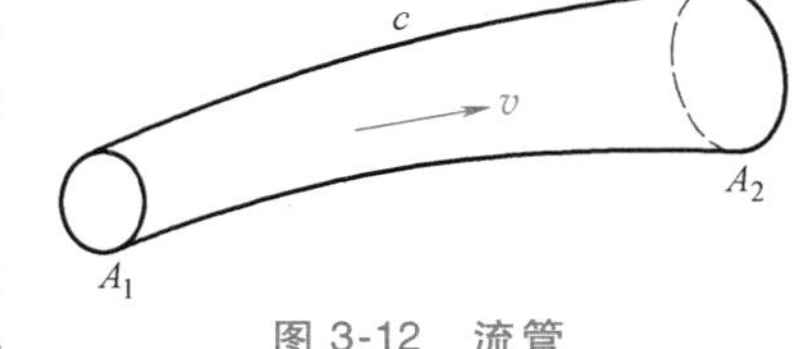

图 3-12 流管

根据总流的边界情况，把总流分为三类：

1）有压流动。总流的全部边界受固体边界的约束，即流体充满管道，如有压水管中的流动。

2）无压流动。总流的边界一部分受固体边界的约束，另一部分与气体接触，形成自由液面，如明渠中的水流。

3）射流。总流的全部边界均无固体边界的约束，如水枪出口后的水射流。

六、过流断面、湿周、水力半径和当量直径

与流束或总流各流线相垂直的横断面称为过流断面（或有效断面）。

当流线相互平行时，过流断面是平面（如图3-13中断面a所示）；流线不平行时，过流断面是曲面（如图3-13中断面b所示）。在实际工程中，对缓变流，通常将过流断面理解为垂直于流动方向的平面。

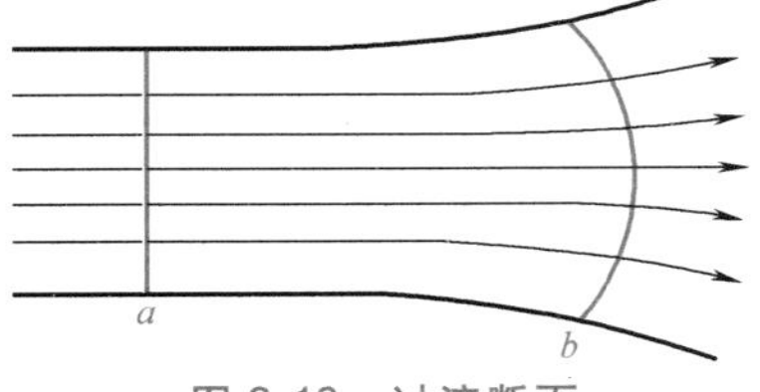

图3-13　过流断面

在总流过流断面上，液体同固体边壁接触部分的周长称为湿周，用符号χ表示。图3-14中给出了三种过流断面对应的湿周。

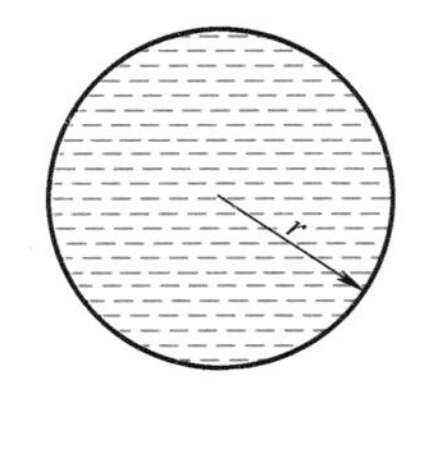

$\chi=2\pi r$

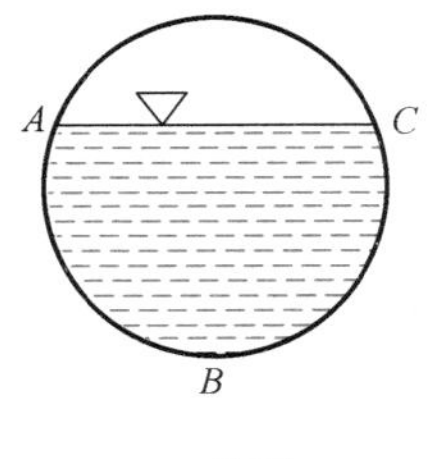

$\chi=\overset{\frown}{ABC}$

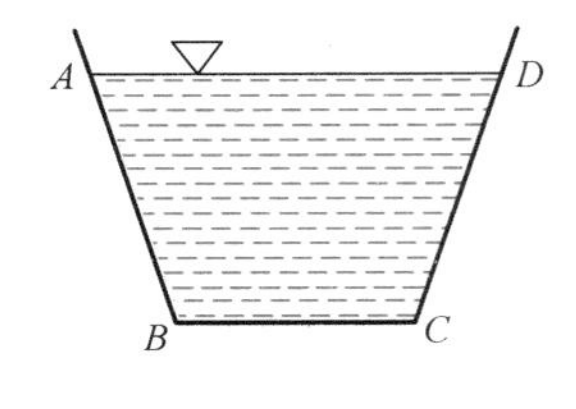

$\chi=\overline{AB}+\overline{BC}+\overline{CD}$

图3-14　湿周

总流的过流断面面积与湿周之比称为水力半径，用R表示，即

$$R=\frac{A}{\chi} \tag{3-11}$$

水力半径的4倍称为当量直径，用d_e表示，即

$$d_e=4\frac{A}{\chi} \tag{3-12}$$

当直径d的圆管内充满液体时，水力半径$R=\frac{d}{2}$，当量直径$d_e=4R=d$。

七、流量、断面平均流速

单位时间内通过某一过流断面的流体量称为流量，通常以体积或质量来衡量，分别称为体积流量或质量流量。在工程中常用体积流量，简称为流量。

体积流量可用如图3-15所示的体积法测量。将水管出口处的阀门开启，如果1s内放满了$0.001m^3$体积的水，则称通过这一水管任一过流断面的体积流量为$0.001m^3/s$。

体积流量（图3-16）的计算公式为

$$q_V=\iint_A \boldsymbol{v}\cdot \mathrm{d}\boldsymbol{A} \tag{3-13a}$$

当过流断面为平面时，上式简化为

$$q_V=\iint_A v\mathrm{d}A \tag{3-13b}$$

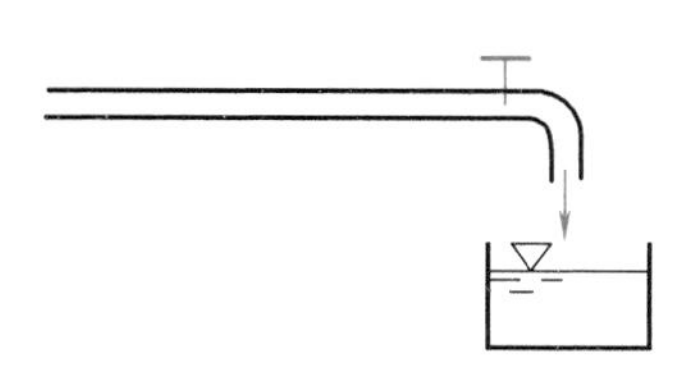

图 3-15 体积法测流量

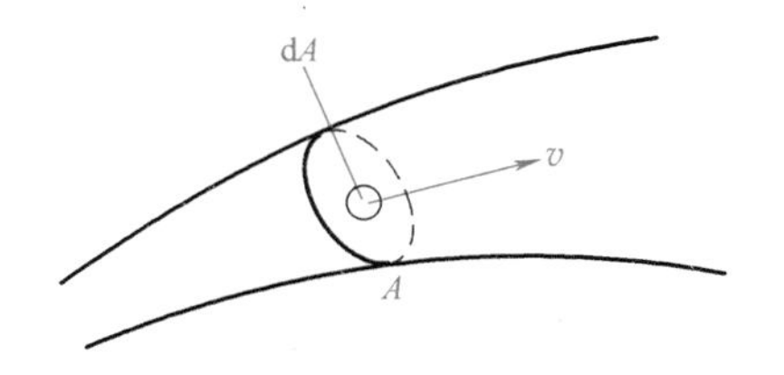

图 3-16 体积流量的计算

将流经过流断面的体积流量 q_V 与过流断面面积 A 之比称为该过流断面上的平均流速，记作 $\bar{v}$（在不引起混淆的情况下，平均流速 $\bar{v}$ 可简写成 v），即

$$\bar{v}=\frac{q_V}{A} \tag{3-14}$$

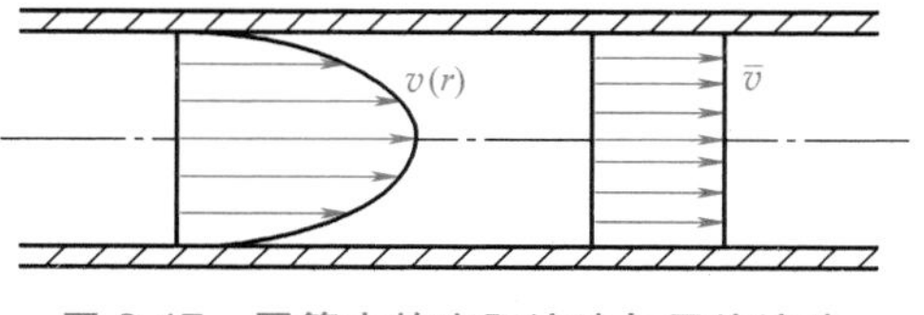

图 3-17 圆管中的实际流速与平均流速

平均流速是将过流断面上不均匀的流速分布看成是均匀的，均匀分布的流速 $\bar{v}$ 所求得的流量与实际流量相等，如图 3-17 所示。引入断面平均流速的概念后，可将流动简化。

八、动能（动量）修正系数

在单位时间内通过某一过流断面的流体动能（动量）用平均流速表示，与实际速度分布求得的流体真实动能（动量）是不相等的，需要乘以动能（动量）修正系数。

在图 3-17 中，实际流速与平均流速分布所求流量、质量分别相等，即

$$\int_A v\mathrm{d}A = \bar{v}A$$

$$\int \rho v\mathrm{d}A = \rho\bar{v}A \text{ 或} \int_A \rho\mathrm{d}q_V = \rho q_V$$

若对应的动能相等，引入动能修正系数 α，有

$$\int_A \frac{1}{2}\rho\mathrm{d}q_V v^2 = \alpha\frac{1}{2}\rho q_V\bar{v}^2$$

则动能修正系数为

$$\alpha=\frac{\int\frac{1}{2}\rho\mathrm{d}q_V v^2}{\frac{1}{2}\rho q_V\bar{v}^2}=\frac{\int\frac{1}{2}\rho v^3\mathrm{d}A}{\frac{1}{2}\rho\bar{v}^3A} \tag{3-15}$$

若对应的动量相等，引入动量修正系数 β，即

$$\int\rho\mathrm{d}q_V v=\beta\rho q_V\bar{v}$$

动量修正系数为

$$\beta=\frac{\int\rho\mathrm{d}q_V v}{\rho q_V\bar{v}}=\frac{\int\rho v^2\mathrm{d}A}{\rho\bar{v}^2A} \tag{3-16}$$

α、β 均与过流断面上流体的速度分布有关，速度分布越均匀，则修正系数越小。当管中流体流动为层流时，$\alpha=2$、$\beta=\frac{4}{3}$；当管中为湍流时，$\alpha\approx\beta\approx1.0$（具体见第六章）。

第三节　连 续 方 程

流体运动的连续方程是质量守恒定律在流体力学中的数学表达式。在连续介质假设的前提下，流体运动时连续地充满整个流场。当研究流体经过流场中某一控制体（固定的空间区域）时，若在某一时段内，流入控制体界面（控制面）的流体质量和流出的流体质量不相等，则这一控制体内一定会有流体密度的变化，以使流体仍然充满整个控制体。若流体是不可压缩的，则流入的流体质量必然等于流出的流体质量。将这一描述用数学形式表达成微分方程，称为连续方程。

一、三维连续微分方程

在流场中取一以点 $A(x, y, z)$ 为中心的正微元六面体作为控制体，边长分别为 $\mathrm{d}x$，$\mathrm{d}y$，$\mathrm{d}z$，如图 3-18 所示。

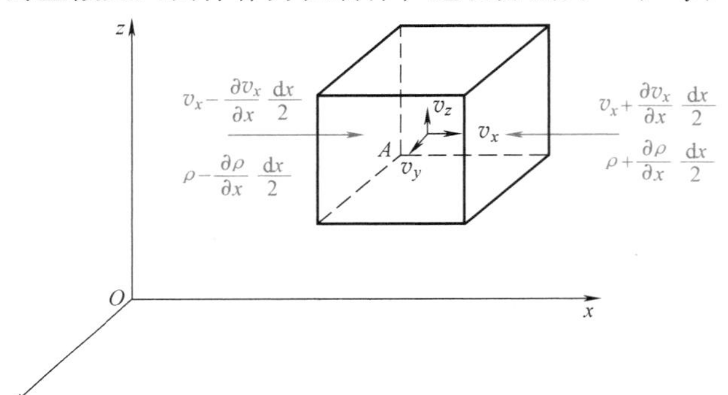

图 3-18　微元正六面体作为控制体

以 x 轴方向为例讨论微元正六面体内的质量变化。设正六面体中心点 $A(x, y, z)$ 处三个速度分量为 v_x、v_y、v_z，密度为 ρ。左、右表面上的速度分量和密度可分别用六面体中心点处的速度和密度的泰勒级数展开的前两项来表示。

左侧表面上中心处速度的 x 分量为 $v_x-\frac{\partial v_x}{\partial x}\frac{\mathrm{d}x}{2}$，密度为 $\rho-\frac{\partial \rho}{\partial x}\frac{\mathrm{d}x}{2}$；右侧表面上中心处的速度的 x 分量为 $v_x+\frac{\partial v_x}{\partial x}\frac{\mathrm{d}x}{2}$，密度为 $\rho+\frac{\partial \rho}{\partial x}\frac{\mathrm{d}x}{2}$。

由于微元正六面体很小，认为表面上的速度、密度是均匀的。$\mathrm{d}t$ 时段内沿 x 方向流入微元正六面体的流体质量为

$$\left(\rho-\frac{\partial \rho}{\partial x}\frac{\mathrm{d}x}{2}\right)\left(v_x-\frac{\partial v_x}{\partial x}\frac{\mathrm{d}x}{2}\right)\mathrm{d}y\mathrm{d}z\mathrm{d}t$$

$\mathrm{d}t$ 时段内沿 x 方向流出微元六面体的流体质量为

$$\left(\rho+\frac{\partial \rho}{\partial x}\frac{\mathrm{d}x}{2}\right)\left(v_x+\frac{\partial v_x}{\partial x}\frac{\mathrm{d}x}{2}\right)\mathrm{d}y\mathrm{d}z\mathrm{d}t$$

$\mathrm{d}t$ 时段内沿 x 方向流入和流出微元六面体的流体质量差为

$$\left(-\rho\frac{\partial v_x}{\partial x}\mathrm{d}x-v_x\frac{\partial \rho}{\partial x}\mathrm{d}x\right)\mathrm{d}y\mathrm{d}z\mathrm{d}t=-\frac{\partial(\rho v_x)}{\partial x}\mathrm{d}x\mathrm{d}y\mathrm{d}z\mathrm{d}t$$

同理，$\mathrm{d}t$ 时段内沿 y、z 方向流入和流出微元六面体的流体质量差分别为

$$-\frac{\partial(\rho v_y)}{\partial y}\mathrm{d}x\mathrm{d}y\mathrm{d}z\mathrm{d}t,\quad -\frac{\partial(\rho v_z)}{\partial z}\mathrm{d}x\mathrm{d}y\mathrm{d}z\mathrm{d}t$$

$\mathrm{d}t$ 时段内流入和流出整个微元六面体的质量差为

$$-\left[\frac{\partial(\rho v_x)}{\partial x}+\frac{\partial(\rho v_y)}{\partial y}+\frac{\partial(\rho v_z)}{\partial z}\right]\mathrm{d}x\mathrm{d}y\mathrm{d}z\mathrm{d}t \tag{3-17}$$

以中心点处的密度ρ作为微元正六面体内的平均密度。$\mathrm{d}t$时段开始时，微元正六面体内流体的平均密度为ρ，$\mathrm{d}t$时段结束后平均密度变为$\rho+\frac{\partial\rho}{\partial t}\mathrm{d}t$。$\mathrm{d}t$时段内控制体内流体的质量增量为

$$\left(\rho+\frac{\partial\rho}{\partial t}\mathrm{d}t\right)\mathrm{d}x\mathrm{d}y\mathrm{d}z-\rho\mathrm{d}x\mathrm{d}y\mathrm{d}z=\frac{\partial\rho}{\partial t}\mathrm{d}t\mathrm{d}x\mathrm{d}y\mathrm{d}z \tag{3-18}$$

由质量守恒定律，$\mathrm{d}t$时段内微元正六面体内质量的增加必然等于流入与流出微元六面体的质量之差，即式（3-17）与式（3-18）相等，整理得

$$\frac{\partial\rho}{\partial t}+\frac{\partial(\rho v_x)}{\partial x}+\frac{\partial(\rho v_y)}{\partial y}+\frac{\partial(\rho v_z)}{\partial z}=0 \tag{3-19}$$

式（3-19）为**微分形式的连续方程**，它确定了流场中速度和密度之间的关系。式(3-19)表明在单位时间内，经控制面流入与流出控制体的质量差，与其内部质量变化的代数和为零。

对于定常流动，$\frac{\partial\rho}{\partial t}=0$，方程简化为

$$\frac{\partial(\rho v_x)}{\partial x}+\frac{\partial(\rho v_y)}{\partial y}+\frac{\partial(\rho v_z)}{\partial z}=0 \tag{3-20}$$

说明流体在单位时间内经单位体积空间流入与流出质量相等，或该空间内质量保持不变。

对于不可压缩流体，式（3-19）进一步简化为

$$\frac{\partial v_x}{\partial x}+\frac{\partial v_y}{\partial y}+\frac{\partial v_z}{\partial z}=0 \tag{3-21}$$

式（3-21）为不可压缩流体的连续方程，它确定了流场中各速度分量之间的关系，对定常流动和非定常流动都适用。

对于二元流动，$v_z=0$，则二元不可压缩流体的连续方程为

$$\frac{\partial v_x}{\partial x}+\frac{\partial v_y}{\partial y}=0 \tag{3-22}$$

二、一元定常不可压缩总流的连续方程

在实际工程中相当多的流动具有一元流动的特征，例如管道中的流动。这种流动的连续方程形式比较简单。

在总流中任取1、2两个过流断面和管壁所围的体积为控制体，如图3-19所示。设过流断面1、2的面积分别为A_1、A_2，平均流速分别为v_1、v_2，流体密度分别为ρ_1、ρ_2。单位时间内流入与流出控制体的质量分别为ρv_1A_1、ρv_2A_2。根据质量守恒定律得

$$\rho v_1A_1-\rho v_2A_2=0$$

对可压缩流体，密度ρ为常数，于是

$$v_1A_1=v_2A_2 \tag{3-23}$$

式（3-23）是一元定常、不可压缩流体的连续方程，表明沿流程方向体积流量保持不变，断面大则流速小，断面小

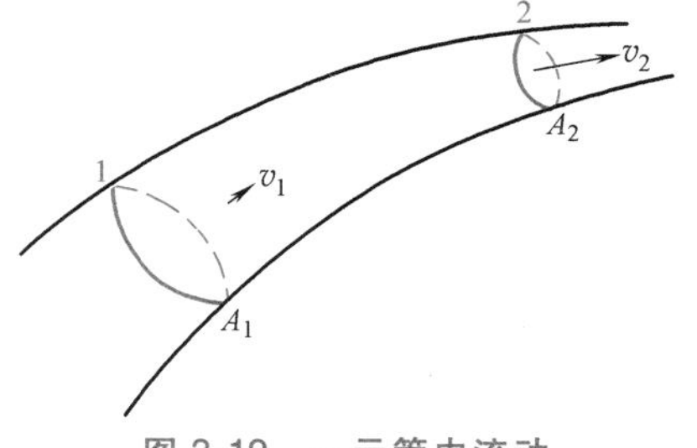

图3-19　一元管内流动

则流速大。

一元总流的连续方程是在流量沿程不变条件下导出的，若沿程有流量流入或流出，则总流的连续方程仍然适用，例如分枝管路。

例 3-1　已知某流场的速度分布为 $v_x=6(x+y)$、$v_y=2y+z$、$v_z=x+y+4z$。试分析流动是否连续（存在）。

解：由速度分布可得

$$\frac{\partial v_x}{\partial x}=6,\quad \frac{\partial v_y}{\partial y}=2,\quad \frac{\partial v_z}{\partial z}=4$$

$$\frac{\partial v_x}{\partial x}+\frac{\partial v_y}{\partial y}+\frac{\partial v_z}{\partial z}=6+2+4=12\neq 0$$

对不可压缩流体，以上流动不连续。对可压缩流体，因密度的变化未给出，故无法判断。

第四节　流体微团的运动

刚体的运动可分解为平移和转动两种形式，流体与刚体的不同主要在于它具有流动性，极易变形。因此流体微团在运动过程中，除与刚体一样可以平移和转动之外，还将发生变形运动，包括线变形和角变形。在一般情况下流体微团的运动可以分解为平移运动、旋转运动和变形运动三部分。

一、流体微团的速度分解公式

如图 3-20 所示，在流场中取流体微团，边长分别为 dx、dy、dz。设某瞬时参考点 $A(x, y, z)$ 的速度分量为 v_x、v_y、v_z，则相邻点 $M(x+dx, y+dy, z+dz)$ 的速度分量为 v_x'、v_y'、v_z'，可表示为

$$v_x'=v_x+\frac{\partial v_x}{\partial x}dx+\frac{\partial v_x}{\partial y}dy+\frac{\partial v_x}{\partial z}dz$$

$$v_y'=v_y+\frac{\partial v_y}{\partial x}dx+\frac{\partial v_y}{\partial y}dy+\frac{\partial v_y}{\partial z}dz$$

$$v_z'=v_z+\frac{\partial v_z}{\partial x}dx+\frac{\partial v_z}{\partial y}dy+\frac{\partial v_z}{\partial z}dz$$

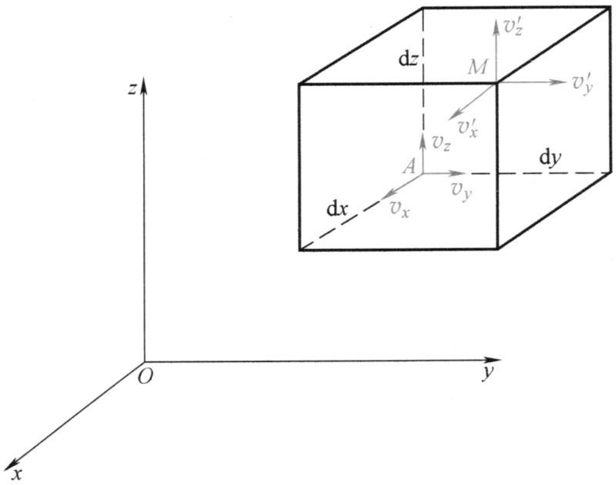

图 3-20　三元流体微团

在第一式中增加 $\pm\left(\frac{1}{2}\frac{\partial v_y}{\partial x}dy+\frac{1}{2}\frac{\partial v_z}{\partial x}dz\right)$ 项，并将最后两项也改成带 $\frac{1}{2}$ 系数的四项，于是上式中第一式变成

$$v_x'=v_x+\frac{\partial v_x}{\partial x}dx+\frac{1}{2}\left(\frac{\partial v_x}{\partial y}+\frac{\partial v_y}{\partial x}\right)dy+\frac{1}{2}\left(\frac{\partial v_x}{\partial z}+\frac{\partial v_z}{\partial x}\right)dz+\frac{1}{2}\left(\frac{\partial v_x}{\partial z}-\frac{\partial v_z}{\partial x}\right)dz-\frac{1}{2}\left(\frac{\partial v_y}{\partial x}-\frac{\partial v_x}{\partial y}\right)dy$$

按类似的方法可将 v_y'、v_z' 也写成上式的形式。

对流体微团的速度分解公式中的各部分进行符号定义，见表 3-1。

表 3-1 流体微团的速度分解公式中的各部分符号定义

直线变形速度	剪切变形速度	旋转角速度
$\varepsilon_{xx}=\frac{\partial v_x}{\partial x}$	$\varepsilon_{xy}=\varepsilon_{yx}=\frac{1}{2}\left(\frac{\partial v_x}{\partial y}+\frac{\partial v_y}{\partial x}\right)$	$\omega_x=\frac{1}{2}\left(\frac{\partial v_z}{\partial y}-\frac{\partial v_y}{\partial z}\right)$
$\varepsilon_{yy}=\frac{\partial v_y}{\partial y}$	$\varepsilon_{xz}=\varepsilon_{zx}=\frac{1}{2}\left(\frac{\partial v_x}{\partial z}+\frac{\partial v_z}{\partial x}\right)$	$\omega_y=\frac{1}{2}\left(\frac{\partial v_x}{\partial z}-\frac{\partial v_z}{\partial x}\right)$
$\varepsilon_{zz}=\frac{\partial v_z}{\partial z}$	$\varepsilon_{yz}=\varepsilon_{zy}=\frac{1}{2}\left(\frac{\partial v_y}{\partial z}+\frac{\partial v_z}{\partial y}\right)$	$\omega_z=\frac{1}{2}\left(\frac{\partial v_y}{\partial x}-\frac{\partial v_x}{\partial y}\right)$

采用表 3-1 中的符号，v_x'、v_y'、v_z' 可写成

$$\begin{cases}v_x'=v_x+\varepsilon_{xx}\mathrm{d}x+(\varepsilon_{xy}\mathrm{d}y+\varepsilon_{xz}\mathrm{d}z)+(\omega_y\mathrm{d}z-\omega_z\mathrm{d}y)\\ v_y'=v_y+\varepsilon_{yy}\mathrm{d}y+(\varepsilon_{yz}\mathrm{d}z+\varepsilon_{yx}\mathrm{d}x)+(\omega_z\mathrm{d}x-\omega_x\mathrm{d}z)\\ v_z'=v_z+\varepsilon_{zz}\mathrm{d}z+(\varepsilon_{zx}\mathrm{d}x+\varepsilon_{zy}\mathrm{d}y)+(\omega_x\mathrm{d}y-\omega_y\mathrm{d}x)\end{cases} \tag{3-24}$$

式（3-24）即为流体微团的速度分解公式，称为亥姆霍兹（Helmholtz）速度分解定理。式（3-24）表明在一般情况下，流体微团的运动可以分为三部分：①以流体微团中某参考点的速度整体做平移运动（v_x，v_y，v_z）；②绕通过该参考点轴的旋转运动（ω_x、ω_y、ω_z）；③流体微团本身的变形运动，其中包括线变形（ε_{xx}、ε_{yy}、ε_{zz}）和角变形（$\varepsilon_{xy}=\varepsilon_{yx}$、$\varepsilon_{xz}=\varepsilon_{zx}$、$\varepsilon_{yz}=\varepsilon_{zy}$）。

二、流体质点运动的三种形式

通过分析平面流体微团的运动，说明亥姆霍兹速度分解公式中各项符号的含义。

平面流体微团的运动如图 3-21 所示，A 点的速度分量为 v_x、v_y，则 C 点的速度分量 v_x'、v_y' 可写成

$$v_x'=v_x+\frac{\partial v_x}{\partial x}\mathrm{d}x+\frac{\partial v_x}{\partial y}\mathrm{d}y$$

$$v_y'=v_y+\frac{\partial v_y}{\partial x}\mathrm{d}x+\frac{\partial v_y}{\partial y}\mathrm{d}y$$

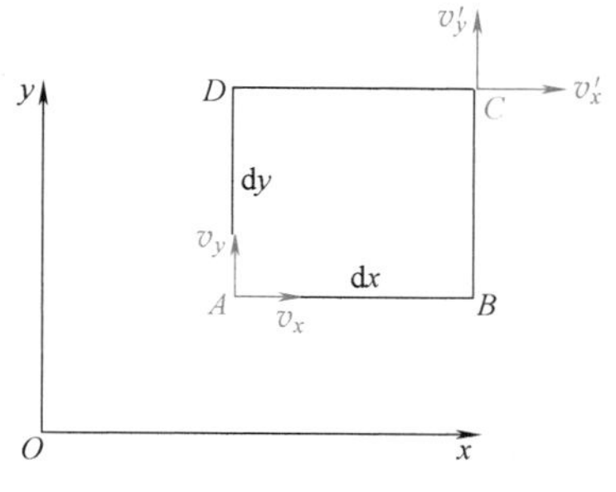

图 3-21 平面流体微团

对第一式右端增加 $\pm\frac{1}{2}\frac{\partial v_y}{\partial x}\mathrm{d}y$ 项，第二式右端增加 $\pm\frac{1}{2}\frac{\partial v_x}{\partial y}\mathrm{d}x$ 项，并将另一偏导数项改写成带 $\frac{1}{2}$ 系数的两项，即

$$\begin{cases}v_x'=v_x+\frac{\partial v_x}{\partial x}\mathrm{d}x+\frac{1}{2}\left(\frac{\partial v_x}{\partial y}+\frac{\partial v_y}{\partial x}\right)\mathrm{d}y-\frac{1}{2}\left(\frac{\partial v_y}{\partial x}-\frac{\partial v_x}{\partial y}\right)\mathrm{d}y\\ v_y'=v_y+\frac{\partial v_y}{\partial y}\mathrm{d}y+\frac{1}{2}\left(\frac{\partial v_y}{\partial x}+\frac{\partial v_x}{\partial y}\right)\mathrm{d}x+\frac{1}{2}\left(\frac{\partial v_y}{\partial x}-\frac{\partial v_x}{\partial y}\right)\mathrm{d}x\end{cases}$$

采用表 3-1 中的符号，上两式可写成

$$\begin{cases}v_x'=v_x+\varepsilon_{xx}\mathrm{d}x+\varepsilon_{xy}\mathrm{d}y-\omega_z\mathrm{d}y\\ v_y'=v_y+\varepsilon_{yy}\mathrm{d}y+\varepsilon_{yx}\mathrm{d}x+\omega_z\mathrm{d}x\end{cases} \tag{3-25}$$

1. 平移运动

如果 $\varepsilon_{xx}=\varepsilon_{yy}=\varepsilon_{xy}=\varepsilon_{yx}=\omega_z=0$，即 $v_x'=v_x$，$v_y'=v_y$，经过 dt 时间后，$ABCD$ 平移到 $A'B'C'D'$

位置，微团形状不变，如图 3-22 所示。v_x、v_y 称为微团的平移速度。

2. 线变形运动

如果 $v_x=v_y=\varepsilon_{xy}=\varepsilon_{yx}=\omega_z=0$，即 $v_x'=\dfrac{\partial v_x}{\partial x}\mathrm{d}x$，$v_y'=\dfrac{\partial v_y}{\partial y}\mathrm{d}y$，经过 d$t$ 时间后，$ABCD$ 变成 $AB'C'D'$，如图 3-23 所示。AB、DC 边伸长了$\dfrac{\partial v_x}{\partial x}\mathrm{d}x\mathrm{d}t$，而 DA、CB 边则缩短了$\dfrac{\partial v_y}{\partial y}\mathrm{d}y\mathrm{d}t$。这种运动为微团的线变形运动，$\dfrac{\partial v_x}{\partial x}$、$\dfrac{\partial v_y}{\partial y}$称为线应变速度变化率。

注意：由不可压缩流体连续方程$\dfrac{\partial v_x}{\partial x}+\dfrac{\partial v_y}{\partial y}=0$ 及$\dfrac{\partial v_x}{\partial x}>0$，则必有$\dfrac{\partial v_y}{\partial y}<0$，所以 AB、DC 边伸长，DA、CB 边必缩短，反之亦然。

3. 角变形运动和旋转运动

如果 $v_x=v_y=\varepsilon_{xx}=\varepsilon_{yy}=0$，即 $v_x'=\dfrac{\partial v_x}{\partial y}\mathrm{d}y$，$v_y'=\dfrac{\partial v_y}{\partial x}\mathrm{d}x$，经过 d$t$ 时间后，$ABCD$ 变成 $AB''C''D''$，如图 3-23 所示。

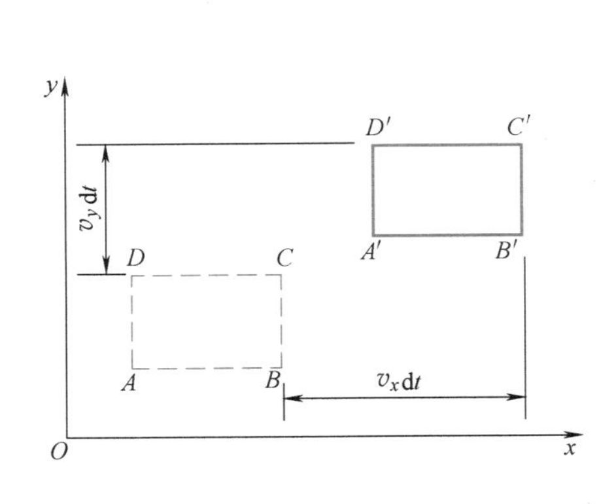

图 3-22　平移运动

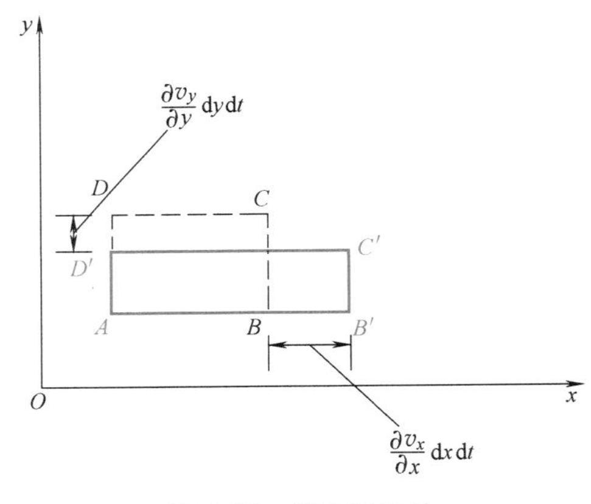

图 3-23　线变形运动

根据图 3-24 中流体微团的变形关系，dβ_1、dβ_2 分别表示变形后的 $AB''C''D''$的两个边 AB''、AD''相对于未变形的 $ABCD$ 的两个边 AB、AD 的夹角，角度大小可由下式分别求出

$$\mathrm{d}\beta_1\approx\tan\mathrm{d}\beta_1=\frac{\dfrac{\partial v_y}{\partial x}\mathrm{d}x\mathrm{d}t}{\mathrm{d}x}=\frac{\partial v_y}{\partial x}\mathrm{d}t,$$

$$\mathrm{d}\beta_2\approx\tan\mathrm{d}\beta_2=\frac{\dfrac{\partial v_x}{\partial y}\mathrm{d}y\mathrm{d}t}{\mathrm{d}y}=\frac{\partial v_x}{\partial y}\mathrm{d}t$$

设　$\mathrm{d}\beta_1=\mathrm{d}\theta_1+\mathrm{d}\theta_2$，　$\mathrm{d}\beta_2=\mathrm{d}\theta_1-\mathrm{d}\theta_2$

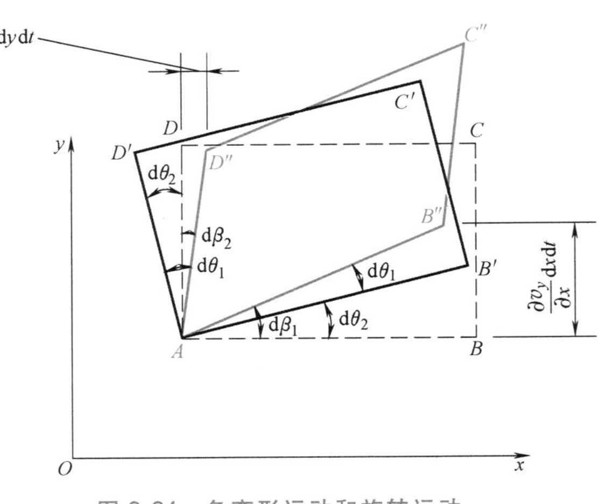

图 3-24　角变形运动和旋转运动

即两个不相等的角 $d\beta_1$、$d\beta_2$ 总可以用另外两个角 $d\theta_1$、$d\theta_2$ 的和与差来表示。设想 $ABCD$ 先整体旋转一个角度 $d\theta_2$ 变成 $AB'C'D'$，然后互相垂直的两边反向各自旋转一个角度 $d\theta_1$，$AB'C'D'$最终变成 $AB''C''D''$。于是

$$d\theta_1=\frac{1}{2}(d\beta_1+d\beta_2)=\frac{1}{2}\left(\frac{\partial v_y}{\partial x}+\frac{\partial v_x}{\partial y}\right)dt$$

$$d\theta_2=\frac{1}{2}(d\beta_1-d\beta_2)=\frac{1}{2}\left(\frac{\partial v_y}{\partial x}-\frac{\partial v_x}{\partial y}\right)dt$$

则微团整体的旋转角速度为

$$\frac{d\theta_2}{dt}=\frac{1}{2}\left(\frac{\partial v_y}{\partial x}-\frac{\partial v_x}{\partial y}\right)=\omega_z$$

微团一个边的剪切角速度（角变形速度）为

$$\frac{d\theta_1}{dt}=\frac{1}{2}\left(\frac{\partial v_y}{\partial x}+\frac{\partial v_x}{\partial y}\right)=\varepsilon_{xy}$$

ω_z 的物理意义是微团整体绕通过 A 点的 z 轴的旋转角速度；ε_{xy} 的物理意义是微团一个边绕通过 A 点的 z 轴的角变形速度。

亥姆霍兹速度分解定理说明：一般情况下，流体微团运动是由平移、变形（线变形和角变形）、旋转三种运动构成的。

三、无旋流动与有旋流动

流体微团不存在旋转运动的流动称为**无旋流动**或**有势流动**，否则称为**有旋流动**。在无旋流动中，微团的旋转角速度为

$$\omega_x=0,\quad \omega_y=0,\quad \omega_z=0 \tag{3-26a}$$

或

$$\frac{\partial v_z}{\partial y}=\frac{\partial v_y}{\partial z},\quad \frac{\partial v_x}{\partial z}=\frac{\partial v_z}{\partial x},\quad \frac{\partial v_y}{\partial x}=\frac{\partial v_x}{\partial y} \tag{3-26b}$$

无旋流动的唯一标志是流体质点没有旋转，它与流体运动的轨迹形状无关。

图 3-25 所示的流体微团运动中，图 3-25a、b 所示的运动轨迹虽然是直线，但图 3-25a 所示为无旋流，图 3-25b 所示为有旋流；图 3-25c、d 所示的运动轨迹是圆周，但图 3-25c 所示为无旋流，图 3-25d 所示为有旋流。

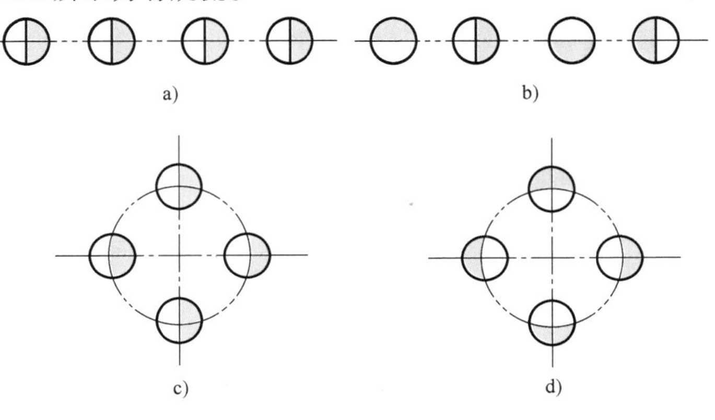

图 3-25　无旋流动和有旋流动

例 3-2 判断下列两种流动是有旋流动还是无旋流动。

（1）已知速度场 $v_x=\frac{1}{2}y^2$，$v_y=0$，$v_z=0$。

（2）已知速度场 $v_r=0$，$v_\theta=\frac{c}{r}$，其中 c 为常数。

解：（1）图 3-26a 所示为平面流动，流线是平行于 x 轴的直线，即流体微团在 oxy 平面上做直线运动。其中绕 z 轴的旋转角速度为

$$\omega_z=\frac{1}{2}\left(\frac{\partial v_y}{\partial x}-\frac{\partial v_x}{\partial y}\right)=-\frac{1}{2}y$$

显然，此流动除 $y=0$ 以外，处处为有旋流动。

（2）图 3-26b 所示为平面点涡流动，流线是以原点为中心的同心圆。角速度在柱坐标系中的表达式为

$$\omega_r=\frac{1}{2}\left(\frac{1}{r}\ \frac{\partial v_z}{\partial\theta}-\frac{\partial v_\theta}{\partial z}\right),\quad \omega_\theta=\frac{1}{2}\left(\frac{\partial v_r}{\partial z}-\frac{\partial v_z}{\partial r}\right),\quad \omega_z=\frac{1}{2}\left(\frac{\partial v_\theta}{\partial r}+\frac{v_\theta}{r}-\frac{\partial v_r}{r\partial\theta}\right)$$

将 $v_r=0$，$v_\theta=\frac{c}{r}$代入得 $\omega_z=0$。因此，除原点处，点涡运动是无旋流动。

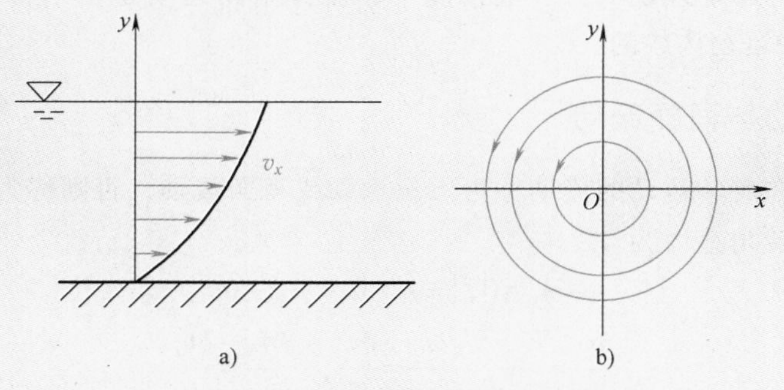

图 3-26 二维剪切流动和点源

例 3-3 设某二元纯剪切流动的速度分布为 $v_x=ky$，$v_y=0$，$v_z=0$，如图 3-27 所示。试对该流动进行速度分解。

解：在流体中取正方形流体微团 1234，经过 dt 时间微团运动到 $1'2'3'4'$，变成菱形，如图 3-28 所示。先将流体微团整体平移 v_xdt 的距离后，再整体旋转一个角度，使正方形和菱形的对角线重合，再将旋转后的正方形的两边相向剪切一个相同角度变成菱形。二元纯剪切运动的微团可分解为平移、旋转和角变形三种运动形式。

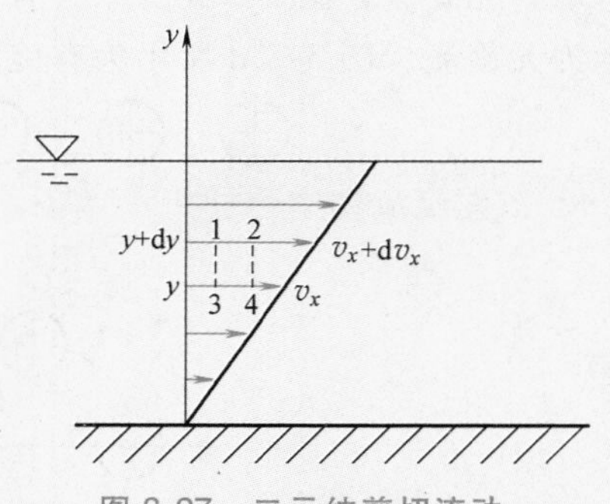

图 3-27 二元纯剪切流动

以点 3 为参考点，速度为（v_x，v_y），则点 2 的速度为（v_x'，v_y'），可写成

$$v_x'=v_x+\frac{\partial v_x}{\partial x}\mathrm{d}x+\frac{\partial v_x}{\partial y}\mathrm{d}y,\quad v_y'=v_y+\frac{\partial v_y}{\partial x}\mathrm{d}x+\frac{\partial v_y}{\partial y}\mathrm{d}y$$

其中，$v_y=0$，$v'_y=0$，因此不考虑第二式。经过改写，v'_x 可以表示为

$$
\begin{aligned}
v'_x &= v_x+\frac{1}{2}\left(\frac{\partial v_x}{\partial y}+\frac{\partial v_y}{\partial x}\right)\mathrm{d}y+\frac{1}{2}\left(\frac{\partial v_x}{\partial y}-\frac{\partial v_y}{\partial x}\right)\mathrm{d}y \\
&= v_x+\varepsilon_{xy}\mathrm{d}y-\omega_z\mathrm{d}y \\
&= v_x+\frac{1}{2}k\mathrm{d}y+\frac{1}{2}k\mathrm{d}y=v_x+k\mathrm{d}y
\end{aligned}
$$

于是

$$\varepsilon_{xy}=\frac{1}{2}k,\quad \omega_z=-\frac{1}{2}k$$

流体微团的运动形式包括平动 v_x、角变形 ε_{xy} 和旋转 ω_z 三种运动形式。

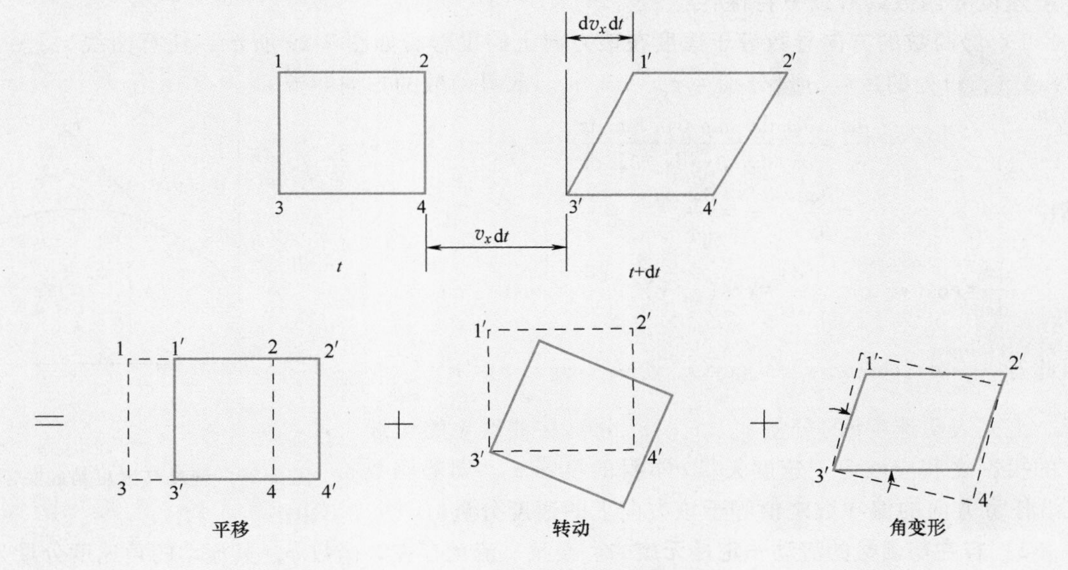

图 3-28　二元纯剪切流动的分解

第五节　速度势函数和流函数

一、速度势函数

在无旋流动中，任一流体微团的角速度均为零，即

$$\boldsymbol{\omega}=\omega_x\boldsymbol{i}+\omega_y\boldsymbol{j}+\omega_z\boldsymbol{k}=0$$

或

$$\frac{\partial v_z}{\partial y}=\frac{\partial v_y}{\partial z},\quad \frac{\partial v_x}{\partial z}=\frac{\partial v_z}{\partial x},\quad \frac{\partial v_y}{\partial x}=\frac{\partial v_x}{\partial y}$$

由数学分析可以知道，上述三个微分关系式的存在正是 $v_x\mathrm{d}x+v_y\mathrm{d}y+v_z\mathrm{d}z$ 成为某一个函数 $\varphi(x,\ y,\ z,\ t)$ 全微分的充要条件，其中 t 为参变量，即

$$\mathrm{d}\varphi=v_x\mathrm{d}x+v_y\mathrm{d}y+v_z\mathrm{d}z \tag{3-27a}$$

函数 $\varphi(x,\ y,\ z,\ t)$ 的全微分为

$$d\varphi=\frac{\partial\varphi}{\partial x}dx+\frac{\partial\varphi}{\partial y}dy+\frac{\partial\varphi}{\partial z}dz \tag{3-27b}$$

比较式（3-27a）和式（3-27b），得

$$v_x=\frac{\partial\varphi}{\partial x},\quad v_y=\frac{\partial\varphi}{\partial y},\quad v_z=\frac{\partial\varphi}{\partial z} \tag{3-27c}$$

如果流场中的速度与$\varphi(x, y, z, t)$存在式（3-27c）中的关系，函数φ就称为速度势函数，或简称速度势。由于速度势存在的条件为无旋流动，任何一种具体的无旋流动，总有一个而且只有一个速度势，因此无旋流动又称为有势流动，或简称势流。显然，采用速度势表征流场更为简洁，由速度势函数可以直接得到速度分布。

速度势函数具有以下特性：

1）势函数的方向导数等于速度在该方向上的投影。如图3-29所示，任意曲线s上一点$M(x, y, z)$处的速度分量分别为v_x、v_y、v_z。取势函数的方向导数

$$\frac{\partial\varphi}{\partial s}=\frac{\partial\varphi}{\partial x}\frac{dx}{ds}+\frac{\partial\varphi}{\partial y}\frac{dy}{ds}+\frac{\partial\varphi}{\partial z}\frac{dz}{ds}$$

其中 $$v_x=\frac{\partial\varphi}{\partial x},\quad v_y=\frac{\partial\varphi}{\partial y},\quad v_z=\frac{\partial\varphi}{\partial z}$$

而 $$\frac{dx}{ds}=\cos(s, x),\quad \frac{dy}{ds}=\cos(s, y),\quad \frac{dz}{ds}=\cos(s, z)$$

因此有 $$\frac{\partial\varphi}{\partial s}=v_x\cos(s, x)+v_y\cos(s, y)+v_z\cos(s, z)=v_s$$

上式表明速度$\boldsymbol{v}$的分量v_x、v_y、v_z分别在曲线s的切线上的投影之和应该等于速度矢量$\boldsymbol{v}$本身的投影v_s。即势函数φ沿任意方向的偏导数之值等于该方向上的速度分量。

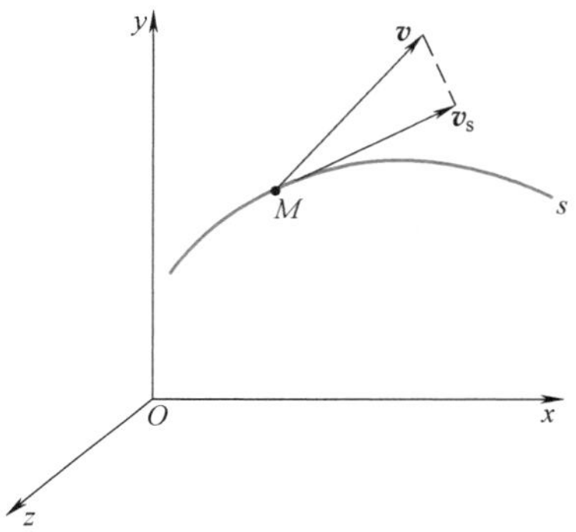

图3-29　速度与速度势的关系

2）存在势函数的流动一定是无旋的。设某一流动存在势函数φ，其流动的角速度分量为

$$\omega_z=\frac{1}{2}\left(\frac{\partial v_y}{\partial x}-\frac{\partial v_x}{\partial y}\right)=\frac{1}{2}\left[\frac{\partial}{\partial x}\left(\frac{\partial\varphi}{\partial y}\right)-\frac{\partial}{\partial y}\left(\frac{\partial\varphi}{\partial x}\right)\right]=0$$

类似地，可以求得$\omega_x=\omega_y=0$。

3）等势面与流线正交。在任意时刻，势函数值相等的点构成流动空间的一个连续曲面，称为等势面（图3-30），即$\varphi=C$。过等势面上取一点O，并在该面上取一微元矢量$d\boldsymbol{l}=dx\boldsymbol{i}+dy\boldsymbol{j}+dz\boldsymbol{k}$，过该点的速度矢量可以写为$\boldsymbol{v}=v_x\boldsymbol{i}+v_y\boldsymbol{j}+v_z\boldsymbol{k}$，两者的标量积为

$$\begin{aligned}\boldsymbol{v}\cdot d\boldsymbol{l}&=v_x dx+v_y dy+v_z dz\\&=\frac{\partial\varphi}{\partial x}dx+\frac{\partial\varphi}{\partial y}dy+\frac{\partial\varphi}{\partial z}dz\\&=d\varphi=0\end{aligned}$$

这说明这一点的速度矢量和过该点的等势面是垂直的。又因为速度矢量与流线平行，所以可以证明流线与等势面是正交的。

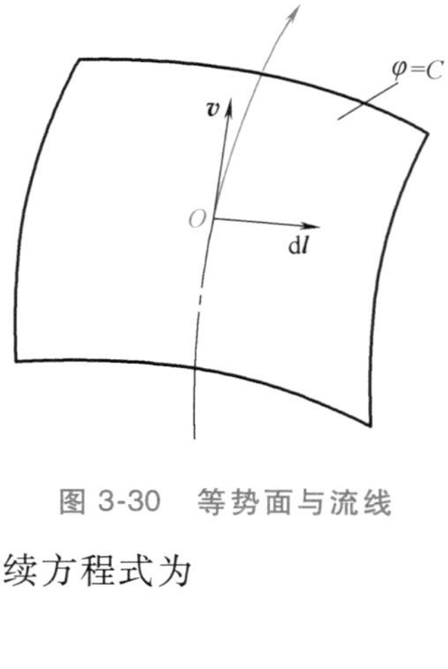

图3-30　等势面与流线

4）在不可压缩流体中势函数为调和函数。不可压缩流体的连续方程式为

$$\frac{\partial v_x}{\partial x}+\frac{\partial v_y}{\partial y}+\frac{\partial v_z}{\partial z}=0$$

对于有势流动
$$v_x=\frac{\partial \varphi}{\partial x},\quad v_y=\frac{\partial \varphi}{\partial y},\quad v_z=\frac{\partial \varphi}{\partial z}$$

代入上式得满足 φ 的方程

$$\frac{\partial^2 v_x}{\partial x^2}+\frac{\partial^2 v_y}{\partial y^2}+\frac{\partial^2 v_z}{\partial z^2}=0 \tag{3-28}$$

这说明，任何不可压缩流体无旋流动的势函数，必然满足拉普拉斯（Laplace）方程。满足拉普拉斯方程的函数称为调和函数，具有可叠加性。若干个满足拉普拉斯方程的函数代数相加后所得的函数仍然满足拉普拉斯方程。这就是说若干个简单的势流可以叠加成比较复杂的势流。利用势流的这种性质，分析研究一些有代表性的势流，可以得出一些有价值的结论。

二、流函数

速度势函数可以直接描述一个流场，有着明确的物理概念。但是，在平面势流中还有比速度势函数具有更明确、更直观意义的流函数。

对不可压缩流体的平面流动，其连续方程为

$$\frac{\partial v_x}{\partial x}+\frac{\partial v_y}{\partial y}=0$$

上式可以改写成

$$\frac{\partial v_x}{\partial x}=\frac{\partial(-v_y)}{\partial y}$$

根据数学分析可以知道，上式正是使函数 $v_x\mathrm{d}y+(-v_y)\mathrm{d}x$ 成为某一函数 ψ 的全微分的充要条件，即

$$\mathrm{d}\psi=v_x\mathrm{d}y+(-v_y)\mathrm{d}x=\frac{\partial \psi}{\partial y}+\frac{\partial \psi}{\partial x} \tag{3-29a}$$

于是得
$$\frac{\partial \psi}{\partial y}=v_x,\quad \frac{\partial \psi}{\partial x}=-v_y \tag{3-29b}$$

满足式（3-29b）条件的函数 $\psi=f(x,y)$ 称为不可压缩流场的流函数。流函数具有以下特征。

1）流函数的等值线代表流线。如果令式中 $\mathrm{d}\psi=0$，则

$$v_x\mathrm{d}y+(-v_y)\mathrm{d}x=0$$

或者
$$\frac{\mathrm{d}x}{v_x}=\frac{\mathrm{d}y}{v_y}$$

即为平面流动中的流线方程。

2）两条流线间的单位宽度的流量等于其流函数之差。在平面中任取两条流线 S_1、S_2，它们的流函数值分别为 ψ_1、ψ_2，如图 3-31 所示。ab 为单位宽度的有效断面面积，a 点的坐标为 $(x,\ y)$，b 点坐标为 $(x-\mathrm{d}x,\ y+\mathrm{d}y)$，$cb=-\mathrm{d}x$，$ac=\mathrm{d}y$，则通过两条流线间的流量为

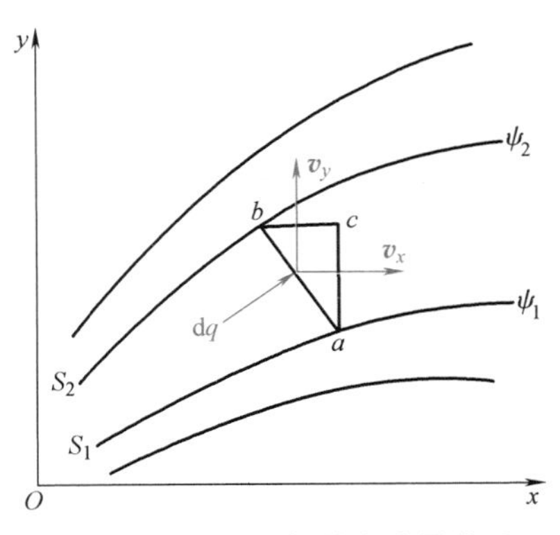

图 3-31　流函数与单宽流量关系

$$q=v_y cb+v_x ac=-v_y \mathrm{d}x+v_x \mathrm{d}y=\mathrm{d}\psi=\psi_2-\psi_1$$

3）平面流动中的流函数满足拉普拉斯方程，是调和函数。平面势流中，旋转角速度为

$$\omega_z=\frac{1}{2}\left(\frac{\partial v_y}{\partial x}-\frac{\partial v_x}{\partial y}\right)=\frac{1}{2}\left[\frac{\partial}{\partial x}\left(-\frac{\partial \psi}{\partial x}\right)-\frac{\partial}{\partial y}\left(\frac{\partial \psi}{\partial y}\right)\right]=-\frac{1}{2}\left(\frac{\partial^2 \psi}{\partial x^2}+\frac{\partial^2 \psi}{\partial y^2}\right)=0$$

$$\frac{\partial^2 \psi}{\partial x^2}+\frac{\partial^2 \psi}{\partial y^2}=0$$

上式说明在平面势流中，流函数和速度势函数一样，满足拉普拉斯方程，也为调和函数。

三、流函数和速度势函数的关系

流函数和速度势函数为共轭函数。在平面流动中，同时存在流函数 ψ 和速度势函数 φ，均为调和函数，且具有以下关系

$$v_x=\frac{\partial \varphi}{\partial x}=\frac{\partial \psi}{\partial y},\quad v_y=\frac{\partial \varphi}{\partial y}=-\frac{\partial \psi}{\partial x}$$

上式是联系流函数和速度势函数的一对重要的关系式，在数学中称为柯西-黎曼(Cauchy-Riemann)条件。

由柯西-黎曼条件可得

$$\frac{\partial \varphi}{\partial x}\frac{\partial \psi}{\partial x}+\frac{\partial \varphi}{\partial y}\frac{\partial \psi}{\partial y}=0 \tag{3-30}$$

这是两族曲线的正交条件。在平面上它们构成处处正交的网格，称为流网，如图 3-32 所示。

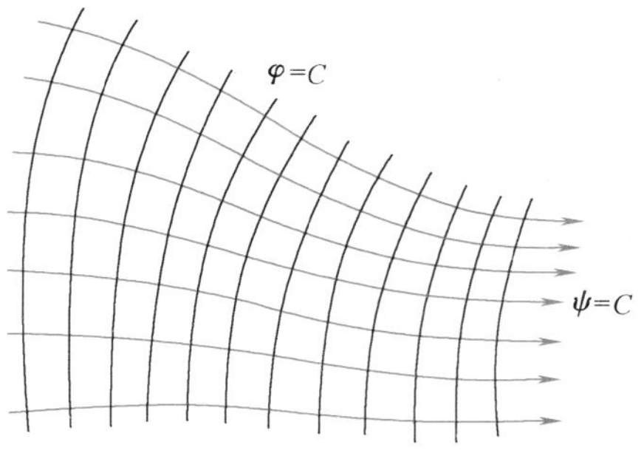

图 3-32　流网

例 3-4　设平面流动的速度分布为 $v_x=x^2-y^2-2xy+3x$，$v_y=y^2-x^2-2xy-3y$。

（1）分析流动是否满足连续方程。

（2）求速度势函数 φ 和流函数 ψ。

解：（1）

$$\frac{\partial v_x}{\partial x}+\frac{\partial v_y}{\partial y}=2x-2y+3+2y-2x-3=0$$

所以满足连续方程。

（2）由旋转角速度得

$$\omega_z=\frac{1}{2}\left(\frac{\partial v_y}{\partial x}-\frac{\partial v_x}{\partial y}\right)=\frac{1}{2}(-2x-2y+2y+2x)=0$$

所以此平面流动是无旋流动，存在势函数。

由

$$\frac{\partial \varphi}{\partial x}=v_x=x^2-y^2-2xy+3x$$

$$\varphi=\frac{1}{3}x^3-y^2x-yx^2+\frac{3}{2}x^2+f(y)$$

$$\frac{\partial \varphi}{\partial y}=-2xy-x^2+f'(y)=v_y=y^2-x^2-2xy-3y$$

得

$$f'(y)=y^2-3y$$

$$f(y)=\frac{1}{3}y^3-\frac{3}{2}y^2+c$$

因此

$$\begin{aligned}\varphi &=\frac{1}{3}x^3-y^2x-yx^2+\frac{3}{2}x^2+f(y)\\ &=\frac{1}{3}x^3-y^2x-yx^2+\frac{3}{2}x^2+\frac{1}{3}y^3-\frac{3}{2}y^2+c\\ &=\frac{1}{3}(x^3+y^3)-xy(x+y)+\frac{3}{2}(x^2-y^2)+c\end{aligned}$$

令 $c=0$，不影响 φ 函数的分布性质，则有

$$\varphi=\frac{1}{3}(x^3+y^3)-xy(x+y)+\frac{3}{2}(x^2-y^2)$$

因为满足连续方程，所以存在流函数 ψ，有

$$\frac{\partial\psi}{\partial y}=v_x=x^2-y^2-2xy+3x$$

积分得

$$\psi=x^2y-\frac{1}{3}y^3-xy^2+3xy+f(x)$$

此时有

$$\frac{\partial\psi}{\partial x}=2xy-y^2+3y+f'(x)=-v_y=-(y^2-x^2-2xy-3y)$$

所以

$$f'(x)=x^2$$

$$f(x)=\frac{1}{3}x^3+c$$

$$\begin{aligned}\psi &=x^2y-\frac{1}{3}y^3-xy^2+3xy+\frac{1}{3}x^3+c\\ &=\frac{1}{3}(x^3-y^3)+xy(x-y+3)+c\end{aligned}$$

令 $c=0$，不影响 ψ 函数的分布性质，则有

$$\psi=\frac{1}{3}(x^3-y^3)+xy(x-y+3)$$

习　题

3-1　已知不可压缩流体平面流动的速度分量为 $v_x=xt+2y$，$v_y=xt^2-yt$。求在时刻 $t=1\text{s}$

时点 $A(1, 2)$ 处流体质点的加速度。

3-2　用欧拉法写出下列各情况下密度变化率的数学表达式。

（1）均质流体。

（2）不可压缩均质流体。

（3）定常运动。

3-3　已知平面不可压缩流体的流速分量为 $v_x=1-y$，$v_y=t$。求：

（1）$t=0$ 时过点（0，0）的迹线方程。

（2）$t=1$ 时过点（0，0）的流线方程。

3-4　图 3-33 所示为一流体通过圆管的定常流动，体积流量为 q_V。（1）三个截面处圆管的直径分别为 0.4m、0.2m、0.6m，设流体为不可压缩，当 $q_V=0.4\text{m}^3/\text{s}$ 时，求三个截面上的平均速度。（2）若截面 1 处的流量 $q_V=0.4\text{m}^3/\text{s}$，但密度按以下规律变化：$\rho_1=0.6\rho_1$，$\rho_3=1.2\rho_1$，求三个截面上的平均速度。

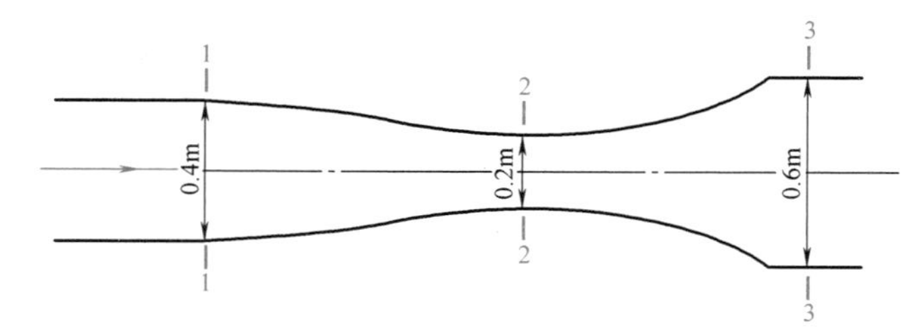

图 3-33　题 3-4 图

3-5　二维定常不可压缩流动，x 方向的速度分量为 $v_x=\mathrm{e}^{-x}\cos y+1$，求 y 方向的速度分量 v_y（设 $y=0$ 时，$v_y=0$）。

3-6　证明下述不可压缩流体的运动是可能存在的。

（1）$v_x=2x^2+y$，$v_y=2y^2+z$，$v_z=-4(x+y)z+xy$。

（2）$v_x=yzt$，$v_y=xzt$，$v_z=xyt$。

3-7　下列两个流场的速度分布是：（1）$v_x=-Cy$，$v_y=Cx$，$v_z=0$。（2）$v_x=\dfrac{Cx}{x^2+y^2}$，$v_y=\dfrac{Cy}{x^2+y^2}$，$v_z=0$。求旋转角速度（C 为常数）。

3-8　气体在等截面管中做等温流动。证明密度 ρ 与速度 v 之间有如下关系式

$$\frac{\partial^2\rho}{\partial t^2}=\frac{\partial^2}{\partial x^2}[(v^2+RT)\rho]$$

x 轴为管轴线方向，不计质量力。

3-9　不可压缩理想流体做圆周运动，当 $r\leqslant a$ 时，速度分量为 $v_x-\omega y$，$v_y=\omega x$，$v_z=0$；当 $r>a$ 时，速度分量为 $v_x=-\omega a^2\dfrac{y}{r^2}$，$v_y=\omega a^2\dfrac{x}{r^2}$，$v_z=0$，其中 $r^2=x^2+y^2$。设无穷远处的压强为 p_∞，不计质量力。求压强分布规律。

3-10　已知平面势流的流函数 $\psi=xy+2x-3y+10$，求速度势函数 φ 与流速分布。

第四章

流体动力学基础

流体动力学研究流体在外力作用下的运动规律及其与边界的相互作用。本章主要根据物理学中的牛顿运动定律、动量守恒定律和能量守恒定律推导流体力学中的欧拉运动微分方程、动量方程和能量方程。这些方程是研究流体运动问题的基础。

第一节 理想流体的运动微分方程

理想流体的运动微分方程也称欧拉运动微分方程，是牛顿第二运动定律在理想流体中的应用。

如图 4-1 所示，在运动的理想流体中，取一微元正六面体，边长为 dx、dy、dz，中心点为 $A(x, y, z)$，中心点处密度为 $\rho(x, y, z)$、压强为 $p(x, y, z)$、速度为 $\boldsymbol{v}(x, y, z)$。理想流体不存在黏性，运动时不产生切应力，只有垂直于表面的正应力，方向垂直指向作用面。

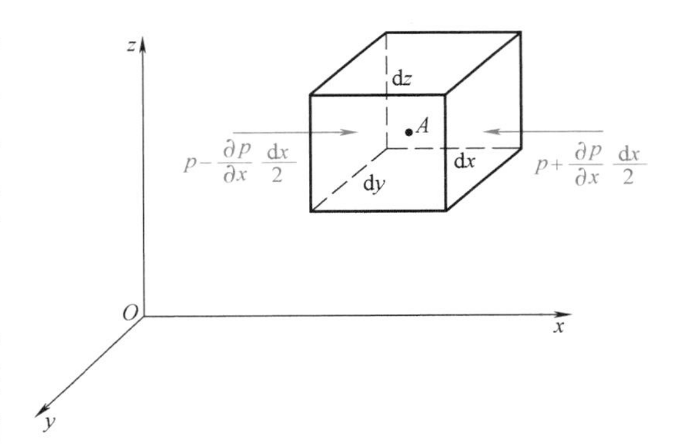

图 4-1 理想流体中的微元正六面体

以 x 方向为例研究流体微团的运动规律。在 x 方向上，垂直于 x 轴的左、右两个微元表面中心点上的压强（取泰勒级数展开的前两项）分别等于

$$p-\frac{\partial p}{\partial x}\frac{\mathrm{d}x}{2},\quad p+\frac{\partial p}{\partial x}\frac{\mathrm{d}x}{2}$$

它代表两个微元表面上的平均压强。相应的表面力分别为

$$\left(p-\frac{\partial p}{\partial x}\frac{\mathrm{d}x}{2}\right)\mathrm{d}y\mathrm{d}z,\quad \left(p+\frac{\partial p}{\partial x}\frac{\mathrm{d}x}{2}\right)\mathrm{d}y\mathrm{d}z$$

设作用在微元六面体内形心上的单位质量分力为 f_x、f_y、f_z，则在 x 轴方向的质量力为

$$\rho f_x\mathrm{d}x\mathrm{d}y\mathrm{d}z$$

根据牛顿第二定律 $\boldsymbol{F}=m\boldsymbol{a}=m\frac{\mathrm{d}\boldsymbol{v}}{\mathrm{d}t}$，得 x 方向的运动微分方程为

$$\rho f_x\mathrm{d}x\mathrm{d}y\mathrm{d}z+\left(p-\frac{\partial p}{\partial x}\frac{\mathrm{d}x}{2}\right)\mathrm{d}y\mathrm{d}z-\left(p+\frac{\partial p}{\partial x}\frac{\mathrm{d}x}{2}\right)\mathrm{d}y\mathrm{d}z=\rho\mathrm{d}x\mathrm{d}y\mathrm{d}z\frac{\mathrm{d}v_x}{\mathrm{d}t}$$

将上式各项除以流体微团的质量 ρdxdydz，化简得

$$f_x-\frac{1}{\rho}\frac{\partial p}{\partial x}=\frac{\mathrm{d}v_x}{\mathrm{d}t}\tag{4-1a}$$

同理有
$$f_y-\frac{1}{\rho}\frac{\partial p}{\partial y}=\frac{\mathrm{d}v_y}{\mathrm{d}t} \tag{4-1b}$$
$$f_z-\frac{1}{\rho}\frac{\partial p}{\partial z}=\frac{\mathrm{d}v_z}{\mathrm{d}t} \tag{4-1c}$$

这就是理想流体的运动微分方程，由欧拉1755年首先提出，又称为欧拉运动微分方程。对静止/平衡流体，加速度为零，则欧拉运动微分方程简化为欧拉平衡微分方程。

欧拉运动微分方程的矢量表达式为
$$\boldsymbol{f}-\frac{1}{\rho}\nabla p=\frac{\mathrm{d}\boldsymbol{v}}{\mathrm{d}t} \tag{4-2}$$

将式（4-1）中的加速度写成展开式，得欧拉运动微分方程的分量形式为
$$\begin{cases}f_x-\dfrac{1}{\rho}\dfrac{\partial p}{\partial x}=\dfrac{\partial v_x}{\partial t}+v_x\dfrac{\partial v_x}{\partial x}+v_y\dfrac{\partial v_x}{\partial y}+v_z\dfrac{\partial v_x}{\partial z}\\ f_y-\dfrac{1}{\rho}\dfrac{\partial p}{\partial y}=\dfrac{\partial v_y}{\partial t}+v_x\dfrac{\partial v_y}{\partial x}+v_y\dfrac{\partial v_y}{\partial y}+v_z\dfrac{\partial v_y}{\partial z}\\ f_z-\dfrac{1}{\rho}\dfrac{\partial p}{\partial z}=\dfrac{\partial v_z}{\partial t}+v_x\dfrac{\partial v_z}{\partial x}+v_y\dfrac{\partial v_z}{\partial y}+v_z\dfrac{\partial v_z}{\partial z}\end{cases} \tag{4-3}$$

通常情况下，作用在流体上的单位质量力分量f_x、f_y、f_z是已知的，对理想不可压缩流体，密度为一常数。欧拉运动微分方程中有四个未知数，即v_x、v_y、v_z和p，再加上不可压缩流体的连续方程，从理论上提供了求解的可能性。但在实际情况中，除少数特殊情形外，一般很难得到这个非线性偏微分方程组的解析解。

例 4-1　设有圆柱形容器，内盛密度为ρ的液体，若液体同容器一起以恒定角速度ω绕对称轴旋转，求液体中的压强分布规律。

解： 取圆柱坐标系（固结于地球）如图4-2所示，则其连续方程的柱坐标形式为
$$\frac{1}{r}\frac{\partial(rv_r)}{\partial r}+\frac{1}{r}\frac{\partial v_\theta}{\partial\theta}+\frac{\partial v_z}{\partial z}=0 \tag{4-4}$$

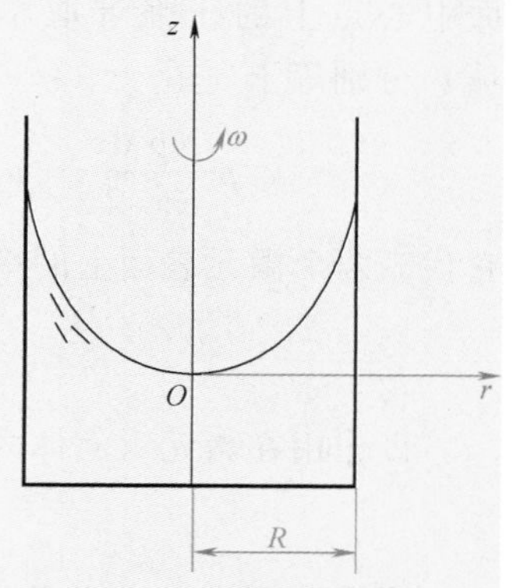

图4-2　容器做等角速度旋转运动

欧拉运动微分方程的柱坐标形式为
$$\begin{cases}f_r-\dfrac{1}{\rho}\dfrac{\partial p}{\partial r}=\dfrac{\partial v_r}{\partial t}+v_r\dfrac{\partial v_r}{\partial r}+\dfrac{v_\theta}{r}\dfrac{\partial v_r}{\partial\theta}+v_z\dfrac{\partial v_r}{\partial z}-\dfrac{v_\theta^2}{r}\\ f_\theta-\dfrac{1}{\rho}\dfrac{\partial p}{r\partial\theta}=\dfrac{\partial v_\theta}{\partial t}+v_r\dfrac{\partial v_\theta}{\partial r}+\dfrac{v_\theta}{r}\dfrac{\partial v_\theta}{\partial\theta}+v_z\dfrac{\partial v_\theta}{\partial z}+\dfrac{v_rv_\theta}{r}\\ f_z-\dfrac{1}{\rho}\dfrac{\partial p}{\partial z}=\dfrac{\partial v_z}{\partial t}+v_r\dfrac{\partial v_z}{\partial r}+\dfrac{v_\theta}{r}\dfrac{\partial v_z}{\partial\theta}+v_z\dfrac{\partial v_z}{\partial z}\end{cases} \tag{4-5}$$

在这一流场中，速度分量为$v_r=0$、$v_\theta=\omega r$、$v_z=0$，单位质量分力为$f_r=0$、$f_\theta=0$、$f_z=-g$。将速度分量、单位质量分力代入式（4-4）与式（4-5）中，连续方程式（4-4）自动满足，欧拉运动微分方程简化为
$$-\omega^2r=-\frac{1}{\rho}\frac{\partial p}{\partial r},\quad 0=-\frac{1}{\rho}\frac{\partial p}{r\partial\theta},\quad 0=-g-\frac{1}{\rho}\frac{\partial p}{\partial z}$$

积分第一式

$$p=\frac{1}{2}\rho\omega^2 r^2+f(\theta,\ z)$$

利用第二、第三式可求得积分函数

$$f(\theta,\ z)=-\rho gz+c$$

积分函数回代可得

$$p=\frac{1}{2}\rho\omega^2 r^2-\rho gz+c$$

利用边界条件 $r=z=0$ 处，$p=p_0$，得 $C=p_0$，压强分布规律为

$$p=p_0+\frac{1}{2}\rho\omega^2 r^2-\rho gz$$

$$=p_0+\rho g\left(\frac{\omega^2 r^2}{2g}-z\right)$$

这一结果与流体静力学相对平衡中的等角速度旋转运动求解结果相同，不同的是本题中坐标系固结于地球，此时不再满足相对平衡的条件。

第二节　伯努利方程

伯努利方程是能量守恒定律在流体力学中的具体表达，它形式简单，意义明确，在工程流体力学中有着广泛的应用。

一、理想流体微元流束的伯努利方程

欧拉运动微分方程是非线性偏微分方程组，只有在少数特定条件下才能求解。在以下三个假定条件下，可得著名的伯努利积分。

1）不可压缩理想流体的定常流动。流体密度 $\rho=c$，压强 $p=p(x,\ y,\ z)$ 的全微分为

$$\mathrm{d}p=\frac{\partial p}{\partial x}\mathrm{d}x+\frac{\partial p}{\partial y}\mathrm{d}y+\frac{\partial p}{\partial z}\mathrm{d}z$$

2）沿同一微元流束（流线）积分。定常流动时，流线与迹线重合，即

$$\frac{\mathrm{d}x}{\mathrm{d}t}=v_x,\quad \frac{\mathrm{d}y}{\mathrm{d}t}=v_y,\quad \frac{\mathrm{d}z}{\mathrm{d}t}=v_z$$

3）质量力只有重力，即

$$f_x=0,\quad f_y=0,\quad f_z=-g$$

将欧拉运动微分方程式（4-1）各式分别乘以同一流线上的微元线段矢量 $\mathrm{d}\boldsymbol{s}$ 的投影 $\mathrm{d}x$、$\mathrm{d}y$、$\mathrm{d}z$，然后相加得

$$(f_x\mathrm{d}x+f_y\mathrm{d}y+f_z\mathrm{d}z)-\frac{1}{\rho}\left(\frac{\partial p}{\partial x}\mathrm{d}x+\frac{\partial p}{\partial y}\mathrm{d}y+\frac{\partial p}{\partial z}\mathrm{d}z\right)=\frac{\mathrm{d}v_x}{\mathrm{d}t}\mathrm{d}x+\frac{\mathrm{d}v_y}{\mathrm{d}t}\mathrm{d}y+\frac{\mathrm{d}v_z}{\mathrm{d}t}\mathrm{d}z$$

将以上三个假定条件代入得

$$-g\mathrm{d}z-\frac{1}{\rho}\mathrm{d}p=v_x\mathrm{d}x+v_y\mathrm{d}y+v_z\mathrm{d}z=\mathrm{d}\left(\frac{v_x^2+v_y^2+v_z^2}{2}\right)=\mathrm{d}\left(\frac{v^2}{2}\right)$$

积分上式得

$$gz+\frac{p}{\rho}+\frac{v^2}{2}=C$$

两边同除以 g 得

$$z+\frac{p}{\rho g}+\frac{v^2}{2g}=C \tag{4-6}$$

理想流体的运动微分方程沿微元流束（流线）的积分称为伯努利积分，式（4-6）称为伯努利方程。对沿微元流束（流线）上的任意两点有

$$z_1+\frac{p_1}{\rho g}+\frac{v_1^2}{2g}=z_2+\frac{p_2}{\rho g}+\frac{v_2^2}{2g} \tag{4-7}$$

二、伯努利方程的物理意义和几何意义

1. 物理意义

伯努利方程中前两项的物理意义分别是：z 表示单位重量流体所具有的位置势能，$\frac{p}{\rho g}$表示单位重量流体所具有的压强势能。$\frac{v^2}{2g}$可理解为，质量为 m 的物体以速度 v 运动时的动能为$\frac{1}{2}mv^2$，则单位重量流体所具有的动能为$\frac{1}{2}mv^2/(mg)=\frac{v^2}{2g}$，所以$\frac{v^2}{2g}$表示单位重量流体所具有的动能。三项之和表示单位重量流体所具有的机械能。

伯努利方程表示理想流体在重力作用下做定常流动时，沿同一微元流束（流线），单位重量流体的机械能守恒，因此伯努利方程又称能量方程。

2. 几何意义

伯努利方程中前两项的几何意义分别是：z 表示位置水头，$\frac{p}{\rho g}$表示压强水头。$\frac{v^2}{2g}$也具有长度的量纲，称为速度水头。三项之和称为总水头，如图 4-3 所示。

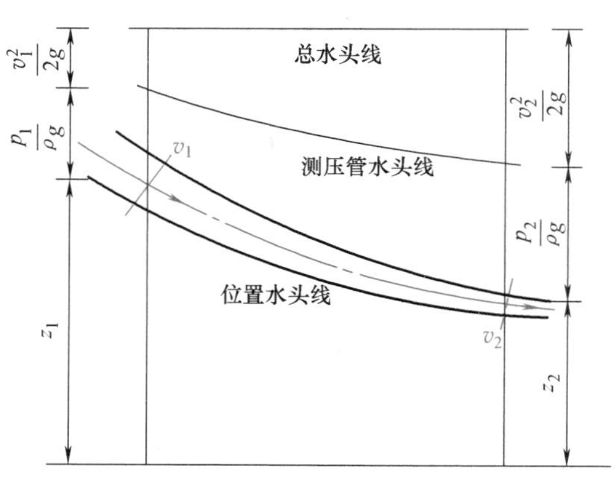

图 4-3　伯努利方程的几何意义

伯努利方程表示理想流体在重力作用下做定常流动时，沿同一微元流束（流线），各点的位置水头、压强水头、速度水头之和保持不变，总水头线是一条水平线。

三、实际流体微元流束的伯努利方程

实际流体具有黏性，流动时会产生阻力，流体的机械能不可逆地转化为热能而散失。因此，实际流体流动时，单位重量流体所具有的机械能必然沿程减少，总水头线沿程下降。

设 h'_w 为单位重量流体从微元过流断面 1—1 运动至 2—2 的机械能损失，称为微元流束的水头损失。则根据能量守恒原理，实际流体微元流束的伯努利方程可表示为

$$z_1+\frac{p_1}{\rho g}+\frac{v_1^2}{2g}=z_2+\frac{p_2}{\rho g}+\frac{v_2^2}{2g}+h'_{\mathrm{w}} \tag{4-8}$$

四、实际流体总流的伯努利方程

在实际工程中，如流体在管道、渠道中的流动问题，需要对微元流束的伯努利方程在整个过流断面上积分，然后推广到总流上。图 4-4 所示为实际流体的总流伯努利方程分析。

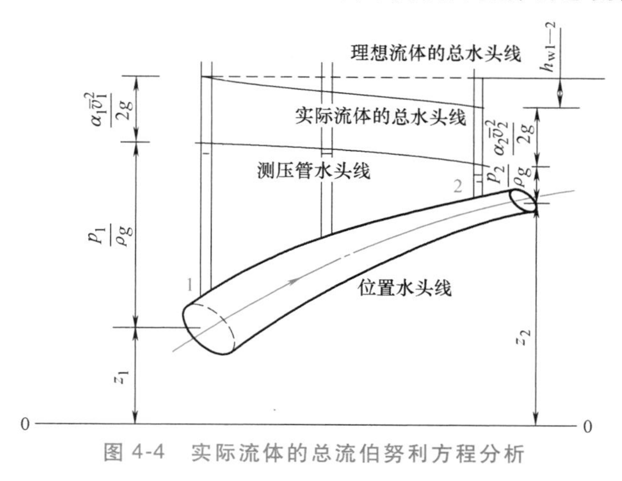

图 4-4 实际流体的总流伯努利方程分析

在式（4-8）两边同乘以流体的重量流量 $\rho g \mathrm{d}q_V$，得单位时间内微小流束总机械能的关系式

$$\left(z_1+\frac{p_1}{\rho g}+\frac{v_1^2}{2g}\right)\rho g \mathrm{d}q_V=\left(z_2+\frac{p_2}{\rho g}+\frac{v_2^2}{2g}\right)\rho g \mathrm{d}q_V+h'_{\mathrm{w}}\rho g \mathrm{d}q_V$$

将上式在过流断面上积分，可得单位时间内通过总流过流断面上的能量关系为

$$\int_{A_1}\left(z_1+\frac{p_1}{\rho g}+\frac{v_1^2}{2g}\right)\rho g \mathrm{d}q_V=\int_{A_2}\left(z_2+\frac{p_2}{\rho g}+\frac{v_2^2}{2g}+h'_{\mathrm{w}}\right)\rho g \mathrm{d}q_V \tag{4-9}$$

式（4-9）包含有三种类型的积分，分别确定如下：

1）势能积分 $\int\left(z+\frac{p}{\rho g}\right)\rho g \mathrm{d}q_V$。设所取过流断面为缓变流断面，在缓变流断面上流体动压强近似按静压强规律分布，$z+\frac{p}{\rho g}\approx C$。于是

$$\int\left(z+\frac{p}{\rho g}\right)\rho g \mathrm{d}q_V=\left(z+\frac{p}{\rho g}\right)\int\rho g \mathrm{d}q_V=\left(z+\frac{p}{\rho g}\right)\rho g q_V \tag{4-10}$$

2）动能积分 $\int\frac{v^2}{2g}\rho g \mathrm{d}q_V$。为计算方便，用平均流速计算的动能乘以动能修正系数来表示用实际流速分布计算的动能，即

$$\int\frac{v^2}{2g}\rho g \mathrm{d}q_V=\frac{\alpha\bar{v}^2}{2g}\rho g q_V \tag{4-11}$$

动能修正系数 α 的值取决于过流断面上的流速分布，层流时 $\alpha=2$，湍流时 $\alpha\approx1.0$。

3）水头损失积分 $\int h'_{\mathrm{w}}\rho g \mathrm{d}q_V$。设 h_{w} 为总流单位重量流体由过流断面 1 至过流断面 2 的平均机械能损失，称为总流的水头损失，即

$$\int h'_{w}\rho g \mathrm{d}q_V = h_{w}\rho g q_V \tag{4-12}$$

将式(4-10)~式(4-12)代入式(4-9)，并同时除以 $\rho g q_V$，得

$$z_1+\frac{p_1}{\rho g}+\frac{\alpha_1\bar{v}_1^2}{2g}=z_2+\frac{p_2}{\rho g}+\frac{\alpha_2\bar{v}_2^2}{2g}+h_w \tag{4-13}$$

式（4-13）为实际流体定常流动总流的伯努利方程。

将微元流束的伯努利方程推广为总流的伯努利方程，引入了一些限制条件，也就是总流伯努利方程的应用条件，包括不可压缩流体、定常流动、质量力只有重力、所取过流断面为缓变流断面。

注：在不引起混淆的情况下，平均流速 $\bar{v}$ 可写成 v。

五、有能量输入、输出的伯努利方程

当总流两过流断面之间安装有水泵、风机或水轮机等流体机械时，流体额外获得或失去了一部分能量，则总流的伯努利方程可表示为

$$z_1+\frac{p_1}{\rho g}+\frac{\alpha_1\bar{v}_1^2}{2g}\pm H=z_2+\frac{p_2}{\rho g}+\frac{\alpha_2\bar{v}_2^2}{2g}+h_w \tag{4-14}$$

式中，$+H$ 表示单位重量流体流过水泵、风机所获得的能量；$-H$ 表示单位重量流体流经水轮机所失去的能量。

例 4-2　图 4-5 所示水泵管路中，已知体积流量 $q_V=0.028\text{m}^3/\text{s}$，管径 $d=150\text{mm}$，管路的总水头损失 $h_w=25.4\text{m}$，水泵效率 $\eta=75.5\%$。试求：

（1）水泵的扬程。

（2）水泵的功率。

解：（1）列吸水池水面 1—1 至出水池水面 2—2 的伯努利方程

$$z_1+\frac{p_1}{\rho g}+\frac{\alpha_1\bar{v}_1^2}{2g}+H=z_2+\frac{p_2}{\rho g}+\frac{\alpha_2\bar{v}_2^2}{2g}+h_w$$

取 $\alpha_1=\alpha_2\approx1.0$，由题意得 $z_1=0$，$z_2=102$，$p_1=0$，$p_2=0$，$\bar{v}_1=0$，$\bar{v}_2=0$，代入上式可求得

$$H=102\text{m}+25.4\text{m}=127.4\text{m}$$

（2）水泵功率=水力功率/效率，即

$$P=\frac{\rho g q_V H}{\eta}=\frac{1000\times9.81\times0.028\times127.4}{0.755}\text{W}=46.3\text{kW}$$

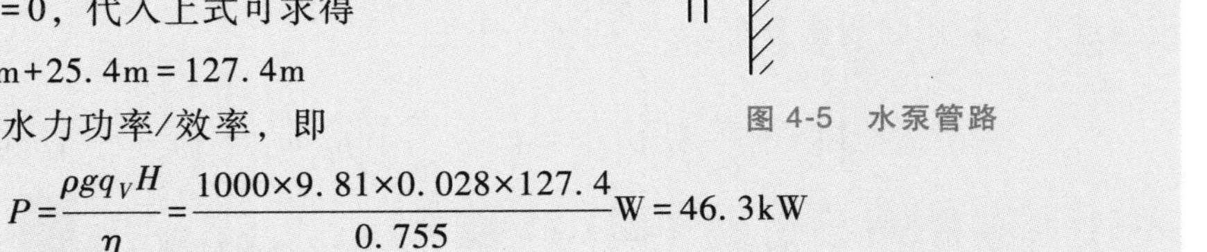

图 4-5　水泵管路

六、伯努利方程的应用

1. 皮托管

皮托管是将流体动能转化为压能，通过测压计测出流体速度的仪器。如图 4-6 所示，弯成直角形的细管是最简单的皮托管（总压管），开口端正对着水流的来流方向，水流冲击使总压管中水柱上升。

设皮托管前点 1 的速度 $v_1=v$、压强 $p_1=\rho gH$，皮托管头部驻点 2 的速度 $v_2=0$、压强 $p_2=\rho g(H+h)$。对同一流线的 1、2 两点列伯努利方程

$$\frac{p_1}{\rho g}+\frac{v_1^2}{2g}=\frac{p_2}{\rho g}+\frac{v_2^2}{2g}$$

则

$$v=\sqrt{2g\frac{p_2-p_1}{\rho g}}=\sqrt{2gh}$$

由于皮托管对流动会产生一定的影响，计算时要对速度公式进行修正

$$v=\zeta\sqrt{2gh} \tag{4-15}$$

式中，ζ 为流速系数，需进行标定，其值接近于 1.0。

当皮托管和 U 形测压管联用（图 4-7）时，速度公式为

$$v=\zeta\sqrt{2g\frac{p_2-p_1}{\rho g}}=\zeta\sqrt{2g\frac{(\rho'-\rho)h}{\rho}} \tag{4-16}$$

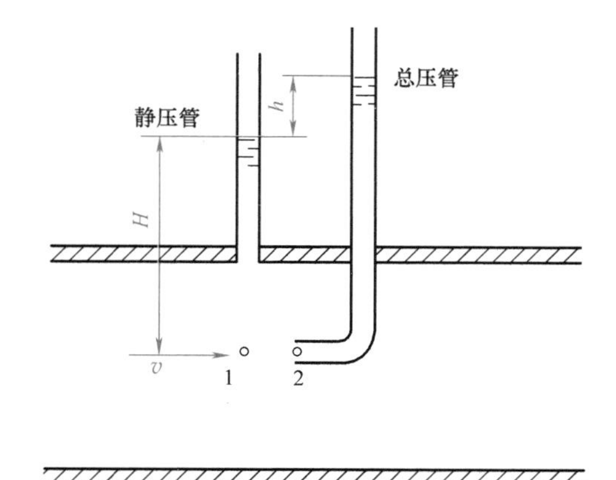

图 4-6　皮托管

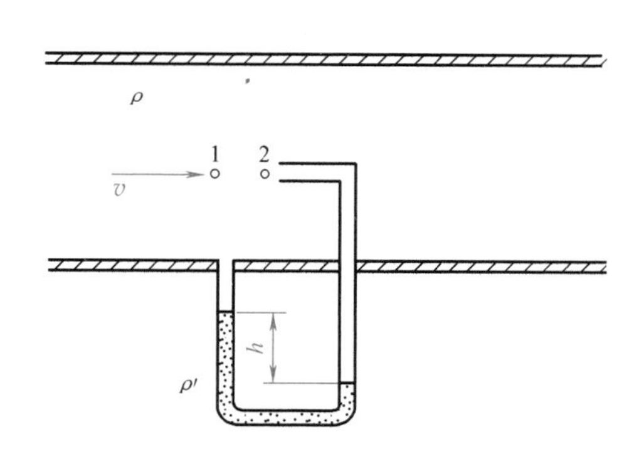

图 4-7　皮托管与 U 形测压管联用

在实际中将静压管和皮托管组成实用皮托管，如图 4-8 所示。

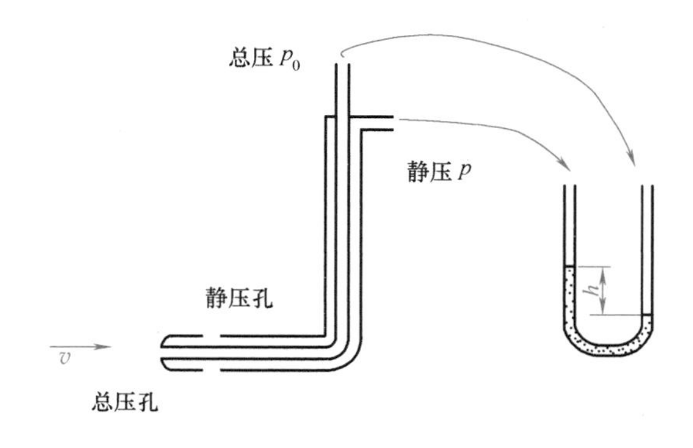

图 4-8　实用皮托管

2. 文丘里流量计

文丘里流量计用于管道上流体流量的测量，主要由收缩段、喉部和扩散段三部分组成，

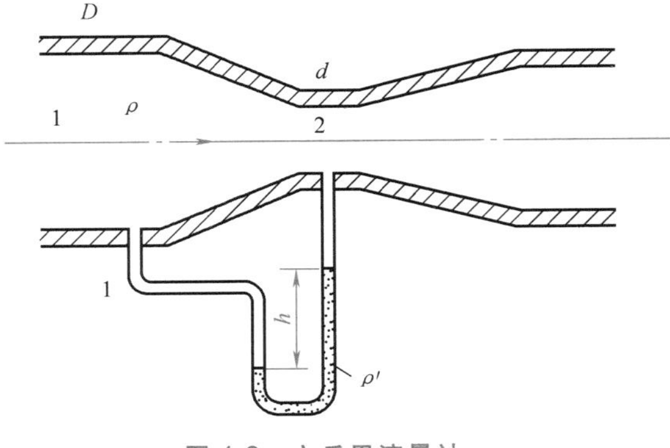

图 4-9 文丘里流量计

如图 4-9 所示。工作原理是利用收缩段造成一定的压差，在收缩段前和喉部用 U 形差压计测出压差，从而求出管道中流体的流量。

收缩段从管径 D 收缩至喉部直径 d，收缩角为 19°~23°，喉部直径常取为管径的 1/4~1/2，喉部长度约等于 d，扩散角为 8°~15°。

在文丘里流量计入口前直管段上断面 1 和喉部断面 2 两处布置测压孔，并与 U 形差压计相连，由压差求出流量。对过流断面 1、2 列伯努利方程，不计两过流断面之间的水头损失，并取 $\alpha_1=\alpha_2\approx1.0$，即

$$\frac{p_1}{\rho g}+\frac{v_1^2}{2g}=\frac{p_2}{\rho g}+\frac{v_2^2}{2g}$$

由 U 形压差计测量出两断面间的压差为

$$\frac{p_1-p_2}{\rho g}=\frac{(\rho'-\rho)gh}{\rho g}=\frac{(\rho'-\rho)h}{\rho}$$

联立连续方程 $v_1A_1=v_2A_2$，得

$$v_2=\sqrt{\frac{2g(\rho'-\rho)h}{\rho[1-(A_2/A_1)^2]}}$$

实际流量应乘以一修正系数，即

$$q_V=\mu v_2A_2 \tag{4-17}$$

式中，μ 为流量系数，一般取 $\mu=0.95\sim0.98$。流量系数随水流的情况和文丘里流量计的材料、尺寸等变化，需进行标定。

第三节 动量方程

动量方程是物理学中的动量定理在流体力学中的具体表达形式，它反映了流体运动的动量变化与所受作用力之间的关系。在用动量定理时，不必知道流体内部的流动情况，只需知道其边界上的流动情况，即可求解急变流动中流体与边界之间的相互作用力，如求解流体对弯管的作用力、射流对平板的冲击力等。

现将质点系统动量定理应用于流体系统的运动。根据动量定理，流体质点系统内动量的时间变化率等于作用在系统上的合外力矢量和，即

$$\sum \boldsymbol{F}=\frac{\mathrm{d}(\sum m\boldsymbol{v})}{\mathrm{d}t}=\frac{\Delta(\sum m\boldsymbol{v})}{\Delta t} \tag{4-18}$$

设不可压缩流体在管中做一元定常流动，如图 4-10 所示。将过流断面 1、2 和管壁所围空间作为控制体，取过流断面 1 和 2 之间的流体质点系统作为研究对象，两过流断面的面积分别为 A_1、A_2，假定平均流速分别为$\boldsymbol{v}_1$ 和$\boldsymbol{v}_2$。经过 dt 时间后，系统从位置 1—2 流到位置 1′—2′，发生的动量变化，其大小等于流体在 1′—2′和 1—2 位置时的动量之差。

对定常流动，Δt 时段前后共有的 1′—2 流段内的流体，尽管不是同一部分流体，但它们位置相同，流速大小与方向不变，密度也不变，因此动量相等。所以 1—1′、2—2′位置的动量分别等于 Δt 时间内通过 A_1、A_2 流入与流出控制体的动量，用平均流速表示，分别为 $\beta_1 \rho q_V \boldsymbol{v}_1 \Delta t$，$\beta_2 \rho q_V \boldsymbol{v}_2 \Delta t$，其中，$\beta$ 为动量修正系数，$\beta=1.02\sim1.05$，通常取 $\beta\approx1.0$。

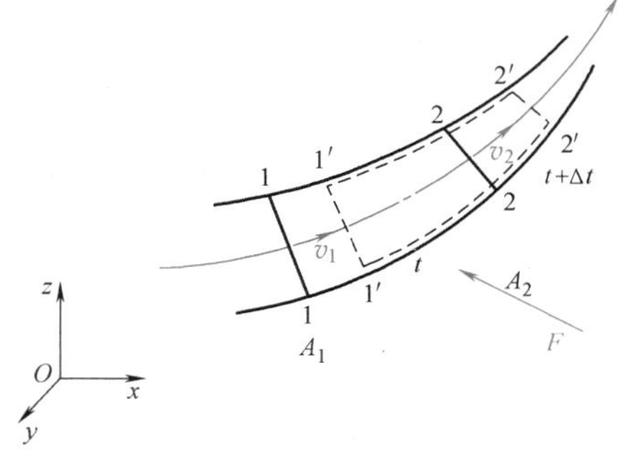

图 4-10 一元总流的流管

系统在 Δt 时间前后的动量变化为

$$\Delta(\sum m\boldsymbol{v}) = \beta_2 \rho q_V \boldsymbol{v}_2 \mathrm{d}t - \beta_1 \rho q_V \boldsymbol{v}_1 \mathrm{d}t$$

代入式（4-18）中得

$$\sum \boldsymbol{F} = \rho q_V(\beta_2 \boldsymbol{v}_2 - \beta_1 \boldsymbol{v}_1) \tag{4-19}$$

其中，$\sum \boldsymbol{F}$ 为作用在所研究的流体质点系统上所有外力的矢量和，写成分量形式为

$$\begin{cases} \sum F_x = \rho q_V(\beta_2 v_{2x} - \beta_1 v_{1x}) \\ \sum F_y = \rho q_V(\beta_2 v_{2y} - \beta_1 v_{1y}) \\ \sum F_z = \rho q_V(\beta_2 v_{2z} - \beta_1 v_{1z}) \end{cases} \tag{4-20}$$

式(4-19)与式(4-20)即为不可压缩流体定常流动的动量方程。应用动量方程时要注意：

1）动量方程是矢量方程，应选择一个合适的坐标系。

2）选择一个合适的控制体，使两个过流断面既紧接动量变化的急变流段，又都在缓变流区域，以便计算动水压强 p_1 和 p_2。

3）方程中 $\sum \boldsymbol{F}$ 是外界对流体的作用力，而不是流体对外界的作用力。

例 4-3 如图 4-11 所示，水平放置的输水弯管，$\theta=60°$，直径由 $d_1=200\text{mm}$ 变为 $d_2=150\text{mm}$。已知转弯前断面的压强为 $p_1=1.8\times10^4\text{Pa}$（计示压强），输水流量 $q_V=0.1\text{m}^3/\text{s}$。不计水头损失，求水流对弯管的作用力。

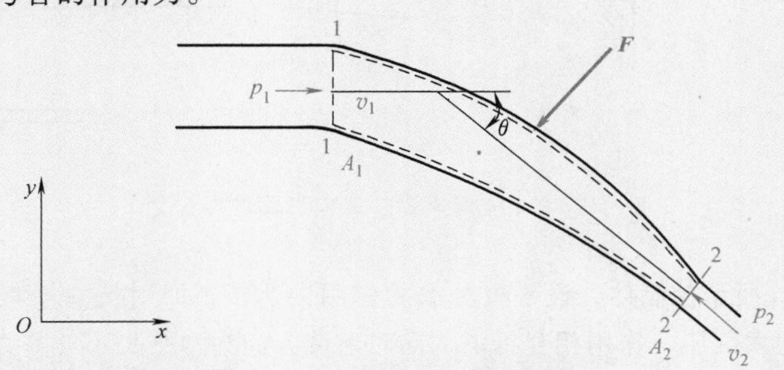

图 4-11 水平放置的输水弯管

解：取图 4-11 所示坐标系，在转弯管段前、后取过流断面 1—1、2—2 及管壁所围成的空间为控制体，将控制体内的流体作为研究对象。列动量方程（取 $\beta\approx1.0$），即

$$\sum F_x = \rho q_V(\beta_2 v_{2x} - \beta_1 v_{1x})$$

$$\sum F_y = \rho q_V(\beta_2 v_{2y} - \beta_1 v_{1y})$$

所受外力有两过流断面上的流体压力 p_1A_1、p_2A_2，管壁对控制体中的流体作用力 $\boldsymbol{F}$。代入上式得

$$p_1A_1-p_2A_2\cos60°-F_x=\rho q_V(\beta_2v_2\cos60°-\beta_1v_1)$$
$$p_2A_2\sin60°-F_y=\rho q_V(-\beta_2v_2\sin60°-0)$$

列断面 1—1、2—2 的伯努利方程，不计水头损失，有

$$z_1+\frac{p_1}{\rho g}+\frac{v_1^2}{2g}=z_2+\frac{p_2}{\rho g}+\frac{v_2^2}{2g}$$

又有

$$v_1=\frac{q_V}{\frac{1}{4}\pi d_1^2}=3.18\text{m/s},\quad v_2=\frac{q_V}{\frac{1}{4}\pi d_2^2}=5.66\text{m/s}$$

代入求得
$$p_2=p_1+\rho\frac{v_1^2-v_2^2}{2}=7.04\times10^3\text{Pa}$$

代入动量方程中，解出 F_x、F_y 分别为

$$F_x=538\text{N},\ F_y=597\text{N}$$

例 4-4　速度为 v、流量为 q_V 的自由射流（自由射流指从有压喷管或者孔口射入大气的一股流束，特点是流束上的流体压强均为大气压）冲击到静止的板上，水流向四周散开，如图 4-12 所示。试求射流对挡板的冲击力。

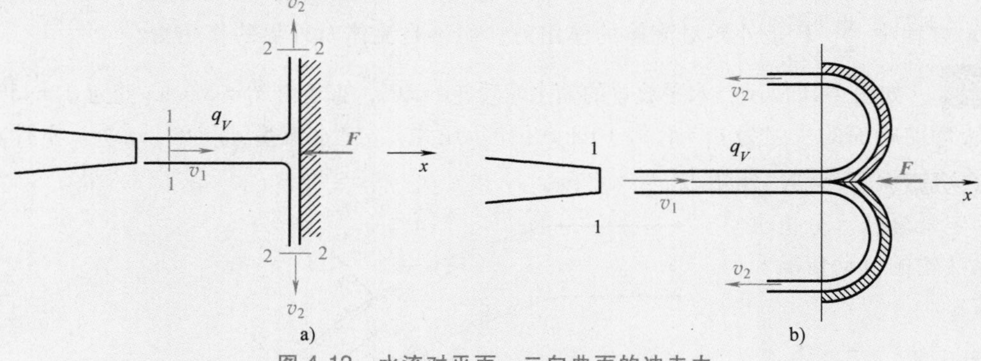

图 4-12　水流对平面、二向曲面的冲击力

解： 1）取图 4-12a 所示控制体，设平板对水的作用力为 F，即射流对平板冲击力的反作用力。控制体四周为大气压，作用相互抵消，同时射流方向为水平，不计重力。不计射流运动的机械能损失，由伯努利方程可得 $v_1=v_2=v$。列 x 方向的动量方程（取 $\beta\approx1.0$），有

$$\sum F_x=\rho q_V(\beta_2v_{2x}-\beta_1v_{1x})$$

其中：$v_{1x}=v$，$v_{2x}=0$，于是

$$-F=\rho q_V(0-v)$$
$$F=\rho q_Vv$$

2）图 4-12b 所示速度为 v、流量为 q_V 的自由射流冲击到固定的反向曲面后，左右对称地分成两股，两股的流量均为 $q_V/2$，不计损失，由伯努利方程可得 $v_2=v_1=v$，于是

$$-F=\rho\times2\times\frac{q_V}{2}(-v)-\rho q_V v=-2\rho q_V v$$

$$F=2\rho q_V v$$

这种反向曲面所受的冲击力是平板的两倍。为了充分利用水流的动力，在冲击式水轮机上常采用这种反向曲面作为叶片形状，为了回水方便，反向角常用 160°~170°。

第四节　动量矩方程

一个物体单位时间内对转动轴的动量矩变化，等于作用于此物体上的所有外力对同一轴的力矩之和，即动量矩定理。定常流动的动量矩方程是建立流体机械基本方程的基础。

一、方程的建立

设有某一固定参考点，令 $\boldsymbol{r}_1$、$\boldsymbol{r}_2$、$\boldsymbol{r}$ 分别代表从固定点到过流断面 1、2 及外力作用点的矢径，由动量矩定理得

$$\boldsymbol{M}=\sum\boldsymbol{F}\times\boldsymbol{r}=\rho q_V(\beta_2\boldsymbol{v}_2\times\boldsymbol{r}_2-\beta_1\boldsymbol{v}_1\times\boldsymbol{r}_1)$$

动量矩方程为

$$\boldsymbol{M}=\rho q_V(\beta_2\boldsymbol{v}_2\times\boldsymbol{r}_2-\beta_1\boldsymbol{v}_1\times\boldsymbol{r}_1)\tag{4-21}$$

式（4-21）表明单位时间内流出、流入控制体的动量矩之差等于作用在控制体内流体上所有外力对同一参考点力矩的矢量和。

二、叶轮机械的动量矩方程

水流通过水泵或水轮机等流体机械时，水流对叶片有作用力，受水流作用的转轮叶片绕某一固定轴旋转。分析这类流动时需要了解水流的动量矩变化与外力矩之间的关系。以水流通过泵叶轮的流动情况为例。设一离心泵叶轮如图 4-13 所示，水流从叶轮内周进入，从外周流出。假设叶轮中叶片数无穷多，叶片无厚度，液体无黏性，则相对运动是定常的。

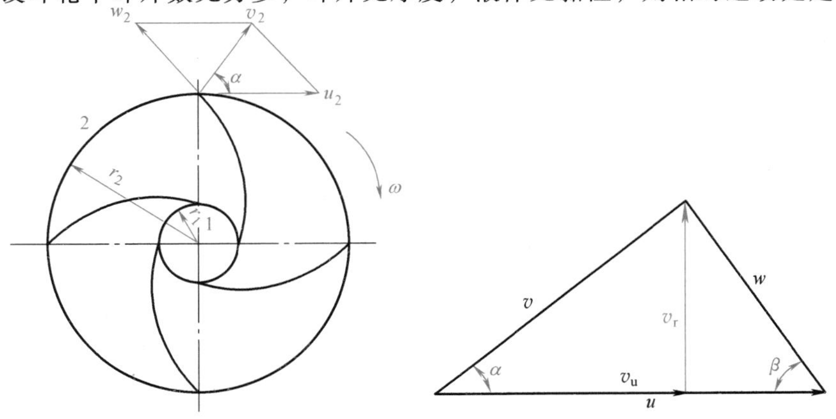

图 4-13　离心泵叶轮与速度三角形

液体作用在叶轮上的动量矩为

$$\boldsymbol{M}=\rho q_V(\boldsymbol{v}_2\times\boldsymbol{r}_2-\boldsymbol{v}_1\times\boldsymbol{r}_1) \tag{4-22}$$

由速度三角形得

$$|\boldsymbol{v}\times\boldsymbol{r}|=vr\cos\alpha$$

将上式代入式（4-22），写成标量形式为

$$M=\rho q_V(r_2v_2\cos\alpha_2-r_1v_1\cos\alpha_1)$$

例 4-5　图 4-14 所示为一洒水器，流量为 q_V 的水从转轴流入转臂从喷嘴流出，喷嘴与圆周切向的夹角为 θ，喷嘴面积为 A。当水喷出时，水流的反推力使洒水器转动。不计摩擦力，求洒水器转动角速度 ω。

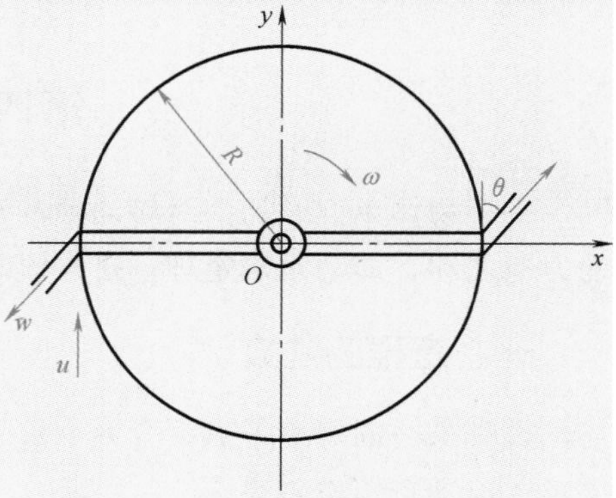

图 4-14　洒水器示意图

解： 不计摩擦力作用，转臂所受的外力矩为零，取固定于地球的坐标系。半径 R 处转臂内流体沿喷嘴方向的速度 w 及沿圆周方向的速度 u 分别为

$$w=\frac{q_V}{2A},\quad u=\omega R$$

则绝对速度在圆周方向的投影为

$$v_{\mathrm{u}}=w\cos\theta-u=\frac{q_V}{2A}\cos\theta-\omega R$$

由动量矩定理得

$$M=\rho q_V\left[\left(\frac{q_V}{2A}\cos\theta-\omega R\right)-0\right]=0$$

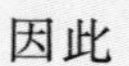

因此

$$\omega=\frac{q_V}{2AR}\cos\theta$$

习　题

4-1　图 4-15 所示为一通风机，吸风量 $q_V=4.35\mathrm{m}^3/\mathrm{s}$，吸风管直径 $d=0.3\mathrm{m}$，空气的密度 $\rho=1.29\mathrm{kg/m}^3$。求通风机进口处的真空度（不计损失）。

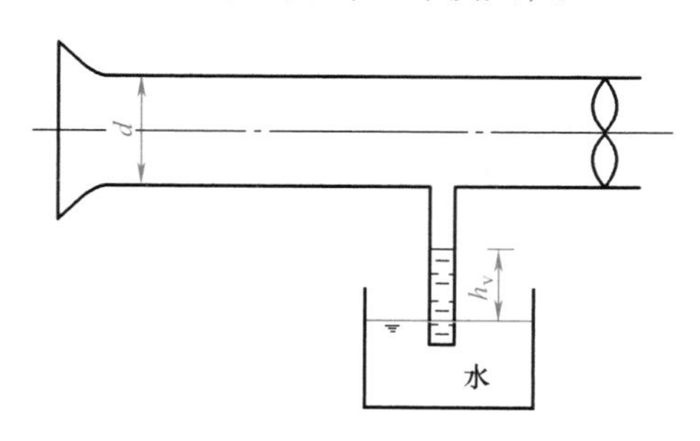

图 4-15　题 4-1 图

4-2　图 4-16 所示管路中，A、B 两点的高差 $\Delta z=1\text{m}$，A 处直径 $d_A=0.25\text{m}$，压强 $p_A=7.8\times10^4\text{Pa}$，点 B 处直径 $d_B=0.5\text{m}$，压强 $p_B=4.9\times10^4\text{Pa}$。$B$ 处平均流速 $v_B=1.2\text{m/s}$。求平均流速 v_A 和管中水流方向。

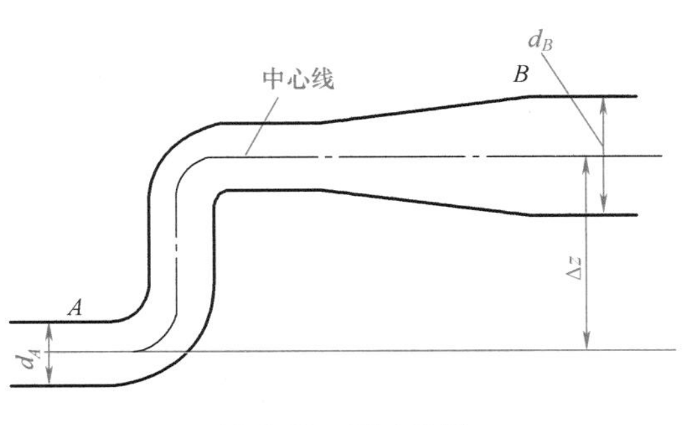

图 4-16　题 4-2 图

4-3　图 4-17 所示为水泵吸水装置，已知管径 $d=0.25\text{m}$，水泵进口处的真空度 $p_V=4\times10^4\text{Pa}$，水泵进口以前的沿程水头损失为 $0.2\dfrac{v^2}{2g}$，弯管局部水头损失为 $0.3\dfrac{v^2}{2g}$。试求：（1）水泵的流量 q_V。（2）吸水管进口断面的相对压强。

4-4　图 4-18 所示为一虹吸管，已知 $a=1.8\text{m}$，$b=3.6\text{m}$，由水池引水至 C 处后流入大气。若不计损失，设大气压的压强水头为 10m。求：（1）管中流速及 B 处的绝对压强。（2）当 B 处绝对压强的压强水头下降到 0.24m 以下时，将发生汽化，设 C 处保持不动，若要不发生汽化，a 不能超过多少？

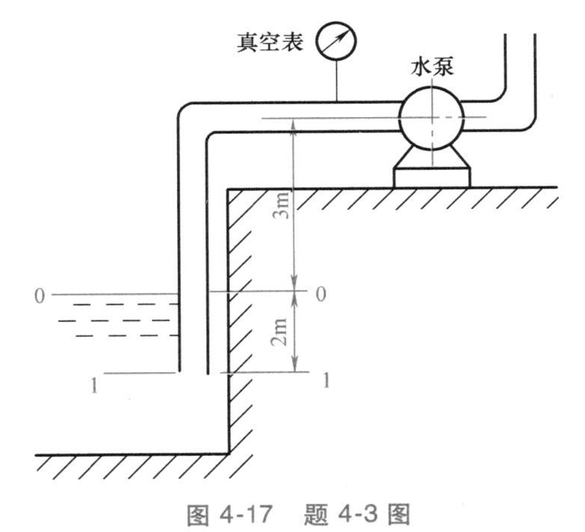

图 4-17　题 4-3 图

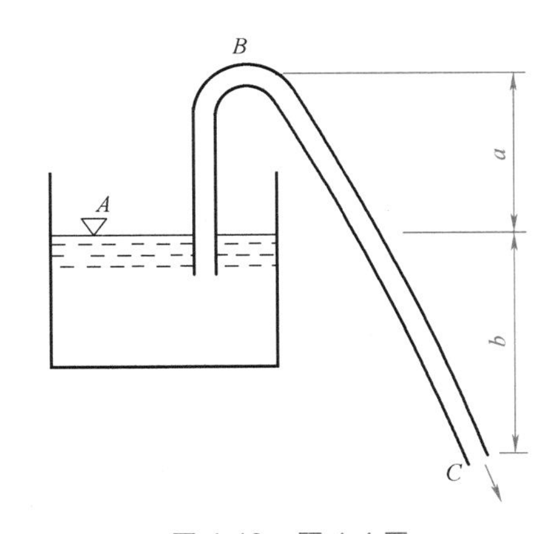

图 4-18　题 4-4 图

4-5　图 4-19 所示为射流泵装置简图，其工作原理是利用喷嘴处的高速水流产生真空，将容器中的流体吸入泵内，再与射流一起流至下游。要求在喷嘴处产生真空压强水头为 2.5m，已知 $H_2=1.5\text{m}$、$d_1=50\text{mm}$、$d_2=70\text{mm}$。若不计损失，求上游液面高度 H_1。

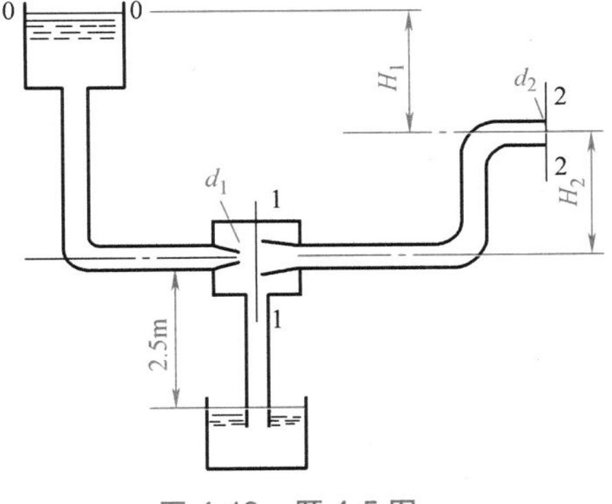

图 4-19　题 4-5 图

4-6　如图 4-20 所示，敞口水池中的水沿一截面变化的管道排出，流量 $q_V=0.014\text{m}^3/\text{s}$，$d_1=100\text{mm}$、$d_2=75\text{mm}$、$d_3=50\text{mm}$。若不计损失，求所需的水头 H 及第二管段中 M 点处的压强，并绘制压强水头线。

4-7　图 4-21 所示虹吸管的直径 $d_1=10\text{cm}$，喷嘴直径 $d_2=5\text{cm}$，$a=3\text{m}$，$b=4.5\text{m}$。管中充满水流并由喷嘴射入大气，忽略摩擦，试求 1、2、3、4 点处的表压强。

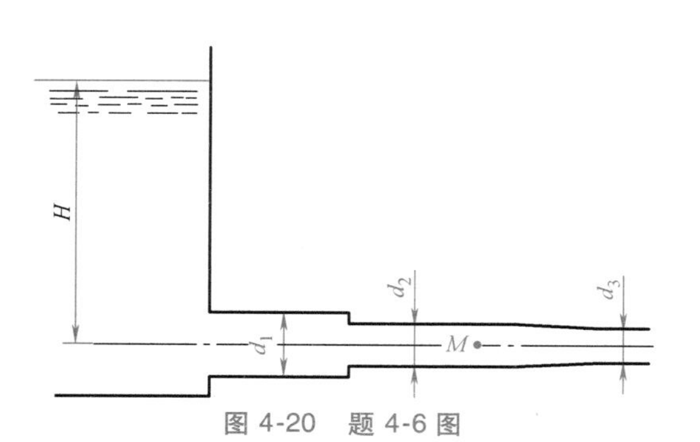

图 4-20　题 4-6 图

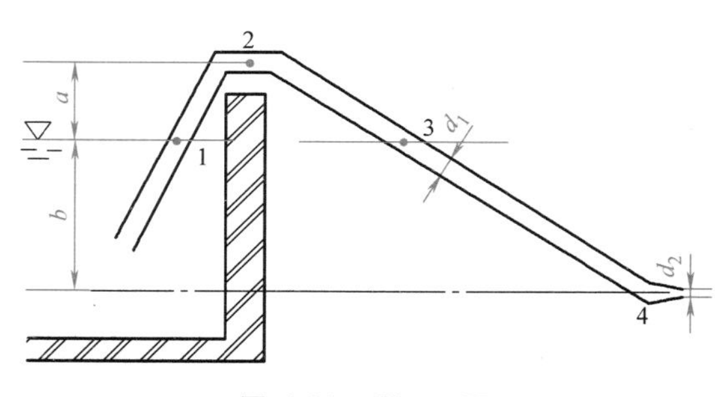

图 4-21　题 4-7 图

4-8　如图 4-22 所示，一射流在平面上以 $v=5\mathrm{m/s}$ 的速度冲击一斜置平板，射流与平板之间夹角 $\alpha=60°$，射流断面积 $A=0.008\mathrm{m}^2$，不计水流与平板之间的摩擦力。试求：(1) 垂直于平板的射流作用力。(2) 流量 q_{V_1} 与 q_{V_2} 之比。

4-9　如图 4-23 所示，水流经一 30°水平弯管流入大气，已知 $d_1=100\mathrm{mm}$，$d_2=75\mathrm{mm}$，$v_2=23\mathrm{m/s}$，水的密度 ρ 为 $1000\mathrm{kg/m}^3$。不计水头损失，不计重力，求弯管上所受到的作用力 F。

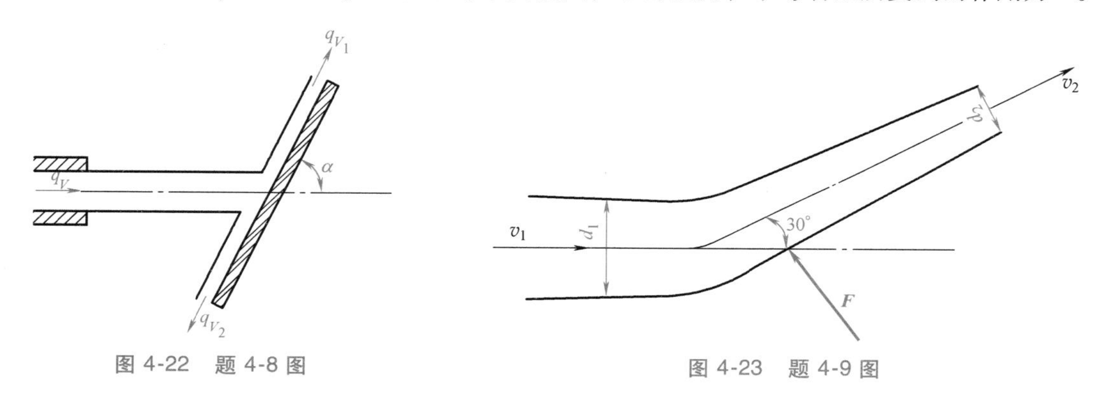

图 4-22　题 4-8 图　　图 4-23　题 4-9 图

4-10　如图 4-24 所示，在水平平面上的 45°弯管，入口直径 $d_1=600\mathrm{mm}$，出口直径 $d_2=300\mathrm{mm}$，入口压强 $p_1=1.4\times10^5\mathrm{Pa}$，流量 $q_V=0.425\mathrm{m}^3/\mathrm{s}$。忽略摩擦，求弯管上所受到的作用力 F。

4-11　图 4-25 所示为一洒水器，其流量恒定，$q_V=6\times10^{-4}\mathrm{m}^3/\mathrm{s}$，每个喷嘴的面积 $A=1.0\mathrm{cm}^2$，臂长 $R=30\mathrm{cm}$。不计阻力，试求：(1) 不计摩擦，旋臂的旋转速度 ω。(2) 如不让它转动，应施加多大的力矩。

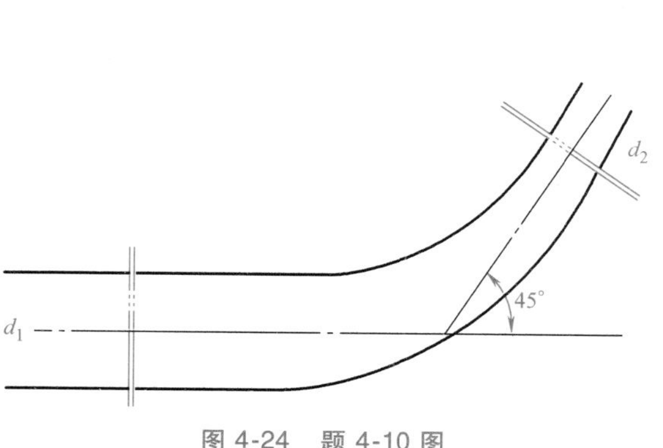

图 4-24　题 4-10 图

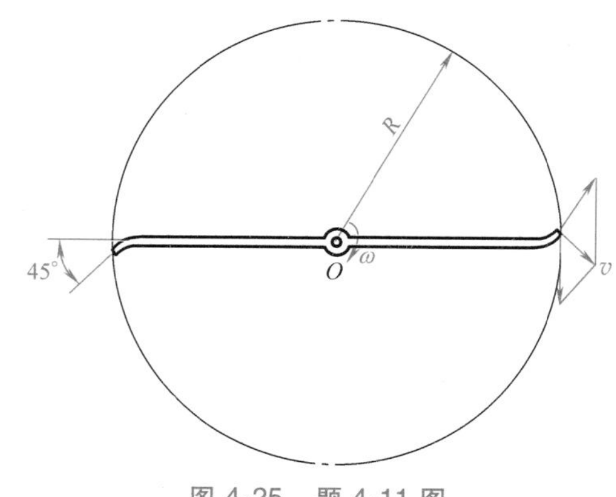

图 4-25　题 4-11 图

4-12　图 4-26 所示为一水泵叶轮，其内径 $d_1=20\text{cm}$，外径 $d_2=40\text{cm}$，叶片宽度（即垂直于纸面方向）$b=4\text{cm}$，水在叶轮入口处沿径向流入，在出口处与径向成 30°流出，已知质量流量 $q_m=92\text{kg/s}$，叶轮转速 $n=1450\text{r/min}$。求水在叶轮入口与出口处的流速 v_1、v_2 及输入水泵的功率（不计损失）。

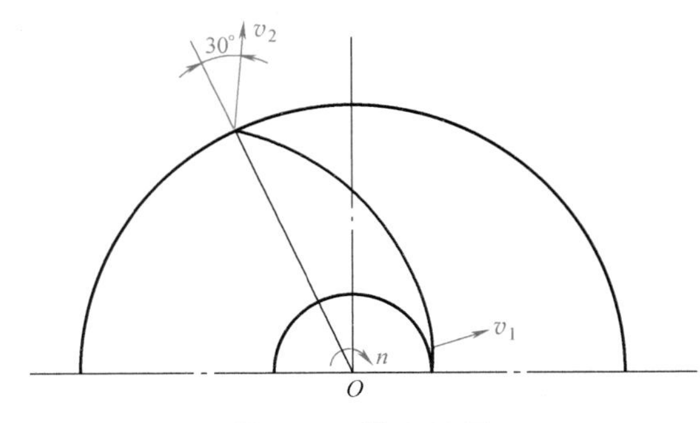

图 4-26　题 4-12 图

第五章

相似理论与量纲分析

实验是探索流体流动规律和解决工程实际问题的重要手段，相似理论与量纲分析是指导实验的理论基础。实验研究以其可靠性、真实性，在建立物理模型和检验理论及数值计算结果的正确性等方面起着根本性的作用，实验研究也是探索新现象、发展新理论的主要手段。

流体力学中的实验主要有两种：一是工程性的模型实验，目的在于预测即将建造的大型流体机械或水工结构上的流动情况；二是探索性的研究实验，目的在于探索未知的流动规律。本章主要介绍相似理论与量纲分析的基本方法及其应用。

第一节　相似理论

“相似”概念来源于几何学。例如图 5-1 所示的两个三角形，对应边成比例，对应角相等，则称几何相似，流体力学中的相似概念是几何学相似概念的扩展。

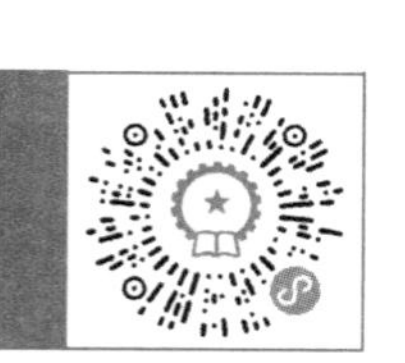

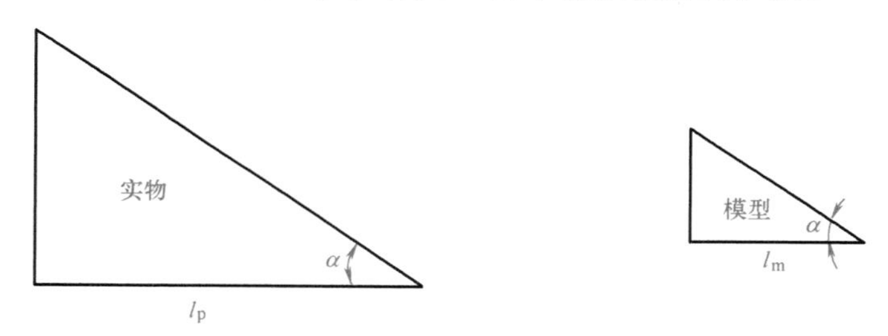

图 5-1　两相似三角形

一、力学相似

模型试验时，为使模型流动表现出原型流动的主要特性，并能从模型流动上预测原型流动的结果，必须使模型流动与原型流动保持力学相似关系。力学相似是指几何结构相似的模型流动与原型流动在对应点上的对应物理量都遵守一定的比例关系，力学相似包括几何相似、运动相似和动力相似。

1. 几何相似

几何相似是指模型流动与原型流动有相似的边界形状，一切对应的线性尺寸成比例，对应角相等。图 5-2 所示为两个几何相似的翼型。如果用下标 m 表示模型流动，用下标 p 表示原型流动，则线性比例尺 k_l 为

$$k_l=\frac{l_m}{l_p} \tag{5-1}$$

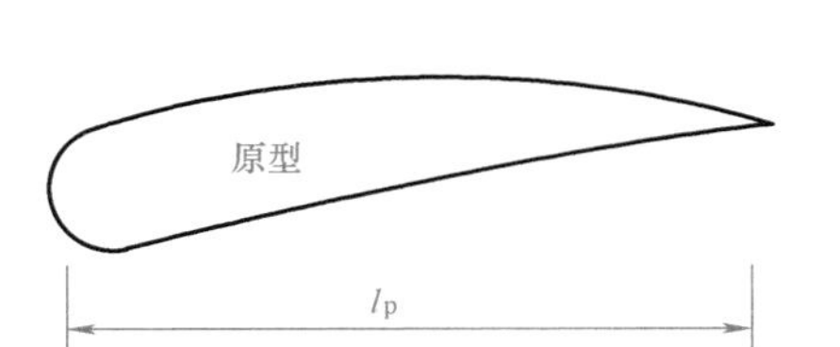

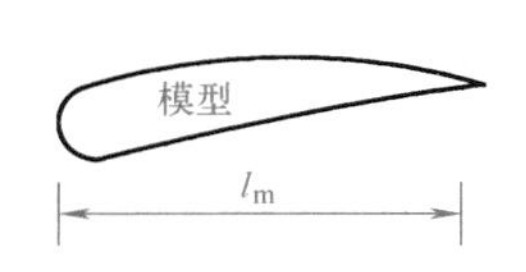

图 5-2 两个几何相似的翼型

线性比例尺 k_l 是一个基本比例尺，在线性尺寸成相同比例的情况下，对应的夹角都相等。由线性比例尺可得面积比例尺和体积比例尺，即

$$k_A=\frac{A_m}{A_p}=\frac{l_m^2}{l_p^2}=k_l^2$$

$$k_V=\frac{V_m}{V_p}=\frac{l_m^3}{l_p^3}=k_l^3$$

因为线性尺寸 l 的量纲是 L，面积 A 的量纲是 L^2，体积 V 的量纲是 L^3，对照导出物理量的量纲，可以直接写出导出物理量的比例尺，这一结论不但适用于几何相似，也适用于运动相似和动力相似。严格来说，模型和原型的表面粗糙度也应该具有相同的线性比例尺，但实际上只能近似地做到。

2. 运动相似

运动相似是指模型流动与原型流动的速度场相似，而且对应点上的速度方向相同，大小成比例。图 5-3 所示为绕翼型流动，流场任一点 A 处，速度 v 大小成比例，方向相同。

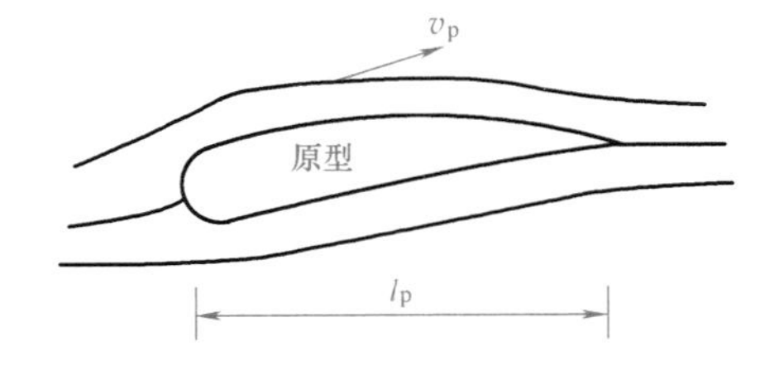

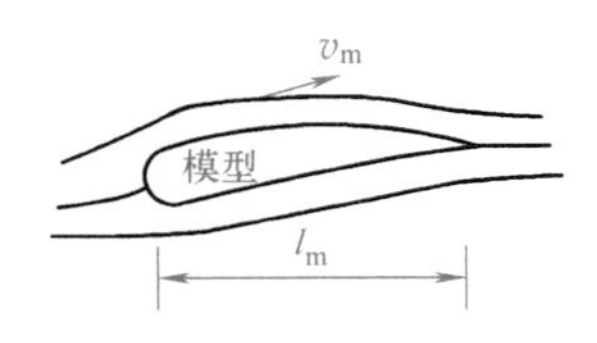

图 5-3 绕翼型流动

速度比例尺

$$k_v=\frac{v_m}{v_p} \tag{5-2}$$

k_v 是第二个基本比例尺，其他运动学的比例尺可以按照物理量的定义或量纲由 k_l 及 k_v 确定。

时间比例尺 $$k_t=\frac{t_m}{t_p}=\frac{l_m/v_m}{l_p/v_p}=\frac{k_l}{k_v}$$

加速度比例尺 $$k_a=\frac{a_m}{a_p}=\frac{v_m/t_m}{v_p/t_p}=\frac{k_v}{k_t}=\frac{k_v^2}{k_l}$$

流量比例尺 $$k_q=\frac{q_m}{q_p}=\frac{l_m^3/t_m}{l_p^3/t_p}=\frac{k_l^3}{k_t}=k_l^2k_v$$

运动黏度比例尺　$k_\nu=\dfrac{\nu_m}{\nu_p}=\dfrac{l_m^2/t_m}{l_p^2/t_p}=\dfrac{k_l^2}{k_t}=k_l k_v$

角速度比例尺　$k_\omega=\dfrac{\omega_m}{\omega_p}=\dfrac{v_m/l_m}{v_p/l_p}=\dfrac{k_v}{k_l}$

由以上关系式可以看出，只要确定了 k_l 及 k_v，则其他运动学比例尺都可以确定。

3. 动力相似

动力相似是指模型流动与原型流动受同种外力作用，而且对应点上的力方向相同，大小成比例。如图 5-3 所示的绕翼型流动中，作用在翼型上的重力 G、压力 F_P、黏性力 T、惯性力 I 等力，在模型与原型流动中，这些力的大小成比例，方向相同，力多边形相似，如图 5-4 所示。即

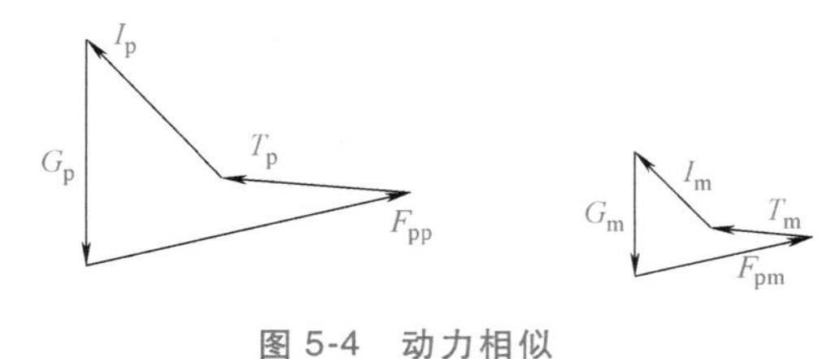

图 5-4　动力相似

$$\frac{G_m}{G_p}=\frac{F_{pm}}{F_{pp}}=\frac{T_m}{T_p}=\frac{I_m}{I_p} \tag{5-3}$$

密度比例尺
$$k_\rho=\frac{\rho_m}{\rho_p} \tag{5-4}$$

k_ρ 是第三个基本比例尺，其他动力学的比例尺均可按照物理量的定义或量纲由 k_ρ、k_l 及 k_v 来确定。

质量比例尺　$k_m=\dfrac{m_m}{m_p}=\dfrac{\rho_m V_m}{\rho_p V_p}=k_\rho k_l^3$

力比例尺
$$k_F=\frac{F_m}{F_p}=\frac{m_m a_m}{m_p a_p}=k_m k_a=k_\rho k_l^2 k_v^2 \tag{5-5}$$

力矩（功、能）比例尺　$k_M=\dfrac{F_m l_m}{F_p l_p}=k_F k_l=k_\rho k_l^3 k_v^2$

压强（应力）比例尺　$k_p=\dfrac{F_m/A_m}{F_p/A_p}=\dfrac{k_F}{k_A}=k_\rho k_v^2$

动力黏度的比例尺　$k_\mu=\dfrac{\mu_m}{\mu_p}=\dfrac{\rho_m\nu_m}{\rho_p\nu_p}=k_\rho k_\nu=k_\rho k_l k_v$

功率的比例尺　$k_P=\dfrac{P_m}{P_p}=\dfrac{k_\rho k_l^3 k_v^2}{k_t}=k_\rho k_l^2 k_v^3$

值得注意的是量纲一的系数的比例尺 $k_C=1$，即在相似的模型流动与原型流动之间存在着一切量纲一的系数都对应相等的关系，这提供了在模型流动中测定原型流动中的流速系数、流量系数、阻力系数等的可能性。

所有这些力学相似的比例尺均列于表 5-1 中，基本比例尺 k_l、k_v、k_ρ 是各自独立的，基本比例尺确定之后，其他物理量的比例尺都可以确定。模型流动与原型流动之间的物理量的换算关系也就都确定了。

4. 初始条件和边界条件相似

初始条件和边界条件相似是保证相似的充分条件。非定常流动中，初始条件的相似是必

需的。定常流动中，无初始条件的相似。边界条件相似是指两个流动相应边界性质相同，在一般情况下，边界条件可分为几何学、运动学和动力学等几个方面，如固体边界上的法线速度为零，自由表面上的压强为大气压等。

表 5-1 力学相似及近似模型法的比例尺

模型法	力学相似	重力相似 弗劳德模型法	黏性力相似 雷诺模型法	压力相似 欧拉模型法
相似准则	$Fr_{\mathrm{m}}=Fr_{\mathrm{p}}$ $Re_{\mathrm{m}}=Re_{\mathrm{p}}$ $Eu_{\mathrm{m}}=Eu_{\mathrm{p}}$	$\frac{v_{\mathrm{m}}^2}{g_{\mathrm{m}}l_{\mathrm{m}}}=\frac{v_{\mathrm{p}}^2}{g_{\mathrm{p}}l_{\mathrm{p}}}$	$\frac{v_{\mathrm{m}}l_{\mathrm{m}}}{\nu_{\mathrm{m}}}=\frac{v_{\mathrm{p}}l_{\mathrm{p}}}{\nu_{\mathrm{p}}}$	$\frac{p_{\mathrm{m}}}{\rho_{\mathrm{m}}v_{\mathrm{m}}^2}=\frac{p_{\mathrm{p}}}{\rho_{\mathrm{p}}v_{\mathrm{p}}^2}$
比例尺的制约关系	k_l、k_v、k_ρ 各自独立	$k_v=k_l^{\frac{1}{2}}$	$k_v=\frac{k_\nu}{k_l}$	$k_p=k_\rho k_v^2$
线性比例尺 k_l	基本比例尺	基本比例尺	基本比例尺	与“力学相似”栏相同
面积比例尺 k_A	k_l^2	k_l^2	k_l^2	
体积比例尺 k_V	k_l^3	k_l^3	k_l^3	
速度比例尺 k_v	基本比例尺	$k_l^{\frac{1}{2}}$	$\frac{k_\nu}{k_l}$	
时间比例尺 k_t	$\frac{k_l}{k_v}$	$k_l^{\frac{1}{2}}$	$\frac{k_l^2}{k_\nu}$	
加速度比例尺 k_a	$\frac{k_v^2}{k_l}$	1	$\frac{k_\nu^2}{k_l^3}$	
流量比例尺 k_q	$k_l^2k_v$	$k_l^{\frac{5}{2}}$	$k_\nu k_l$	
运动黏度比例尺 k_ν	k_lk_v	$k_l^{\frac{3}{2}}$	基本比例尺	
角速度比例尺 k_ω	$\frac{k_v}{k_l}$	$k_l^{-\frac{1}{2}}$	$\frac{k_\nu}{k_l^2}$	
密度比例尺 k_ρ	基本比例尺	基本比例尺	基本比例尺	
质量比例尺 k_m	$k_\rho k_l^3$	$k_\rho k_l^3$	$k_\rho k_l^3$	
力比例尺 k_F	$k_\rho k_l^2k_v^2$	$k_\rho k_l^3$	$k_\rho k_\nu^2$	
力矩比例尺 k_M	$k_\rho k_l^3k_v^2$	$k_\rho k_l^4$	$k_\rho k_lk_\nu^2$	
功、能比例尺 k_E	$k_\rho k_l^3k_v^2$	$k_\rho k_l^4$	$k_\rho k_lk_\nu^2$	
压强(应力)比例尺 k_p	$k_\rho k_v^2$	$k_\rho k_l$	$\frac{k_\rho k_\nu^2}{k_l^2}$	
动力黏度比例尺 k_μ	$k_\rho k_lk_v$	$k_\rho k_l^{\frac{3}{2}}$	$k_\rho k_\nu$	
功率比例尺 k_P	$k_\rho k_l^2k_v^3$	$k_\rho k_l^{\frac{7}{2}}$	$\frac{k_\rho k_\nu^3}{k_l}$	
量纲一的系数比例尺 k_C	1	1	1	
适用范围	原理论证；自动模型区的管流等	水工结构、明渠水流、波浪阻力、闸孔出流等	管中流动、液压技术、孔口出流、水力机械等	自动模型区的管流、风洞实验、气体绕流等

二、相似准则

两流动力学相似应同时满足几何相似、运动相似、动力相似以及初始条件和边界条件的相似。满足流动力学相似，则长度比例尺 k_l、速度比例尺 k_v、密度比例尺 k_ρ 等应遵循一定的约束关系，这种表达流动力学相似的约束关系称为相似准则。

通常几何相似是运动相似和动力相似的前提和依据，动力相似是决定两流动力学相似的主导因素，运动相似是几何相似和动力相似的表现。因此在几何相似的前提下，要保证流动力学相似，主要看动力相似，即满足式（5-3）。

力比例尺 $k_F=k_\rho k_l^2 k_v^2$ 可表示为模型与原型流动中所受外力的比等于惯性力的比，即

$$\frac{F_{\mathrm{m}}}{F_{\mathrm{p}}}=\frac{\rho_{\mathrm{m}} l_{\mathrm{m}}^2 v_{\mathrm{m}}^2}{\rho_{\mathrm{p}} l_{\mathrm{p}}^2 v_{\mathrm{p}}^2} \quad 或 \quad \frac{F_{\mathrm{m}}}{\rho_{\mathrm{m}} l_{\mathrm{m}}^2 v_{\mathrm{m}}^2}=\frac{F_{\mathrm{p}}}{\rho_{\mathrm{p}} l_{\mathrm{p}}^2 v_{\mathrm{p}}^2}$$

引入量纲一的相似准则数

$$Ne=\frac{F}{\rho l^2 v^2}$$

它表示了流体上的某一种外力与惯性力的比值，称为牛顿（Newton）数。若模型和原型流动是力学相似的，则满足

$$Ne_{\mathrm{m}}=Ne_{\mathrm{p}} \tag{5-6}$$

由此可见，两个动力相似的流动中，不管对于哪一类的外力，牛顿数必须保持相等。反之，两个流动的牛顿数相等，则这两个流动力学相似。这是流动相似的重要标志和判据，称为牛顿相似准则。

在牛顿数中，外力 F 可以是重力 G、压力 P 或黏性力 T，可分别得出以下不同的相似准则。

1. 重力相似准则

当原型和模型重力相似时，牛顿数中的 F 用重力 G 代入

$$\frac{G_{\mathrm{m}}}{\rho_{\mathrm{m}} l_{\mathrm{m}}^2 v_{\mathrm{m}}^2}=\frac{G_{\mathrm{p}}}{\rho_{\mathrm{p}} l_{\mathrm{p}}^2 v_{\mathrm{p}}^2}$$

重力的比可表示为

$$\frac{G_{\mathrm{m}}}{G_{\mathrm{p}}}=\frac{\rho_{\mathrm{m}} V_{\mathrm{m}} g_{\mathrm{m}}}{\rho_{\mathrm{p}} V_{\mathrm{p}} g_{\mathrm{p}}}=\frac{\rho_{\mathrm{m}} g_{\mathrm{m}}}{\rho_{\mathrm{p}} g_{\mathrm{p}}} k_l^3=\frac{\rho_{\mathrm{m}} l_{\mathrm{m}}^3 g_{\mathrm{m}}}{\rho_{\mathrm{p}} l_{\mathrm{p}}^3 g_{\mathrm{p}}}$$

代入上式得

$$\frac{\rho_{\mathrm{m}} l_{\mathrm{m}}^3 g_{\mathrm{m}}}{\rho_{\mathrm{m}} l_{\mathrm{m}}^2 v_{\mathrm{m}}^2}=\frac{\rho_{\mathrm{p}} l_{\mathrm{p}}^3 g_{\mathrm{p}}}{\rho_{\mathrm{p}} l_{\mathrm{p}}^2 v_{\mathrm{p}}^2}$$

化简得

$$\frac{l_{\mathrm{m}} g_{\mathrm{m}}}{v_{\mathrm{m}}^2}=\frac{l_{\mathrm{p}} g_{\mathrm{p}}}{v_{\mathrm{p}}^2}$$

将上式改写成

$$\frac{v_{\mathrm{m}}^2}{g_{\mathrm{m}} l_{\mathrm{m}}}=\frac{v_{\mathrm{p}}^2}{g_{\mathrm{p}} l_{\mathrm{p}}}$$

将量纲一的组合数 $\frac{v^2}{gl}$ 称为弗劳德数，以 Fr 表示，动力相似中要求

$$Fr_{\mathrm{m}}=Fr_{\mathrm{p}} \tag{5-7}$$

式（5-7）表示模型流动和原型流动的弗劳德数相等，称为弗劳德相似准则。弗劳德数是量纲为一的量，是由 v、g、l 这三个物理量组合的一个物理量，它代表了惯性力和重力之比，因此弗劳德相似准则又称为重力相似准则。

2. 压力相似准则

当原型和模型压力相似时，牛顿数中的 F 用压力 F_p 代入，得

$$\frac{F_{pm}}{\rho_m l_m^2 v_m^2}=\frac{F_{pp}}{\rho_p l_p^2 v_p^2}$$

压力的比可表示为
$$\frac{F_{pm}}{F_{pp}}=\frac{p_m A_m}{p_p A_p}=\frac{p_m}{p_p}k_l^2=\frac{p_m l_m^2}{p_p l_p^2}$$

代入上式得
$$\frac{p_m l_m^2}{\rho_m l_m^2 v_m^2}=\frac{p_p l_p^2}{\rho_p l_p^2 v_p^2}$$

化简得
$$\frac{p_m}{\rho_m v_m^2}=\frac{p_p}{\rho_p v_p^2}$$

将量纲一的组合数 $\frac{p}{\rho v^2}$ 称为欧拉数，以 Eu 表示，即动力相似中要求

$$Eu_m=Eu_p \tag{5-8}$$

式（5-8）表示模型流动和原型流动的欧拉数相等，称为欧拉相似准则。欧拉数也是一个量纲一的量，是由 p、ρ、v 这三个物理量组合的一个综合物理量，它代表了流动中所受的压力和惯性力之比，因此欧拉相似准则又称为压力相似准则。

3. 黏性力相似准则

当原型和模型流动黏性力相似时，牛顿数中的 F 用黏性力 T 代入

$$\frac{T_m}{\rho_m l_m^2 v_m^2}=\frac{T_p}{\rho_p l_p^2 v_p^2} \tag{5-9}$$

流体黏性力的比可表示为

$$\frac{T_m}{T_p}=\frac{\mu_m v_m/l_m \cdot A_m}{\mu_p v_p/l_p \cdot A_p}=\frac{\mu_m v_m}{\mu_p v_p}k_l=\frac{\mu_m v_m l_m}{\mu_p v_p l_p}$$

代入式（5-9）得

$$\frac{\mu_m v_m l_m}{\rho_m l_m^2 v_m^2}=\frac{\mu_p v_p l_p}{\rho_p l_p^2 v_p^2}$$

由动力黏度与运动黏度的关系 $\nu=\mu/\rho$，代入上式有

$$\frac{v_m l_m}{\nu_m}=\frac{v_p l_p}{\nu_p}$$

将量纲一的组合数 $\frac{vl}{\nu}$ 称为雷诺数，以 Re 表示，即动力相似中要求

$$Re_m=Re_p \tag{5-10}$$

式（5-10）表示模型流动和原型流动的雷诺数相等，称为雷诺相似准则。雷诺数也是一个量纲一的量，是 v、l、ν 这三个物理量组合的一个综合物理量，它代表了流动中的惯性力和所受的黏性力之比，因此雷诺相似准则又称为黏性力相似准则。

4. 其他相似准则

以上分析了流动中常见的几种外力及对应的相似准则，对不同的流动问题，有时还有其他不可忽视的作用力。例如在非定常流动中的时变惯性力，考虑流体可压缩性时的弹性力，

在水深很小的明渠水流、多孔介质中的缓慢流动、液体破碎雾化等问题中的表面张力等。根据流体相似要求，这些力对应的相似准则有：

1）斯特劳哈尔相似准则，即
$$Sr=\frac{l}{vt} \tag{5-11}$$
斯特劳哈尔数表示时变惯性力和位变惯性力之比，反映了流体运动随时间变化的情况。

2）马赫相似准则，即
$$Ma=\frac{v}{c} \tag{5-12}$$

马赫数代表了流动中流体的压缩程度。$Ma<1$ 为亚声速流，$Ma>1$ 为超声速流。一般来说，马赫数小于 0.2 时，可作为不可压缩流体来处理。

3）韦伯相似准则，即
$$We=\frac{\rho l v^2}{\sigma} \tag{5-13}$$
式中，σ 为表面张力系数。韦伯数表示惯性力与表面张力之比。

为了使模型实验结果能与原型流动相比较，并能利用模型实验的数据转换到原型流动中，必须要保证模型流动与原型流动力学相似，即要求对应的相似准则数相等。由上面的分析可以看出，动力相似若用相似准则数来表示，则有
$$Sr_{\mathrm{m}}=Sr_{\mathrm{p}},\quad Fr_{\mathrm{m}}=Fr_{\mathrm{p}},\quad Eu_{\mathrm{m}}=Su_{\mathrm{p}},\quad Re_{\mathrm{m}}=Re_{\mathrm{p}},\quad Ma_{\mathrm{m}}=Ma_{\mathrm{p}},\ \cdots$$

三、近似模型法

对于不可压缩流体定常流动，如果模型流动和原型流动力学相似，则它们的弗劳德数、欧拉数、雷诺数必须各自相等，于是
$$Fr_{\mathrm{m}}=Fr_{\mathrm{p}},\quad Eu_{\mathrm{m}}=Eu_{\mathrm{p}},\quad Re_{\mathrm{m}}=Re_{\mathrm{p}} \tag{5-14}$$
式（5-14）称为不可压缩流体定常流动的力学相似准则。

由伯努利方程可知，给定速度场后，压强可由伯努利方程求出，即 Eu 可由 Fr、Re 确定。所以对不可压缩定常流动，只要 Fr、Re 相等就能达到动力相似。现讨论实际工程中要同时满足 $Fr_{\mathrm{m}}=Fr_{\mathrm{p}}$ 与 $Re_{\mathrm{m}}=Re_{\mathrm{p}}$ 是否存在困难。

相似准则是判别动力相似的标准，也是设计模型的准则。满足动力相似准则意味着相似比例尺之间保持相互制约的关系
$$k_v^2=k_g k_l,\quad k_\nu=k_l k_v$$

设计模型时，所选择的三个基本比例尺 k_l、k_v、k_ρ 如果能满足以上制约关系，模型流动与原型流动是力学相似的。但这是有困难的，因为一般重力加速度的比例尺 $k_g=1$，于是
$$k_v=k_l^{\frac{1}{2}},\qquad k_v=\frac{k_\nu}{k_l}$$

由此得
$$k_\nu=k_l^{\frac{3}{2}}$$

模型的线性比例尺是可以任意选择的，但流体运动黏度的比例尺 k_ν 很难保持 $k_l^{\frac{3}{2}}$ 的数值。一般情况下，模型与原型流动中的流体往往就是同一种介质，例如航空器在风洞中实

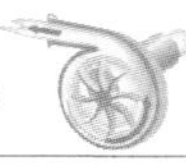

验，水工模型用水做实验，液压元件用工作油液做实验，此时 $k_\nu=1$，于是

$$k_v=k_l^{\frac{1}{2}},\quad k_v=\frac{1}{k_l}$$

显然速度比例尺 k_v 不可能同时满足，除非 $k_l=1$，即模型与原型尺寸相同，但这样显然失去了模型实验的意义了。

通过上述比例尺制约关系可知，同时满足弗劳德数和雷诺数是困难的，因而一般模型实验难以实现全面的力学相似。因此如果选择一个相似准则数（包括欧拉数），那么选择基本比例尺就不会遇到困难，这种不能保证全面力学相似的模型设计方法称为近似模型法。

近似模型法有着一定的科学根据，弗劳德数代表惯性力与重力之比，雷诺数代表惯性力和黏性力之比，欧拉数代表压力与惯性力之比，这三种力（重力、黏性力和压力）在一个具体问题上不一定具有同等的重要性，针对具体问题，突出主要因素、放弃次要因素，有助于实际问题的解决。近似模型法有以下三种。

1. 弗劳德模型法

在水利工程及明渠无压流动中，处于主要地位的力是重力。用水位落差形式表现的重力是支配流动的原因，用静水压力表现的重力是水工结构中的主要矛盾。黏性力不起作用或作用不甚显著，因此弗劳德模型法的主要相似准则是

$$\frac{v_{\rm m}^2}{g_{\rm m}l_{\rm m}}=\frac{v_{\rm p}^2}{g_{\rm p}l_{\rm p}}$$

一般模型流动与原型流动中的重力加速度相同，$g_{\rm m}=g_{\rm p}$，于是

$$\frac{v_{\rm m}^2}{l_{\rm m}}=\frac{v_{\rm p}^2}{l_{\rm p}}\quad 或\quad k_v=k_l^{\frac{1}{2}}\tag{5-15}$$

式（5-15）说明在弗劳德模型法中，速度比例尺可以不再作为需要选取的基本比例尺。弗劳德模型法在水利工程上应用广泛。

2. 雷诺模型法

管中有压流动是压差作用下克服管道摩擦而产生的流动，黏性力决定压差的大小以及管内流动的性质。此时重力是次要因素，因此雷诺模型法的主要准则是

$$\frac{v_{\rm m}l_{\rm m}}{\nu_{\rm m}}=\frac{v_{\rm p}l_{\rm p}}{\nu_{\rm p}}\quad 或\quad k_v=\frac{k_\nu}{k_l}\tag{5-16}$$

式（5-16）说明速度比例尺 k_v 随线性比例尺 k_l 和运动黏度比例尺 k_ν 的变化而变化。雷诺模型法常用于管道流动、液压技术、水力机械等方面的模型实验。

3. 欧拉模型法

黏性流动中存在一种特殊现象，当雷诺数增大到一定界限以后，黏性力的影响相对减弱，继续提高雷诺数，不再对流动性能产生影响，如圆管流动时的阻力平方区。这种现象称为自动模型化，产生这种现象的雷诺数范围称为自动模型区，雷诺数处在自动模型区时，雷诺准则失去判别相似的作用。

如雷诺数处于自动模型区，在设计模型时，不必考虑黏性力。如果是管中流动，或者是气体流动，其重力也不必考虑。于是需考虑代表压力和惯性力之比的欧拉数准则，欧拉相似准则的比例尺制约关系为

$$\frac{p_{\mathrm{m}}}{\rho_{\mathrm{m}} v_{\mathrm{m}}^{2}}=\frac{p_{\mathrm{p}}}{\rho_{\mathrm{p}} v_{\mathrm{p}}^{2}} \quad 或 \quad k_{p}=k_{\rho} k_{v}^{2} \tag{5-17}$$

按欧拉准则设计模型时，其他物理量的比例尺与力学相似的各比例尺是完全一致的。欧拉模型法用于自动模型区的管中流动、风洞实验及气体绕流等。

例 5-1　如图 5-5 所示，一艘潜艇水上航速为 6.7m/s，水下航速为 5.2m/s。为了确定潜艇在水面航行的兴波阻力和在水下航行时的黏性阻力，分别在水池和风洞中进行船模实验。设潜艇模型几何尺寸为原型的 1/65，试分别计算潜艇模型在水池和风洞中的速度（$\nu_{\mathrm{m}}=1.145\times10^{-6}\mathrm{m}^2/\mathrm{s}$，$\nu_{\mathrm{p}}=1.45\times10^{-5}\mathrm{m}^2/\mathrm{s}$）。

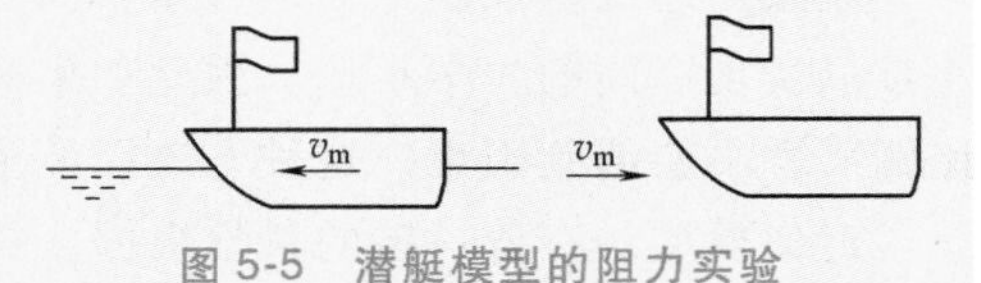

图 5-5　潜艇模型的阻力实验

解： 潜艇模型在水池中进行实验，重力决定其水面航行的兴波阻力，故采用弗劳德模型法，则

$$Fr_{\mathrm{m}}=Fr_{\mathrm{p}} \quad 或 \quad \frac{v_{\mathrm{m}}^{2}}{g_{\mathrm{m}} l_{\mathrm{m}}}=\frac{v_{\mathrm{p}}^{2}}{g_{\mathrm{p}} l_{\mathrm{p}}}$$

其中

$$g_{\mathrm{m}}=g_{\mathrm{p}},\ k_{l}=\frac{1}{65},\ v_{\mathrm{p}}=6.7\mathrm{m/s}$$

故

$$v_{\mathrm{m}}=v_{\mathrm{p}}\sqrt{\frac{g_{\mathrm{m}} l_{\mathrm{m}}}{g_{\mathrm{p}} l_{\mathrm{p}}}}=v_{\mathrm{p}}\sqrt{k_{l}}=0.83\mathrm{m/s}$$

潜艇模型在风洞中实验时，黏性力决定其水下航行的黏性阻力，故采用雷诺模型法，则

$$Re_{\mathrm{m}}=Re_{\mathrm{p}} \quad 或 \quad \frac{v_{\mathrm{m}} l_{\mathrm{m}}}{\nu_{\mathrm{m}}}=\frac{v_{\mathrm{p}} l_{\mathrm{p}}}{\nu_{\mathrm{p}}}$$

$$v_{\mathrm{m}}=v_{\mathrm{p}} \frac{l_{\mathrm{p}} \nu_{\mathrm{m}}}{l_{\mathrm{m}} \nu_{\mathrm{p}}}=v_{\mathrm{p}} \frac{k_{\nu}}{k_{l}}=4280\mathrm{m/s}$$

一般低速风洞的最大速度为 50m/s，显然不能完成这样的模型实验。需要考虑自动模型区，即当雷诺数超过一定的界限时（此处 $Re_{\mathrm{c}}=3\times10^{6}$），雷诺相似准则自动满足。

$$Re_{\mathrm{c}}=\frac{v_{\mathrm{m}} l_{\mathrm{m}}}{\nu_{\mathrm{m}}}$$

因此

$$v_{\mathrm{m}}=Re_{\mathrm{c}} \frac{\nu_{\mathrm{m}}}{l_{\mathrm{m}}}=\frac{3\times10^{6}\times1.145\times10^{-6}}{l_{\mathrm{m}}}=\frac{3.4}{l_{\mathrm{m}}}$$

上式说明，潜艇模型在水下航行的速度与模型的实际尺寸有关，在一般风洞即可完成相关的模型实验。

第二节　量 纲 分 析

量纲分析是指通过对运动中有关物理量的量纲进行分析，使各函数关系中的自变量数目成为最少，以简化实验。常用的量纲分析法有瑞利法和 π 定理。

一、单位和量纲

物理量单位的种类称为量纲。例如小时、分、秒是时间的单位，它们的量纲是 T；米、毫米、尺、码是长度的单位，量纲是 L；吨、千克、克是质量的单位，量纲是 M。

物理量的量纲分为基本量纲和导出量纲，通常流体力学中取长度、时间和质量的量纲 L、T、M 为基本量纲，在与温度有关的问题中，增加温度的量纲 Θ 为基本量纲。导出量纲有：速度$[v]=LT^{-1}$，加速度$[a]=LT^{-2}$，密度$[\rho]=ML^{-3}$，力$[F]=MLT^{-2}$，压强$[p]=ML^{-1}T^{-2}$，动力黏度$[\mu]=ML^{-1}T^{-1}$，运动黏度$[\nu]=L^2T^{-1}$。

例 5-2 试用国际单位制表示流体动力黏度 μ 的量纲。

解：由牛顿内摩擦公式 $\tau=\mu\dfrac{du}{dy}$，可知$[\mu]=\dfrac{[\tau][l]}{[v]}$

所以

$$[\mu]=\frac{ML^{-1}T^{-2}L}{LT^{-1}}=ML^{-1}T^{-1}$$

二、量纲和谐性原理

一个正确、完善地反映客观规律的物理方程中，各项的量纲是一致的，这就是量纲和谐性原理，也称为量纲一致性原理，量纲和谐性原理是量纲分析法的理论依据。现以流体力学中的伯努利方程来说明。

伯努利方程
$$z_1+\frac{p_1}{\rho g}+\frac{\alpha_1 v_1^2}{2g}=z_2+\frac{p_2}{\rho g}+\frac{\alpha_2 v_2^2}{2g}+h_w$$

式中每一项的量纲皆为 L，即各项皆为长度（水头）的量纲，量纲也是和谐的。

量纲和谐性原理还可以用来确定方程中系数的量纲，以及分析经验公式的结构是否合理。量纲和谐性原理最重要的用途在于能确定方程中物理量的指数，从而找到物理量间的函数关系，建立结构合理的物理、力学方程。

应用量纲和谐性原理来探求物理量之间函数关系的方法称为量纲分析法。量纲分析法常用的有两种：一种适合于影响因素间的关系为单项指数形式的结合，称为瑞利（L. Rayleigh）法，另一种是具有普遍性的方法，称为 π 定理。

三、瑞利法

如果对某一物理现象经过大量的观察、实验、分析，找出影响该物理现象的主要因素 y、x_1、x_2、…、x_n，它们之间待定的函数关系为

$$y=f(x_1, x_2, \cdots, x_n)$$

瑞利法是用物理量 x_1、x_2、…、x_n 的某种幂次乘积的函数来表示物理量 y 的，即

$$y=kx_1^{\alpha_1}x_2^{\alpha_2}\cdots x_n^{\alpha_n}$$

式中，k 为量纲一的系数；α_1、α_2、…、α_n 为待定指数，根据量纲和谐性原理确定。

例 5-3　流动有层流和湍流两种状态，流态相互转变时的流速称临界流速。实验指出，恒定有压管流下临界流速 v_c 与管径 d、流体密度 ρ、流体动力黏度 μ 有关。试用瑞利法求出它们的函数关系。

解：按瑞利法，待定函数形式为　　$v_c=f(d,\rho,\mu)$

幂次乘积的形式为　　$v_c=kd^{\alpha_1}\rho^{\alpha_2}\mu^{\alpha_3}$

用基本量纲表示上式中各物理量的量纲，量纲方程为

$$LT^{-1}=L^{\alpha_1}(ML^{-3})^{\alpha_2}(ML^{-1}T^{-1})^{\alpha_3}$$

根据物理方程的量纲和谐性原理，对 L、M、T 各量纲分别有

$$L:\ 1=\alpha_1-3\alpha_2-\alpha_3;\quad M:\ 0=\alpha_2+\alpha_3;\quad T:\ -1=-\alpha_3$$

求解这一方程组解得 $\alpha_1=-1$，$\alpha_2=-1$，$\alpha_3=1$。代入幂次乘积关系式中得

$$v_c=k\frac{\mu}{\rho d}=k\frac{\nu}{d}$$

将上式化为量纲一的形式后，有

$$k=\frac{v_c d}{\nu}$$

这一量纲一的系数 k 称为临界雷诺数，以 Re_c 表示，即

$$Re_c=\frac{v_c d}{\nu}$$

根据雷诺实验，该值在恒定有压圆管流动中为2320，用来判别层流与湍流。

四、π 定理

下面介绍量纲分析法的另一个重要定理，即 π 定理，又称布金汉（E. Buckingham）定理。

π 定理可描述如下：某一物理现象与 n 个物理量 x_1、x_2、…、x_n 有关，而这 n 个物理量存在函数关系，即

$$f(x_1,x_2,\cdots,x_n)=0$$

若这 n 个物理量的基本量纲数为 m，则这 n 个物理量可组合成（$n-m$）个独立的量纲一的数 π_1、π_2、…、π_{n-m}，这些量纲一的数也存在某种函数关系，即

$$F(\pi_1,\pi_2,\cdots,\pi_{n-m})=0 \tag{5-18}$$

这个定理表达了物理现象明确的量间关系，并把方程的变量数减少了 m 个，更主要的是，这个定理把物理现象或过程概括地表示在此函数式中。

在流体力学中运用 π 定理时，关键问题是如何确定独立的量纲一的数，方法介绍如下。

1）如果 n 个物理量的基本量纲为 M、L、T，即基本量纲数 $m=3$，则在这 n 个物理量中选取 m 个作为循环量，例如选取 x_1、x_2、x_3。循环量选取的一般原则是：为了保证几何相似，应选取一个长度变量，例如直径 d 或长度 l；为了保证运动相似，应选取一个速度变量，如 v；为了保证动力相似，应选取一个与质量有关的物理量，如密度 ρ。通常这 m 个循环量应包含 M、L、T 这三个基本量纲。

2）用这三个循环量与其他（$n-m$）个物理量中的任一量组合成量纲一的数，这样就得到（$n-m$）个独立的量纲一的数。下面通过例题介绍 π 定理的求解过程。

例 5-4 管中流动的沿程水头损失——达西公式。

根据实际观测知道，管中流动由于沿程损失而造成的压差 Δp 与下列因素有关：管路直径 d、管中平均速度 v、流体密度 ρ、流体动力黏度 μ、管路长度 l、管壁的粗糙度 Δ 等。求水管中流动的沿程水头损失。

解： 根据题意知

$$\Delta p=f(d,\ v,\ \rho,\ u,\ l,\ \Delta)$$

选择 d、v、ρ 作为基本单位，于是

$$\pi=\frac{\Delta p}{d^{\alpha}v^{\beta}\rho^{\gamma}},\quad \pi_4=\frac{\mu}{d^{\alpha_4}v^{\beta_4}\rho^{\gamma_4}},\quad \pi_5=\frac{l}{d^{\alpha_5}v^{\beta_5}\rho^{\gamma_5}},\quad \pi_6=\frac{\Delta}{d^{\alpha_6}v^{\beta_6}\rho^{\gamma_6}}$$

各物理量的量纲见表 5-2。

表 5-2 各物理量的量纲

物理量	d	v	ρ	Δp	μ	l	Δ
量纲	L	LT^{-1}	ML^{-3}	$ML^{-1}T^{-2}$	$ML^{-1}T^{-1}$	L	L

首先分析 Δp 的量纲，因为其分子、分母的量纲应该相同，所以有

$$ML^{-1}T^{-2}=(L)^{\alpha}(LT^{-1})^{\beta}(ML^{-3})^{\gamma}=M^{\gamma}L^{\alpha+\beta-3\gamma}T^{-\beta}$$

解得

$$\alpha=0,\quad \beta=2,\quad \gamma=1$$

得

$$\pi=\frac{\Delta p}{\rho v^2}$$

分析 μ 的量纲，同理有

$$ML^{-1}T^{-1}=(L)^{\alpha_4}(LT^{-1})^{\beta_4}(ML^{-3})^{\gamma_4}=M^{\gamma_4}L^{\alpha_4+\beta_4-3\gamma_4}T^{-\beta_4}$$

解得

$$\alpha_4=1,\quad \beta_4=1,\quad \gamma_4=1$$

于是

$$\pi_4=\frac{\mu}{dv\rho}$$

再分析 l 的量纲，同理有

$$L=(L)^{\alpha_5}(LT^{-1})^{\beta_5}(ML^{-3})^{\gamma_5}=M^{\gamma_5}L^{\alpha_5+\beta_5-3\gamma_5}T^{-\beta_5}$$

解得

$$\alpha_5=1、\quad \beta_5=0、\quad \gamma_5=0$$

得

$$\pi_5=\frac{l}{d}$$

同理可得

$$\pi_6=\frac{\Delta}{d}$$

将所有 π 值汇总可得

$$\frac{\Delta p}{v^2\rho}=f\left(\frac{\mu}{dv\rho},\quad \frac{l}{d},\quad \frac{\Delta}{d}\right)$$

因为管中流动的水头损失 $h_{\mathrm{f}}=\dfrac{\Delta p}{\rho g}$，$Re=\dfrac{vd}{\nu}=\dfrac{vd\rho}{\mu}$，则

$$h_{\mathrm{f}}=\frac{\Delta p}{\rho g}=\frac{v^2}{g}f\left(\frac{1}{Re},\frac{l}{d},\frac{\Delta}{d}\right)$$

从实验得出沿程损失与管长 l 成正比，与管径 d 成反比，故 $\dfrac{l}{d}$ 可从函数符号中提出。另外，Re 倒数的函数与 Re 的函数意义相同；为写成动能形式，在分母上乘以 2 也不影响公式的结构，故最后公式可写成

$$h_{\mathrm{f}}=f\left(Re,\frac{\Delta}{d}\right)\frac{l}{d}\frac{v^2}{2g}=\lambda\frac{l}{d}\frac{v^2}{2g} \tag{5-19}$$

此式称为达西（Darcy）公式，是计算管路沿程水头损失的一个重要公式。其中 $\lambda=f\left(Re,\dfrac{\Delta}{d}\right)$ 称为沿程阻力系数，它是雷诺数 Re 和管壁的相对粗糙度 $\dfrac{\Delta}{d}$ 的函数，在实验中只要改变 Re 和 $\dfrac{\Delta}{d}$，即可得出 λ 的变化规律，这种实验曲线称为莫迪图。利用莫迪图及达西公式可进行沿程损失的计算。

习　题

5-1　如何安排模型流动？如何将模型流动中测定的数据换算到原型流动中去？

5-2　写出以下量纲一的数的表达式：Fr、Re、Eu、Sr、Ma、C_{L}（升力系数）、C_{D}（阻力系数）、C_p（压强系数）。

5-3　Re 值越大，意味着流动中黏性力相对于惯性力来说就越小。解释为什么当管流中 Re 值很大时（相当于水力粗糙管流动），管内流动已进入了黏性自模区。

5-4　水流自滚水坝顶下泄，流量 $q=32\mathrm{m}^3/\mathrm{s}$，现取模型和原型的尺度比 $k_l=l_{\mathrm{m}}/l_{\mathrm{p}}=1/4$。试求：（1）模型流动中的流量 q_{m}。（2）若测得模型流动的坝顶水头 $H_{\mathrm{m}}=0.5\mathrm{m}$，实际流动中的坝顶水头 H_{p}。

5-5　有一水库模型和实际水库的线性比例尺是 1/225，模型水库开闸放水 4min 可泄空库水，求实际水库将库水放空所需的时间 t_{p}。

5-6　一离心泵输送运动黏度 $\nu_{\mathrm{p}}=1.88\times10^{-6}\mathrm{m}^2/\mathrm{s}$ 的油液，泵转速 $n_{\mathrm{p}}=2900\mathrm{r/min}$，若采用叶轮直径为原型叶轮直径 1/3 的模型泵来做实验，模型流动中采用 20℃ 的清水，$\nu_{\mathrm{m}}=1.0\times10^{-6}\mathrm{m}^2/\mathrm{s}$，求所采用的模型离心泵的转速 n_{m}。

5-7　气流在圆管中流动的压降可通过水流在有机玻璃管中的实验得到。已知圆管气流的 $v_{\mathrm{p}}=20\mathrm{m/s}$、$d_{\mathrm{p}}=0.5\mathrm{m}$、$\rho_{\mathrm{p}}=1.25\mathrm{kg/m}^3$、$\nu_{\mathrm{p}}=1.5\times10^{-7}\mathrm{m}^2/\mathrm{s}$；模型采用 $d_{\mathrm{m}}=0.1\mathrm{m}$、$\rho_{\mathrm{m}}=1000\mathrm{kg/m}^3$、$\nu_{\mathrm{m}}=1.0\times10^{-6}\mathrm{m}^2/\mathrm{s}$。试确定：（1）模型流动中的水流速度 v_{m}。（2）若测得模型管中 2m 长管道的压降 $\Delta p_{\mathrm{m}}=2.5\times10^3\mathrm{Pa}$，气流通过 20m 长管道的压降 Δp_{p}。

5-8　Re 是流速 v、物体特征长度 L、流体密度 ρ 及流体动力黏度 μ 这四个物理量的综合表达，试用 π 定理推出 Re 的表达形式。

5-9　机翼的升力 F_{L} 和阻力 F_{D} 与机翼的平均气动弦长 L、机翼的面积 A、飞行速度 v、冲角 α、空气密度 ρ、动力黏度 μ 以及声速 C 等因素有关。用量纲分析法求出其函数关系式。

第六章

黏性不可压缩流体的管内流动

工程实际中的流体都具有黏性。黏性流体流过固体壁面时，接触壁面的流体质点的速度为零，沿壁面的法向，质点速度逐渐增大，存在一个速度变化的区域。流动的黏性流体内部存在速度梯度时，相邻的流层要产生相对运动，从而产生剪力，形成流动阻力，消耗流体的机械能，并不可逆转地转化为热能产生损失。本章主要探讨黏性流体在管内流动的损失问题、孔口与管嘴出流以及管路中的水击现象等内容。管内流动的能量损失与流态、管道壁面的粗糙度以及管路局部装置有关，除少数问题可以采用理论分析的方法获得外，大多数问题只能通过实验确定。

第一节　黏性流体的两种流动状态

在不同的初始和边界条件下，黏性流体运动会出现两种不同的流动状态，一种是所有流体质点做定向有规则的分层流动，另一种是做无规则的混杂运动，产生垂直于主流方向的分速度。前者称为**层流状态**，后者称为**湍流状态**。英国物理学家雷诺（Reynolds）在 1883 年用实验首先证明了两种流态的存在，确定了流态的判别方法。

一、雷诺实验

图 6-1a 所示为雷诺实验装置。实验时，利用溢水装置保持水箱的水位恒定，轻轻打开玻璃管末端的节流阀 A，然后打开颜色水杯上的阀 B，向管流中注入颜色水。

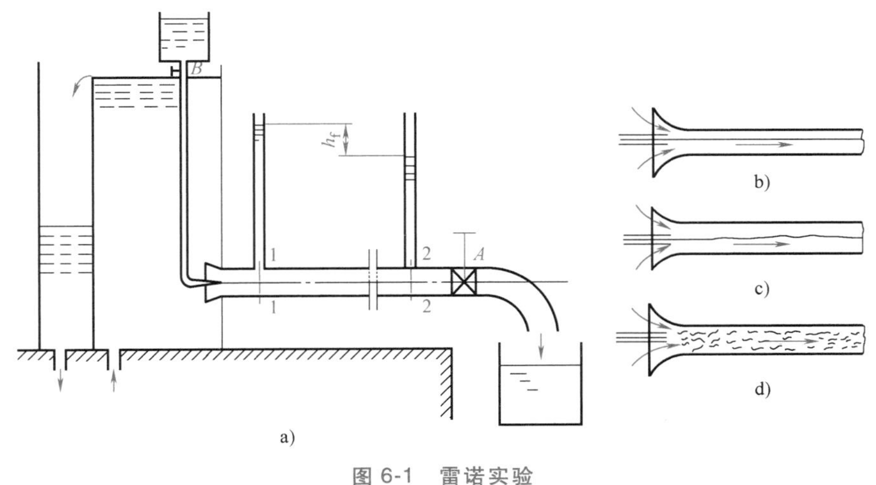

图 6-1　雷诺实验

a）实验装置　b）层流　c）过渡状态　d）湍流

当玻璃管中流速较小时，可以看到颜色水在玻璃管中呈明显的直线形状，如图 6-1b 所示。颜色水的直线形状很稳定，这说明此时整个管中的水都是做平行于轴向的流动，流体质点没有横向运动，不互相混杂，这时流动呈层流状态。

将节流阀逐渐开大，颜色水开始抖动，直线形状破坏，如图 6-1c 所示。这是一种过渡状态。节流阀开大到一定程度后，也就是管中流速增大到一定程度时，则颜色水不再保持完整形态，而是破裂成图 6-1d 所示那样杂乱无章、瞬息变化的状态。这说明此时管中流体质点有剧烈的互相混杂，流体质点不仅存在轴向运动速度，而且在垂直于流管轴线方向上有不规则的分速度产生，此分速度即为流体质点的脉动速度，这时流动呈湍流状态。

如果此时再将节流阀逐渐关小，流体质点紊乱现象逐渐减轻、管中流速降低到一定程度时，颜色水又恢复直线形状，从而管中又恢复为层流。

从雷诺实验看到颜色水显示出圆管中流体运动呈现层流和湍流两种流动状态，是黏性流体运动普遍存在的两种流动状态。

二、流态的判别

由雷诺实验可知，流体呈现的流动状态与管径、流体的黏度以及流体的速度紧密相关。如果管径 d 及流体运动黏度 ν 一定，则称从层流转变为湍流时的平均速度为上临界速度，以 v_c' 表示；从湍流转变为层流时的平均速度称为下临界速度，以 v_c 表示，通常 $v_c'>v_c$。一般情况下，采用下临界速度来区分圆管流动是层流还是湍流。

如果管径 d 或流体运动黏度 ν 改变，则下临界速度也随之改变。但是，不论 d、ν、v_c 怎样变化，相应的转换量纲一的数 $v_c d/\nu$ 却总是一定的。将 vd/ν 这一量纲一的数，称为雷诺数 Re，对应于上、下临界速度有上、下临界雷诺数

$$Re=\frac{vd}{\nu} \tag{6-1}$$

$$Re_c'=\frac{v_c'd}{\nu} \tag{6-2}$$

$$Re_c=\frac{v_c d}{\nu} \tag{6-3}$$

雷诺通过测定得知，对圆管流动，有

$$Re_c'=13800\sim40000,\quad Re_c\approx2320$$

以上说明圆管流动的下临界雷诺数为一定值，而层流失去稳定转变为湍流的上临界雷诺数与实验时遇到的外界扰动有关。实际流动中扰动总是存在的，因此上临界雷诺数对判别流态无实际意义。一般以下临界雷诺数 Re_c 作为层流、湍流流态的判别标准，即 $Re<2320$ 时，圆管中是层流；$Re\geqslant2320$ 时，圆管中是湍流。

对非圆形断面的管道，雷诺数的计算常以当量直径 d_e 进行，对应的下临界雷诺数与圆管不同。

第二节　圆管中的层流

在石油输送、化工管道、地下水渗流以及机械工程中的液压传动、润滑等技术问题中都

会遇到流体的层流流动。本节中，主要讨论黏性流体在圆形截面管道中的流动，分析圆管层流速度与切应力分布，并得出沿程阻力系数。

一、圆管层流流动

以下讨论不可压缩黏性流体在等直径水平直圆管中的定常层流运动。

如图 6-2 所示，在圆管内的流体中取一半径为 r、长度为 l 的圆柱流束。作用在圆柱流束两截面中心点的压强分别为 p_1 和 p_2，圆柱流束柱面上的切应力为 τ。在定常流动中，作用在该圆柱流束上的外力在 x 方向上的合力为零，即

$$(p_1-p_2)\pi r^2-2\pi rl\tau=0 \tag{6-4}$$

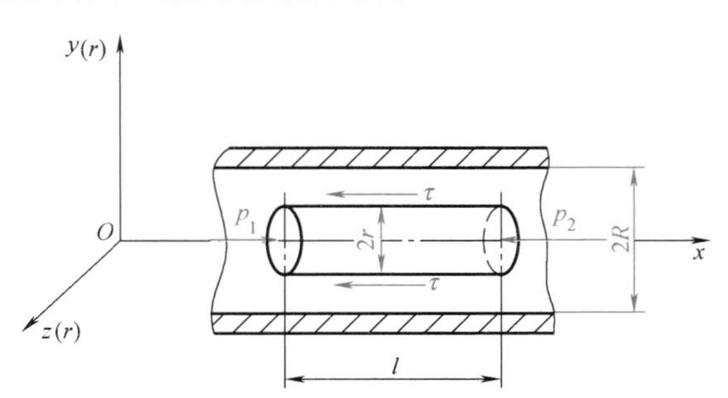

图 6-2　圆管层流

黏性流体的层流运动，应满足牛顿内摩擦定律 $\tau=-\mu(\mathrm{d}v/\mathrm{d}r)$，代入式（6-4）得

$$\frac{\mathrm{d}v}{\mathrm{d}r}=\frac{-(p_1-p_2)}{2\mu l}r=-\frac{\Delta p}{2\mu l}r \tag{6-5}$$

1. 速度分布

对式（6-5）积分得

$$v=-\frac{\Delta p}{4\mu l}r^2+c$$

由圆管流动的边界条件知，管壁上的速度为 0，即 $r=R$ 时，$v=0$，代入上式求得积分常数 $C=\Delta pR^2/(4\mu l)$，即

$$v=\frac{\Delta p}{4\mu l}(R^2-r^2) \tag{6-6}$$

式（6-6）为圆管层流的速度分布，圆管断面速度沿半径 r 呈旋转抛物面分布，如图 6-3 所示。

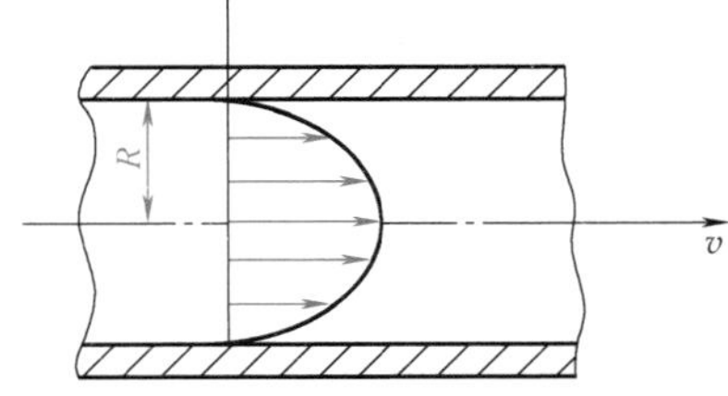

图 6-3　圆管层流的速度分布

2. 流量和平均流速

根据式（6-6），可计算通过圆管的流量 q_V。图 6-4 中，通过半径为 r 处宽度为 $\mathrm{d}r$ 的微小环形过流断面面积的流量为 $\mathrm{d}q_V=2\pi rv\mathrm{d}r$，则通过该圆管的总流量为

$$q_V=\int_0^R v2\pi r\mathrm{d}r=\int_0^R\frac{\Delta p}{4\mu l}(R^2-r^2)\times 2\pi r\mathrm{d}r$$

$$=\frac{\pi\Delta pR^4}{8\mu l}=\frac{\pi\Delta pd^4}{128\mu l} \tag{6-7}$$

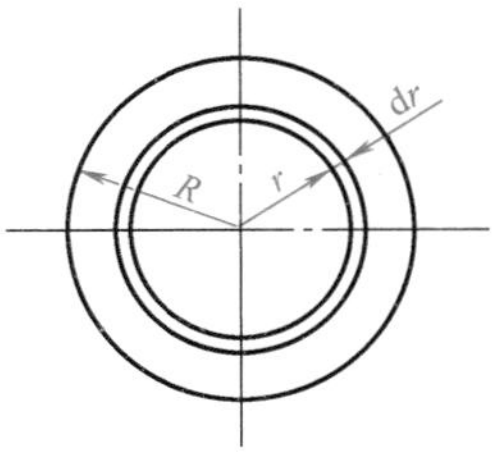

图 6-4　微小环形断面积

管中平均流速为

$$\bar{v}=\frac{q_V}{A}=\frac{\pi\Delta pR^4}{2\mu l\pi R^2}=\frac{\Delta p}{8\mu l}R^2 \tag{6-8}$$

管中最大速度在 $r=0$ 处，由式（6-6）得

$$v_{\max}=\frac{\Delta pR^2}{4\mu l} \tag{6-9}$$

因此
$$\bar{v}=\frac{1}{2}v_{\max}$$

3. 切应力分布

将式（6-6）代入牛顿内摩擦定律公式，可得圆管中的切应力分布，即

$$\tau=-\mu\frac{\mathrm{d}v}{\mathrm{d}r}=\frac{\Delta pr}{2l} \tag{6-10}$$

式（6-10）说明在圆管层流过流断面上，切应力与半径成正比，其分布规律如图6-5所示。

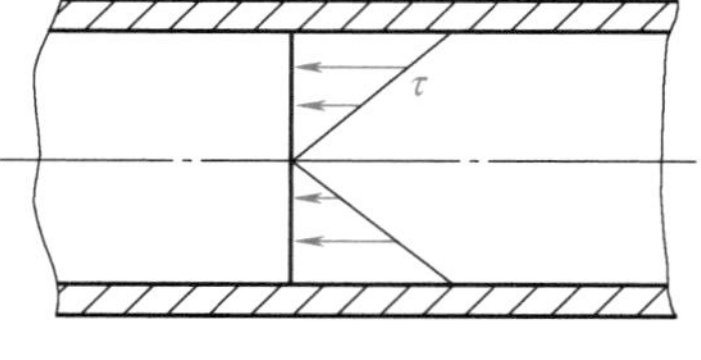

图6-5　圆管层流的切应力

4. 动能及动量修正系数

圆管层流的速度分布和断面平均速度已知，可得圆管层流的动能修正系数 α 和动量修正系数 β，即

$$\alpha=\frac{\int_A v^3\mathrm{d}A}{\bar{v}^3A}=\frac{\int_0^R\left[\frac{\Delta p}{4\mu l}(R^2-r^2)\right]^3\times 2\pi r\mathrm{d}r}{\left(\frac{\Delta p}{8\mu l}R^2\right)^3\pi R^2}=2$$

$$\beta=\frac{\int_A v^2\mathrm{d}A}{\bar{v}^2A}=\frac{4}{3}$$

5. 沿程损失

由伯努利方程，并考虑到等直径水平直管中：$\bar{v}_1=\bar{v}_2$、$z_1=z_2$，则沿程水头损失就是管路两过流断面间压强水头之差，即
$$h_{\mathrm{f}}=\frac{\Delta p}{\rho g}$$

将式（6-8）代入上式，则
$$h_{\mathrm{f}}=\frac{8\mu l\bar{v}}{\rho gR^2}=\frac{64\mu}{\rho\bar{v}d}\frac{l}{d}\frac{\bar{v}^2}{2g}=\lambda\frac{l}{d}\frac{\bar{v}^2}{2g}$$

则层流沿程阻力系数为
$$\lambda=\frac{64\mu}{\rho\bar{v}d}=\frac{64}{Re} \tag{6-11}$$

层流运动的沿程水头损失与平均流速的一次方成正比，其沿程阻力系数 λ 只与雷诺数有关，这些结论都已通过实验证实。

二、圆管流动的起始段

从大容器接出的一段长直圆管，如图6-6a所示。层流的抛物线速度分布并不是在管道

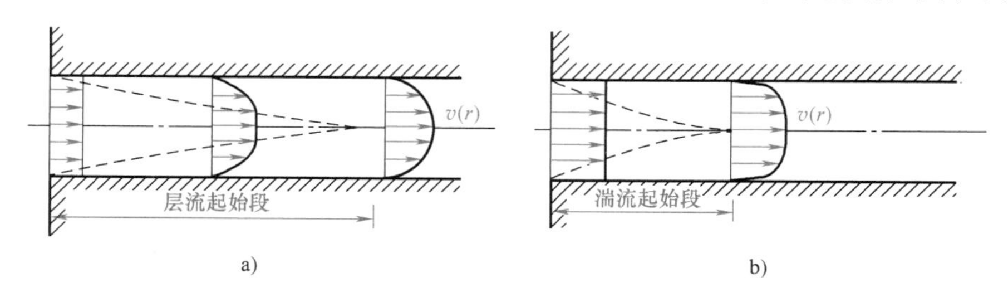

图6-6　层流、湍流起始段

入口就形成的，而是要经过一段距离的调整后，在流体黏性的作用下才能形成，这段距离称为层流起始段。

实验得出层流起始段的长度为

$$l'=0.02875dRe$$

式中，d 为管径；Re 为流体运动雷诺数。

当 $Re=2320$ 时，$l'=67d$。如果管路长度 $l>>l'$，则不必考虑起始段的影响；如果管路长度 $l<l'$，如在液压传动中的油管，则需要考虑管道起始段的影响，沿程阻力系数的计算公式可近似为 $\lambda=\dfrac{75}{Re}$。

由于湍流质点互相混杂，因而流体进入管道后较短距离就可以完成湍流速度分布规律的调整（图 6-6b）。通常湍流的起始段比层流起始段要短，湍流起始段长度可表示为

$$L=4.4dRe^{1/6}$$

通常 $L<30d$。

无论是层流还是湍流，经过圆管起始段的流体速度分布沿轴向不再发生变化的流动，称为充分发展的圆管层流或湍流流动。

第三节　圆管中的湍流

工程中常见的流动多为湍流，例如在一般管道中的流速为 $v=3\sim5\text{m/s}$，水的运动黏度 $\nu=1\times10^{-6}\text{m}^2/\text{s}$，若管径 $d=0.1\text{m}$，则雷诺数 $Re=3\sim5\times10^5$，显然这种圆管内的流动属于湍流。湍流具有很多与层流不同的特性，本节介绍湍流的一些基本特征。

一、时均流动与脉动

黏性流体在圆管内呈湍流运动时，流体质点的运动相互混杂，流体的运动参数如流速、压强等均随时间不停地变化。图 6-7 所示为湍流运动流场中某空间点的瞬时速度随时间的变化曲线。可以看出，瞬时速度随时间 t 不停地变化，但始终围绕某一速度的平均值变化，这种现象称为脉动现象。

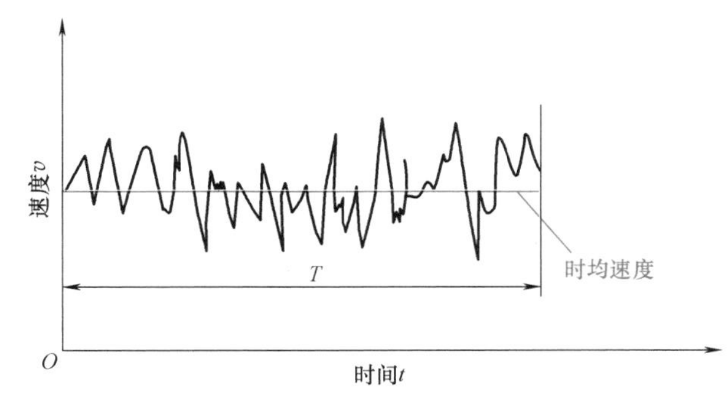

图 6-7　湍流运动流场中某空间点的瞬时速度随时间的变化曲线

取时间间隔 T，瞬时速度在 T 时段内的平均值称为时间平均速度，简称时均速度，可表示为

$$\bar{v}_x=\frac{1}{T}\int_0^T v_x\text{d}t$$

由图 6-7 可见，瞬时速度可以表示为时均速度和脉动速度之和，即

$$v_x=\bar{v}_x+v'_x$$

式中，v'_x 为脉动速度，为瞬时速度与时均速度之差，但脉动速度值不一定小于时均速度值。

类似地，某点压强的时均值为

$$\overline{p} = \frac{1}{T}\int_0^T p\mathrm{d}t$$

瞬时压强可表示为时均压强 $\overline{p}$ 与脉动压强 p'之和，即

$$p=\overline{p}+p'$$

由以上讨论可知，湍流运动总是非定常的，但从时均意义上分析，如果流场中各空间的流动参量的时均值不随时间变化，就可以认为是定常流动。因此，对湍流所讨论的定常流动，是指时间平均的定常流动。在工程一般问题中，只需研究各流动参量的时均值，用流动参量的时均值来描述湍流运动即可，这样就可使问题大大简化。但在研究湍流的物理实质如湍流阻力时，就必须考虑脉动的影响。

二、圆管湍流结构

黏性流体在圆管中做湍流运动时，壁面上流体的速度为零，从管壁起流速从零迅速增大。紧贴固壁有一层很薄的流体，受壁面的限制，沿壁面法向的速度梯度很大，黏性切应力起很大作用的这一薄层称为黏性底层或层流底层。距壁面稍远，壁面对流体质点的运动影响减小，质点间的混杂程度增强，经过很薄的一段过渡层（称为过渡区）之后，便发展成为完全的湍流，称为湍流核心。这就是圆管湍流断面上存在的三种流态结构，如图 6-8 所示。

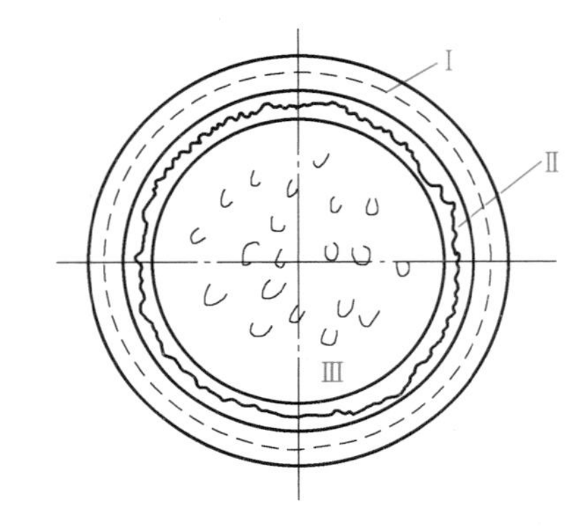

图 6-8　湍流断面的流态结构
Ⅰ—黏性底层　Ⅱ—过渡层　Ⅲ—湍流核心

黏性底层厚度很小，通常不足 1mm。尽管黏性底层的厚度很小，但对湍流流动的能量损失以及流体与壁面的换热等物理现象有着重要的影响。直径为 d 的管道，其黏性底层的厚度用 δ'表示，可用半经验公式表示，即

$$\delta' = \frac{32.8d}{Re\sqrt{\lambda}} \tag{6-12}$$

对任何一个实际的管道，由于材料性质、加工条件、使用条件和年限等因素的影响，管壁表面总是有不同程度的凹凸不平。管壁表面上凹凸不平的平均尺寸称为管壁的**绝对粗糙度**，用符号 Δ 表示。绝对粗糙度 Δ 与管径 d 之比 Δ/d 称为管壁的**相对粗糙度**。根据黏性底层厚度 δ'和管壁绝对粗糙度 Δ 之间的相互关系，将管道分为水力光滑管和水力粗糙管。

当 $\delta'>\Delta$ 时（图 6-9a），管壁的绝对粗糙度 Δ 完全淹没在黏性底层中，流体类似在光滑

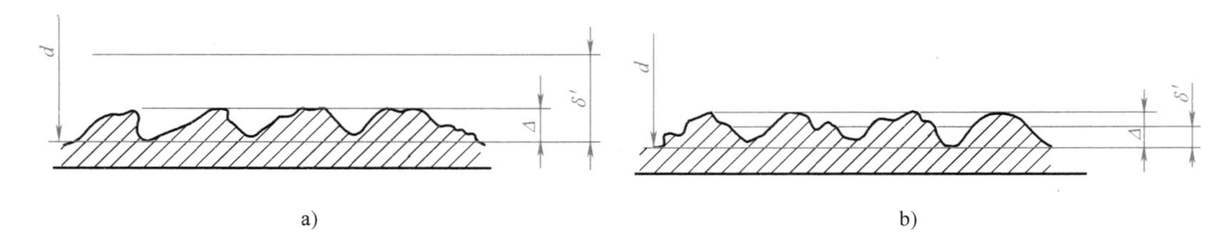

图 6-9　水力光滑和水力粗糙
a）水力光滑　b）水力粗糙

的壁面上流动，称为水力光滑管。在水力光滑管中，绝对粗糙度对湍流核心几乎没有影响。

当 $\delta'<\Delta$ 时（图 6-9b），管壁的绝对粗糙度 Δ 大部分或完全暴露在黏性底层之外，湍流核心能够直接和粗糙壁面接触，流体质点冲到凸起部位时，便发生撞击并分离形成旋涡，造成新的能量损失，称为水力粗糙管。在水力粗糙管中，管壁粗糙度直接对湍流核心产生较大影响。

当黏性底层厚度 δ' 和管壁绝对粗糙度 Δ 接近相等时，凹凸不平部分开始显露影响，但还未对湍流核心产生决定性的作用，此时介于上述两种情况之间的过渡状态，称为水力光滑管到水力粗糙管的过渡状态。

三、湍流的切应力分布

在层流中，各层流体间的内摩擦力称为黏性切应力，它等于流体的动力黏度与速度梯度的乘积，即 $\tau_\mu=\mu\dfrac{\mathrm{d}v_x}{\mathrm{d}y}$。在湍流中，流体质点有横向脉动速度，流体质点相互混掺发生碰撞，在流层间引起动量交换，产生附加切应力。普朗特的混合长度理论提出该附加切应力为

$$\tau_\mathrm{t}=\rho L^2\left(\frac{\mathrm{d}\bar{v}_x}{\mathrm{d}y}\right)^2 \tag{6-13}$$

式中，L 为混合长度。

湍流中总的切应力等于黏性切应力和湍流附加切应力之和，即

$$\tau=\tau_\mu+\tau_\mathrm{t}=\mu\frac{\mathrm{d}\bar{v}_x}{\mathrm{d}y}+\mu_\mathrm{t}\frac{\mathrm{d}\bar{v}_x}{\mathrm{d}y} \tag{6-14}$$

其中，μ_t 与 μ 不同，它不是流体本身的物理属性，而取决于流体的密度、时均速度梯度，是由流体质点脉动引起的动量交换而产生的，$\mu_\mathrm{t}=\rho L^2\left|\dfrac{\mathrm{d}\bar{v}_x}{\mathrm{d}y}\right|$。

对时均化的湍流，流体只有轴向的时均速度，由动量方程可得圆管湍流的切应力分布与圆管层流的切应力分布式（6-10）相同，为 K 字形分布，但两者的 τ_0、K 字形分布的斜率不同，由式（6-10）得

$$\tau=\frac{\Delta p}{2l}r,\quad \tau_0=\frac{\Delta p}{2l}R$$

切应力分布写成壁面切应力的形式为

$$\tau=\tau_0\left(1-\frac{y}{R}\right) \tag{6-15}$$

式中，y 为流体质点距离壁面的距离。

壁面上的切应力用达西公式写成沿程阻力系数的形式为

$$\tau_0=\frac{\Delta p}{2l}R=\frac{\Delta p}{\rho g}\frac{\rho gR}{2l}=h_\mathrm{f}\frac{\rho gR}{2l}=\lambda\frac{l}{d}\frac{\bar{v}^2}{2g}\frac{\rho gR}{2l}=\frac{\lambda}{8}\rho\bar{v}^2 \tag{6-16}$$

四、圆管湍流的速度分布

1. 黏性底层的速度分布

在黏性底层中流体流动状态为层流，切应力为黏性切应力 τ_μ，湍流附加切应力 τ_t 为 0。假定黏性底层内速度分布为线性的，则速度梯度为常数。在黏性底层中，$y\leqslant\delta$ 时，有

$$\tau_0=\mu\frac{\mathrm{d}\bar{v}_x}{\mathrm{d}y}=\mu\frac{\bar{v}_x}{y}$$

设 $v^*=\sqrt{\frac{\tau_0}{\rho}}$，它具有速度的量纲，称为切向应力速度，则

$$\bar{v}_x=\frac{\tau_0}{\mu}y=v^{*2}\frac{\rho y}{\mu} \quad 或 \quad \frac{\bar{v}_x}{v^*}=\frac{\rho v^* y}{\mu}=\frac{v^* y}{\nu} \tag{6-17}$$

上式表明，在黏性底层，速度 $\bar{v}_x$ 与 y 成正比，为线性分布。

2. 湍流核心区的速度分布

在黏性底层外，$y>\delta$，湍流附加切应力 τ_t 远大于黏性切应力 τ_μ。在湍流核心区，流体的切应力主要是湍流附加切应力，即

$$\tau\approx\tau_t=\rho L^2\left(\frac{\mathrm{d}\bar{v}_x}{\mathrm{d}y}\right)^2$$

根据卡门实验，混合长度可以表示为

$$L=ky\sqrt{1-\frac{y}{R}}$$

当 $y<<R$，即在壁面附近时，$L=ky$，其中 k 为卡门常数，通常取 $k=0.4$。将切应力分布式（6-15）及混合长度的表达式代入式（6-13）中，得

$$\tau=\tau_0\left(1-\frac{y}{R}\right)=\rho k^2y^2\left(1-\frac{y}{R}\right)\left(\frac{\mathrm{d}\bar{v}_x}{\mathrm{d}y}\right)^2$$

化简得

$$\mathrm{d}\bar{v}_x=\sqrt{\frac{\tau_0}{\rho}}\frac{\mathrm{d}y}{ky}=v^*\frac{\mathrm{d}y}{ky}$$

积分得

$$\bar{v}_x=v^*\frac{1}{k}\ln y+C \tag{6-18}$$

式（6-18）说明湍流核心区的速度按对数规律分布，如图 6-10 所示。特点是速度梯度小，速度比较均匀，这是由于湍流中流体质点脉动混掺发生强烈的动量交换所造成的。

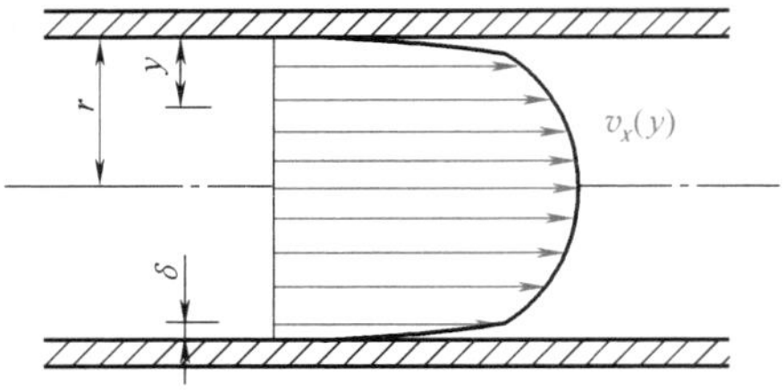

图 6-10 圆管湍流的速度分布

将速度分布公式代入动能修正系数与动量修正系数的表达式中，求出圆管湍流的动能修正系数 $\alpha\approx1.0$，动量修正系数 $\beta\approx1.0$。

圆管湍流中沿程损失同样可由达西公式 $h_f=\lambda\frac{l}{d}\frac{\bar{v}^2}{2g}$ 求出。此时，管路的沿程阻力系数 $\lambda=f(Re,\Delta/d)$，即 λ 不仅与流动的雷诺数 Re 有关，还与管壁相对粗糙度 Δ/d 有关。

第四节 流动阻力与能量损失

流体都具有黏性，流体在运动过程中克服黏性阻力而消耗的机械能（能量损失）称为水头损失或水力损失。通常将水头损失分为沿程水头损失和局部水头损失两种。

一、流动阻力及能量损失的两种形式

1. 沿程阻力与沿程损失

黏性流体运动时，流体的黏性形成阻碍流体运动的力，称为沿程阻力。黏性流体克服沿程阻力所消耗的机械能，称为沿程损失或沿程水头损失，如图 6-11 所示。单位重量流体的沿程损失用符号 h_f 表示。

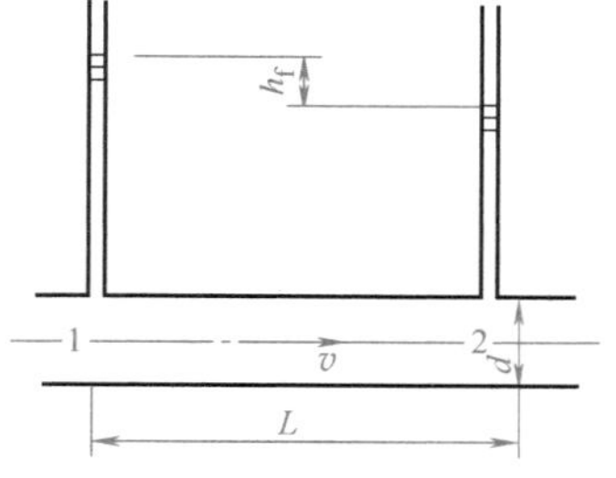

图 6-11　沿程水头损失

黏性流体在管道中流动时，沿程水头损失由达西公式计算，即

$$h_f=\lambda\frac{l}{d}\frac{v^2}{2g}\tag{6-19}$$

式中，h_f 为沿程水头损失（m）；v 为管中平均流速（m/s）；l 为管道的长度（m）；d 为管道的内径（m）；λ 为沿程阻力系数，它与流动状态及管道的粗糙度有关，通常通过实验确定。

2. 局部阻力与局部损失

黏性流体流经各种局部障碍装置如阀门、弯头、变截面管等边界发生急剧变化的区域时，会引起流线弯曲、流动方向急剧改变、流体脱离边界、产生旋涡等，此时流体质点间进行动量交换而产生的阻力称为局部阻力。流体克服局部阻力所消耗的机械能，称为局部损失或局部水头损失，如图 6-12 所示。单位重量流体的局部损失用符号 h_j 表示。

通常局部水头损失的计算公式为

$$h_j=\zeta\frac{v^2}{2g}\tag{6-20}$$

式中，h_j 为局部水头损失（m）；v 为管中平均流速（m/s）；ζ 为局部阻力系数，通常根据不同的局部装置通过实验测定。

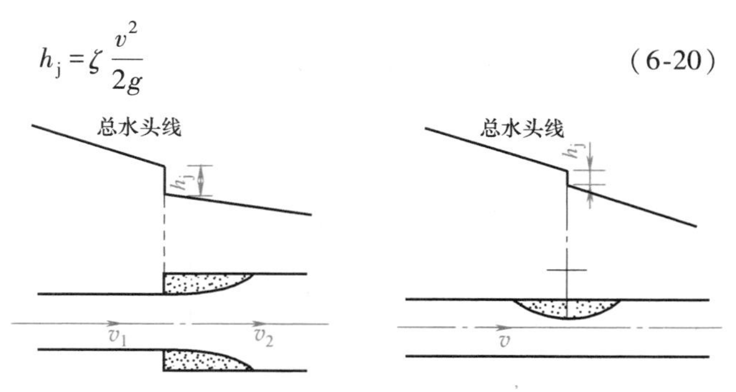

图 6-12　局部水头损失

工程上的管路系统既存在沿程损失又存在局部损失，管路总的水头损失等于管路中各段的沿程损失和各处局部损失之和，即

$$h_w=\sum h_f+\sum h_j\tag{6-21}$$

二、沿程水头损失与流态的关系

雷诺通过实验测定了沿程损失 h_f 随流速的变化规律，证实了沿程损失与流态密切相关。雷诺实验装置中，在实验管路的前、后两个断面装测压管（参见图 6-1）。由伯努利方程可知，两个断面之间的损失可以表示为 $h_f=(p_1-p_2)/\rho g$。管中的平均流速由体积法测流量求出。通过阀门调节改变管中平均流速 v，逐次测量出相应的沿程水头损失 h_f，并在对数坐标（本小节的对数仅表示物理量数值的处理）上绘出实际曲线，得出 h_f-v 的关系曲线，如图 6-13 所示。该曲线的方程

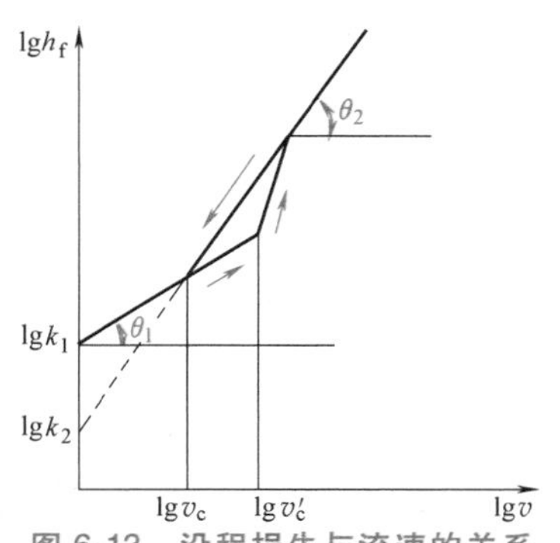

图 6-13　沿程损失与流速的关系

可以表示为

$$\lg h_f = \lg k + m \lg v$$

由此得到

$$h_f = kv^m \tag{6-22}$$

其中，$m=\tan\theta$。

当 $v<v_c$，即层流时，$m=\tan45°=1$，$h_f=kv$，即表明层流沿程水头损失与平均流速的一次方成正比。当 $v>v_c'$，即湍流时，$m=1.75\sim2$，即表明湍流沿程水头损失与平均流速的 1.75～2 次方成正比。

以上分析表明流体流动状态不同，水头损失规律也不相同。

三、沿程阻力系数

圆管内层流流动的沿程阻力系数已经通过解析方法求出，沿程阻力系数 $\lambda=64/Re$；对于圆管内湍流流动，沿程阻力系数只能通过实验获得。1933 年，尼古拉兹（J. Nikuradse）进行了一系列的管道流动的阻力实验，揭示了沿程阻力系数 $\lambda=f(Re,\Delta/d)$ 的变化规律。

1. 尼古拉兹曲线

尼古拉兹在管壁上黏结颗粒均匀的砂粒，做成人工粗糙管，对不同相对粗糙度、不同流量的圆管流动进行了流动损失实验。实验的雷诺数范围为 $500\sim10^6$。实验时测出管中的平均流速 v 和实验管段的沿程水头损失 h_f，然后代入式（6-19），反求出 λ。在各种相对粗糙度的管道下分别进行实验，得出了 $\lambda=f(Re,\Delta/d)$ 的关系。将实验结果绘制在 λ 和 Re 的对数坐标上，得到了尼古拉兹实验曲线，如图 6-14 所示。

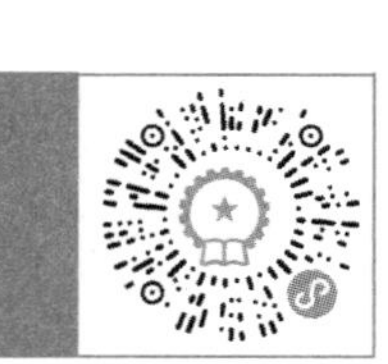

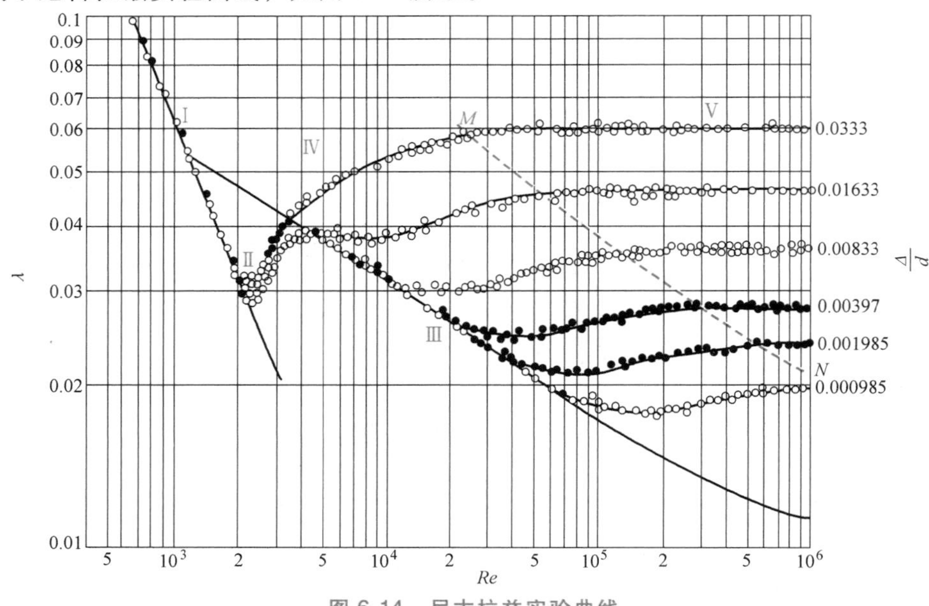

图 6-14 尼古拉兹实验曲线

尼古拉兹实验曲线可以分为五个区域，不同的区域内 λ 与 Re 和 Δ/d 之间的关系各不相同，具有不同的经验公式。

1）层流区（$Re<2320$）。这时六种不同相对粗糙度 Δ/d 的实验点均落在同一条直线 I 上。这说明在层流的情况下，沿程阻力系数 λ 与相对粗糙度 Δ/d 无关，仅与雷诺数有关，即 $\lambda=f(Re)$。直线 I 的方程为 $\lambda=\dfrac{64}{Re}$，这与圆管层流的计算结果一致。此时管路中沿程水头

损失 h_f 与速度 v 成正比。

2）层流到湍流的过渡区（$2320 \leqslant Re < 4000$）。此区对应的流态为层流向湍流的过渡，六种相对粗糙度 Δ/d 的实验点分散落在Ⅱ周围。此区范围较小，工程中 Re 数在这个区域的较少，且流动状态极不稳定，因此实验点较为分散。若涉及层流到湍流的过渡区，通常按湍流水力光滑对应的经验公式处理。

3）湍流水力光滑区 $[4000 \leqslant Re < 26.98 (d/\Delta)^{8/7}]$。此区六种相对粗糙度 Δ/d 的实验点都落在同一条直线Ⅲ上。沿程阻力系数 λ 仍只与相对粗糙度 Δ/d 无关，仅与雷诺数 Re 有关，即 $\lambda = f(Re)$。这是因为在水力光滑的条件下，管壁的绝对粗糙度 Δ 被黏性底层 δ' 所淹没，对 λ 没有影响，此区的雷诺数上限与相对粗糙度有关。随着 Δ/d 值的不同，各种管道离开此区的实验点的位置不同，Δ/d 值越大离开此区越早，水力光滑区对应的雷诺数范围越窄。此区的沿程阻力系数 λ 常用下式求得，即

布拉修斯（Blasius）公式（$4000 \leqslant Re < 10^5$）

$$\lambda = 0.11\left(\frac{68}{Re}\right)^{0.25} \tag{6-23}$$

尼古拉兹公式（$10^5 \leqslant Re < 3 \times 10^6$）

$$\lambda = 0.0032 + \frac{0.221}{Re^{0.237}} \tag{6-24}$$

将式（6-23）代入达西公式，可知湍流水力光滑区，沿程水头损失 h_f 与流速的 1.75 次方成正比。

4）湍流水力过渡区 $[26.98(d/\Delta)^{8/7} \leqslant Re < 4160(0.5d/\Delta)^{0.85}]$。此区位于直线Ⅲ和 MN 之间，是水力光滑管到水力粗糙管的过渡区，又称为第二过渡区。沿程阻力系数与相对粗糙度 Δ/d 和雷诺数 Re 都有关，即 $\lambda = f(Re, \Delta/d)$。当实验点离开湍流水力光滑管区之后，六种相对粗糙度不同的实验曲线均有不同程度的提升，说明随着雷诺数 Re 的增大，黏性底层变薄，管壁绝对粗糙度 Δ 对流动阻力的影响逐渐增强，因而沿程阻力系数也逐渐增大。本区常用以下经验公式计算沿程阻力系数，即

阿里特苏里公式

$$\lambda = 0.11\left(\frac{\Delta}{d} + \frac{68}{Re}\right)^{0.25} \tag{6-25}$$

柯罗布鲁克（Colebrook）公式

$$\frac{1}{\sqrt{\lambda}} = -2\lg\left(\frac{\Delta}{3.7d} + \frac{2.51}{Re\sqrt{\lambda}}\right) \tag{6-26}$$

5）湍流水力粗糙区 $[Re \geqslant 4160(0.5d/\Delta)^{0.85}]$。此区是 MN 线右侧区域Ⅴ。在此区，沿程阻力系数 λ 只与相对粗糙度 Δ/d 有关，与雷诺数无关，即 $\lambda = f(\Delta/d)$。管道壁面越粗糙，沿程阻力系数 λ 越大。这是因为粗糙度掩盖了黏性底层，黏性底层对沿程阻力系数 λ 不起作用。沿程阻力系数与速度的二次方成正比，因此湍流水力粗糙区又称为阻力平方区。本区常用以下经验公式计算沿程阻力系数，即

希夫林松公式

$$\lambda = 0.11\left(\frac{\Delta}{d}\right)^{0.25} \tag{6-27}$$

尼古拉兹公式

$$\lambda=\frac{1}{\left[2\lg\left(\frac{3.7d}{\Delta}\right)\right]^2} \tag{6-28}$$

以上介绍了尼古拉兹人工粗糙管的实验结果，由实验可知，流动在不同的区域内，沿程阻力系数 λ 的计算公式不同。因此在计算沿程损失时，首先判断流动所在区域，然后选择相应的经验公式计算 λ 值。

2. 当量粗糙度

尼古拉兹实验中所用的粗糙管是用人工方法制成的。实际工业管道的管壁粗糙度与人工粗糙管有很大的差别。工业管道中的粗糙度大小、形状、分布是很不规则的，因此在计算 λ 值时，要使用管道的当量粗糙度。当量粗糙度表示在阻力的效果上与人工粗糙的管道相当的绝对粗糙度，通过实验和计算确定，通常用符号 Δ_e 表示。几种常用工业管道的当量粗糙度见表 6-1。

表 6-1　常用工业管道的当量粗糙度

管道种类	Δ_e/mm	管道种类	Δ_e/mm
新氯乙烯管及玻璃管	0.001~0.002	焊接钢管(中度生锈)	0.5
铜管	0.001~0.002	新铸铁管	0.2~0.4
钢管	0.03~0.07	旧铸铁管	0.5~1.5
镀锌铁管	0.1~0.2	混凝土管	0.3~3.0

3. 莫迪图

莫迪（Moody）于 1944 年总结了工业管道的水力损失实验资料，绘制了工业管道沿程阻力系数与雷诺数、相对粗糙度之间的关系曲线，称为莫迪图，如图 6-15 所示。图中湍流水力过渡区是按柯罗布鲁克公式绘制的。按所求出的 Re 及管道的 Δ/d 值，在莫迪图中可直接查出 λ 值。

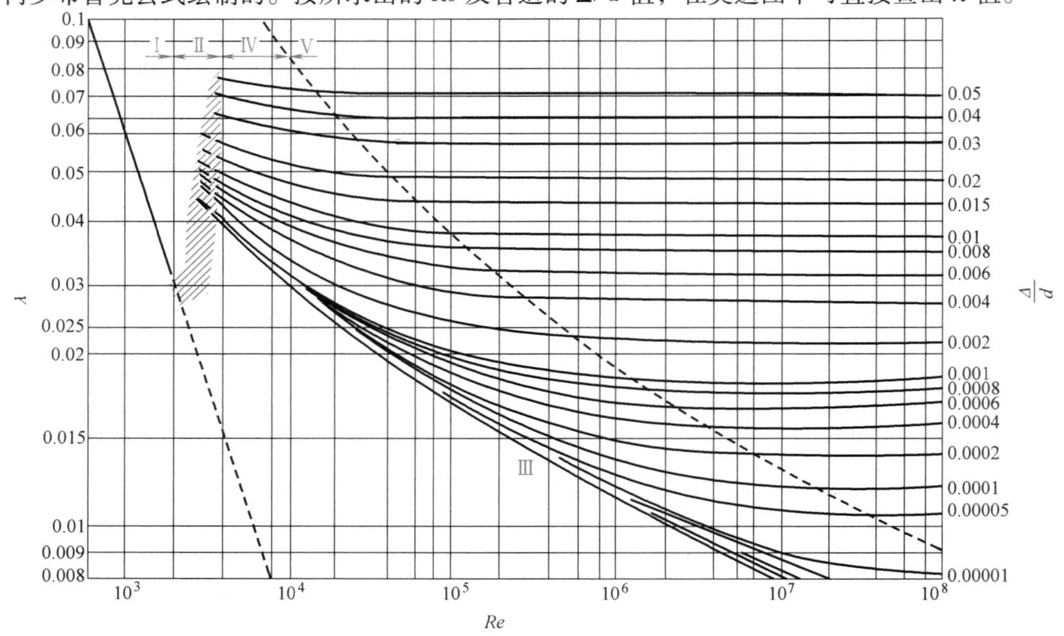

图 6-15　莫迪图

非圆形截面管道的沿程损失计算，仍可用达西公式以及相应的 λ 沿程阻力系数计算公式。式中的管径用当量直径 $d_e=4A/\chi$ 替换。

例 6-1　已知某一镀锌铁管 $d=0.2\text{m}$，$l=40\text{m}$，$\Delta=0.15\text{mm}$，管内输送干空气，温度 $t=20℃$，风量 $q_V=1700\text{m}^3/\text{h}$。试求气流的压强损失。

解： 1）确定流动所在区域。

$t=20℃$ 时空气的密度 $\rho=1.2\text{kg/m}^3$，$\nu=15.7\times10^{-6}\text{m}^2/\text{s}$，判断其流动状态

$$v=\frac{4q_V}{\pi d^2}=15\text{m/s},\quad Re=\frac{vd}{\nu}=1.91\times10^5,\quad \frac{\Delta}{d}=0.00075$$

寻找尼古拉兹分区点的 Re 计算，有

$$26.98\left(\frac{d}{\Delta}\right)^{8/7}=26.98\left(\frac{200}{0.15}\right)^{8/7}=100600<1.91\times10^5$$

$$4160\times(0.5d/\Delta)^{0.85}=1.05\times10^6>1.91\times10^5$$

因此该流动处在湍流水力光滑与粗糙的过渡区，按阿里特苏里公式计算，即

$$\lambda=0.11\left(\frac{\Delta}{d}+\frac{68}{Re}\right)^{0.25}=0.0204$$

或用莫迪图，由 $Re=1.91\times10^5$ 及 $\Delta/d=0.00075$，查出 $\lambda=0.02$，与公式计算结果基本相同。

2）压强损失计算。

$$\Delta p=\lambda\frac{l}{d}\frac{\rho v^2}{2}=0.0204\times\frac{40}{0.2}\times\frac{1.2\times15^2}{2}\text{Pa}=550\text{Pa}$$

四、局部阻力系数

工程中的管路，需要安装阀门、弯头和变截面管等管道附件。流体通过这些局部装置会产生旋涡，引起的机械能损失称为局部水头损失。

1. 管道截面突然扩大

流体从断面较小的管道流入断面较大的管道时，由于流体质点有惯性，它不可能按照管道的形状突然扩大，而是逐渐地扩大，如图 6-16 所示。因此，在管壁拐角与主流束之间形成旋涡，旋涡靠主流束带动旋转，旋涡又把得到的能量消耗在旋转运动中。另外，管道截面突然扩大，流速重新分布也引起附加能量损失。

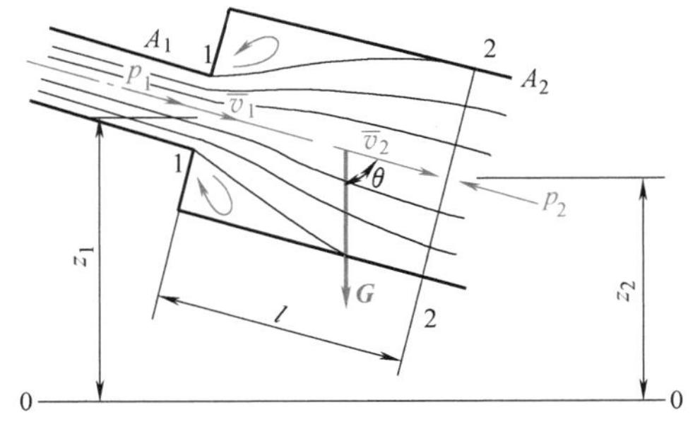

图 6-16　突然扩大局部损失

管道截面突然扩大的能量损失可以用解析的方法加以推导计算。取断面 1—1、2—2 及两断面之间的管壁为控制面，列两断面之间的伯努利方程

$$z_1+\frac{p_1}{\rho g}+\frac{\alpha_1 v_1^2}{2g}=z_2+\frac{p_2}{\rho g}+\frac{\alpha_2 v_2^2}{2g}+h_j$$

取 $\alpha_1=\alpha_2=1.0$，则

$$h_j=\left(z_1+\frac{p_1}{\rho g}\right)-\left(z_2+\frac{p_2}{\rho g}\right)+\frac{v_1^2-v_2^2}{2g} \tag{6-29}$$

对控制面内的流体沿流动方向（轴向）列动量方程，重力 G 与水流方向的夹角为 θ，不考虑管侧壁面的摩擦切应力，有

$$p_1A_1-p_2A_2+p'(A_2-A_1)+\rho gA_2l\cos\theta=\rho q(\beta_2v_2-\beta_1v_1) \tag{6-30}$$

式中，p'为涡流区环形面积（A_2-A_1）上的平均压强；p_1、p_2 分别为断面 1—1、2—2 上的压强；l 为断面 1—1、2—2 之间的距离。

实验表明分离涡流环形区的压强近似等于 p_1，取 $\beta_2=\beta_1=1$，考虑到 $\cos\theta=(z_1-z_2)/l$，式（6-30）可写为

$$(p_1-p_2)A_2+\rho gA_2(z_1-z_2)=\rho q(v_2-v_1)$$

考虑连续性方程 $v_1A_1=v_2A_2=q_V$，得

$$z_1+\frac{p_1}{\rho g}-\left(z_2+\frac{p_2}{\rho g}\right)=\frac{v_2}{g}(v_2-v_1) \tag{6-31}$$

将式（6-31）代入式（6-29），得

$$h_j=\frac{(v_1-v_2)^2}{2g}$$

这一公式称为波达（Borda）定理。将这一局部损失采用 v_1 或 v_2 表示为

$$h_j=\left(1-\frac{A_1}{A_2}\right)^2\frac{v_1^2}{2g}=\zeta_1\frac{v_1^2}{2g}=\left(\frac{A_2}{A_1}-1\right)^2\frac{v_2^2}{2g}=\zeta_2\frac{v_2^2}{2g} \tag{6-32}$$

$$\zeta_1=\left(1-\frac{A_1}{A_2}\right)^2,\quad \zeta_2=\left(\frac{A_2}{A_1}-1\right)^2 \tag{6-33}$$

式中，ζ_1、ζ_2 为断面突然扩大的局部阻力系数，分别对应 v_1 和 v_2。通常采用 ζ_2 表示该局部装置的阻力系数。

如图 6-17 所示，当管道出口与大容器相连接时，因 $A_2>>A_1$，$A_1/A_2\approx0$，则 $\zeta_1\approx1$，$h_j\approx v_1^2/2g$。即管道出口处，流体的全部速度水头耗散于下游容器之中。

2. 局部阻力系数的实验数据及经验公式

（1）管道截面突然缩小的局部阻力系数　如图 6-18 所示，管道截面突然收缩的管段，其局部阻力系数随截面 A_2/A_1 不同而异，具体数据列入表 6-2 中，ζ 对应局部装置下游速度 v_2。

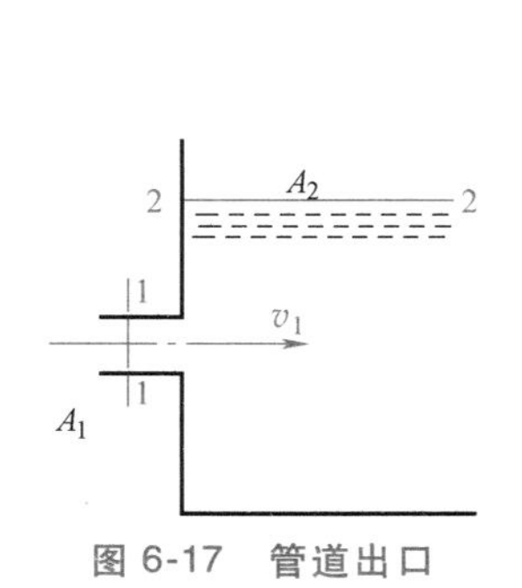

图 6-17　管道出口

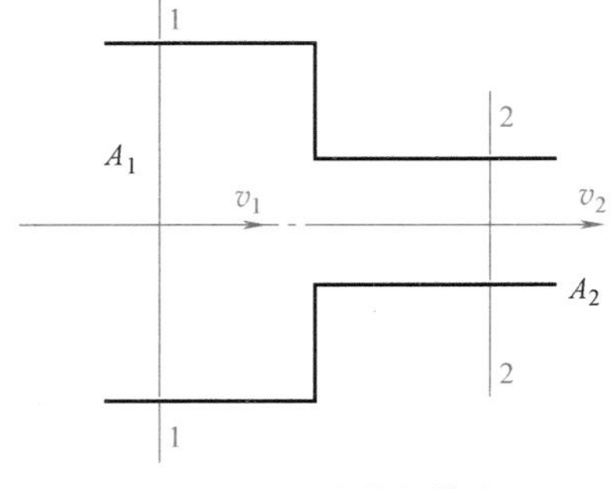

图 6-18　突然收缩管段

表 6-2　突然收缩管段的局部阻力系数

A_2/A_1	0.01	0.10	0.20	0.30	0.40	0.50	0.60	0.70	0.80	0.90	1.0
ζ	0.50	0.47	0.45	0.38	0.34	0.30	0.25	0.20	0.15	0.09	0

（2）管道直角入口的局部阻力系数　如图 6-19 所示，管道为直角入口，这是管道截面突然缩小的情况，当 $A_1\to\infty$，$A_2/A_1\approx 0$，由表 6-2 及实验可知 $\zeta=0.5$。

对其他常见的局部装置如渐扩管、渐缩管、弯头、闸阀等局部阻力系数的实验数据及经验公式，不再逐一讨论，部分列入表 6-3 中。对工程遇到的其他形式的管路局部阻力系数，可查阅有关手册，如《给水排水设计手册》。

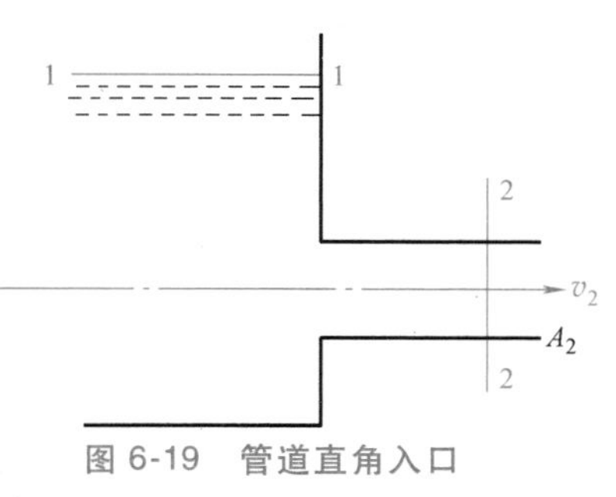

图 6-19　管道直角入口

表 6-3　常见局部装置的局部阻力系数

<table>
<tr><th>类型</th><th>示意图</th><th>局部阻力系数 ζ</th></tr>
<tr><td>管道入口</td><td>α</td><td>圆角入口，$\zeta=0.05\sim0.10$
斜角入口，$\zeta=0.5+0.303\sin\alpha+0.266\sin^2\alpha$</td></tr>
<tr><td>弯头</td><td>α　R　d</td><td>$$\zeta=\left[0.13+0.163\left(\frac{d}{R}\right)^{3.5}\right]\frac{\alpha}{90^\circ}$$
$\alpha=90^\circ$时
<table>
<tr><td>$\frac{d}{R}$</td><td>0.2</td><td>0.4</td><td>0.6</td><td>0.8</td><td>1.0</td><td>1.2</td><td>1.4</td><td>1.6</td><td>1.8</td><td>2.0</td></tr>
<tr><td>ζ</td><td>0.132</td><td>0.14</td><td>0.16</td><td>0.21</td><td>0.29</td><td>0.44</td><td>0.66</td><td>0.98</td><td>1.41</td><td>1.98</td></tr>
</table></td></tr>
<tr><td>渐缩管</td><td>A_1　θ　A_2</td><td>$\theta<30^\circ$　$\zeta=\frac{\lambda}{8\sin(\theta/2)}\left[1-\left(\frac{A_2}{A_1}\right)^2\right]$
$\theta=30^\circ\sim90^\circ$　$\zeta=\frac{\lambda}{8\sin(\theta/2)}\left[1-\left(\frac{A_2}{A_1}\right)^2\right]+\frac{\theta}{1000}$</td></tr>
<tr><td>渐扩管</td><td>A_1　θ　A_2</td><td>$$\zeta=k\left(1-\frac{A_1}{A_2}\right)^2$$
<table>
<tr><td>θ</td><td>7.5°</td><td>10°</td><td>15°</td><td>20°</td><td>30°</td></tr>
<tr><td>k</td><td>0.14</td><td>0.16</td><td>0.27</td><td>0.43</td><td>0.81</td></tr>
</table></td></tr>
<tr><td>折圆管</td><td>A　θ　A</td><td>$$\zeta=0.946\sin^2\frac{\theta}{2}+2.05\sin^4\frac{\theta}{2}$$
<table>
<tr><td>θ</td><td>20°</td><td>30°</td><td>40°</td><td>60°</td><td>80°</td></tr>
<tr><td>k</td><td>0.03</td><td>0.073</td><td>0.183</td><td>0.365</td><td>0.99</td></tr>
</table></td></tr>
<tr><td>分支管</td><td></td><td>0.1　1.3　0.5　3.0
$\zeta=0.1$　$\zeta=1.3$　$\zeta=0.5$　$\zeta=3.0$　$\zeta_{fen}=1$, $\zeta_{hui}=1.5$　$\zeta_{fen}=2$, $\zeta_{hui}=3$</td></tr>
</table>

（续）

类型	示意图	局部阻力系数 ζ									
闸板阀		$\frac{h}{d}$	全开	$\frac{7}{8}$	$\frac{6}{8}$	$\frac{5}{8}$	$\frac{4}{8}$	$\frac{3}{8}$	$\frac{2}{8}$	$\frac{1}{8}$
		ζ	0.05	0.07	0.26	0.81	2.06	5.52	17	97.8
活栓阀		α	5°	10°	15°	20°	25°	30°	40°	50°	60°
		ζ	0.05	0.29	0.75	1.56	3.1	5.47	17.3	52.6	206
碟形阀		α	5°	10°	15°	20°	25°	30°	40°	50°	60°
		ζ	0.24	0.52	0.9	1.54	2.51	3.91	10.8	32.6	118

第五节 管路的水力计算

管路水力计算的目的，是在一定流量下决定管路的尺寸，或在管路系统的几何尺寸已知的情况下，决定管路中的流量或水头损失。本节应用黏性流体总流的连续方程、伯努利方程以及水力损失公式解决管路的水力计算问题。

一、管路的分类

管路的分类有不同的方法，按照管路结构可分为等径管路、串联管路、并联管路、分支管路和网状管路。图6-20给出了相应的管路结构。

按照计算特点可分为短管和长管。长管以沿程水头损失为主，局部水头损失可以忽略不计。短管中则沿程水头损失和局部水头损失并重。通常将局部水头损失和出口速度水头之和小于总水头损失的5%的管路称为长管，计算时只计算沿程损失，忽略局部损失和出口速度水头。

长管管路系统的水力计算又可分为简单管路的水力计算和复杂管路的水力计算。等径无分支管的管路系统称为简单管路。除简单管路外的管路系统为复杂管路，如串联管路、并联管路等。

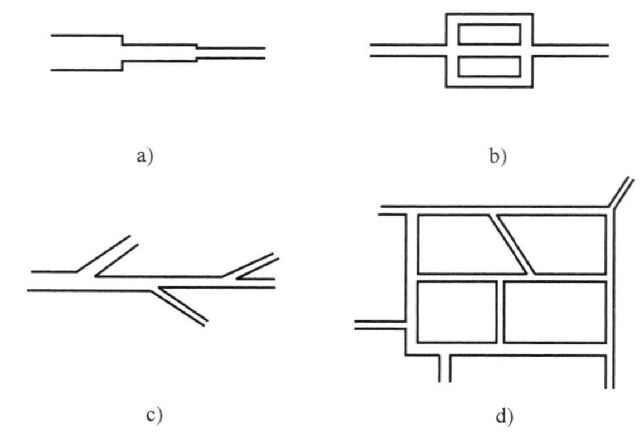

图6-20 管路结构

a）串联管路 b）并联管路 c）分支管路 d）网状管路

通常在工程上遇到的管路计算问题有以下情况：

1）已知所需的流量 q_V 和管路尺寸 l、d，计算压降 Δp 或确定所需的供水水头 H，如确定水泵扬程、水塔高度等。

2）已知管路尺寸 l、d 及水头 H 或允许压降 Δp，确定管路中的流量 q_V。

3）已知所需的流量 q_V 和作用水头 H，并给定管长 l，计算管径 d。

二、短管的水力计算

例 6-2　图 6-21 所示为水池出水管路，在稳定水头 $H=16\text{m}$ 作用下，将水排入大气。已知 $d_1=0.05\text{m}$、$d_2=0.07\text{m}$、$l_1=l_2=60\text{m}$、$l_3=80\text{m}$、$l_4=50\text{m}$，阀门阻力系数 $\zeta_{阀}=4$、管路沿程阻力系数 $\lambda=0.03$，求管中的流量 q_V。

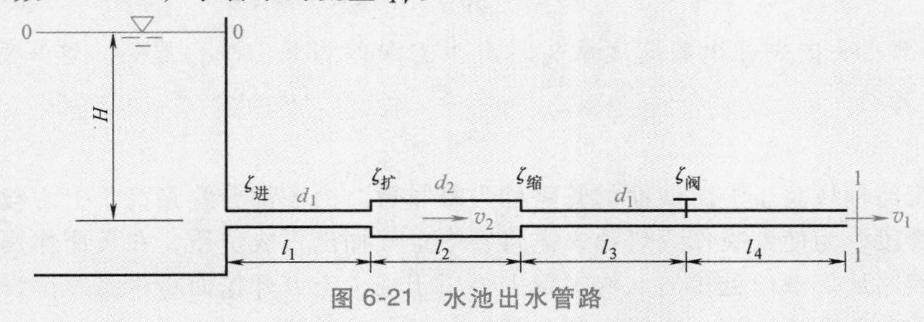

图 6-21　水池出水管路

解：列水池液面 0—0 至管路出口 1—1 断面的伯努利方程

$$z_0+\frac{p_0}{\rho g}+\frac{\alpha_0 v_0^2}{2g}=z_1+\frac{p_1}{\rho g}+\frac{\alpha_1 v_1^2}{2g}+h_w$$

已知 $v_0=0$、$p_0=p_1=0$、$z_0-z_1=H$，取 $\alpha_0=\alpha_1=1.0$，则

$$H=\frac{v_1^2}{2g}+h_w \tag{a}$$

水头损失计算

$$h_w=h_f+h_j$$

$$h_f=\lambda\frac{l_1+l_3+l_4}{d_1}\frac{v_1^2}{2g}+\lambda\frac{l_2}{d_2}\frac{v_2^2}{2g}$$

将连续性方程 $v_2\frac{1}{4}\pi d_2^2=v_1\frac{1}{4}\pi d_1^2$ 代入，得

$$h_f=\lambda\left[\frac{l_1+l_3+l_4}{d_1}+\frac{l_2}{d_2}\left(\frac{d_1}{d_2}\right)^4\right]\frac{v_1^2}{2g}=120.7\frac{v_1^2}{2g} \tag{b}$$

$$h_j=(\zeta_{进}+\zeta_{扩}+\zeta_{缩}+\zeta_{阀})\frac{v_1^2}{2g}$$

其中，$\zeta_{扩}$ 对应 v_1，$\zeta_{扩}=\left(1-\frac{A_1}{A_2}\right)^2=\left(1-\frac{0.05^2}{0.07^2}\right)^2=0.24$；管道直角入口的局部阻力系数，查表 6-2 得，$\zeta_{进}=0.5$；由 $\frac{A_1}{A_2}=0.51$ 查表 6-2 得 $\zeta_{缩}=0.3$；由表 6-3 查得，$\zeta_{阀}=4$，代入得

$$h_j=5.04\frac{v_1^2}{2g} \tag{c}$$

将式（b）与式（c）代入式（a）中，得

$$H=120.7\frac{v_1^2}{2g}+5.04\frac{v_1^2}{2g}+\frac{v_1^2}{2g}=126.74\frac{v_1^2}{2g}$$

将 $H=16\mathrm{m}$ 代入，求得

$$v_1=1.57\mathrm{m/s},\quad q_V=3.08\times10^{-3}\mathrm{m^3/s}$$

如果不计局部水头损失和出口速度水头 $h_j+\dfrac{v_1^2}{2g}$，则 $H=h_f$，可求得

$$v_1=1.61\mathrm{m/s},\quad q_V=3.16\times10^{-3}\mathrm{m^3/s}$$

不计局部水头损失和出口速度水头时产生的误差为 2.16%，显然，这一管路可作为长管进行计算。

1. 虹吸管

凡部分管路轴线高于上游液面的管路称为虹吸管。由于部分管路高于上游液面，管路中必存在真空管段。为使虹吸作用启动，需将管中空气抽出形成负压，在负压作用下水才从高液面处进入管路从低液面处排出。虹吸管主要用于减少土方开挖而跨越高地铺设的管道，如给排水工程中的虹吸泄水管、农田水利中常用的灌溉管道等。

例 6-3　图 6-22 所示为跨越堤坝的虹吸管，上下游水位差 $H=2\mathrm{m}$，管长 $l_1=a+b=15\mathrm{m}$、$l_2=c+d=18\mathrm{m}$，管径 $d=200\mathrm{mm}$，$\lambda=0.025$，$\zeta_{进口}=1.0$，$\zeta_{弯}=0.3$，管顶处允许真空度 $[h_v]=7\mathrm{m}$ 水柱，求通过虹吸管的流速 v、流量 q_V 及允许安装高度 $[h_s]$。

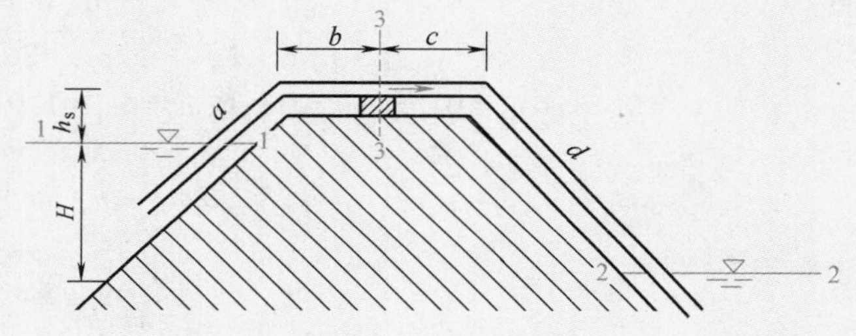

图 6-22　跨越堤坝的虹吸管

解：1）列上游液面 1—1 至下游液面 2—2 的伯努利方程

$$z_1+\frac{p_1}{\rho g}+\frac{\alpha_1 v_1^2}{2g}=z_2+\frac{p_2}{\rho g}+\frac{\alpha_2 v_2^2}{2g}+h_{w_{1-2}}$$

$$H=h_{w_{1-2}}=\lambda\frac{l_1+l_2}{d}\frac{v^2}{2g}+(\zeta_{进}+2\zeta_{弯}+\zeta_{出})\frac{v^2}{2g}=\left(\lambda\frac{l_1+l_2}{d}+\zeta_{进}+2\zeta_{弯}+\zeta_{出}\right)\frac{v^2}{2g}$$

代入数据

$$2=\left(0.025\times\frac{15+18}{0.2}+1.0+2\times0.3+1.0\right)\times\frac{v^2}{2\times9.81}$$

解得

$$v=2.42\mathrm{m/s}$$

$$q_V=v\frac{1}{4}\pi d^2=0.076\mathrm{m^3/s}$$

2）列上游液面 1—1 至虹吸管最高处断面 3—3 的伯努利方程

$$z_1+\frac{p_1}{\rho g}+\frac{\alpha_1 v_1^2}{2g}=z_3+\frac{p_3}{\rho g}+\frac{\alpha_3 v_3^2}{2g}+h_{w_{1-3}}$$

$$0=h_s+\frac{p_3}{\rho g}+\left(\lambda\frac{l_1}{d}+\zeta_{进}+\zeta_{弯}\right)\frac{v^2}{2g}+\frac{v^2}{2g}$$

$$=h_s+(-7)+\left(0.025\times\frac{15}{0.2}+1.0+0.3\right)\frac{2.42^2}{2\times9.81}+\frac{2.42^2}{2\times9.81}$$

解得

$$h_s=5.75\mathrm{m}$$

2. 水泵管路的计算

水泵通常安装在吸水池液面的上方。水泵工作时，水泵叶轮旋转，泵内的水由压水管输出，使水泵进口处形成真空，水池内的水在大气压的作用下压入水泵进口。水泵的吸水高度取决于水泵进口处的真空度。为防止气蚀的发生，必须规定水泵进口的允许真空度。因此在安装前必须通过水力计算确定水泵的安装高度。

例 6-4　如图 6-23 所示，水泵从水池将水抽送至水塔，水泵在叶轮作用下，在进口断面处形成真空，允许真空度 $[h_v]=7\text{m}$ 水柱。已知：吸水管直径 $d_1=0.2\text{m}$，长度 $l_1=12\text{m}$，压水管 $d_2=0.15\text{m}$，长度 $l_2=180\text{m}$，管路沿程阻力系数 $\lambda=0.026$，管路的局部装置有 $\zeta_{进}=2$、$\zeta_{弯}=0.3$、$\zeta_{阀}=3.9$，水塔液面与水池液面高差 $h=100\text{m}$，流量 $q_V=0.063\text{m}^3/\text{s}$。试求：(1) 水泵的扬程 H 及输出功率 P。(2) 水泵的允许安装高度 h_s。

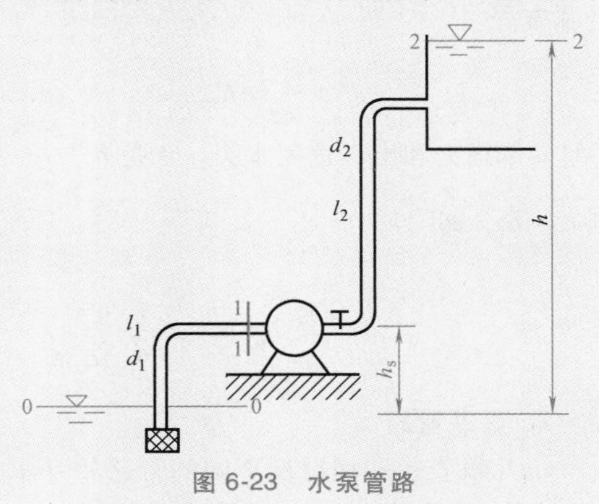

图 6-23　水泵管路

解：(1) 列上、下水面 0—0、2—2 之间的伯努利方程（有能量输入的伯努利方程）

$$H=h+h_{w_{0-2}}$$

其中
$$h_{w_{0-2}}=\left(\lambda\frac{l_1}{d_1}+\zeta_{进}+\zeta_{弯}\right)\frac{v_1^2}{2g}+\left(\lambda\frac{l_2}{d_2}+\zeta_{阀}+2\zeta_{弯}+\zeta_{出}\right)\frac{v_2^2}{2g}$$

管中流速
$$v_1=\frac{q_V}{\frac{1}{4}\pi d_1^2}=2\text{m/s},\quad v_2=\frac{q_V}{\frac{1}{4}\pi d_2^2}=3.54\text{m/s}$$

于是

$$h_{w_{0-2}}=\left(0.026\times\frac{12}{0.2}+2+0.3\right)\frac{2^2}{2\times9.81}\text{m}+\left(0.026\times\frac{180}{0.15}+3.9+2\times0.3+1.0\right)\frac{3.54^2}{2\times9.81}\text{m}$$
$$=0.79\text{m}+23.44\text{m}=24.23\text{m}$$

水泵的扬程 H 为　　$H=h+h_{w_{0-2}}=100\text{m}+24.23\text{m}=124.23\text{m}$

水泵的输入功率 P 为　　$P=\rho g q_V H=9810\times0.063\times124.23\text{W}=76.8\text{kW}$

(2) 列下水池液面 0—0 至水泵进口断面 1—1 的伯努利方程

$$0=h_s+\frac{p_1}{\rho g}+\frac{\alpha_1 v_1^2}{2g}+h_{w_{0-1}}$$

将 $h_{w_{0-1}}=0.79\text{m}$ 代入上式，有

$$0=h_s-7+\frac{2^2}{2\times9.81}+0.79=h_s-6.0$$

水泵的允许安装高度　　$h_s=6.0\text{m}$

三、长管的计算

1. 等径管路

如图 6-24 所示，水从一个大水池沿管长 l、管径 d 的等直径管路流到大气中，这是最简单的长管，求作用水头与流量的关系。

列水池水面 1—1 至管路出口断面 2—2 的伯努利方程

$$H=\frac{\alpha_2 v_2}{2g}+h_w$$

不计局部损失和出口速度水头，于是 $h_j+\frac{\alpha_2 v_2}{2g}\approx 0$，则 $h_w=h_f$，即

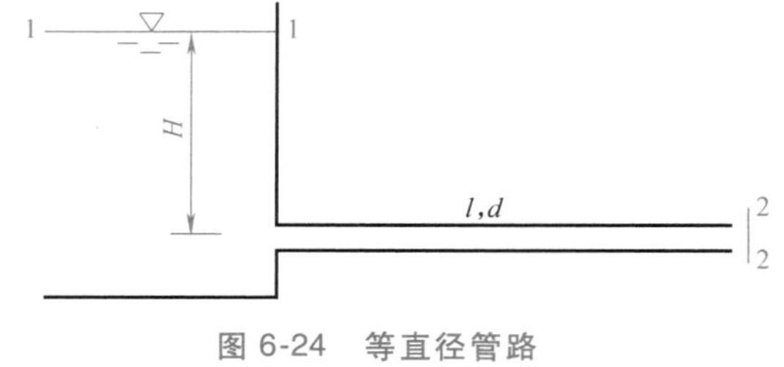

图 6-24　等直径管路

$$H=h_f=\lambda\ \frac{l}{d}\ \frac{v^2}{2g}=\lambda\ \frac{l}{d}\ \frac{1}{2g}\left(\frac{q_V}{\frac{1}{4}\pi d^2}\right)^2=\frac{8\lambda l}{\pi^2 g d^5}q_V{}^2 \tag{6-34}$$

2. 串联管路

由几段直径和粗糙度不同的管路相互串联在一起的管路称为**串联管路**，如图 6-25 所示。串联管路的特点为：

1）通过串联管路各管段的流量相同

$$q_V=q_{V1}=q_{V2}=q_{V3} \tag{6-35}$$

2）串联管路总水头损失等于各管段水头损失之和

$$H=h_f=h_{f1}+h_{f2}+h_{f3} \tag{6-36}$$

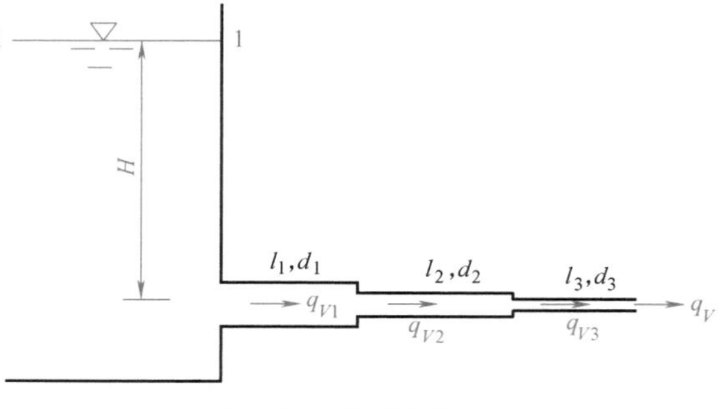

图 6-25　串联管路

例 6-5　图 6-25 所示供水管路由三种不同直径的管路串联而成，已知 $d_1=0.3\text{m}$、$d_2=0.2\text{m}$、$d_3=0.1\text{m}$，$l_1=l_2=l_3=50\text{m}$。管壁绝对粗糙度 $\Delta_1=\Delta_2=\Delta_3=3\text{mm}$，作用水头 $H=20\text{m}$，水的运动黏度 $\nu=10^{-6}\text{m}^2/\text{s}$，不计局部水头损失，试求该管路的流量 q_V。

解：由串联管路的总损失等于各段沿程水头损失之和可列出

$$H=h_{f1}+h_{f2}+h_{f3}=\lambda_1\ \frac{l_1}{d_1}\ \frac{v_1^2}{2g}+\lambda_2\ \frac{l_2}{d_2}\ \frac{v_2^2}{2g}+\lambda_3\ \frac{l_3}{d_3}\ \frac{v_3^2}{2g}$$

串联管路各管段的流量相同，将 $v_1=\frac{q_V}{\frac{1}{4}\pi d_1^2}$、$v_2=\frac{q_V}{\frac{1}{4}\pi d_2^2}$、$v_3=\frac{q_V}{\frac{1}{4}\pi d_3^2}$代入上式，得

$$H=\left(\frac{8\lambda_1 l_1}{g\pi^2 d_1^5}+\frac{8\lambda_2 l_2}{g\pi^2 d_2^5}+\frac{8\lambda_3 l_3}{g\pi^2 d_3^5}\right)q_V{}^2$$

管道的相对粗糙度分别为　$\frac{\Delta_1}{d_1}=0.01$，　$\frac{\Delta_2}{d_2}=0.015$，　$\frac{\Delta_3}{d_3}=0.03$

流动通常在阻力平方区，由相对粗糙度查莫迪图得 λ 值分别为

$$\lambda_1=0.035,\quad \lambda_2=0.039,\quad \lambda_3=0.046$$

于是可解出

$$q_V=0.032\text{m}^3/\text{s}$$

通过对计算结果的校核，这一串联管路的流动确在阻力平方区，以上计算正确。

3. 并联管路

在两节点之间由两根及以上的管道并列连接而成的管道称并联管路。图 6-26 所示为在 BC 段由三根支管并联的管路。并联管路的特点为：

1）总管路的流量等于各分支管路流量之和

$$q_V=q_{V1}+q_{V2}+q_{V3} \tag{6-37}$$

2）并联管路各分支管的水头损失均相等

$$h_{fAB}=h_{f1}=h_{f2}=h_{f3} \tag{6-38}$$

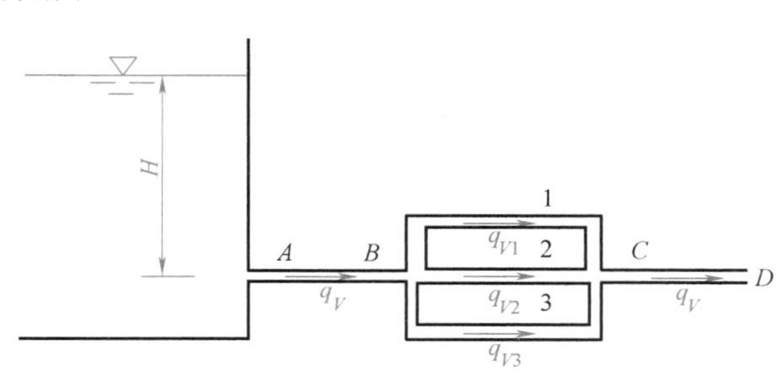

图 6-26　并联管路

4. 分支管路

分支管路的特点相当于串联管路的复杂情况，其计算特点与串联管路类似。

例 6-6　拟建一水塔，由水塔向管路供水，管路布置如图 6-27 所示。已知每段管路流量和长度，水塔 A 处地面标高 18m，用水点 3、4 处标高 14m，要求保留自由水头 10m，各段管径分别为 A—1 段 $d_1=0.3\text{m}$，1—2 段 $d_2=0.25\text{m}$，2—3 段与 1—4 段 $d_3=d_4=0.2\text{m}$。取 $\lambda=0.025$，求水塔的高度。

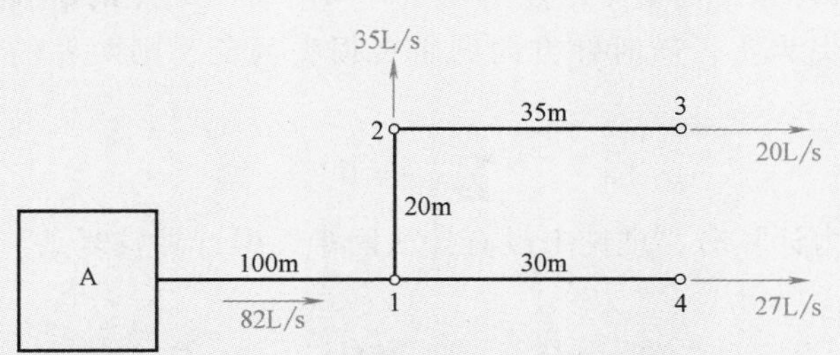

图 6-27　分支管路

解： 沿 3—2—1—A 按串联管路计算

$$h_w=\lambda\frac{l_1}{d_1}\frac{v_1^2}{2g}+\lambda\frac{l_2}{d_2}\frac{v_2^2}{2g}+\lambda\frac{l_3}{d_3}\frac{v_3^2}{2g}$$

代入数据求得

$$h_w=0.79\text{m}$$

沿 4—1—A 计算

$$h_w=\lambda\frac{l_1}{d_1}\frac{v_1^2}{2g}+\lambda\frac{l_4}{d_4}\frac{v_4^2}{2g}$$

代入数据求得

$$h_w = 0.71\text{m}$$

为保证供水，由 3—2—1—A 路线确定水塔高度为损失+保留水头-高差，于是

$$H = 0.79\text{m} + 10\text{m} - 4\text{m} = 6.79\text{m}$$

5. 网状管路

图 6-28 所示为网状管路，各管段实测流量标在图中。

在结点 A 处，流进 $q_V = 100\text{L/s}$，流出 $q_V = 40\text{L/s} + 60\text{L/s} = 100\text{L/s}$，流进、流出结点的流量相等。其他结点也存在这一关系。

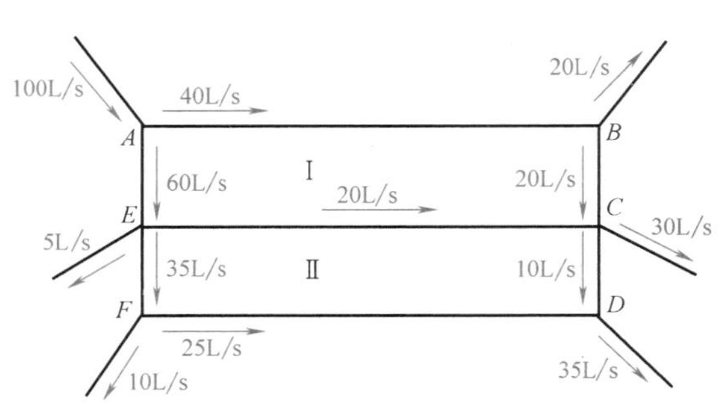

图 6-28　网状管路

对环路 ABC 和 AEC，实测 $h_{fABC} = 9.9\text{m}$，$h_{fAEC} = 9.9\text{m}$。对环路 ECD 和 EFD，实测 $h_{fECD} = 8.8\text{m}$，$h_{fEFD} = 8.8\text{m}$。

每一环路相当于一并联管路，水流沿不同的路线流动时，两点间水头损失相等。这一流量和水头损失的特点反映了网状管路的水流特点。在进行水力计算时须满足以下两个条件：

1）由连续条件，在各个结点上，如以流向结点的流量为正，离开结点的流量为负，则对流经任一结点处流量的代数和为零，即

$$\sum q_{Vi} = 0 \tag{6-39}$$

2）对于任一闭合环路，由某一结点沿两个方向至另一结点的水头损失应相等。如顺时针方向引起的水头损失为正，逆时针方向的水头损失为负，则两者的代数和为零，即在各环内

$$\sum h_{fi} = 0 \tag{6-40}$$

进行网状管路水力计算时，理论上没有什么困难，但计算较复杂。

第六节　管路中的水击

在有压管道中，由于某种原因如阀门突然开闭、泵突然启闭或水轮机、液压缸负荷突然发生变化，流速急剧变化，水流的动量急剧变化。由动量定理可知，作用在流体上的管内局部压强突然升高或者降低，压强突变使管壁产生振动并伴有捶击声。因此，在有压管道中的流速发生急剧变化时，引起压强的剧烈波动，并在整个管长范围内传播的现象称为水击或水锤。水击的危害性很大，有可能使管壁爆裂或产生严重变形。水击是管道设计、液压传动及流体工程中不容忽视的重要问题之一，是一种非定常管流水力现象。

一、水击的物理过程

水击压强在管道内以弹性波的形式传播，这个弹性波又称为水击波。在讨论水击波的物理过程时，假定阀门瞬时完全关闭且不计水流阻力。

图 6-29 所示为一简单引水管，管长为 L，管径 d 与管壁厚度 e 均沿程不变。引水管的前部与水池连接，管道末端设有阀门。当管中水流为定常流时，其平均流速和压强分别为 v_0 和 p_0。因不计水流阻力和速度水头，测压管水头线为水平线。

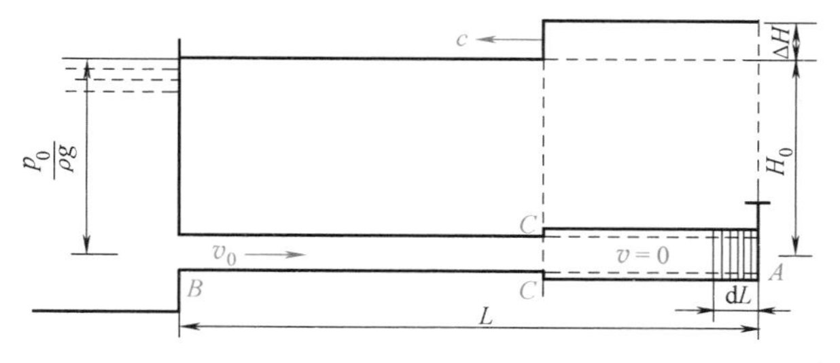

图 6-29　水击波传播的第一阶段

当阀门突然完全关闭时，紧靠阀门的一段长为 $\mathrm{d}L$ 的微小水体立即停止流动，流速突然减小到零。该水体的动量也发生相应的变化，压强突然增大，水体受到压缩，密度增大，同时也使周围的管壁膨胀。因为不计管中水流阻力和速度水头，阀门 A 处原有的压强 $p_0=\rho g H_0$，在阀门关闭的瞬时，微小水体的压强突然增大到 $p_0+\Delta p$，而 $\Delta p=\rho g\Delta H$（ΔH 为测压管水头的增值），这是**水击波传播的第一阶段**，如图 6-29 所示。接着紧靠这一水体的另一微小水体由于受到已经停止的水体的阻碍而停止流动，其流速也由 v_0 减小到零，水体受到压缩，周围的管壁膨胀。水体这一变化逐段向上游传播，直到管道进口 B 处。此时全管流速均为零，压强均为 $p_0+\Delta p$。

设水击波速为 c，则水击波从阀门传到管道进口所需的时间 $t=L/c$。从 $t=0$ 到 $t=L/c$ 时段为水击波传播的第一阶段，如图 6-29 所示。由于水池容量很大，水位不因管中发生水击而变化，则管道进口断面的压强将始终保持为定常流时的压强 p_0。在 $t=L/c$ 瞬时，全管的水体处于静止和被压缩状态。此时断面 B 左侧的压强为 p_0，右侧的压强为 $p_0+\Delta p$。在这一压差作用下，管中的水体从静止状态以速度 v_0 向水池方向流动。于是，B 处的水体从压缩状态恢复原状，其周围管壁也从膨胀状态恢复原状，压强由 $p_0+\Delta p$ 降为原来的 p_0。由于水体的可压缩性及管壁弹性的影响，随后，各层水体和周围的管壁也相继恢复原状。这种现象也可看作一个由进口沿管道向阀门方向传播的反向水击波，它是第一阶段中水击波的反射波。因为水的可压缩性和管壁的弹性是一定的，故反射波的传播速度也等于 c。在 $t=2L/c$ 瞬时，这一反射波正好传到阀门处，此时全管内水体的压强均恢复到 p_0，受压缩的水和膨胀的管壁也都复原。全管水体均以流速 v_0 向水池流动。从 $t=L/c$ 到 $t=2L/c$ 这一时段为**水击波传播的第二阶段**，如图 6-30 所示。

在第二阶段末全管水体的密度和膨胀的管壁均已恢复原状。但由于惯性作用，紧邻阀门 A 的水体继续以流速 v_0 向水池倒流。因阀门完全关闭，紧靠阀门的水体有脱离阀门的趋势。根据连续性的要求，这是不可能的。因此，流动被迫停止，流速又从 v_0 减小到零。由于流速发生了变化，相应地，动量也发生变化，这必然引起外力的变化，故压强从 p_0 降低 Δp，使得水体膨胀，密度减小，管壁收缩。这种状态又自阀门处逐段相继传递到管道进口。即在阀门处产生一个降压正向波，以速度 c 沿管道向水池方向传播。它是第二阶段中降压反向波由阀门反射回去的波。在 $t=3L/c$ 时刻，全管内水体均处于静止状态，全部管壁收缩，全部压强从 p_0 降低 Δp。从 $t=2L/c$ 到 $t=3L/c$ 这一时段为**水击**

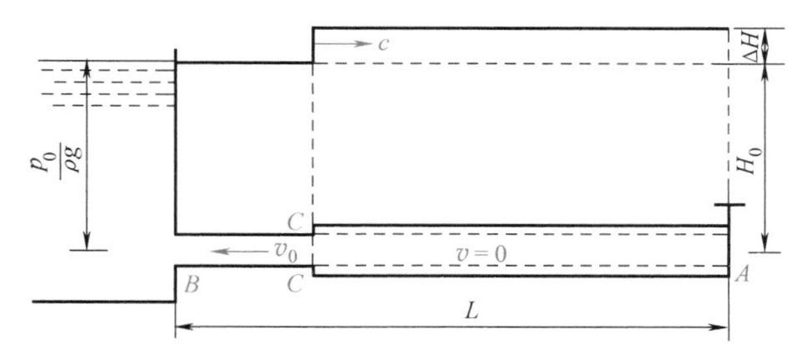

图 6-30　水击波传播的第二阶段

波传播的第三阶段，如图 6-31 所示。

在 $t=3L/c$ 瞬时，全管水体处于静止、低压和膨胀状态，整个管壁都收缩。进口断面 B 处的一段水体，左边压强为 p_0，右边压强为 $p_0-\Delta p$。在压差 Δp 的作用下，B 处的水又以流速 v_0 向阀门方向流动，膨胀的水体受到压缩，压强随即恢复到 p_0，收缩的管壁也恢复原状，水体逐段发生同样的变化，即以一个增压反向波自管道进口以速度 c 向阀门传播。在 $t=4L/c$ 时刻，增压波到达阀门 A 处，全管内的水体及管壁均恢复到水击发生以前的状态，即流速为 v_0，压强为 p_0，从 $t=3L/c$ 到 $t=4L/c$ 这一时段为水击波传播的第四阶段，如图 6-32 所示。

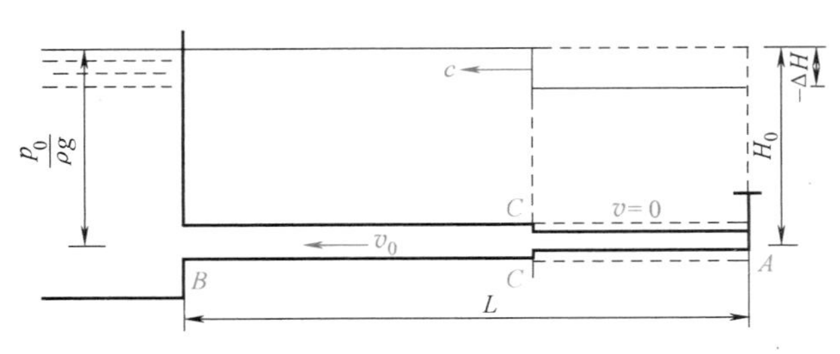

图 6-31　水击波传播的第三阶段

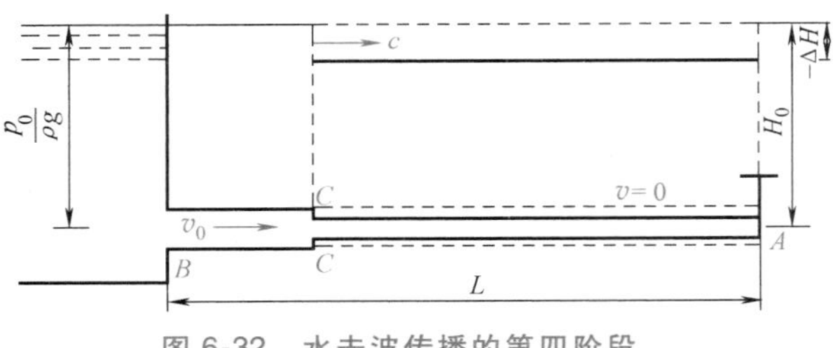

图 6-32　水击波传播的第四阶段

在 $t=4L/c$ 瞬时，如果阀门仍然关闭，则水击波的传播将重复上述四个阶段，周而复始地持续进行。实际上，由于存在阻力，水击波不可能无休止地传播下去，而是逐渐衰减，最后消失，达到新的定常状态。水击物理过程的四个传播阶段见表 6-4。

表 6-4　水击物理过程的四个传播阶段

阶段	时　　程	流向	流速变化	水击波传播方向	压强及流速变化	阶段末液体及管壁的状态
1	$0<t<\frac{L}{c}$	$B\to A$	$v_0\to 0$	$A\to B$	升高 Δp 减速 $+v_0\to 0$	液体压缩，管壁膨胀
2	$\frac{L}{c}<t<\frac{2L}{c}$	$A\to B$	$0\to -v_0$	$B\to A$	恢复到 p_0 增速 $0\to -v_0$	恢复原状
3	$\frac{2L}{c}<t<\frac{3L}{c}$	$A\to B$	$-v_0\to 0$	$A\to B$	下降 Δp 减速 $-v_0\to 0$	液体膨胀，管壁收缩
4	$\frac{3L}{c}<t<\frac{4L}{c}$	$B\to A$	$0\to v_0$	$B\to A$	恢复到 p_0 增速 $0\to v_0$	恢复原状

二、直接水击与间接水击

水击波自阀门向水池传播并反射回到阀门所需的时间称水击的相，以 t_r 表示，两相为一个周期。即

$$t_r=\frac{2L}{c} \tag{6-41}$$

实际上阀门关闭总需要一定的时间，该时间以 t_s 表示。按照 t_s 和 t_r 的大小把水击分为两类：若 $t_s\leqslant t_r$，则水击波还没有来得及自水池返回阀门，阀门已关闭完毕，那么阀门处的水击增压，不受水池反射的减压波的削弱，而达到可能出现的最大值，这类水击称为直接水

击；若 $t_s>t_r$，即水击波已从水池返回阀门，而关闭仍在进行，那么，由于受水池反射的减压波的削弱作用，阀门处的水击增压比直接水击小，称为间接水击。因此，工程上应尽可能避免发生直接水击。

三、最大水击

1. 直接水击

设有管道阀门突然关闭造成水击，若水击传播速度为 c，经过时间 Δt，水击波由断面 m—m 传至断面 n—n，如图 6-33 所示。因此，液体层 Δs 的速度由 v_0 变为 v，压强由 p_0 突增为 $p_0+\Delta p$，密度由 ρ 变为 $\rho+\Delta\rho$，过流断面的面积由 A 变为 $A+\Delta A$。根据 Δs 区间液体层在 Δt 始末的动量变化应等于 Δt 时间内作用在该液体层的冲量，有

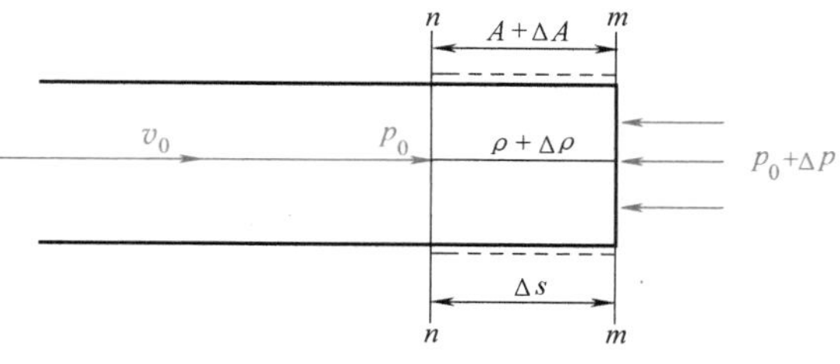

图 6-33　Δt 时间内的水波传播

$$[p_0(A+\Delta A)-(p_0+\Delta p)(A+\Delta A)]\Delta t=(\rho+\Delta\rho)(A+\Delta A)\Delta s(v-v_0)$$

因为 $\Delta s=c\Delta t$，并考虑到 $\Delta\rho<<\rho$，$\Delta\rho$ 可以略去，上式简化为

$$\Delta p=\rho c(v_0-v) \tag{6-42}$$

当阀门突然完全关闭，$v=0$ 时，最大水击压强计算式为

$$\Delta p=\rho c v_0 \tag{6-43}$$

2. 间接水击

间接水击最大压强值可近似用下式计算

$$\Delta p\approx\rho c v_0\frac{t_r}{t_s} \tag{6-44}$$

按式（6-44）计算的值较实际值略大，偏于安全。由式（6-44）可以看出，t_s 越大，则 Δp 越小。

四、水击波速

水击波速对水击问题的分析与计算来说是一个很重要的参数。

如果只考虑液体的弹性而不考虑管壁弹性，由物理学知，弹性波在连续介质中的传播速度为

$$c=\sqrt{\frac{K_0}{\rho}} \tag{6-45}$$

式中，K_0 为液体体积模量。

水的体积模量 $K_0=20.6\times10^8$Pa 时，弹性波在水中的传播速度 $c=1435$m/s，这也是声波在水中的传播速度。

当考虑水的可压缩性和管壁的弹性时，对于均质材料的薄壁圆管，从理论分析可得水击波速公式为

$$c=\frac{\sqrt{\dfrac{K_0}{\rho}}}{\sqrt{1+\dfrac{K_0 d}{Ee}}} \tag{6-46}$$

式中，e 为管壁厚度；E 为管壁材料的弹性模量；d 为管道内径。

常用管道材料的弹性模量 E 值及 K_0/E 值见表 6-5。

表 6-5　常用管道材料的弹性模量 E 值及 K_0/E 值

管材种类	E/Pa	K_0/E	管材种类	E/Pa	K_0/E
钢　管	19.6×10^{10}	0.01	混凝土管	20.58×10^{9}	0.10
铸铁管	9.8×10^{10}	0.02	木　管	9.8×10^{9}	0.20

五、减小水击压强的措施

水击具有较大的破坏性，为了减小水击压强可采取如下措施：

1）延长阀门关闭时间，使阀门开闭平缓。尽量避免直接水击，在间接水击中，关闭时间越长，则间接水击的压强越低。

2）改变管道设计，在保证流量的条件下，尽量采用大口径的管道，以减小管内流速。尽量缩短发生水击的管道长度，这样可缩短压力波的传播时间，从而降低水击压强。采用弹性好的管壁材料，弹性模量减小，水击压强相应减小。

3）在管道中设置空气蓄能器、调压塔、安全阀等缓冲装置，用以吸收压力波能量，缓冲水击，从而减小水击压强。

第七节　孔口与管嘴出流

在盛有液体的容器的侧壁或底部开一孔口，液体经孔口流出，称为**孔口出流**。在孔口上装一段长度为 3~4 倍孔径的短管，该短管称为**管嘴**；液体经管嘴流出，称为**管嘴出流**。

按孔口直径 d_0 与水头 H 的比值的大小，可以把孔口分为大孔口和小孔口。当 $d_0<H/10$ 时称为**小孔口**，当 $d_0\geqslant H/10$ 时称为**大孔口**。

按孔口边缘厚度是否影响孔口出流情况，可以把孔口分为薄壁孔口和厚壁孔口。孔口边缘的厚度 $\delta/d\leqslant2$ 时，其厚度不影响孔口出流，称为**薄壁孔口**；当 $2<\delta/d\leqslant4$ 时为**厚壁孔口**。一般若不加说明均指薄壁孔口。

按照液流在出口处的状况，孔口和管嘴可分为**自由出流**和**淹没出流**两种情况，在大气中的出流为自由出流，在液面下的出流为淹没出流。

孔口、管嘴出流有一个共同特点，即在水力计算中局部水头损失起主要作用，可用能量方程和连续方程导出计算流速和流量的公式，并由实验确定式中的系数。

一、孔口出流

孔口自由出流如图 6-34 所示，当液体从孔口出流时，由于惯性作用，流线不可能成折角地改变方向。因此，液体在流出孔口后有收缩现象，在离孔口不远的地方，过流断面达到最小值，这个最小的过流断面称为**收缩断面**，其面积用 A_c 表示。

收缩断面面积 A_c 与孔口面积 A 的比值用 ε 表示，即

$$\frac{A_c}{A}=\varepsilon$$

式中，ε 为量纲一的数，称为收缩系数，由实验测定。

如果沿孔口的所有周界上液体都有收缩，称为**全部收缩**，反之为**部分收缩**。全部收缩又分为完善收缩和不完善收缩。实验表明，孔口任一边缘到容器侧壁的距离大于在同一方向上孔口宽度的三倍，可视为完善收缩，如图 6-35 中的孔口 1；反之为不完善收缩，如图 6-35 中的孔口 2。经测定，圆形小孔口完善收缩时的收缩系数 $\varepsilon=0.63\sim0.64$。

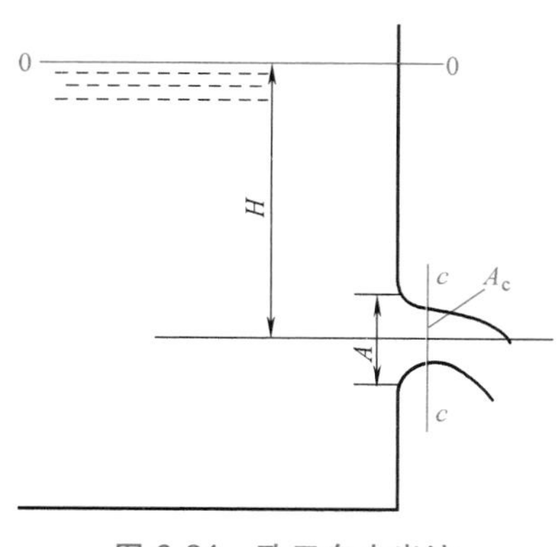

图 6-34　孔口自由出流

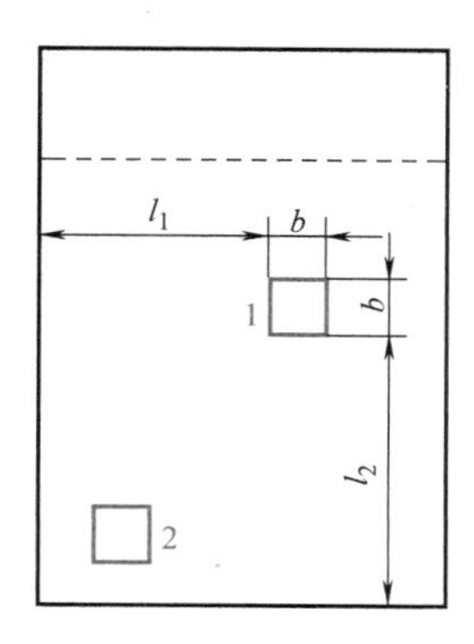

图 6-35　孔口位置

孔口出流的流速和流量公式可用能量方程求出。如图 6-34 所示，以通过孔口中心的水平面为基准面，对孔口上游断面 0—0 和收缩断面 c—c 列能量方程

$$H+\frac{\alpha_0 v_0^2}{2g}=0+\frac{\alpha_c v_c^2}{2g}+h_w$$

式中，v_c 为收缩断面处的平均流速；$H+\frac{\alpha_0 v_0^2}{2g}$为孔口的总水头；$h_w$ 为断面 0—0 至断面 c—c 之间的水头损失。

令 $H+\frac{\alpha_0 v_0^2}{2g}=H_0$；令 $h_w=\zeta\frac{v_c^2}{2g}$，$\zeta$ 为孔口局部损失系数，代入能量方程并整理得

$$v_c=\varphi\sqrt{2gH_0} \tag{6-47}$$

式中，φ 为流速系数。

由于孔口收缩断面流速分布比较均匀，可取 $\alpha_c=1$，则流速系数 $\varphi=1/\sqrt{1+\zeta}$ 与局部阻力系数 ζ 有关。而局部阻力系数 ζ 的值与壁孔的形状、大小、位置、进口形式等因素有关，φ 值由实验测定得到。对完善收缩的小孔口一般可取 $\varphi=0.97$。

孔口自由出流的流量为

$$q_V=v_c A_c$$

由于 $q_V=\varphi\sqrt{2gH_0}A_c$，而 $A_c=\varepsilon A$，故

$$q_V=\varphi\varepsilon\sqrt{2gH_0}A=\mu A\sqrt{2gH_0} \tag{6-48}$$

并且

$$\mu=\varphi\varepsilon \tag{6-49}$$

式中，μ 为流量系数，其值通常由实验测定。

对完善收缩的圆形小孔口，取 $\varepsilon=0.64$、$\varphi=0.97$ 时，$\mu=\varphi\varepsilon=0.62$。小孔口不完善或部分收缩时的流量系数均有经验公式可查用，在此不一一列举。

大孔口的流量仍用式（6-48）计算，因为不论哪种形式的孔口出流都必须遵循能量方程，并且只计局部损失，不计沿程损失。在实际工程中，大孔口出流往往属于部分和不完善收缩。近似计算时，大孔口的流量系数 μ 可按表 6-6 选用。

表 6-6　大孔口的流量系数 μ 值

孔口形式和出流收缩的情况	流量系数μ	孔口形式和出流收缩的情况	流量系数μ
中型孔口出流，全部收缩	0.65	底孔出流，底部无收缩，两侧收缩适度	0.70~0.75
大型孔口出流，全部、不完善收缩	0.70	底孔出流，底部和两侧均无收缩	0.80~0.85
底孔出流，底部无收缩，两侧收缩显著	0.65~0.70		

孔口淹没出流时，作用于孔口任一点的上、下游水头差相等，因此对淹没出流而言，孔口无大小之分。图 6-36 所示为孔口淹没出流，对断面 1—1 与 2—2 列能量方程，以下游水面为基准面，得

$$z+\frac{\alpha_1 v_1^2}{2g}=\frac{\alpha_2 v_2^2}{2g}+h_w$$

式中，断面 1—1 至 2—2 的能量损失 $h_w=\zeta'\frac{v_c^2}{2g}$，可看作断面 1—1 至 c—c 的能量损失与断面 c—c 至 2—2 的能量损失之和。前者与自由出流的能量损失相同，为 $\zeta\frac{v_c^2}{2g}$，后者可以近似地看作圆管突然扩大的能量损失 $(1-A_c/A_2)^2\frac{v_c^2}{2g}\approx\frac{v_c^2}{2g}$。即

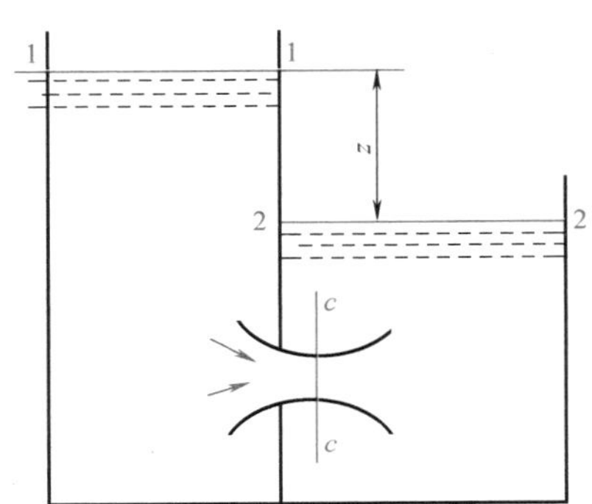

图 6-36　孔口淹没出流

$$h_w=\zeta'\frac{v_c^2}{2g}=\zeta\frac{v_c^2}{2g}+\frac{v_c^2}{2g}=(1+\zeta)\frac{v_c^2}{2g}$$

将以上关系代入能量方程，并注意到$\frac{\alpha_1 v_1^2}{2g}\approx\frac{\alpha_2 v_2^2}{2g}\approx 0$，整理得

$$v_c=\varphi'\sqrt{2gz} \tag{6-50}$$

式中，φ'为淹没出流的速度系数，$\varphi'=1/\sqrt{1+\zeta}$，与自由出流流速系数 φ 的表达式相同。

淹没孔流的流量为

$$q_V=v_c A_c=\varphi'\sqrt{2gz}\,\varepsilon A=\mu' A\sqrt{2gz} \tag{6-51}$$

实验表明淹没出流的流量系数 μ'与自由出流的流量系数 μ 几乎没有差别，可取 $\mu'=\mu$。

二、管嘴出流

管嘴出流的特点是当液体进入管嘴后过流形成收缩，在收缩断面 c—c 附近形成旋涡区，然后又逐渐扩大，在管嘴出口断面上液体完全充满整个断面。如图 6-37 所示，以管嘴中心线所在平面为基准，对过流断面 1—1、2—2 列伯努利方程

$$H+\frac{p_1}{\rho g}+\frac{\alpha_1 v_1^2}{2g}=0+\frac{p_2}{\rho g}+\frac{\alpha_2 v_2^2}{2g}+h_w$$

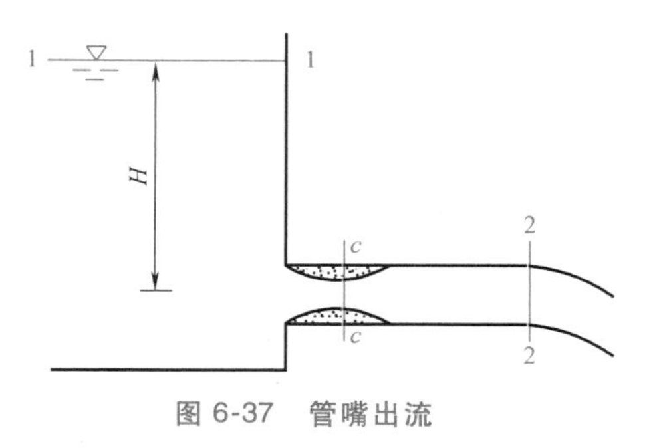

图 6-37　管嘴出流

其中，$H+\frac{\alpha_1 v_1^2}{2g}=H_0$ 为孔口的总水头，取 $\alpha_1=\alpha_2=1.0$，$p_1=p_2=0$，$v_2=v$。$h_w=\sum\zeta\frac{v^2}{2g}$，$\sum\zeta$ 为管嘴局部阻力系数之和，$\sum\zeta=\zeta_{进口}+\zeta_{扩大}+\zeta_{沿程}$，代入上式得

$$H_0=(1+\sum\zeta)\frac{v^2}{2g}$$

所以

$$v=\frac{1}{\sqrt{1+\sum\zeta}}\sqrt{2gH_0}=\varphi\sqrt{2gH_0} \tag{6-52}$$

管嘴出流流量

$$q_V=vA=\varphi A\sqrt{2gH_0}=\mu A\sqrt{2gH_0} \tag{6-53}$$

圆柱形外伸管嘴参数　　$\sum\zeta=0.5$，$\varepsilon=1$，$\varphi=0.82$，$\mu=0.82$

圆形完善收缩薄壁小孔口的流量系数 $\mu=0.62$，在相同直径、相同作用水头下，管嘴出流大于孔口出流的流量，前者约为后者的 1.32 倍。在孔口处接上短管后，其阻力要比孔口大，但管嘴的出流流量要比孔口大，原因是在收缩断面 c—c 处，液流和管壁脱离形成环状真空，从而产生抽吸作用。

列自由液面 1—1 和收缩断面 c—c 的伯努利方程

$$H=\frac{p_c}{\rho g}+\frac{v_c^2}{2g}+\zeta_{孔}\frac{v_c^2}{2g}$$

则

$$\frac{p_c}{\rho g}=H-(1+\zeta_{孔})\frac{v_c^2}{2g}$$

其中

$$v_c=\frac{q_V}{A_c}=\frac{\mu A\sqrt{2gH}}{\varepsilon A}=\frac{\mu}{\varepsilon}\sqrt{2gH}$$

取 $\zeta_{孔}=0.06$，$\mu=0.82$，$\varepsilon=0.64$，代入可得

$$\frac{p_c}{\rho g}=H-(1+\zeta_{孔})\left(\frac{\mu}{\varepsilon}\right)^2H=H\left[1-(1+\zeta_{孔})\left(\frac{\mu}{\varepsilon}\right)^2\right]$$

$$=H\left[1-(1+0.06)\left(\frac{0.82}{0.64}\right)^2\right]=-0.74H$$

为了保证管嘴正常工作，则必须保证管嘴中真空区的存在，但是，如果真空度过大，即当收缩断面 c—c 处绝对压强小于液体的汽化压强时，液体将汽化，从而产生汽蚀。因此应对管嘴内的真空度有所限制。对于水，常取允许压强水头 $p_c/\rho g=7\text{m}$，作用水头则为

$$H\leqslant\frac{7\text{m}}{0.74}=9.5\text{m}$$

管嘴的长度是一个重要参数，如果太短，则会来不及扩大，或真空区离出口太近，容易引起真空破坏；如果太长，则沿程损失不可忽略，也达不到增加流量的目的。根据实验，管嘴长度的最佳值为

$$l=(3\sim4)d$$

习　题

6-1　试判别以下两种流动下的流态：

（1）某管路的直径 $d=10\text{cm}$，通过流量 $q_V=4\times10^{-3}\text{m}^3/\text{s}$ 的水，水温 $t=20℃$。

（2）条件与上相同，但管中流过的是运动黏度 $\nu=150\times10^{-6}\text{m}^2/\text{s}$ 的重燃油。

6-2　试回答下列三个问题：

（1）水管的直径 10mm，管中水流流速 $\bar{v}=0.2\text{m/s}$，水温 $t=10℃$，试判别其流态。

（2）若流速与水温同上，管径改为 30mm，管中流态又如何？

（3）流速与水温同上，若要管流由层流转变为湍流，则水管的直径应为多大？

6-3　一输水管直径 $d=250\text{mm}$，管长 $l=200\text{m}$，测得管壁的切应力 $\tau_0=46\text{N/m}^2$。试求：

（1）在 200m 管长上的水头损失。

（2）在圆管中心和半径 $r=100\text{mm}$ 处的切应力。

6-4　某输油管道由 A 点到 B 点长 $l=500\text{m}$，测得 A 点处的压强 $p_A=3\times10^5\text{Pa}$，B 点处的压强 $p_B=2\times10^5\text{Pa}$，通过的流量 $q_V=0.016\text{m}^3/\text{s}$，已知油的运动黏度 $\nu=100\times10^{-6}\text{m}^2/\text{s}$，密度 $\rho=930\text{kg/m}^3$。试求管径 d 的大小。

6-5　如图 6-38 所示，水平突然缩小管路的 $d_1=20\text{cm}$，$d_2=10\text{cm}$，水的流量 $q_V=2\text{m}^3/\text{min}$，用水银测压计测得 $h=8\text{cm}$。试求突然缩小的水头损失。

6-6　图 6-39 所示的实验装置用来测定管路的沿程阻力系数 λ 和当量粗糙度 Δ_e，已知：管径 $d=200\text{mm}$，管长 $l=10\text{m}$，水温 $t=20℃$，测得流量 $q_V=0.15\text{m}^3/\text{s}$，水银测压计读数 $\Delta h=0.1\text{m}$。试求：

（1）沿程阻力系数 λ。

（2）管壁的当量粗糙度 Δ_e。

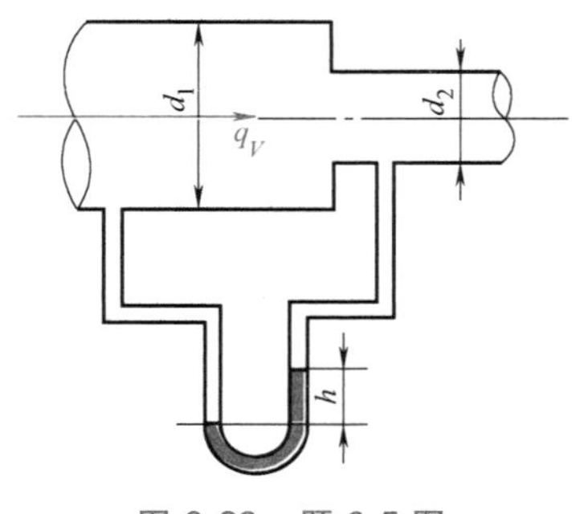

图 6-38　题 6-5 图

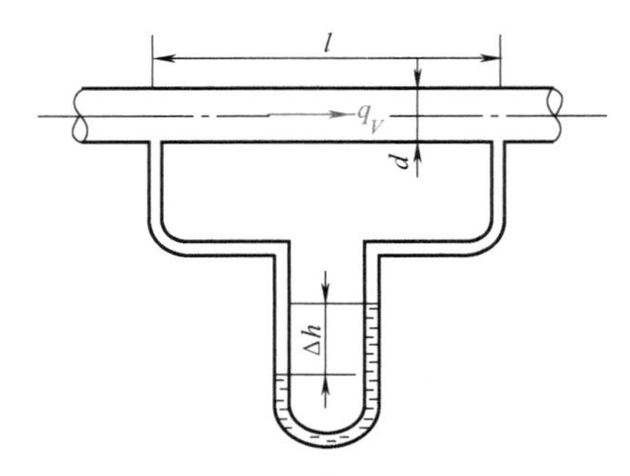

图 6-39　题 6-6 图

6-7　在图 6-40 所示的管路中，已知管径 $d=10\text{cm}$，管长 $l=20\text{m}$，当量粗糙度 $\Delta_e=0.20\text{mm}$，圆形直角转弯半径 $R=10\text{cm}$，闸门相对开度 $h/d=0.6$，水头 $H=5\text{m}$，水温 $t=20℃$。试求管中流量 q_V。

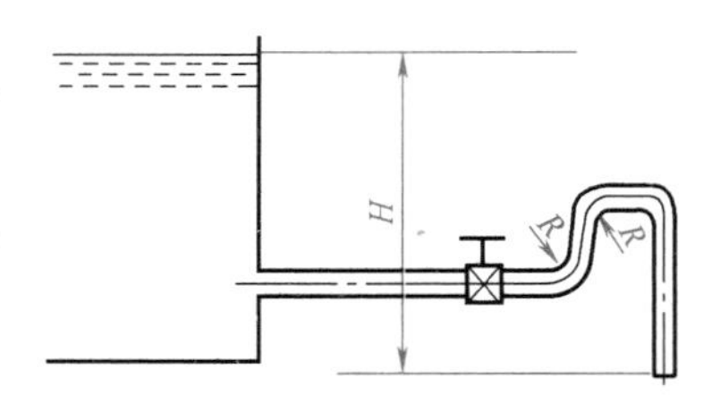

图 6-40　题 6-7 图

6-8　如图 6-41 所示，用一根普通旧铸铁管由 A 水池引向 B 水池，已知：管长 $l=60\text{m}$，管径 $d=200\text{mm}$。弯头的弯曲半

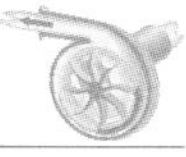

径 $R=2\text{m}$，阀门的相对开度 $h/d=0.5$，当量粗糙度 $\Delta_e=0.6\text{mm}$，水温 $t=20℃$。试求当水位差 $z=3\text{m}$ 时管中的流量 q_V。

6-9　如图 6-42 所示，在具有固定水位的贮水池中，水沿直径 $d=100\text{mm}$ 的输水管流入大气。管路由同样长度 $l=50\text{m}$ 的水平管段 AB 和倾斜管段 BC 组成，$h_1=2\text{m}$，$h_2=2.5\text{m}$。为了使输水管 B 处的真空压强水头不超过 7m，阀门的损失系数 ζ 应为多少？此时流量 q_V 为多少？取 $\lambda=0.035$，不计弯曲处损失。

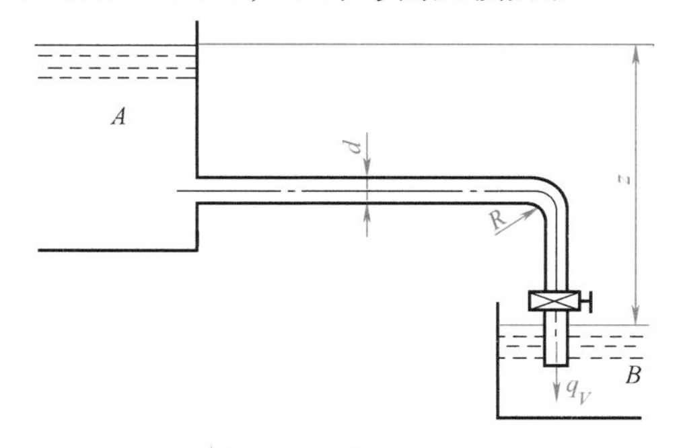

图 6-41　题 6-8 图

图 6-42　题 6-9 图

6-10　如图 6-43 所示，要求保证自流式虹吸管中液体流量 $q_V=10^{-3}\text{m}^3/\text{s}$，只计沿程损失，试回答：

（1）当 $H=2\text{m}$、$l=44\text{m}$、$\nu=10^{-4}\text{m}^2/\text{s}$、$\rho=900\text{kg/m}^3$ 时，为保证流态为层流，d 应为多少？

（2）若在距进口 $l/2$ 处断面 A 上的极限真空的压强水头为 5.4m，则输油管在上面贮油池中油面以上的最大允许超高 $z_{\max}$ 为多少？

6-11　两容器用两段新的低碳钢管连接起来，如图 6-44 所示。已知 $d_1=20\text{cm}$，$l_1=30\text{m}$，$d_2=30\text{cm}$，$l_2=60\text{m}$，管 1 为锐边入口，管 2 上的阀门的阻力系数 $\zeta=3.5$。当流量 $q_V=0.2\text{m}^3/\text{s}$ 时，求必需的总水头 H。

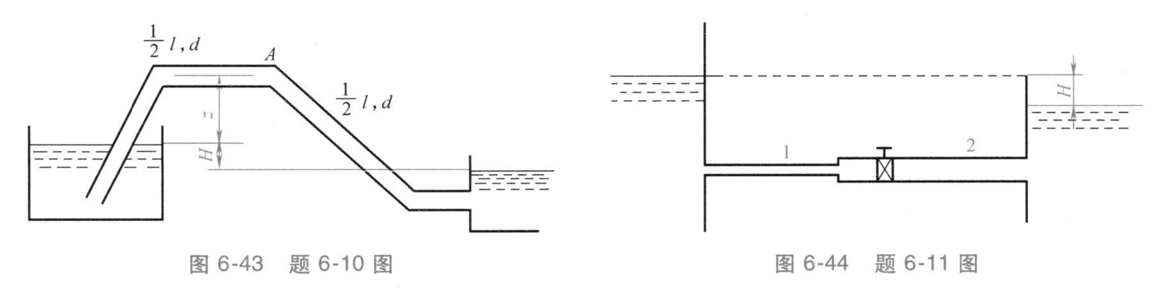

图 6-43　题 6-10 图　　图 6-44　题 6-11 图

6-12　一水泵向图 6-45 所示的串联管路的 B、C、D 点供水，D 点要求自由水头 10m。已知：流量 $q_B=0.015\text{m}^3/\text{s}$，$q_C=0.01\text{m}^3/\text{s}$，$q_D=5\times10^{-3}\text{m}^3/\text{s}$；管径 $d_1=200\text{mm}$，$d_2=150\text{mm}$，$d_3=100\text{mm}$；管长 $l_1=500\text{m}$，$l_2=400\text{m}$，$l_3=300\text{m}$；管壁的绝对粗糙度为 3mm。试求水泵出口 A 点处的压强水头 $p_A/(\rho g)$。

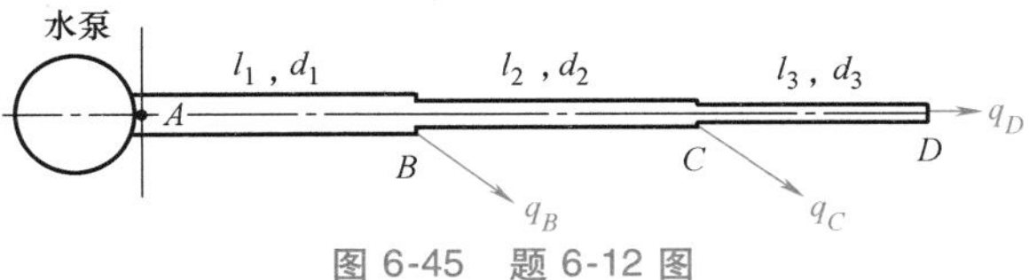

图 6-45　题 6-12 图

6-13　如图 6-46 所示，分叉管路自水库取水。已知：干管直径 $d=0.8\text{m}$，长度 $l=5\text{km}$，支管 1 的直径 $d_1=0.6\text{m}$，长度 $l_1=10\text{km}$，支管 2 的直径 $d_2=0.5\text{m}$，长度 $l_2=15\text{km}$。管壁的粗糙度均为 $\Delta=0.0125\text{mm}$，各处高程分别为 H_1、H_2。试求两支管的出流量 q_{V1} 及 q_{V2}。

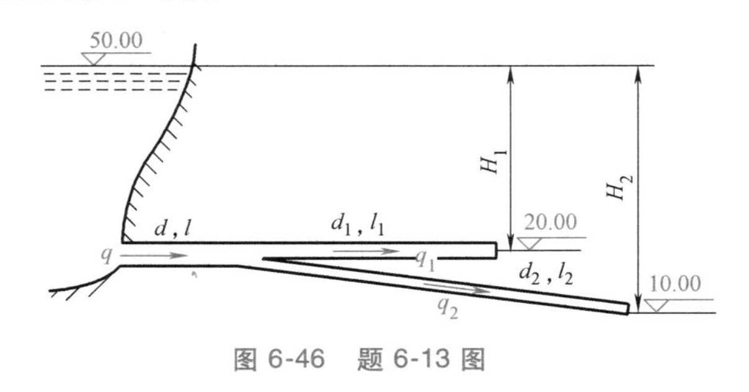

图 6-46　题 6-13 图

6-14　已知管道长 $l=800\text{m}$，管内水流流速 $v_0=1\text{m/s}$，水的体积模量 $K_0=2.03\times10^9\text{N/m}^2$，密度 $\rho=10^3\text{kg/m}^3$，管径与管壁厚度之比 $D/e=100$，水的体积模量与管壁弹性模量之比 $K_0/E=0.01$。当管端阀门全部关闭时间 $t_s=2\text{s}$ 时，求水击压强 Δp。

第七章

黏性流体动力学

实际流体都有黏性，黏性流体运动中不可避免地存在阻力、动量与能量交换以及扩散现象，运动时总是伴随着内摩擦和传热过程，会产生能量损失。黏性流体动力学研究黏性不能忽略的流体的宏观运动。

本章探讨黏性流体运动的微分方程，即纳维-斯托克斯方程（简称 N-S 方程）及其精确解；探讨边界层内的流动及其方程，绕流的流动阻力；介绍湍流及其研究方法。

第一节　不可压缩黏性流体运动微分方程（纳维-斯托克斯方程）

一、应力形式的运动微分方程

在理想流体中，作用在流体微团上的表面力只有一个与表面相垂直的压应力（压强），而且压应力具有一点上各向同性的特点。当黏性流体运动时，黏性的存在导致切向应力的产生，表面力除了法向应力外，还要考虑切向应力。

在运动的黏性流体中取出一边长分别为 dx、dy 和 dz 的平行六面体的流体微团，如图 7-1 所示。作用在微元六面体上的表面力不仅有压应力，还有切应力，这些力在每个表面上的合力不再具有各向同性的特点，即表面力的合力不再垂直于平面，因此每个微元体表面上的表面力都具有三个分量。因此实际流体中的每一点 $A(x, y, z)$ 上的应力都由九个应力分量来描述，如图 7-1a 所示。其应力分量可以表示为 p_{xx}、τ_{xy}、τ_{xz}，τ_{yx}、p_{yy}、τ_{yz}，τ_{zx}、τ_{zy}、p_{zz}。

图 7-1 中 p 表示法向应力，τ 表示切向应力，它们均有两个下标，第一个下标表示应力作用面的法线方向，第二个下标表示应力本身所指的方向。假定所有法向应力都沿着作用面的内法线方向，切向应力在经过 $A(x, y, z)$ 点的三个平面上的方向与坐标轴的方向相反，其他三个平面上的则相同。将它们分别标注在包含 A 点的三个微元表面上。当 dx、dy、dz 趋于零时，平行六面体趋于一个点，九个应力分量反映了实际流体一点处的应力情况。实际黏性流体中任一点的应力分量可用矩阵表示，即

$$\begin{pmatrix} p_{xx} & \tau_{xy} & \tau_{xz} \\ \tau_{yx} & p_{yy} & \tau_{yz} \\ \tau_{zx} & \tau_{zy} & p_{zz} \end{pmatrix}$$

将牛顿第二运动定律应用于微元六面体，可导出应力形式的运动微分方程。在欧拉法中，任何物理量均是空间坐标的函数，因此微元六面体另外三个对应面的应力分量可用泰勒级数展开并取前两项给出，如图 7-1b 所示。以 x 方向为例，表面力的合力可以表示为

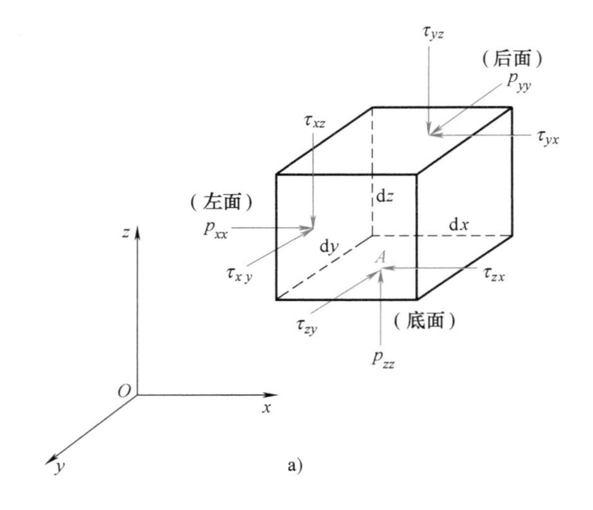

a)

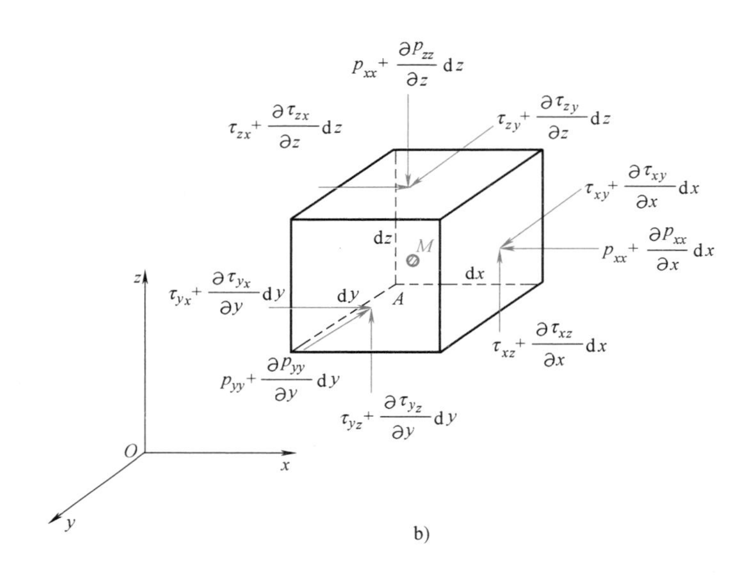

b)

图 7-1　黏性流体微团的表面应力

$$P_x=p_{xx}\mathrm{d}y\mathrm{d}z-\left(p_{xx}+\frac{\partial p_{xx}}{\partial x}\mathrm{d}x\right)\mathrm{d}y\mathrm{d}z-\tau_{yx}\mathrm{d}x\mathrm{d}z+\left(\tau_{yx}+\frac{\partial \tau_{yx}}{\partial y}\mathrm{d}y\right)\mathrm{d}x\mathrm{d}z-\tau_{zx}\mathrm{d}x\mathrm{d}y+\left(\tau_{zx}+\frac{\partial \tau_{zx}}{\partial z}\mathrm{d}z\right)\mathrm{d}x\mathrm{d}y$$

$$=-\left(\frac{\partial p_{xx}}{\partial x}-\frac{\partial \tau_{yx}}{\partial y}-\frac{\partial \tau_{zx}}{\partial z}\right)\mathrm{d}x\mathrm{d}y\mathrm{d}z$$

设 x 方向单位质量分力为 f_x，流体的密度为 ρ，微元六面体的质量为 $\rho\mathrm{d}x\mathrm{d}y\mathrm{d}z$，则 x 方向质量力为 $F_x=f_x\rho\mathrm{d}x\mathrm{d}y\mathrm{d}z$。

将 x 方向的表面力 P_x、质量力 F_x 应用于 x 方向的牛顿第二定律 $\sum F_x=ma_x$，得

$$f_x\rho\mathrm{d}x\mathrm{d}y\mathrm{d}z-\left(\frac{\partial p_{xx}}{\partial x}-\frac{\partial \tau_{yx}}{\partial y}-\frac{\partial \tau_{zx}}{\partial z}\right)\mathrm{d}x\mathrm{d}y\mathrm{d}z=\rho\mathrm{d}x\mathrm{d}y\mathrm{d}z\frac{\mathrm{d}v_x}{\mathrm{d}t}$$

化简后得 x 方向的运动微分方程，同理可以求得 y、z 方向的运动微分方程，因此有

$$
\begin{cases}
f_x-\dfrac{1}{\rho}\left(\dfrac{\partial p_{xx}}{\partial x}-\dfrac{\partial \tau_{yx}}{\partial y}-\dfrac{\partial \tau_{zx}}{\partial z}\right)=\dfrac{\mathrm{d}v_x}{\mathrm{d}t}\\
f_y-\dfrac{1}{\rho}\left(-\dfrac{\partial \tau_{xy}}{\partial x}+\dfrac{\partial p_{yy}}{\partial y}-\dfrac{\partial \tau_{zy}}{\partial z}\right)=\dfrac{\mathrm{d}v_y}{\mathrm{d}t}\\
f_z-\dfrac{1}{\rho}\left(-\dfrac{\partial \tau_{xz}}{\partial x}-\dfrac{\partial \tau_{yz}}{\partial y}+\dfrac{\partial p_{zz}}{\partial z}\right)=\dfrac{\mathrm{d}v_z}{\mathrm{d}t}
\end{cases}
\tag{7-1}
$$

式（7-1）即为以应力形式表示的黏性流体运动微分方程。

二、本构方程

在一般不可压缩黏性流体中，式（7-1）中单位质量力的三个分量 f_x、f_y、f_z 及密度 ρ 均为已知，九个应力分量和三个速度分量均为未知数。黏性流体运动微分方程组包含连续方程后，方程数目只有四个，显然不能解出十二个未知数。因此，必须从流体微团在运动中的变形来获得应力与应变之间的关系式。

1. 切应力之间的关系

切应力分量之间存在着一定的联系，应用力矩平衡可以证明切应力分量具有对称性。根据达朗伯原理，作用在微元平行六面体上的各力对通过中心 M 并与 y 轴平行的轴的力矩之和应等于零，如图 7-2 所示。假定质量力作用于 M 点，质量力产生的力矩为零，则有

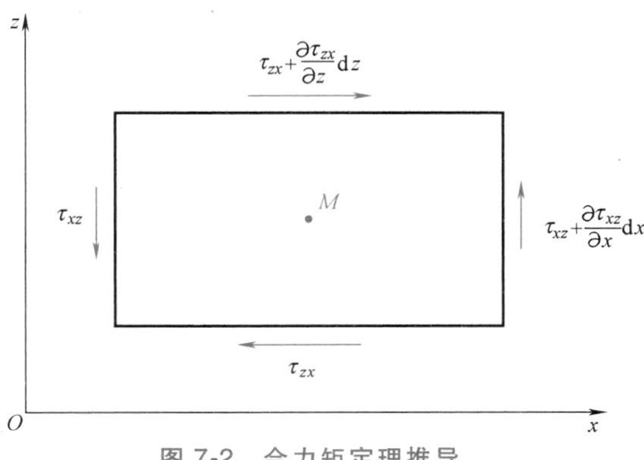

图 7-2　合力矩定理推导

$$
-\tau_{zx}\mathrm{d}x\mathrm{d}y\frac{\mathrm{d}z}{2}-\left(\tau_{zx}+\frac{\partial \tau_{zx}}{\partial z}\mathrm{d}z\right)\mathrm{d}x\mathrm{d}y\frac{\mathrm{d}z}{2}+\tau_{xz}\mathrm{d}y\mathrm{d}z\frac{\mathrm{d}x}{2}+\left(\tau_{xz}+\frac{\partial \tau_{xz}}{\partial x}\mathrm{d}x\right)\mathrm{d}y\mathrm{d}z\frac{\mathrm{d}x}{2}=0
$$

略去高阶无穷小，同时由于 $\mathrm{d}x\mathrm{d}y\mathrm{d}z\neq 0$，得 $\tau_{xz}=\tau_{zx}$，同理可得

$$
\begin{cases}
\tau_{xz}=\tau_{zx}\\
\tau_{xy}=\tau_{yx}\\
\tau_{yz}=\tau_{zy}
\end{cases}
\tag{7-2}
$$

2. 广义的牛顿内摩擦定律

正应力、切应力与流体微团线变形、剪切变形速率之间的关系称为广义的牛顿内摩擦定律。对最简单的平面流动，两层流体之间的黏性摩擦力为 $\tau=\mu\dfrac{\mathrm{d}v_x}{\mathrm{d}y}$，图中 $\mathrm{d}\alpha\approx\tan\mathrm{d}\alpha=\dfrac{\mathrm{d}v_x\mathrm{d}t}{\mathrm{d}y}$，如图 7-3a 所示，$\dfrac{\mathrm{d}v_x}{\mathrm{d}y}=\dfrac{\mathrm{d}\alpha}{\mathrm{d}t}$，即速度梯度等于流体微团的角变形速率。对三维黏性流动，考虑与 z 轴垂直的平面，如图 7-3b 所示，正方形微团经过时间 $\mathrm{d}t$ 后变成菱形，这一四边形的角变形速度为

$$
\mathrm{d}\beta_1=\frac{\dfrac{\partial v_x}{\partial y}\mathrm{d}y\mathrm{d}t}{\mathrm{d}y}=\frac{\partial v_x}{\partial y}\mathrm{d}t,\mathrm{d}\beta_2=\frac{\dfrac{\partial v_y}{\partial x}\mathrm{d}x\mathrm{d}t}{\mathrm{d}x}=\frac{\partial v_y}{\partial x}\mathrm{d}t
$$

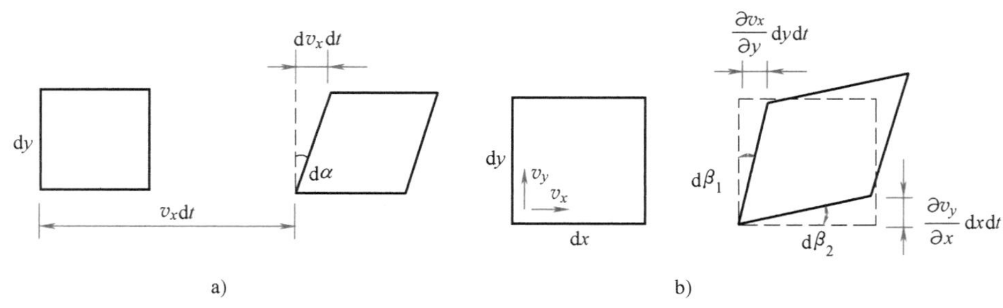

图 7-3 流体微团的剪切变形

a）切剪流动的角变形 b）平面流动的角变形

根据亥姆霍兹速度分解定理，可以得出该平面的角变形速率为

$$\frac{d\beta_z}{dt}=\frac{d\beta_1+d\beta_2}{dt}=\frac{\partial v_x}{\partial y}+\frac{\partial v_y}{\partial x}=2\varepsilon_{xy}$$

假定流体在各个方向都是相同的（即各向同性），将牛顿内摩擦定律推广到三维情况，可以得到每个方向上切应力与变形速率之间的关系：

$$\begin{cases}\tau_{xy}=\tau_{yx}=\mu\left(\dfrac{\partial v_x}{\partial y}+\dfrac{\partial v_y}{\partial x}\right)=2\mu\varepsilon_{xy}\\ \tau_{yz}=\tau_{zy}=\mu\left(\dfrac{\partial v_y}{\partial z}+\dfrac{\partial v_z}{\partial y}\right)=2\mu\varepsilon_{yz}\\ \tau_{zx}=\tau_{xz}=\mu\left(\dfrac{\partial v_z}{\partial x}+\dfrac{\partial v_x}{\partial z}\right)=2\mu\varepsilon_{zx}\end{cases}\tag{7-3}$$

式中，ε_{xy}、ε_{zx}、ε_{yz} 分别为垂直于 z、y、x 轴的平面中流体微团的角速率的一半。

理想流体中，同一点处的正应力是相同的，都等于该处的静压强，即 $p_{xx}=p_{yy}=p_{zz}=p$。黏性流体中，流体不但发生角变形，同时也发生线变形，如图 7-4 所示。对三维黏性流动，在流体微团的法线方向上存在着线变形速率$\frac{\partial v_x}{\partial x}$、$\frac{\partial v_y}{\partial y}$、$\frac{\partial v_z}{\partial z}$，因此在法线方向上也会产生附加正应力。运用广义的牛顿内摩擦定律，可认为附加正应力等于动力黏度与两倍的线变形速率的乘积，即 $2\mu\frac{\partial v_x}{\partial x}$、$2\mu\frac{\partial v_y}{\partial y}$、$2\mu\frac{\partial v_z}{\partial z}$。因此，在三维情况下，流体微团每个面上法向应力应为静压强与附加切应力之和，即

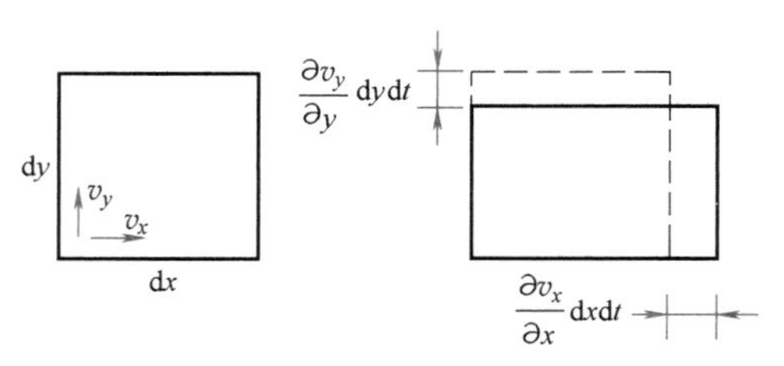

图 7-4 流体微团的线变形

$$\begin{cases}p_{xx}=p-2\mu\dfrac{\partial v_x}{\partial x}\\ p_{yy}=p-2\mu\dfrac{\partial v_y}{\partial y}\\ p_{zz}=p-2\mu\dfrac{\partial v_z}{\partial z}\end{cases}\tag{7-4}$$

式（7-3）、式（7-4）称为广义的牛顿内摩擦定律。对不可压缩流体，通常情况下三个相互垂直的法向应力是不相等的。将三个法向应力相加，并利用连续方程$\frac{\partial v_x}{\partial x}+\frac{\partial v_y}{\partial y}+\frac{\partial v_z}{\partial z}=0$，得

$$p=\frac{1}{3}(p_{xx}+p_{yy}+p_{zz})-\frac{2}{3}\mu\left(\frac{\partial v_x}{\partial x}+\frac{\partial v_y}{\partial y}+\frac{\partial v_z}{\partial z}\right)=\frac{1}{3}(p_{xx}+p_{yy}+p_{zz}) \tag{7-5}$$

压强 p 这个符号在静止流体中代表一点上流体的静压强，在理想流体中代表一点上的流体动压强；在不可压缩的黏性流体中代表一点上三个相互垂直的法向应力的算数平均值，因此它也代表一点上的流体动压强。

三、不可压缩黏性流体 N-S 方程

将切应力和法向应力的关系式（7-3）和式（7-4）分别代入式（7-1），并结合连续性方程，以 x 方向为例，得

$$\begin{aligned}\frac{\mathrm{d}v_x}{\mathrm{d}t}&=f_x-\frac{1}{\rho}\left\{\frac{\partial}{\partial x}\left[p-2\mu\frac{\partial v_x}{\partial x}\right]-\frac{\partial}{\partial y}\left[\mu\left(\frac{\partial v_y}{\partial x}+\frac{\partial v_x}{\partial y}\right)\right]-\frac{\partial}{\partial z}\left[\mu\left(\frac{\partial v_x}{\partial z}+\frac{\partial v_z}{\partial x}\right)\right]\right\}\\&=f_x-\frac{1}{\rho}\frac{\partial p}{\partial x}+\frac{\mu}{\rho}\left(\frac{\partial^2 v_x}{\partial x^2}+\frac{\partial^2 v_x}{\partial y^2}+\frac{\partial^2 v_x}{\partial z^2}\right)+\frac{\mu}{\rho}\frac{\partial}{\partial x}\left(\frac{\partial v_x}{\partial x}+\frac{\partial v_y}{\partial y}+\frac{\partial v_z}{\partial z}\right)\\&=f_x-\frac{1}{\rho}\frac{\partial p}{\partial x}+\nu\left(\frac{\partial^2 v_x}{\partial x^2}+\frac{\partial^2 v_x}{\partial y^2}+\frac{\partial^2 v_x}{\partial z^2}\right)\end{aligned}$$

同理可求得 y、z 方向的方程，于是得

$$\begin{cases}f_x-\frac{1}{\rho}\frac{\partial p}{\partial x}+\nu\left(\frac{\partial^2 v_x}{\partial x^2}+\frac{\partial^2 v_x}{\partial y^2}+\frac{\partial^2 v_x}{\partial z^2}\right)=\frac{\mathrm{d}v_x}{\mathrm{d}t}\\f_y-\frac{1}{\rho}\frac{\partial p}{\partial y}+\nu\left(\frac{\partial^2 v_y}{\partial x^2}+\frac{\partial^2 v_y}{\partial y^2}+\frac{\partial^2 v_y}{\partial z^2}\right)=\frac{\mathrm{d}v_y}{\mathrm{d}t}\\f_z-\frac{1}{\rho}\frac{\partial p}{\partial z}+\nu\left(\frac{\partial^2 v_z}{\partial x^2}+\frac{\partial^2 v_z}{\partial y^2}+\frac{\partial^2 v_z}{\partial z^2}\right)=\frac{\mathrm{d}v_z}{\mathrm{d}t}\end{cases} \tag{7-6}$$

式（7-6）为不可压缩黏性流体的运动微分方程，即**纳维-斯托克斯（Navier-Stokes）方程**，简称 N-S 方程。其矢量形式为

$$\boldsymbol{f}-\frac{1}{\rho}\nabla p+\nu\nabla^2\boldsymbol{v}=\frac{\mathrm{d}\boldsymbol{v}}{\mathrm{d}t} \tag{7-7}$$

其中，$\nabla=\boldsymbol{i}\frac{\partial}{\partial x}+\boldsymbol{j}\frac{\partial}{\partial y}+\boldsymbol{k}\frac{\partial}{\partial z}$为**矢量微分算子**。

若忽略黏性的影响，即流体若为理想流体，则式（7-7）可简化为欧拉运动微分方程。

此外，在求解圆柱绕流时，采用圆柱坐标系更为直观和方便，其 N-S 方程组可以写成下列形式：

$$
\begin{cases}
f_r-\dfrac{1}{\rho}\dfrac{\partial p}{\partial r}+\nu\left(\nabla^2 v_r-\dfrac{2}{r^2}\dfrac{\partial v_\theta}{\partial \theta}-\dfrac{v_r}{r^2}\right)=\dfrac{\partial v_r}{\partial t}+v_r\dfrac{\partial v_r}{\partial r}+\dfrac{v_\theta}{r}\dfrac{\partial v_r}{\partial v}-\dfrac{v_\theta^2}{r}+v_z\dfrac{\partial v_r}{\partial z}\\
f_\theta-\dfrac{1}{\rho}\dfrac{\partial p}{r\partial \theta}+\nu\left(\nabla^2 v_\theta-\dfrac{2}{r^2}\dfrac{\partial v_r}{\partial \theta}+\dfrac{v_\theta}{r^2}\right)=\dfrac{\partial v_\theta}{\partial t}+v_r\dfrac{\partial v_\theta}{\partial r}+\dfrac{v_\theta}{r}\dfrac{\partial v_\theta}{\partial \theta}+\dfrac{v_r v_\theta}{r}+v_z\dfrac{\partial v_\theta}{\partial z}\\
f_z-\dfrac{1}{\rho}\dfrac{\partial p}{\partial z}+\nu\nabla^2 v_z=\dfrac{\partial v_z}{\partial t}+v_r\dfrac{\partial v_z}{\partial r}+\dfrac{v_\theta}{r}\dfrac{\partial v_z}{\partial \theta}+v_z\dfrac{\partial v_z}{\partial z}
\end{cases}
\tag{7-8}
$$

其中，$\nabla^2=\dfrac{\partial^2}{\partial r^2}+\dfrac{1}{r}\dfrac{\partial}{\partial r}+\dfrac{1}{r^2}\dfrac{\partial^2}{\partial \theta^2}+\dfrac{\partial^2}{\partial z^2}$；$r$、$\theta$、$z$ 为空间点的柱坐标；v_r、v_θ、v_z 为速度的三个坐标分量。

不可压缩流体的连续方程为

$$
\frac{\partial v_r}{\partial r}+\frac{v_r}{r}+\frac{1}{r}\frac{\partial v_\theta}{\partial \theta}+\frac{\partial v_z}{\partial z}=0 \tag{7-9}
$$

四、N-S 方程的定解条件

对黏性流体流动问题，仅有相应的微分方程组是不够的，还应给出相应的定解条件。常用的定解条件包括初始条件和边界条件。

初始条件： 给定初始时刻的流动状态参数（$t=t_0$），数学上可以表示为

$$
\boldsymbol{v}(x,\ y,\ z,\ t_0)=\boldsymbol{v}_0(x,\ y,\ z),\quad p(x,\ y,\ z,\ t_0)=p_0(x,\ y,\ z) \tag{7-10}
$$

其中，$\boldsymbol{v}_0$、p_0 为已知函数。对于定常流动，不需要给出初始条件。

边界条件： 在运动流体的边界上，方程组的解应该满足的条件称为边界条件。边界条件根据具体问题而定。通常有固体壁面、不同流体的分界面（包括自由液面、气液界面、液液界面）、流动的进口和出口断面。如固壁条件为

$$
\boldsymbol{v}_{流}=\boldsymbol{v}_{固}（动壁面），\quad \boldsymbol{v}_{流}=0（静壁面）
$$

液体与大气的分界面（自由表面）的条件为液体压强等于大气压，即

$$
p=p_{\mathrm{a}}
$$

第二节　N-S 方程的精确解

N-S 方程与不可压缩流体的连续方程共同组成求解不可压缩黏性流体问题的方程组，原则上四个方程可以求解四个未知数 v_x、v_y、v_z、p。工程问题中遇到的黏性流动都具有复杂的流动边界，而且流动的参数往往是非定常的，所以在采用 N-S 方程及相应的初始条件和边界条件寻求流场中的速度、压强和温度等参数的分布时，很难求出精确的解析解，只能借助数值算法。但对某些简单的流动问题，其流动边界较为简单、流动参数数目较少，N-S 方程的非线性对流项简化或消失，变成线性方程，可以用解析的方法求出其精确解。

一、圆管内的定常层流运动（哈根-泊肃叶流动）

在一半径为 R 的圆截面长直管中，不可压缩黏性流体在压差作用下做定常层流运动，如图 7-5 所示。设管道水平放置，讨论管内流动的速度分布。

采用柱坐标系下的 N-S 方程求解，将管轴作为 z 轴，坐标原点位于管轴任意处。管中任一点 $M(r,\theta,z)$ 处速度应只有 z 轴分量，即 $v_r=0$，$v_\theta=0$。在这两个方向上不存在流动，故在此两个方向上也就是无压强的变化，即压强只与 z 有关，即 $p=p(z)$。假定管长远大于其直径，由于圆管的轴对称性，故存在 $v_z=v_z(r)$，而与 θ、z 无关。因此，N-S 方程（7-8）简化为

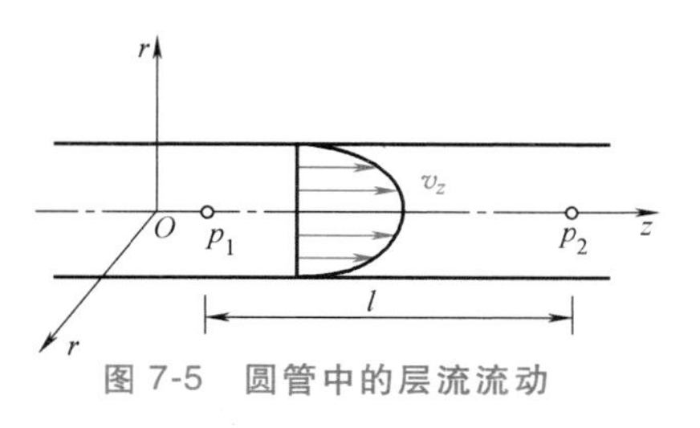

图 7-5 圆管中的层流流动

$$0=-\frac{1}{\rho}\frac{\partial p}{\partial z}+\nu(\nabla^2 v_z)=-\frac{1}{\rho}\frac{\partial p}{\partial z}+\nu\frac{1}{r}\frac{\mathrm{d}}{\mathrm{d}r}\left(r\frac{\mathrm{d}v_z}{\mathrm{d}r}\right)$$

或者

$$\frac{1}{\mu}\frac{\partial p}{\partial z}=\frac{1}{r}\frac{\mathrm{d}}{\mathrm{d}r}\left(r\frac{\mathrm{d}v_z}{\mathrm{d}r}\right)$$

v_z 仅是 r 的函数，而 p 是 z 的函数，因而$\dfrac{\mathrm{d}p}{\mathrm{d}z}$必为常数，积分上式得

$$v_z(r)=\frac{1}{4\mu}\frac{\mathrm{d}p}{\mathrm{d}z}r^2+C_1\ln r+C_2$$

积分常数 C_1、C_2 可利用流动的边界条件 $v_2(R)=0$ 和$\dfrac{\mathrm{d}v_z(0)}{\mathrm{d}z}=0$ 来确定，则积分常数 $C_1=0$，$C_2=-\dfrac{R^2}{4\mu}\dfrac{\mathrm{d}p}{\mathrm{d}z}$。于是速度分布为

$$v_z(r)=-\frac{1}{4\mu}\frac{\mathrm{d}p}{\mathrm{d}z}(R^2-r^2) \tag{7-11}$$

圆管中的流量为

$$q_V=\int_0^R v_z\mathrm{d}A=\int_0^R 2\pi r v_z\mathrm{d}r=\frac{\pi R^4}{8\mu}\frac{\mathrm{d}p}{\mathrm{d}z} \tag{7-12}$$

这就是黏性流动的圆管层流的速度分布与流量，流速呈抛物线型分布，这与第六章第二节（圆管中的层流）的结论相同。

二、两平行平板间的黏性流动

两块相距为 h 的无穷大的平行平板间充满着动力黏度为 μ 的均质不可压缩流体，两板间的流体在压差 $\mathrm{d}p/\mathrm{d}x$ 的作用下沿 x 轴做定常层流流动，如图 7-6 所示。求流场的速度分布。

首先建立一坐标系 $Oxyz$，x 方向为流动方向，y 轴垂直于平板，z 轴与之构成一右手直角坐标系。从图中可以看出，两平板间的流体具有以下特点：任一点 $M(x,y,z)$ 处的速度只有 x 轴分量，即 $v_y=0$，$v_z=0$；由于平板很大，所以速度与坐标 x、z 无关，即 $v_x=v_x(y)$；其压强 p 与 y、z 无关，这是由于在该两方向上无流动，所以在黏性力和惯性力作用的同时，由于 h 较小，可忽略 y 方向的重力作用，代入 N-S 方程在 y、z 两方向上不会有压差产生，因而有

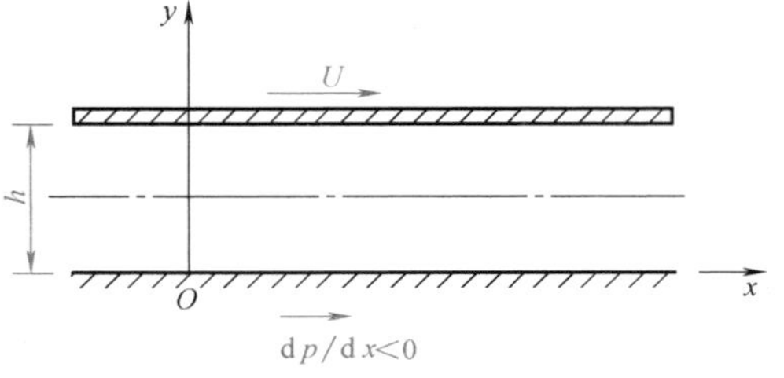

图 7-6 两平行平板间的黏性流动

$p=p(x)$。又由于流动为定常的，因此$\frac{\partial}{\partial t}=0$。这时黏性流动的 N-S 方程（7-6）可以得到大大简化，即

$$\frac{\mathrm{d}^2 v_x}{\mathrm{d}y^2}=\frac{1}{\mu}\frac{\mathrm{d}p}{\mathrm{d}x}$$

积分上式得

$$v_x=\frac{1}{\mu}\frac{\mathrm{d}p}{\mathrm{d}x}\frac{y^2}{2}+C_1y+C_2 \tag{7-13}$$

积分常数 C_1、C_2 可利用流动的边界条件 $v_x(0)=0$ 和 $v_x(h)=U$ 来确定，则积分常数 $C_1=\frac{U}{h}-\frac{1}{\mu}\frac{\mathrm{d}p}{\mathrm{d}x}\frac{h}{2}$，$C_2=0$。于是速度分布为

$$v_x=\frac{U}{h}y-\frac{1}{2\mu}\frac{\mathrm{d}p}{\mathrm{d}x}y(h-y) \tag{7-14}$$

通过单位宽度平行平板间的流量为

$$q_V=\int_0^h v_x\mathrm{d}y=\frac{U}{2}h+\frac{1}{12\mu}\frac{\mathrm{d}p}{\mathrm{d}x}h^3 \tag{7-15}$$

这就是两无穷大平行平板间黏性流体运动速度分布和流量的精确解，此流动称为**库埃特（Couette）流动**。

式（7-12）为两个解的线性叠加，第一项表示 x 方向的压强梯度为零时，由于上板运动而引起的流体运动（称为简单库埃特流动），其速度 v_x 是 y 的线性函数，从下板处的零至上板处的 U。第二项表示上、下板都静止不动（$U=0$）时，流体在 x 方向压差作用下引起的流动（称为平面泊肃叶流动），其速度分布为上、下对称的抛物线分布，流向为压强减小的方向。图 7-7 给出了不同情况下平板间的速度分布，值得注意的是当上平板运动方向与压强减小的方向相反又足够大时，两平板间的流体分别向两个方向流动，下层向压强减小的方向流动，上层跟随平板运动。

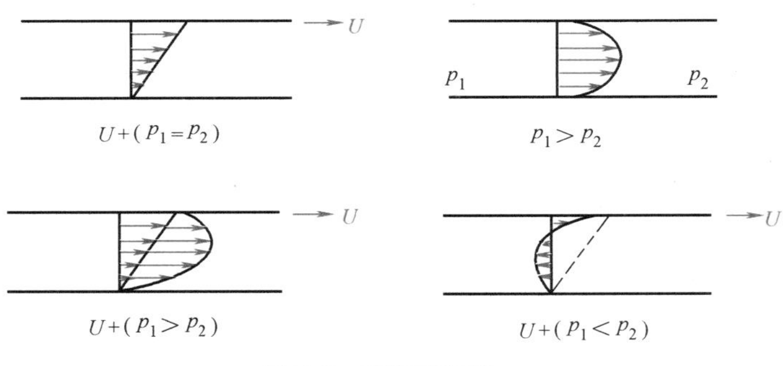

图 7-7　库埃特流动

求得 $v_x(y)$ 的分布后即可求平板表面处速度在 y 方向的梯度，然后可以通过牛顿内摩擦定律求出该处的切应力和一段板长上的黏性阻力。

三、旋转同心圆管间的黏性流动

在两个半径分别为 r_0 和 r_i 的同心圆管的管壁之间有不可压缩黏性流体，如图 7-8 所示。设管长远大于管径，若两管各以角速度 ω_0 与 ω_i 绕管轴旋转，则因黏性作用，管壁间的流体将被诱导而做圆周运动。现在用 N-S 方程求解其诱导速度。

如图 7-8 所示，将柱坐标系的原点取在管轴上，z 轴为管轴方向。假定忽略质量力，且假定 z 方向无压差作用，则任一点 $M(r,\theta,z)$ 处的速度只存在圆周分量 v_θ，即 $v_r=0$，$v_z=0$。

此外，管长远大于管径，所以，v_θ 与 θ、z 无关，即 $v_\theta = v_\theta(r)$。但是由于流体做圆周运动，各处将产生径向惯性力，这将导致压强在径向发生变化，即 $p=p(r)$。因此，在此流动边界下 N-S 方程为

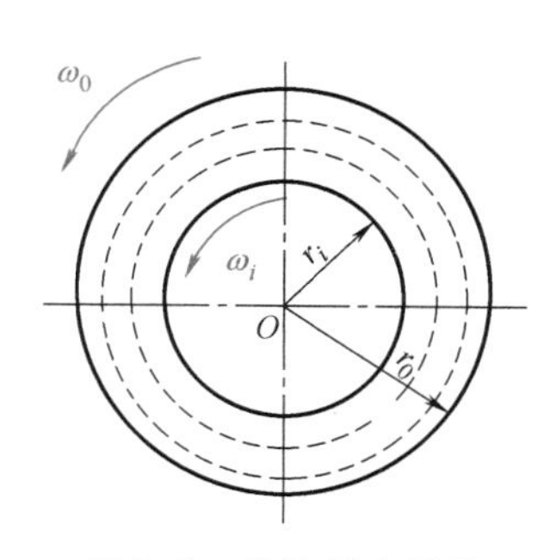

图 7-8　旋转同心圆管间的黏性流动

$$-\frac{v_\theta^2}{r}=-\frac{1}{\rho}\frac{\mathrm{d}p}{\mathrm{d}r} \quad 及 \quad 0=\mu\left[\frac{1}{r}\frac{\mathrm{d}}{\mathrm{d}r}\left(r\frac{\mathrm{d}v_\theta}{\mathrm{d}r}\right)-\frac{v_\theta}{r^2}\right]$$

或者

$$\rho\frac{v_\theta^2}{r}=\frac{\mathrm{d}p}{\mathrm{d}r} \quad 及 \quad \frac{\mathrm{d}^2 v_\theta}{\mathrm{d}r^2}+\frac{\mathrm{d}}{\mathrm{d}r}\left(\frac{\mathrm{d}v_\theta}{\mathrm{d}r}\right)=0$$

将第二个方程积分得

$$v_\theta(r)=C_1\frac{r}{2}+\frac{C_2}{r}$$

积分常数 C_1 与 C_2 利用边界条件 $v_\theta(r_i)=\omega_i r_i$ 与 $v_\theta(r_0)=\omega_0 r_0$ 来确定，得到

$$C_1=2\frac{\omega_0 r_0^2-\omega_i r_i^2}{r_0^2-r_i^2} \quad 与 \quad C_2=-r_0^2 r_i^2\frac{\omega_0-\omega_i}{r_0^2-r_i^2}$$

$$v_\theta(r)=\frac{1}{r_0^2-r_i^2}\left[(\omega_0 r_0^2-\omega_i r_i^2)r-(\omega_0-\omega_i)\frac{r_0^2 r_i^2}{r}\right] \tag{7-16}$$

这就是管壁间流体运动速度的分布规律。将 v_θ 代入简化的 N-S 方程，可得

$$\frac{\mathrm{d}p}{\mathrm{d}r}=\frac{\rho}{(r_0^2-r_i^2)^2}\left[(\omega_0 r_0^2-\omega_i r_i^2)^2 r-2(\omega_0-\omega_i)(\omega_0 r_0^2-\omega_i r_i^2)\frac{r_0^2 r_i^2}{r}+(\omega_0-\omega_i)^2\frac{r_0^4 r_i^4}{r^3}\right]$$

积分后得

$$p=\frac{\rho}{(r_0^2-r_i^2)^2}\left[(\omega_0 r_0^2-\omega_i r_i^2)^2\frac{r^2}{2}-2r_0^2 r_i^2(\omega_0-\omega_i)(\omega_0 r_0^2-\omega_i r_i^2)\ln r-\frac{r_0^4 r_i^4}{2}(\omega_0-\omega_i)^2\frac{1}{r^2}\right]+C \tag{7-17}$$

式（7-17）为黏性流体中压强的分布，积分常数 C 可以用圆管壁面上所给的压强来确定。

第三节　边界层的基本概念

边界层理论由普朗特（L. Prandtl）在 1904 年提出。对雷诺数较大的黏性流体流动，可看作是两种不同性质的流动：一是固体边界附近的边界层流动，黏性作用不可忽略；二是边界层以外的流动，在这一流动中黏性的作用可以忽略，流动可以按照理想流体的流动来处理。这种处理黏性流体流动的方法，为近代流体力学的发展开辟了新的途径。

为了说明边界层的概念，将一块平板放在风洞中，测量平板附近的速度分布，如图 7-9 所示。

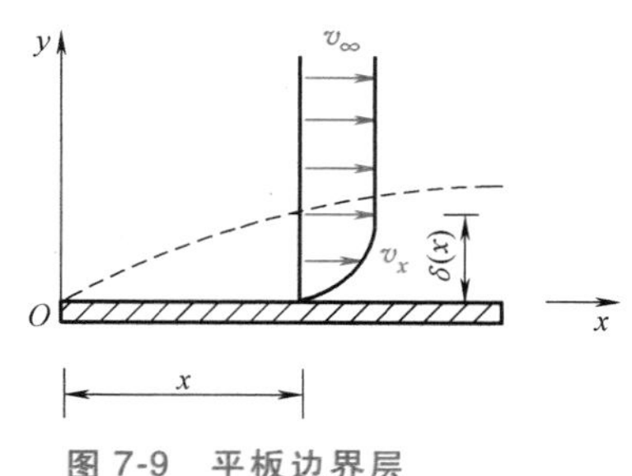

图 7-9　平板边界层

沿 y 轴方向，速度增大很快，增大区域集中在板面附近，其他形状的物体绕流也有类似现象。将大雷诺数下绕流物体表面速度梯度很大的

薄层称为边界层。边界层内速度梯度大意味着黏性力对流动有影响作用。在边界层以外的广大区域速度梯度很小，黏性阻力很小，流动可看作理想流体的流动。

一、边界层厚度

为了区分边界层和理想流区，提出边界层厚度的概念。平板绕流中，将速度达到外部势流速度的99%，即 $v=0.99v_\infty$ 处到板面的距离 δ 作为边界层的厚度，称为名义厚度。边界层的厚度沿 x 方向是变化的，记为 $\delta(x)$。图 7-9 中虚线表示边界层的外边界。平板边界层厚度通常只有平板长度的几百分之一。

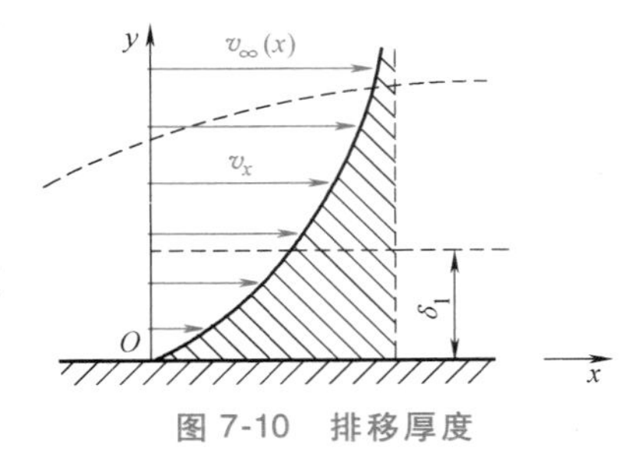

图 7-10　排移厚度

边界层的厚度 δ 是人为规定的，具体测量 δ 值比较困难。在边界层理论中，还有两种厚度，即位移厚度 δ_1 和动量损失厚度 δ_2，它们都具有特定的物理意义。

1. 位移厚度

设边界层内的速度为 v_x，对于二维流动 $v_x=v_x(x, y)$，外部势流速度为 v_∞。理想流体以速度 v_∞ 流经高度为 δ 断面的流量为 $v_\infty\delta$，而边界层内实际流体通过此断面的流量为 $\int_0^\delta v_x \mathrm{d}y$，两者差值为 $\int_0^\delta (v_\infty - v_x)\mathrm{d}y$。两个流量之差用矩形面积 $v_\infty\delta_1$ 代替，如图 7-10 所示。则

$$\delta_1 = \int_0^\delta \left(1 - \frac{v_x}{v_\infty}\right)\mathrm{d}y \tag{7-18}$$

这意味着对主流区而言，贴近物体的流线因边界层的存在而向主流区移动了 δ_1 的距离。故 δ_1 称为位移厚度，也称为排挤厚度。由于在边界层外边界上的速度仅为 $0.99v_\infty$，因此，严格地说式（7-18）的积分上限应为无穷远。

2. 动量损失厚度

单位时间内通过边界层任一断面的实际流体的质量为 $\int_0^\delta \rho v_x \mathrm{d}y$，对应的动量为 $\int_0^\delta \rho v_x^2 \mathrm{d}y$。若忽略黏性的作用，质量为 $\int_0^\delta \rho v_x \mathrm{d}y$ 的理想流体对应的动量为 $v_\infty \int_0^\delta \rho v_x \mathrm{d}y$。两者之差即动量损失，为 $\int_0^\delta \rho v_x(v_\infty - v_x)\mathrm{d}y$。如果以边界层外的势流速度 v_∞ 运动，对应不可压缩流体，这部分动量对应的通道宽度 δ_2 为

$$\delta_2 = \int_0^\delta \frac{v_x}{v_\infty}\left(1 - \frac{v_x}{v_\infty}\right)\mathrm{d}y \tag{7-19}$$

δ_2 称为动量损失厚度。

二、层流边界层、湍流边界层

通过对边界层的研究发现，边界层内的流动也有层流和湍流两种流动状态，相应地，分别称为层流边界层和湍流边界层，如图 7-11 所示。

以平板边界层为例，边界层开始于平板的最前端头部，沿流向边界层的厚度逐渐增加，即黏性的影响从边界逐渐向外扩大，在边界层的前部由于厚度较小，流速梯度很大，因此黏

性切应力作用很大，这时边界层内的流动属于层流，称为层流边界层。随着边界层厚度的增大，流速梯度逐渐减小，黏性切应力的作用也随之减小，边界层内的流动将从层流经过渡区变成湍流，边界层也变为湍流边界层。在紧靠平板处，存在一层很薄的黏性底层。

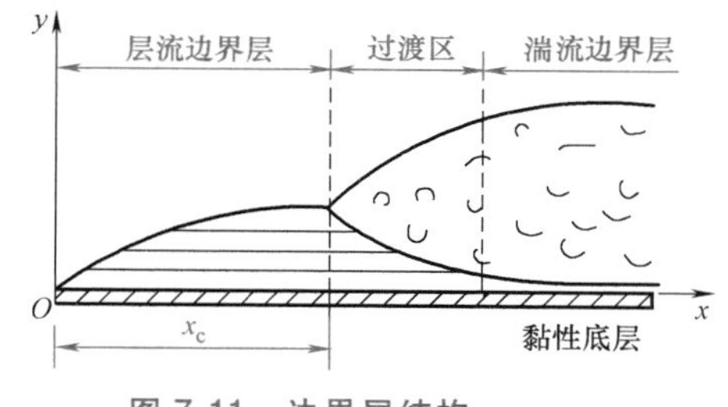

图 7-11 边界层结构

边界层由层流转变为湍流的现象称为边界层的转捩，边界层内转捩点位置 x_c 相应的雷诺数称为边界层临界雷诺数 Re_c，实验得到

$$Re_c=\frac{v_\infty x_c}{\nu}=(0.5\sim3)\times10^6$$

三、边界层的特征

边界层内存在层流和湍流两种流动状态。与物体长度相比，边界层厚度很小，沿流动方向边界层逐渐增厚。边界层内沿厚度的速度变化非常急剧，即速度梯度很大。由于边界层很薄，认为边界层中各个截面上的压强等于同一截面上边界层外边界上的压强。边界层内黏性力与惯性力是同一数量级，两种力都要考虑。

第四节 层流边界层的微分方程

描述边界层内黏性流体运动的方程仍为 N-S 方程，根据边界层流动的特点进行简化，经过简化的 N-S 方程称为边界层微分方程。

假定黏性流体沿平板做定常平面层流流动，x 轴与平板壁面重合，如图 7-9 所示。若忽略质量力，则不可压缩黏性流体平面定常流动的微分方程组为

$$-\frac{1}{\rho}\frac{\partial p}{\partial x}+\nu\left(\frac{\partial^2 v_x}{\partial x^2}+\frac{\partial^2 v_x}{\partial y^2}\right)=v_x\frac{\partial v_x}{\partial x}+v_y\frac{\partial v_x}{\partial y} \tag{7-20a}$$

$$-\frac{1}{\rho}\frac{\partial p}{\partial y}+\nu\left(\frac{\partial^2 v_y}{\partial x^2}+\frac{\partial^2 v_y}{\partial y^2}\right)=v_x\frac{\partial v_y}{\partial x}+v_y\frac{\partial v_y}{\partial y} \tag{7-20b}$$

$$\frac{\partial v_x}{\partial x}+\frac{\partial v_y}{\partial y}=0 \tag{7-20c}$$

在边界层内，对各种力进行量级比较，忽略次要项，可使 N-S 方程得到简化。

设在坐标为 x 处的边界层厚度为 δ，则除在 $x=0$ 点附近外，在所有 $x>0$ 各点都有 $\delta<<x$，即 δ 与该处的 x 相比是个小量。若将 x 的数量级当作 1，或 $x\sim O(1)$，则 $\delta\sim O(\varepsilon)$，$\varepsilon<<1$。另外，式（7-20a）中的 v_x、$\frac{\partial v_x}{\partial x}$、$\frac{\partial^2 v_x}{\partial x^2}$的数量级和外面势流的相应量是相同的，也取为 $O(1)$。

现在来分析式（7-20b）中所有各项的数量级。由连续性方程可知$\frac{\partial v_x}{\partial x}=-\frac{\partial v_y}{\partial y}$，故可知$\frac{\partial v_y}{\partial y}\sim O(1)$。在边界层中有 $y<\delta$，则 $y\sim O(\varepsilon)$，所以有 $v_y\sim O(\varepsilon)$。

于是方程中各项的数量级即可以做如下判断，即

$$v_x\frac{\partial v_x}{\partial x}\sim O(1),\quad v_y\frac{\partial v_x}{\partial y}\sim O(1),\quad \frac{\partial^2 v_x}{\partial x^2}\sim O(1),\quad \frac{\partial^2 v_x}{\partial y^2}\sim O\left(\frac{1}{\varepsilon^2}\right)$$

$$v_x\frac{\partial v_y}{\partial x}\sim O(\varepsilon),\quad v_y\frac{\partial v_y}{\partial y}\sim O(\varepsilon),\quad \frac{\partial^2 v_y}{\partial x^2}\sim O(\varepsilon),\quad \frac{\partial^2 v_y}{\partial y^2}\sim O(1)$$

由方程的各项量级相等，可得$\frac{1}{\rho}\frac{\partial p}{\partial x}\sim O(1)$，$\frac{1}{\rho}\frac{\partial p}{\partial y}\sim O(\varepsilon)$，$\nu\sim O(\varepsilon^2)$。

将在式（7-20a）左端黏性项中，$\frac{\partial^2 v_x}{\partial x^2}$比$\frac{\partial^2 v_x}{\partial y^2}$小得多，因此可以忽略不计。按照方程两端数量级相等的原则，应该有$\nu\frac{\partial^2 v_x}{\partial y^2}\sim O(1)$。

在式（7-20b）中，其左端黏性项中$\nu\frac{\partial^2 v_y}{\partial x^2}$比$\nu\frac{\partial^2 v_y}{\partial y^2}$小得多，可忽略。通过数量级分析，可知方程左端的惯性项和右端的黏性项的数量级都是$O(\varepsilon)$，即y方向上的惯性力和黏性力比x方向上的黏性力和惯性力小得多，于是y方向的运动方程可以忽略。同时，对压强梯度而言，显然在y方向上的变化远小于在x方向上的变化，因此可以认为$\frac{\partial p}{\partial y}=0$，则$p=p(x)$。这说明沿边界层厚度方向压强不变，都等于边界层外边界处的势流压强。

经过对边界层中N-S方程各项的数量级大小的比较，式（7-20）简化为

$$\begin{cases}v_x\dfrac{\partial v_x}{\partial x}+v_y\dfrac{\partial v_x}{\partial y}=-\dfrac{1}{\rho}\dfrac{\mathrm{d}p}{\mathrm{d}x}+\nu\dfrac{\partial^2 v_x}{\partial y^2}\\ \dfrac{\partial v_x}{\partial x}+\dfrac{\partial v_y}{\partial y}=0\end{cases}\tag{7-21a}$$

式（7-21a）即为**边界层微分方程**，压强p为边界层外边界处势流的压强。

对平板边界层，由伯努利方程可将此压强与势流的速度$v_\infty(x)$建立如下关系

$$p+\frac{1}{2}\rho v_\infty^2(x)=C$$

$$\frac{\mathrm{d}p}{\mathrm{d}x}=-\rho v_\infty(x)\frac{\mathrm{d}v_\infty(x)}{\mathrm{d}x}$$

代入边界层方程式（7-21a），可得

$$\begin{cases}v_x\dfrac{\partial v_x}{\partial x}+v_y\dfrac{\partial v_x}{\partial y}=v_\infty(x)\dfrac{\mathrm{d}v_\infty(x)}{\mathrm{d}x}+\nu\dfrac{\partial^2 v_x}{\partial y^2}\\ \dfrac{\partial v_x}{\partial x}+\dfrac{\partial v_y}{\partial y}=0\end{cases}\tag{7-21b}$$

对应的边界条件为

$$\begin{cases}y=0 & v_x=v_y=0\\ y=\delta & v_x=v_\infty(x)\end{cases}$$

可见，求解边界层时须将势流速度$v_\infty(x)$作为一个边界条件。尽管式（7-21b）已经作了很大的简化，但方程仍存在非线性项，很难求解。20世纪初，布拉修斯（Blasius）提出

的相似性解法可获得边界层的解析解，即 $\delta=5.0\sqrt{\dfrac{\nu x}{v_\infty}}$。

第五节　边界层动量积分关系式

尽管边界层的微分方程比 N-S 方程有了很大的简化，但仍是一个二阶的偏微分方程。由于方程的非线性项仍然存在，数学求解的困难原则上并未消除，只能在少数情形下（平板、楔形物体等）才能求出精确解。自 1920 年以后，发展了许多求解边界层的近似方法，无需借助计算机就能给出许多重要的结果。这些近似方法中，卡门动量积分关系式是简单而又使用最普遍的一种。

在定常流动的流体中，沿边界层取出一个单位宽度的微小控制体 $ABCD$，如图 7-12 所示。控制体由作为 x 轴的物体壁面上的一微元距离 BD、边界层的外边界 AC 和沿边界层流动方向上的两个过流断面 AC 和 CD 组成。假定物体表面平直或微有弯曲，且不计质量力（平面流动，质量力不产生影响）。对控制体 $ABCD$ 内的流体应用动量定理：单位时间内控制体内流体的动量变化（即流出、流入控制体的动量之差）等于作用在控制体内流体上的合外力。

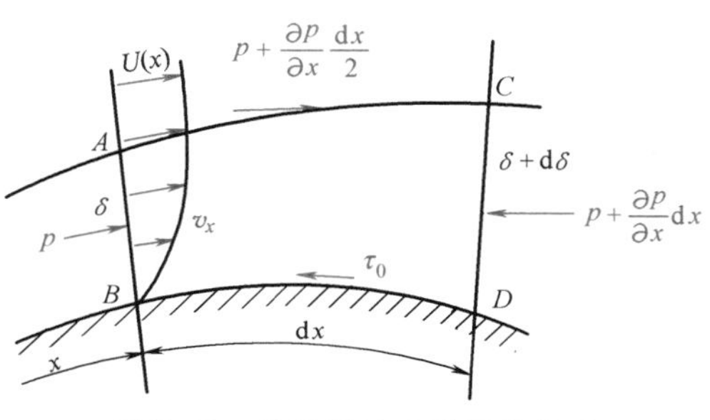

图 7-12　边界层的动量积分关系

设流体密度为 ρ，沿物体表面流动。单位时间内经 AB 面流入控制体的质量为 $\int_0^\delta \rho v_x \mathrm{d}y$，相应的动量为 $\int_0^\delta \rho v_x^2 \mathrm{d}y$；经 CD 面流出控制体的质量为 $\int_0^\delta \rho v_x \mathrm{d}y+\dfrac{\partial}{\partial x}\left(\int_0^\delta \rho v_x \mathrm{d}y\right)\mathrm{d}x$，相应的动量为 $\int_0^\delta \rho v_x^2 \mathrm{d}y+\dfrac{\partial}{\partial x}\left(\int_0^\delta \rho v_x^2 \mathrm{d}y\right)\mathrm{d}x$。由连续方程，经边界层外边界 AC 面流入控制体的质量为 $\dfrac{\partial}{\partial x}\left(\int_0^\delta \rho v_x \mathrm{d}y\right)\mathrm{d}x$，这一质量相应的动量为 $v_\infty(x)\dfrac{\partial}{\partial x}\left(\int_0^\delta \rho v_x \mathrm{d}y\right)\mathrm{d}x$。

单位时间内流出、流入控制体的动量差为

$$\frac{\partial}{\partial x}\left(\int_0^\delta \rho v_x^2 \mathrm{d}y\right)\mathrm{d}x-v_\infty(x)\frac{\partial}{\partial x}\left(\int_0^\delta \rho v_x \mathrm{d}y\right)\mathrm{d}x$$

如图 7-12 所示，作用在该控制体内流体上的外力包括：作用在 AB、CD 面上的力分别为 $p\delta$、$-\left(p+\dfrac{\partial p}{\partial x}\mathrm{d}x\right)(\delta+\mathrm{d}\delta)$；作用在 AC、BD 面上的力分别为 $\left(p+\dfrac{\partial p}{\partial x}\dfrac{\mathrm{d}x}{2}\right)\mathrm{d}\delta$、$-\tau_0\mathrm{d}x$。略去高阶量，则作用在该控制体内流体上 x 方向的合外力为

$$\sum F_x=-\delta\frac{\partial p}{\partial x}\mathrm{d}x-\tau_0\mathrm{d}x$$

根据动量定理，即单位时间内流经控制体流体的动量的变化等于该控制体内流体所受外力之和，得

$$\frac{\partial}{\partial x}\int_0^\delta \rho v_x^2 \mathrm{d}y - v_\infty(x)\frac{\partial}{\partial x}\int_0^\delta \rho v_x \mathrm{d}y = -\delta\frac{\partial p}{\partial x} - \tau_0$$

在边界层内 $p=p(x)$，$\delta=\delta(x)$，$v_x=v_x(y)$，上式的积分都只是 x 的函数，将偏导数改为全导数，即

$$\frac{\mathrm{d}}{\mathrm{d}x}\int_0^\delta \rho v_x^2 \mathrm{d}y - v_\infty(x)\frac{\mathrm{d}}{\mathrm{d}x}\int_0^\delta \rho v_x \mathrm{d}y = -\delta\frac{\mathrm{d}p}{\mathrm{d}x} - \tau_0 \tag{7-22}$$

式（7-22）为卡门动量积分关系式，由卡门于1921年导出。在推导动量积分关系式时，并未对边界层内的流动是层流还是湍流做出任何限制，因此这一关系式既适用于层流边界层，又适用于湍流边界层。

边界层外边界上的速度 $v_\infty(x)$ 可由势流理论求得，并可以根据伯努利方程求出 $\frac{\mathrm{d}p}{\mathrm{d}x}$ 的数值。通常将边界层动量积分关系式（7-22）中的 ρ、$v_\infty(x)$、$\frac{\mathrm{d}p}{\mathrm{d}x}$ 可看作已知数，未知数有 v_x、τ_0、δ。因此，边界层动量积分关系的求解还需要补充两个关系式。通常将沿边界层的速度分布 $\frac{v_x}{v_\infty}=f\left(\frac{y}{\delta}\right)$ 以及切向应力和边界层厚度的关系 $\tau=\tau(\delta)$ 作为两个补充关系式。

第六节　平板边界层的近似计算

实际应用中，大都采用边界层的动量积分关系式（7-22）对边界层进行近似计算。边界层动量积分关系式需要假定边界层内速度分布和壁面切应力的表达式，层流边界层和湍流边界层内的速度与切应力具有不同的特性。现以顺流放置的平板边界层流动为例，分别讨论平板层流边界层、湍流边界层以及混合边界层的计算。

一、平板层流边界层

均匀来流以速度为 v_∞ 的不可压缩流体沿平板方向流动，平板很薄，在平板上下形成边界层。取平板的前缘点 O 为坐标原点，x 轴与平板壁面重合，y 轴垂直于平板（参见图7-9）。由于平板很薄，不会引起边界层外流动的改变，所以在外边界上速度都是 v_∞。根据伯努利方程

$$p+\frac{1}{2}\rho v_\infty^2 = C$$

可知，在边界层外边界上的压强也保持常数，所以在整个边界层内每一点的压强都是相同的，即 $p=C$，$\frac{\mathrm{d}p}{\mathrm{d}x}=0$，这种边界层称为无压强梯度的边界层。因此，边界层动量积分关系式（7-22）简化为

$$\frac{\mathrm{d}}{\mathrm{d}x}\int_0^\delta \rho v_x^2 \mathrm{d}y - v_\infty\frac{\mathrm{d}}{\mathrm{d}x}\int_0^\delta \rho v_x \mathrm{d}y = -\tau_0 \tag{7-23}$$

方程中有 v_x、τ_0、δ 三个未知数，需要补充两个关系式。

假定在层流边界层内速度分布以 $\frac{y}{\delta}$ 的幂函数表示

$$\frac{v_x}{v_\infty}=a_0+a_1\frac{y}{\delta}+a_2\left(\frac{y}{\delta}\right)^2+a_3\left(\frac{y}{\delta}\right)^3+a_4\left(\frac{y}{\delta}\right)^4$$

在边界层内，$\frac{y}{\delta}$是一个小量。待定系数 a_0、a_1、a_2、a_3、a_4 可以根据相应的边界条件确定如下：

1）在平板表面上速度为零，即 $y=0$，$v_x=0$。

2）在平板边界层外边界上速度为势流速度，即 $y=\delta$，$v_x=v_\infty$。

3）在平板边界层外边界上的切向应力$\left(\tau=\mu\frac{\partial v_x}{\partial y}\right)$为零，即 $y=\delta$，$\frac{\partial v_x}{\partial y}=0$。

4）在平板表面上速度为零，即 $v_x=0$，$v_y=0$，由层流边界层微分方程（7-21a）可得，在边界层表面上$\frac{\partial^2 v_x}{\partial y^2}=\frac{1}{\mu}\frac{\mathrm{d}p}{\mathrm{d}x}=0$，即 $y=0$，$\frac{\partial^2 v_x}{\partial y^2}=0$。

5）在平板边界层外边界上 $v_x=v_\infty$，$\frac{\partial v_x}{\partial y}=0$，由连续方程和层流边界层微分方程（7-21a）可得，在边界层的外边界上$\frac{\partial v_x}{\partial x}=0$，$\frac{\partial^2 v_x}{\partial y^2}=\frac{1}{\mu}\frac{\mathrm{d}p}{\mathrm{d}x}=0$，即 $y=\delta$，$\frac{\partial^2 v_x}{\partial y^2}=0$。

由以上条件，速度分布假设中的待定系数分别为

$$a_0=a_2=0,\quad a_1=2,\quad a_3=-2,\quad a_4=1$$

于是层流边界层内速度分布规律为

$$v_x=v_\infty\left[2\left(\frac{y}{\delta}\right)-2\left(\frac{y}{\delta}\right)^3+\left(\frac{y}{\delta}\right)^4\right] \tag{7-24}$$

利用牛顿内摩擦定律，将式（7-24）中的 v_x 对 y 求导，代入牛顿内摩擦定律

$$\tau_0=\mu\frac{\mathrm{d}v_x}{\mathrm{d}y}\bigg|_{y=0}=2\mu\frac{v_\infty}{\delta} \tag{7-25}$$

为计算方便，先求出以下两个积分

$$\int_0^\delta v_x\mathrm{d}y=\int_0^\delta v_\infty\left[2\left(\frac{y}{\delta}\right)-2\left(\frac{y}{\delta}\right)^3+\left(\frac{y}{\delta}\right)^4\right]\mathrm{d}y=\frac{7}{10}v_\infty\delta$$

$$\int_0^\delta v_x^2\mathrm{d}y=\int_0^\delta v_\infty^2\left[2\left(\frac{y}{\delta}\right)-2\left(\frac{y}{\delta}\right)^3+\left(\frac{y}{\delta}\right)^4\right]^2\mathrm{d}y=\frac{367}{630}v_\infty^2\delta$$

将式（7-25）连同上述两个积分代入式（7-23）得

$$\frac{37}{630}\frac{\mathrm{d}\delta}{\mathrm{d}x}=\frac{\mu}{\rho\delta v_\infty}$$

上式中，δ 为 x 的函数。将上式分离变量后，并积分上式得

$$\frac{37}{1260}v_\infty\delta^2=\frac{\mu}{\rho}x+C$$

在平板表面上前缘点处边界层厚度为零，即 $x=0$，$\delta=0$，得 $C=0$。于是边界层厚度和壁面切应力可以分别表示为

$$\delta=5.84\sqrt{\frac{\nu x}{v_\infty}}=5.84xRe_x^{-0.5} \tag{7-26}$$

$$\tau_0 = 0.343\sqrt{\frac{\mu\rho v_\infty^3}{x}} = 0.343\rho v_\infty^2 Re_x^{-0.5} \tag{7-27}$$

其中，$Re_x = \dfrac{v_\infty x}{\nu}$。

在长度为 l、宽度为 b 的平板单侧壁面，黏性力引起的总摩擦力为

$$F_D = b\int_0^l \tau_0 \mathrm{d}x = 0.343b\sqrt{\mu\rho v_\infty^3}\int_0^l \frac{\mathrm{d}x}{\sqrt{x}} = 0.686bl\rho v_\infty^2 Re_l^{-0.5} \tag{7-28}$$

摩擦阻力系数为

$$C_f = \frac{F_D}{\frac{1}{2}\rho v_\infty^2 bl} = 1.372Re_l^{-0.5} \tag{7-29}$$

二、平板湍流边界层

速度为 v_∞ 的黏性流体均匀沿光滑平板流动时，在此平板表面上形成的边界层如果是湍流边界层，则其内速度分布不同于层流边界层。平板纵向绕流是湍流边界层中最简单也是最重要的情形，只要不发生显著的分离现象，曲面情形的摩擦阻力和平板情形差不多。因此，平板湍流边界层的结果可用于船体、机翼、机身、叶轮机械叶片等摩擦阻力的计算。在平板层流边界层计算中两个补充关系式是建立在层流牛顿内摩擦定律和层流边界层微分方程的基础上的，不能应用于湍流边界层。对湍流边界层，必须用另外的方法补充两个补充关系式。这个问题目前还不能从理论上解决。普朗特假定平板边界层内的湍流流动与圆管内的湍流流动相同，这时平板来流速度 v_∞ 相当于管内最大流速，边界层厚度相当于圆管半径。

与层流边界层相同，存在$\dfrac{\mathrm{d}p}{\mathrm{d}x}=0$，则式（7-22）为

$$\frac{\mathrm{d}}{\mathrm{d}x}\int_0^\delta \rho v_x^2 \mathrm{d}y - v_\infty \frac{\mathrm{d}}{\mathrm{d}x}\int_0^\delta \rho v_x \mathrm{d}y = -\tau_0$$

为方便起见，假定平板边界层从前缘点即为湍流。普朗特假定平板湍流边界层内的速度分布规律与圆管（湍流水力光滑区）相同，即

$$v_x = v_\infty\left(\frac{y}{\delta}\right)^n \tag{7-30}$$

式中，n 由实验确定，在 $Re<3\times10^6$ 时，由实验确定的数值为 $n=1/7$。

相应地，切应力 τ_0 也借用圆管壁面上的切应力公式（6-16），即

$$\tau_0 = \frac{\lambda}{8}\rho v^2 \tag{7-31}$$

式中，v 为平均流速，$v=0.8v_{max}$，取 $v_{max}=v_\infty$。

上式中沿程阻力系数 λ 用布拉修斯公式计算，并用 δ 替代 d，可得

$$\lambda = \frac{0.3164}{Re^{0.25}} = \frac{0.3164}{\left(\frac{vd}{\nu}\right)^{0.25}} = \frac{0.2660}{\left(\frac{v_\infty\delta}{\nu}\right)^{0.25}}$$

代入式（7-31）得

$$\tau_0=0.0225\rho v_\infty^2\left(\frac{\nu}{v_\infty\delta}\right)^{0.25} \tag{7-32}$$

将式（7-30）和式（7-32）代入动量积分关系式（7-22）中，得

$$\frac{\mathrm{d}}{\mathrm{d}x}\int_0^\delta\rho\left[v_\infty\left(\frac{y}{\delta}\right)^{\frac{1}{7}}\right]^2\mathrm{d}y-v_\infty\frac{\mathrm{d}}{\mathrm{d}x}\int_0^\delta\rho v_\infty\left(\frac{y}{\delta}\right)^{\frac{1}{7}}\mathrm{d}y=-0.0225\rho v_\infty^2\left(\frac{\nu}{v_\infty\delta}\right)^{0.25}$$

将上式积分并化简，得

$$\frac{7}{72}\frac{\mathrm{d}\delta}{\mathrm{d}x}=0.0225\left(\frac{\nu}{v_\infty\delta}\right)^{0.25}\quad 或\quad \delta^{0.25}\mathrm{d}\delta=0.0225\times\frac{72}{7}\left(\frac{\nu}{v_\infty}\right)^{0.25}\mathrm{d}x$$

积分后得

$$\delta=0.37\left(\frac{\nu}{v_\infty x}\right)^{0.2}x+C$$

在平板前缘点边界层的厚度等于零，即 $x=0$，$\delta=0$，因此 $C=0$。于是边界层厚度和壁面切应力可以分别表示为

$$\delta=0.37\left(\frac{\nu}{v_\infty x}\right)^{0.2}x=0.37xRe_x^{-0.2}$$

$$\tau_0=0.0289\rho v_\infty^2\left(\frac{\nu}{v_\infty x}\right)^{0.2}=0.0289\rho v_\infty^2 Re_x^{-0.2}$$

在长度为 l、宽度为 b 的平板单侧壁面黏性力引起的总摩擦力为

$$F_\mathrm{D}=b\int_0^l\tau_0\mathrm{d}x=0.0289\rho v_\infty^2\left(\frac{\nu}{v_\infty}\right)^{0.2}b\int_0^l x^{-\frac{1}{5}}\mathrm{d}x=0.036bl\rho v_\infty^2 Re_l^{-0.2} \tag{7-33}$$

摩擦阻力系数为

$$C_f=\frac{F_\mathrm{D}}{\frac{1}{2}\rho v_\infty^2 bl}=0.072Re_l^{-0.2} \tag{7-34}$$

实验证明摩擦阻力系数应取 0.074，并且在 $5\times10^5<Re_l<2.5\times10^7$ 范围内，上式与实验数据十分吻合。对更大的雷诺数，湍流边界层内流体速度分布符合对数规律

$$\frac{v_x}{v_*}=5.85\lg\frac{yv_*}{\nu}+5.56 \tag{7-35}$$

式中，v_* 为切应力速度，$v_*=\left(\frac{\tau_0}{\rho}\right)^{0.5}$。

式（7-35）计算所得的平板湍流边界层的摩擦阻力系数 C_f 与 Re_l 之间关系如图 7-13 中曲线 3 所示。普朗特和施利希廷（H. Schlichting）根据这条曲线写成如下的经验公式

$$C_f=\frac{0.455}{(\lg Re_l)^{2.58}} \tag{7-36}$$

此公式的适用范围可以达到 $Re_l=10^9$。舒尔茨-格鲁诺（Schultz-Grunow）对平板湍流边界层进行了更深入的研究，得出经验公式为

$$C_f=\frac{0.427}{(\lg Re_l-0.407)^{2.64}} \tag{7-37}$$

其相应的曲线如图 7-13 中曲线 4 所示，较曲线 3 的偏离小。

现将平板边界层层流流动和湍流流动各近似计算公式列于表 7-1 中。

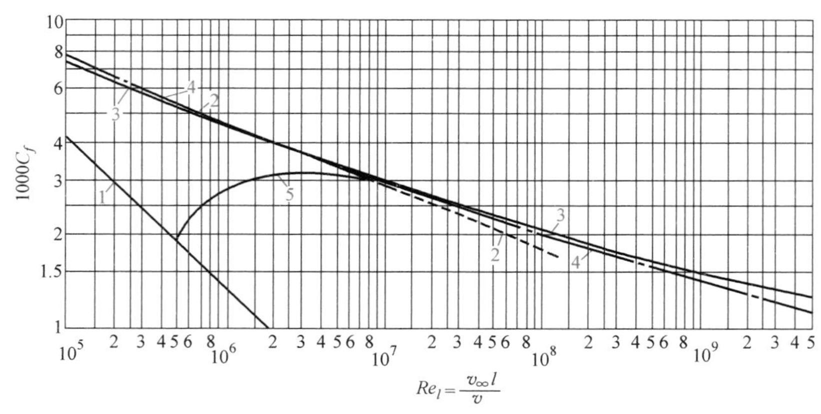

图 7-13 纵向流过平板的摩擦阻力系数

1—层流，$C_f=1.372Re_l^{-0.5}$，布拉休斯 2—湍流，$C_f=0.074Re_l^{-0.2}$，普朗特 3—湍流，$C_f=0.455\ (\lg Re_l)^{-2.58}$，普朗特和施利希廷 4—湍流，$C_f=0.427(\lg Re_l-0.407)^{-2.64}$，舒尔茨-格鲁诺 5—层流-湍流的过渡，$C_f=0.455(\lg Re_l)^{-2.58}-ARe_l^{-1}$

表 7-1 边界层的近似计算公式

边界层的基本特征	边界层内流动状态	
	层 流	湍 流
边界层内速度分布 v_x	$v_\infty\left[2\left(\frac{y}{\delta}\right)-2\left(\frac{y}{\delta}\right)^3+\left(\frac{y}{\delta}\right)^4\right]$	$v_\infty\left(\frac{y}{\delta}\right)^{\frac{1}{7}}$
边界层厚度 δ	$5.84xRe^{-0.5}$	$0.37xRe_x^{-0.2}$
切向应力 τ_0	$0.343\rho v_\infty^2\ Re_x^{-0.5}$	$0.0289\rho v_\infty^2\ Re_x^{-0.2}$
总摩擦阻力 F_D	$0.686bl\rho v_\infty^2\ Re_l^{-0.5}$	$0.036bl\rho v_\infty^2\ Re_l^{-0.2}$
摩擦阻力系数 C_f	$1.372Re_l^{-0.5}$	$0.072Re_l^{-0.2}$

从表中对比可知，平板层流边界层与湍流边界层的区别如下：

1）沿平板壁面的法向速度，湍流边界层比层流边界层增加得快，即速度分布更加饱满，沿法向断面分布更加均匀。

2）沿平板壁面的厚度，湍流边界层比层流边界层增加得快，因为在湍流边界层内流体微团由于脉动作用产生横向运动，容易促使厚度迅速增长。

3）平板壁面上的切应力，在其他条件一致时湍流边界层内的比层流的减小得慢。

4）平板壁面上的阻力系数，在同一雷诺数下湍流边界层比层流边界层大得多，这是因为湍流中的流体微团产生很剧烈的横向混掺，产生了更大的阻力，而层流中只有黏性阻力。

三、平板混合边界层

在边界层内的流动状态主要由雷诺数决定。当雷诺数大于某一临界值时，边界层由层流过渡到湍流，称为混合边界层，如图 7-14 所示。在平板边界层中，通常前端为层流边界层，后部为湍流边界层，在层流和湍流边界层之间还存在一个过渡区。当层流段与湍流段相比不能忽略时，应分别考虑层流段和湍流段，这一边界层即为混合边界层。

混合边界层内的流动十分复杂，为使计算方便，做以下两个假设：

1）在平板的 A 点处，层流边界层实际转变为湍流边界层。

2）湍流边界层的厚度发生变化，边界层内速度分布和切应力的计算都以前缘点 O 为起始点。

根据以上两个假设，可采用一种比较简单的方法。在 A 点以前按层流边界层处理，A 点之后按湍流边界层处理。对 A 点之后的湍流边界层的处理方法是：整个区域（OB）湍流边界层扣除 A 点以前的湍流边界层。

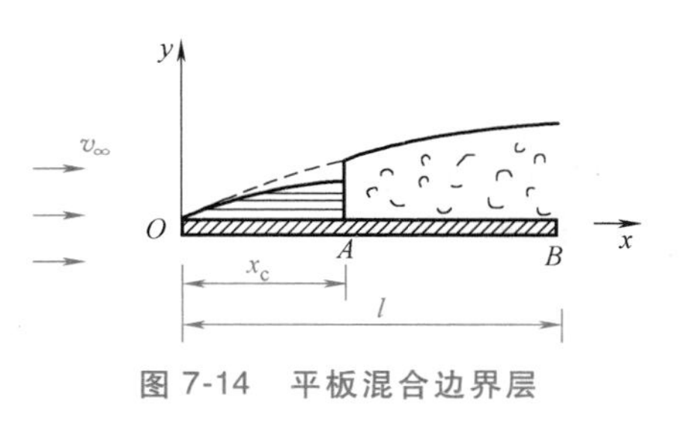

图 7-14　平板混合边界层

以 F_D 表示混合边界层的阻力，F_{DT} 表示湍流边界层的阻力，F_{DN} 表示层流边界层的阻力，则

$$F_{DOB}=F_{DNOA}+F_{DTAB}=F_{DNOA}+F_{DTOB}-F_{DTOA} \tag{7-38}$$

OA 段层流 F_{DNOA}

$$F_{DNOA}=C_{f\mathrm{N}}\times\frac{1}{2}\rho v_\infty^2 bx_c \tag{7-39}$$

OB 段湍流 F_{DTOB}

$$F_{DTOB}=C_{f\mathrm{T}}\times\frac{1}{2}\rho v_\infty^2 bl \tag{7-40}$$

OA 段湍流 F_{DTOA}

$$F_{DTOA}=C_{f\mathrm{T}}\times\frac{1}{2}\rho v_\infty^2 bx_c \tag{7-41}$$

将式（7-39）~式（7-41）代入式（7-38）中，得

$$\begin{aligned}F_{DOB}&=C_{f\mathrm{T}}\times\frac{1}{2}\rho v_\infty^2 bl-(C_{f\mathrm{T}}-C_{f\mathrm{N}})\times\frac{1}{2}\rho v_\infty^2 bx_c\\&=\left[C_{f\mathrm{T}}-(C_{f\mathrm{T}}-C_{f\mathrm{N}})\frac{x_c}{l}\right]\times\frac{1}{2}\rho v_\infty^2 bl\end{aligned}$$

其中，$\frac{x_c}{l}$可以写成$\frac{x_c}{l}=\frac{\frac{v_\infty x_c}{\nu}}{\frac{v_\infty l}{\nu}}=\frac{Re_{x_c}}{Re_l}$，于是

$$F_{DOB}=\left[C_{f\mathrm{T}}-(C_{f\mathrm{T}}-C_{f\mathrm{N}})\frac{Re_{x_c}}{Re_l}\right]\times\frac{1}{2}\rho v_\infty^2 bl$$

$$C_f=\frac{F_{DOB}}{\frac{1}{2}\rho v_\infty^2 bl}=C_{f\mathrm{T}}-\frac{A}{Re_l}$$

其中，$A=(C_{f\mathrm{T}}-C_{f\mathrm{N}})Re_{x_c}$。

平板的混合边界层的摩擦阻力系数为

$$C_f=\frac{0.072}{Re_l^{0.2}}-\frac{A}{Re_l}\quad 5\times10^5<Re_l<10^7$$

$$C_f=\frac{0.455}{(\lg Re_l)^{2.58}}-\frac{A}{Re_l}\quad 5\times10^5<Re_l<10^9$$

常用的 A 值与 Re_{x_c} 的对应关系列于表 7-2 中。

表 7-2　常用的 A 值与临界雷诺数 Re_{x_c} 的对应关系

Re_{x_c}	3×10^5	5×10^5	1×10^6	3×10^6
A	1050	1700	3300	8700

例 7-1　有一块长 $l=1\text{m}$，宽 $b=0.5\text{m}$ 的平板，在水中沿长度方向以 $v=0.45\text{m/s}$ 的速度运动，水的运动黏度 $\nu=10^{-6}\text{m}^2/\text{s}$，密度 $\rho=1000\text{kg/m}^3$，计算平板所受到的阻力（$Re_{x_c}=5\times10^5$）。

解：判别流动状态

$$Re_l=\frac{vl}{\nu}=\frac{0.45\times1.0}{10^{-6}}=4.5\times10^5<Re_{x_c}$$

为层流边界层。

摩擦阻力系数

$$C_f=1.372Re_l^{-\frac{1}{2}}=1.372\times(4.5\times10^5)^{-\frac{1}{2}}=2.05\times10^{-3}$$

平板所受阻力

$$F_{\text{D}}=2C_f bl\times\frac{1}{2}\rho v_\infty^2=2\times2.05\times10^{-3}\times0.5\times1\times\frac{1}{2}\times1000\times0.45^2\text{N}=0.21\text{N}$$

例 7-2　一平板宽 $b=2\text{m}$，长 $l=5\text{m}$，以 $v=2.42\text{m/s}$ 的速度在空气中运动，求沿长度方向运动时板的摩擦阻力（空气 $\nu=10^{-5}\text{m}^2/\text{s}$，$Re_{x_c}=5\times10^5$，$\rho=1.2\text{kg/m}^3$）。

解：判断流动状态

$$Re_l=\frac{vl}{\nu}=\frac{2.42\times5}{10^{-5}}=1.21\times10^6>Re_{x_c}$$

为混合边界层。

确定 x_c，由 $Re_{x_c}=\dfrac{v_\infty x_c}{\nu}$，得

$$x_c=\frac{Re_{x_c}\nu}{v_\infty}=\frac{5\times10^5\times10^{-5}}{2.42}=2.07\text{m}$$

摩擦阻力系数

$$C_f=\frac{0.072}{Re_l^{0.2}}-\frac{A}{Re_l}$$

由 $Re_{x_c}=5\times10^5$，查表 7-2 得 $A=1700$，将 $A=1700$ 与 $Re_l=1.21\times10^6$ 代入上式，得

$$C_f=\frac{0.072}{Re_l^{0.2}}-\frac{A}{Re_l}=\frac{0.072}{(1.21\times10^6)^{0.2}}-\frac{1700}{1.21\times10^6}=0.0030$$

平板所受到的摩擦阻力（两个面）

$$F_{\text{D}}=2C_f\times\frac{1}{2}\rho v_\infty^2 bl=2\times0.0030\times\frac{1}{2}\times1.2\times2.42^2\times2\times5\text{N}=0.2108\text{N}$$

第七节 边界层分离及减阻

一、边界层分离

当黏性流体绕过无穷大平板时，其边界层内的速度分布规律可以用边界层方程来求解，且求出的边界层厚度从平板前缘点开始顺流动方向不断加厚，如图 7-15a 所示。当平板与来流方向之间存在夹角时，或如图 7-15b 所示的圆柱绕流时，实验表明，当雷诺数足够大时，边界层通常在圆柱体表面压强最低点 C 后面的某处 D 点突然加厚，在物体表面有反向流动出现且在边界层中出现顺时针方向旋转的旋涡。在点 D 之后边界层不复存在，且在圆柱后面形成包含大量湍流旋涡的流动尾迹。同样的现象也会出现在具有一定攻角的翼型绕流流动中，如图 7-15c 所示。

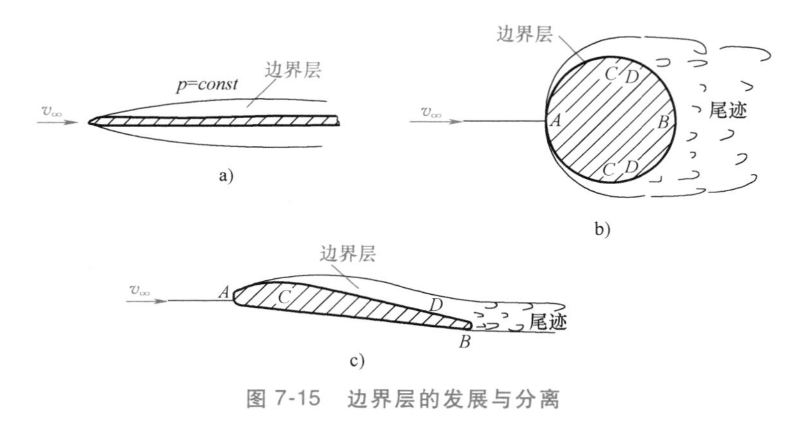

图 7-15 边界层的发展与分离

边界层分离的原因可以做如下定性解释。在边界层外的势流绕流任何物体时经常是先出现压强的下降（加速阶段）。但压强达到最低点（C）后，其压强又开始上升（减速阶段），即势流中压强梯度$\frac{\mathrm{d}p}{\mathrm{d}x}$从小于零到等于零再到大于零。这种方式的压强梯度变化，同样发生在边界层内。在降压区内的负梯度有助于边界层流体去克服黏性阻力而保持向下游流动，而在正压强梯度区（升压区）的情况正好相反。在边界层内本来已受黏性阻力作用的流体又额外受到与流动方向相反的压力作用，结果是其动能已不足以长久地维持流动一直向下游进行，以致在物体表面某处其速度会与势流的速度方向相反，即产生逆流。该逆流会把边界层向势流中排挤，造成边界层突然增厚或者分离。另外，该逆流最后会在后面的下游流动中形成破碎的小旋涡区，随同势流一起流向下游，形成流动尾迹。

在图 7-16 中可以看到上述过程中边界层中不同位置处的速度分布曲线。假设压强在物体表面的点 M 处达到最小值，即$\frac{\mathrm{d}p}{\mathrm{d}x}=0$，则在该点之前为降压区，$\frac{\mathrm{d}p}{\mathrm{d}x}<0$，之后是升压区，$\frac{\mathrm{d}p}{\mathrm{d}x}>0$。

在降压区内边界层速度分布如图 7-16 所示，速度 $v_x(x,y)$ 由表面处的零增大到边界层外边界处的势流速度，在表面处有$\frac{\partial v_x}{\partial y}>0$，此速度分布应满足边界层方程

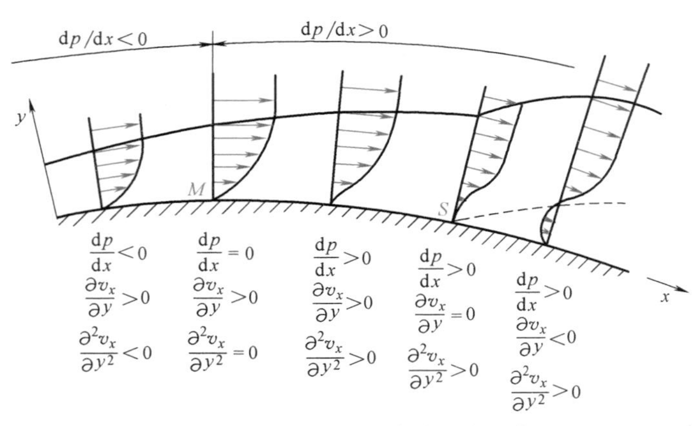

图 7-16　曲面边界层分离的形成示意图

$$v_x \frac{\partial v_x}{\partial x}+v_y \frac{\partial v_x}{\partial y}=-\frac{1}{\rho}\frac{\mathrm{d}p}{\mathrm{d}x}+\nu\frac{\partial^2 v_x}{\partial y^2}$$

在物体表面 $y=0$ 处应有 $v_x=v_y=0$，于是上式为

$$\left(\frac{\partial^2 v_x}{\partial y^2}\right)_{y=0}=\frac{1}{\mu}\frac{\mathrm{d}p}{\mathrm{d}x}$$

在降压区中$\frac{\mathrm{d}p}{\mathrm{d}x}<0$，所以$\left(\frac{\partial^2 v_x}{\partial y^2}\right)_{y=0}<0$。这说明速度分布曲线 $v_x(x,y)$ 在表面处的曲线为负，即曲线是向流动方向凸出的。在 M 点处$\frac{\mathrm{d}p}{\mathrm{d}x}=0$，虽然仍有$\frac{\partial v_x}{\partial y}>0$，但$\frac{\partial^2 v_x}{\partial y^2}=0$，即在 M 点处速度分布曲线有一拐点。在 M 点后一段表面处仍有$\frac{\partial v_x}{\partial y}>0$，但因$\frac{\mathrm{d}p}{\mathrm{d}x}>0$ 使$\frac{\partial^2 v_x}{\partial y^2}>0$，即速度分布曲线是正曲率的，向势流的反方向凸出。这说明正的压强梯度使边界层内的流体在向下游运动时受到了阻止。到下游的某点 S 处，流体的动能已不足以维持其继续向下游流动而使$\frac{\partial v_x}{\partial y}=0$，即速度分布曲线的切线垂直于物体表面。在点 S 之后反向压差将使边界层内流体产生反向速度，在物体表面与边界层之间形成一逆流层，将边界层排挤向势流区，这就是所谓的边界层分离。可见边界层分离发生在$\frac{\partial v_x}{\partial y}=0$ 的点 S 处。

边界层分离点 S 的位置确定很重要，在点 S 之前流动阻力可以根据前述边界层计算获取。在点 S 之后已形成了边界层分离与流动尾迹。边界层分离后，其流动很复杂，无法用解析法计算。尾迹中含有大量湍流旋涡，它们消耗大量动能，这对流动来说是一种阻力作用。其具体表现为作用于物体后部表面上的压力再不能如同势流那样去平衡物体前部表面上的压力，而是形成一相当大的压差作用在物体上，其方向为流动方向，一般称它为压差阻力或形状阻力。如果物体是非流线型的，则此压差阻力往往比边界层中的黏性摩擦阻力大得多。然而要确定边界层分离点的位置非常困难，原因是点 S 本身是按边界层很薄并且忽略其厚度时物体绕流的势流场所给的压强分布求出的，但边界层分离后就完全改变了势流流场原来的边界，也就是说改变了求解点 S 位置的前提。边界层分离点的确定一直是一个凭经验与实验来进行评估的过程。

二、绕流物体的阻力

物体在黏性流体中运动时，一般都会受到阻力作用。阻力是由绕过物体的黏性流体流动所引起的切向应力和压差造成的，阻力分为摩擦阻力和压差阻力。切向应力产生的摩擦阻力是流体黏性的反映。当黏性流体绕过物体流动时，流体对物体表面作用有切向应力，因此摩擦阻力是作用在物体表面的切向应力在来流方向上的分力的总和。压差阻力产生的根本原因也是流体的黏性。以圆柱体绕流为例，理想流体绕圆柱流动时，圆柱表面的压强分布是对称的，压差阻力为零；黏性流体绕圆柱体流动时，若边界层在压强升高的区域内分离，形成旋涡，则从分离点开始的圆柱体后面的流体压强大致接近于分离点的压强，而不能恢复到理想流体绕圆柱流动时应有的压强，这样就破坏了作用在圆柱体上的前、后压强的对称性，从而产生了圆柱体前、后的压差，形成压差阻力。压差阻力是作用在物体表面的压强在来流方向上分力的总和，其大小与物体的形状有很大的关系，又称为形状阻力。

层流边界层在物体表面上的切向应力远小于湍流边界层。为了减小摩擦阻力，应尽量延长层流边界层的长度，延缓湍流边界层的发生。分离流动引起的低压尾涡是产生压差阻力的根本原因，要减小压差阻力，必须设法推迟边界层分离现象的发生。由于边界层分离点的位置与边界层内压强升高区的压强梯度直接相关，所以物体的外形应使流经物体表面压强升高区的流体压强梯度尽可能地小些。

黏性流体绕流物体的阻力很难用理论分析的方法计算出来，通常在风洞中用实验方法获得。常用阻力系数 C_{D} 来表示物体的绕流阻力 F_{D} 的大小，即

$$C_{\mathrm{D}}=\frac{F_{\mathrm{D}}}{\frac{1}{2}\rho v_{\infty}^{2}A}$$

式中，A 是物体垂直于运动方向或来流方向的截面积。阻力系数 C_{D} 的大小与雷诺数密切相关，$C_{\mathrm{D}}=f(Re)$。

圆球的阻力系数与雷诺数的关系曲线如图 7-17 所示。从图中可以看出，当雷诺数较小时，边界层内为层流流动，边界层分离点在物体的最大截面附近，会形成较宽的尾涡区，从而形成较大的压差阻力。若在边界层分离前，边界层内流动已经转变为湍流，由于湍流中流体微团存在横向混掺，发生强烈的动量交换，分离点将向后移动一大段，尾涡区大大变窄，从而显著降低阻力系数。从图 7-17 中可以看出，在 $Re\approx3\times10^{5}$ 时，阻力系数从 0.5 左右突然急剧降低到 0.1 以下。这种阻力突然降低是边界层内流动从层流到湍流转变的结果。

三、边界层的控制

由于边界层的存在，当黏性流体绕过物体流动时，物体必然受到阻力的作用。物体的阻力是由摩擦阻力和压差阻力组成的。摩擦阻力的大小主要取决于边界层的性质；压差阻力主要是由边界层分离造成的。为了减小物体阻力，并获得较大的升力，在实际应用过程中，经常采取边界层控制的措施，以防止或者减缓边界层的分离。控制边界层的方法主要分为两大类。

（1）改善边界层外主流的外部条件　例如在设计中采用流线型的物体、层流型的翼型，

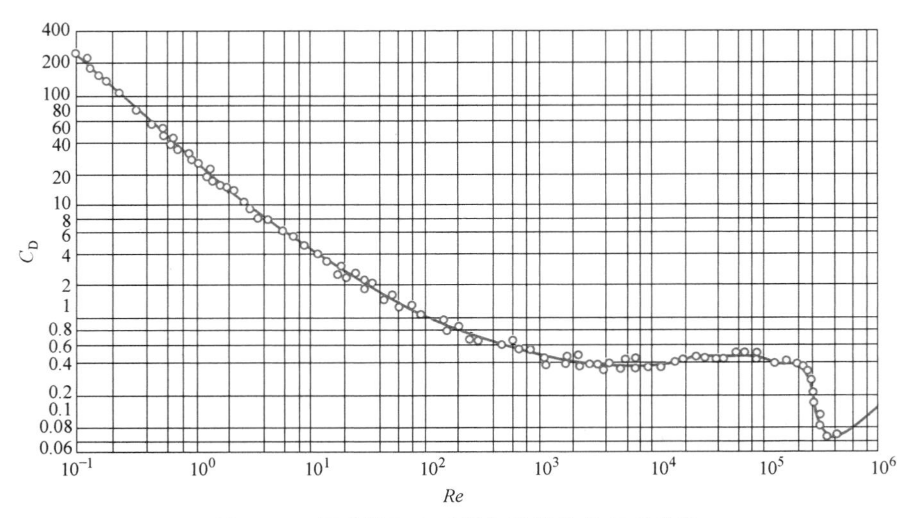

图 7-17　圆球的阻力系数与雷诺数的关系曲线

对渐扩管选择适当的扩张角等。根据尼古拉兹的实测，渐扩管的半扩张角在 3.5°以上才出现分离。

（2）改善边界层的性质　有以下两种情况：

1）向边界层内减速的流体增加能量，提高速度，可以防止或者延缓边界层的分离。一是从物体内部射出流体，如图 7-18a 所示。在应用时要非常注意缝口的形状，以避免射流在靠近出口的后面不远处分离成旋涡。二是利用翼缝直接从主流中获取能量。如图 7-18b 所示的开缝机翼，机翼 *CD* 前面有一小的前缘缝翼 *AB*，两翼之间有一小开缝。在大冲角时，前缘缝翼上表面的压强很大，它上表面的边界层有很大的分离风险，但主流中一部分流体经过开缝射向机翼对的上表面，使前缘缝翼上的边界层在未发生分离以前就被带入主流，同时，从 *C* 点开始形成新的边界层。在适当的条件下，边界层可以直接到后缘点 *D* 都不发生分离。用这种方法机翼可以在相当大的攻角下不发生边界层分离，并可获得很大的升力。

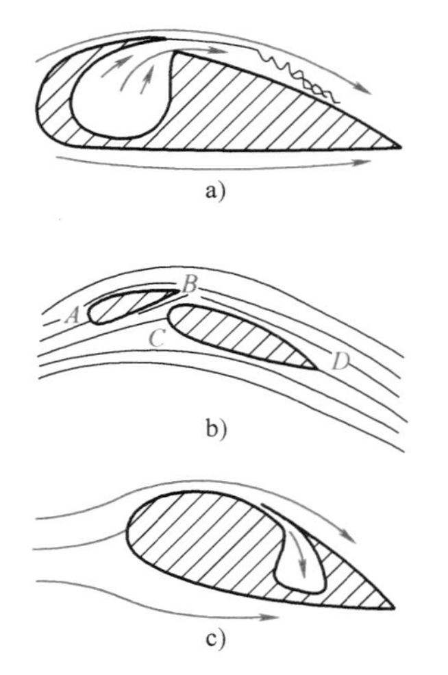

图 7-18　边界层的控制

a）吹除　b）开缝机翼　c）抽吸

2）在边界层将发生分离以前，利用缝式抽吸把边界层内减速的流体吸入机翼内，如图 7-18c 所示。在缝口后的机翼上表面形成新的边界层，可以克服一定的压强升高，避免边界层分离。采取适当的缝口结构，可以完全防止边界层分离，从而大大减小压差阻力。另外，适当布置抽吸缝口的位置，还可以使边界层由层流向湍流的转捩点向下游推移，以扩大层流区，减小摩擦阻力。

第八节　绕圆柱体的流动

边界层分离是黏性流体绕流的一种重要现象，可以考察黏性流体绕过圆柱体的流动情况来进一步说明。把一个圆柱体放在静止的流体中，然后流体以相当于几个雷诺数的很低的速度 v 绕圆柱体流动。在开始瞬间，与理想流体绕流圆柱体一样，流体在前驻点速度为零，而后沿圆柱体左右两侧流动，流动在圆柱体的前半部分是降压的，速度逐渐增大到最大值，在后半部分是升压的，速度逐渐下降，到后驻点重新等于零（图 7-19a）。逐渐增大来流速度，即增加绕流雷诺数，使圆柱体后半部分的压强梯度增加，以致引起边界层分离（图 7-19b）。随着来流雷诺数的不断增大，圆柱体后半部分边界层中的流体受到更大的黏滞阻力，分离点一直向前移动。

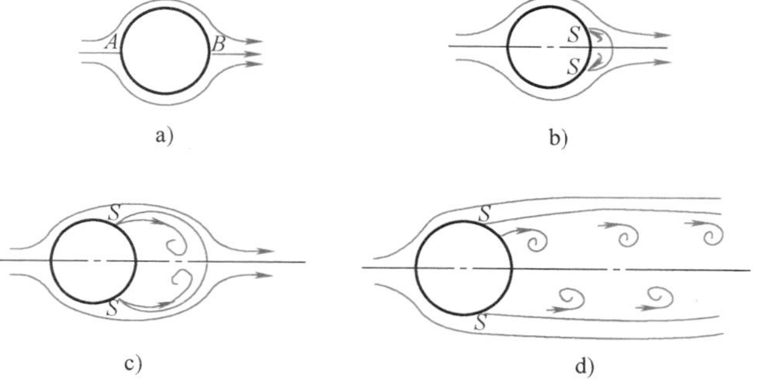

图 7-19　卡门涡街形成的示意图

当雷诺数增加到大约 40 时，在圆柱体后便产生一对旋转方向相反的对称旋涡（图 7-19c）。当雷诺数大于 40 后，对称旋涡不断增长并出现摆动，直到雷诺数为 60 时，这对不稳定的对称旋涡分裂，最后形成几乎稳定的、非对称的、有规则的、旋转方向相反的交替旋涡，称为**卡门涡街**（图 7-19d），它以比来流速度 v 小很多的速度 v_x 运动。图 7-20 所示为流体在不同雷诺数下绕过圆柱体的流动情况，可以清楚地看出圆柱体后的尾流中一对旋涡的形成过程。图 7-21 所示为在椭圆柱体后形成的卡门涡街。对于规则的卡门涡街，只能在雷诺数为 60~5000 的范围内观察到，而且在大多数情况下涡街是不稳定的。卡门研究发现：当雷诺数为 150 时，圆柱体后的卡门涡街只有在两列旋涡之间的距离 h 与同列中相邻旋涡的间距 l 之比为 0.2806 的情况下才是稳定的。图 7-22 所示为卡门涡街的流谱。根据动量定理，对图 7-22 所示的卡门涡街进行理论计算，得到作用在单位长度圆柱体上的阻力为

$$F_{\mathrm{D}}=\rho v^{2}h\left[2.83\frac{v_x}{v}-1.12\left(\frac{v_x}{v}\right)^{2}\right] \tag{7-42}$$

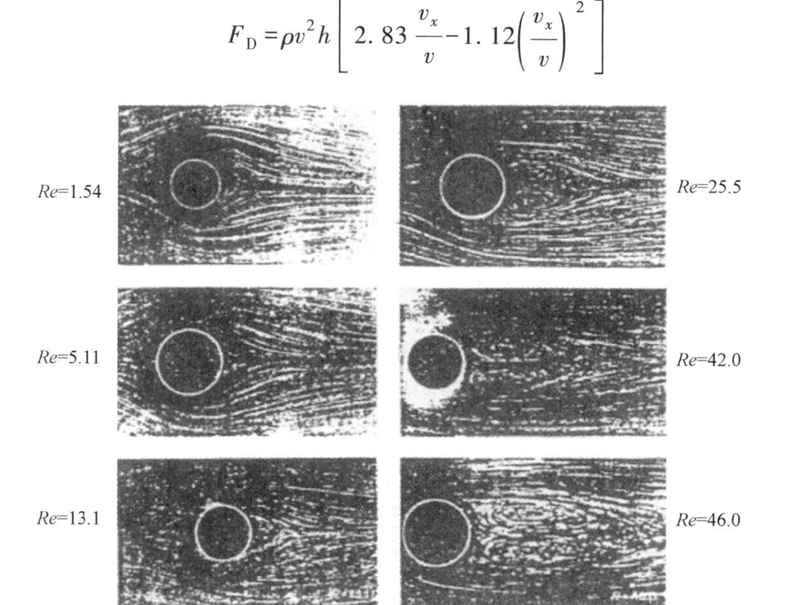

图 7-20　流体以不同雷诺数绕流圆柱体的情况

其中，速度比$\frac{v_x}{v}$可以通过实验测得。

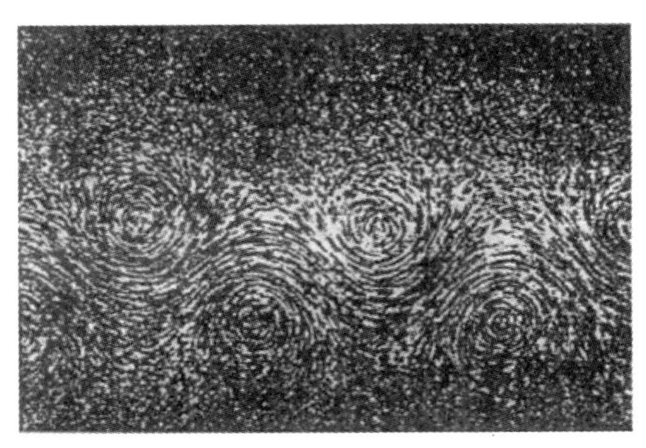
图 7-21 在椭圆柱体后形成的卡门涡街

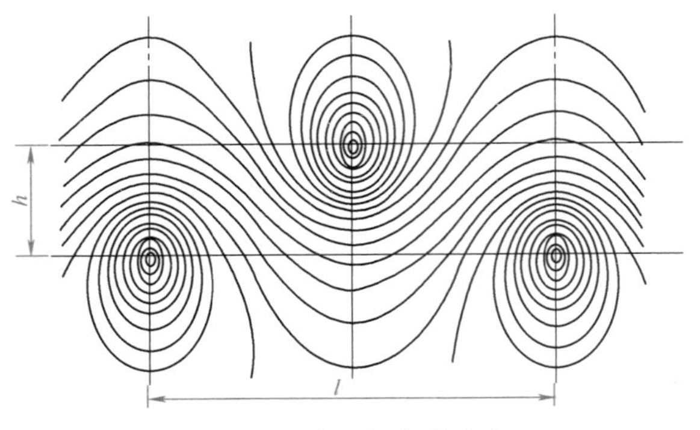

图 7-22 卡门涡街的流谱

圆柱体后尾流的流动状态在小雷诺数下是层流，在较大雷诺数时形成卡门涡街。随着雷诺数的增加（$150<Re<300$），在尾流中出现流体微团的横向运动，层流状态过渡到湍流状态。到 $Re\approx300$ 时，整个尾流区呈湍流状态，旋涡不断消失在湍流中。

在圆柱体后尾流的卡门涡街中，两列旋转方向相反的旋涡周期性地均匀交替脱落，有一定的脱落频率。旋涡的脱落频率 f 与流体的来流速度 v 成正比，而与圆柱体的直径 d 成反比，即

$$f=Sr\frac{v}{d} \tag{7-43}$$

式中，Sr 为斯特劳哈尔数，它只与雷诺数有关。

根据罗斯柯（A. Roshko）于 1954 年实验所得的结果，Sr 与 Re 数之间的关系曲线如图 7-23 所示。在大雷诺数（$Re>1000$）下，Sr 近似等于 0.21。旋涡自圆柱体后周期性地交替脱落，会形成对圆柱体的横向交变作用力，这是由于旋涡脱落的一侧柱面绕流情况改善，侧面总压力降低，而旋涡形成中的一侧柱面的绕流情况恶化，侧面压力升高。交变作用力的方向总是自旋涡形成的一侧指向旋涡脱落的一侧，它交变的频率与旋涡交替脱落的频率相同，它的作用将在圆柱体内引起交变应力。如果它的交变频率与圆柱系统的共振频率相等，便会引起圆柱体的共振，产生很大的振动和内应力，影响圆柱体的正常工作，甚至会使圆柱体破坏。

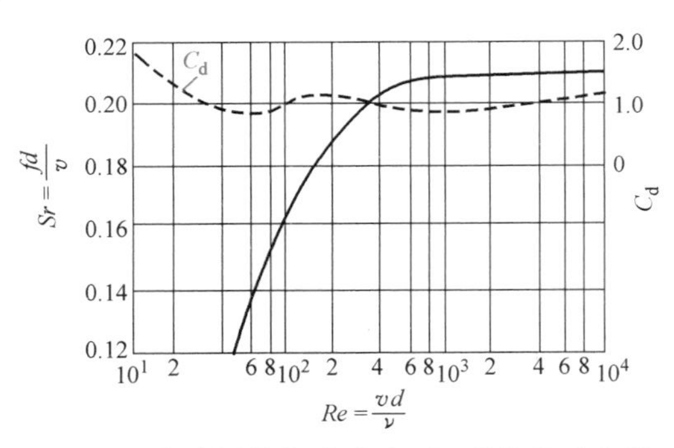

图 7-23 绕流圆柱体时 Sr 与 Re 数的关系曲线

旋涡的交替脱落会使空气振动，发生声响效应，风吹电线发出的“嗡呜”声便是常见的例子。在管式空气预热器中，空气横向绕流管束，卡门涡街的交替脱落会引起管箱中气柱的振动。特别是当旋涡的脱落频率与管箱的声学驻波振动频率相等时，便会引起强烈的声学驻波振动，产生很大的噪声，甚至使管箱振鼓、破裂，破坏性很大，从而要求管箱的设计要合理。

第九节 湍流概述

在自然界和工程实际中，大多数流体的流动状态是湍流，流动始终存在着很不规则的脉动现象。湍流与层流的不同之处在于湍流的不规则和无秩序的运动特性，现代称为混沌现象。但湍流不是完全随机的，它必须服从黏性流体运动的基本规律。

雷诺提出的统计平均方法是研究湍流的起点，把不规则的湍流场分解为规则的平均场和不规则的脉动场，把研究湍流的重点引向湍流统计平均特性。雷诺导出了脉动场的平均输运概念，即雷诺应力 $\tau_{ij}=-\overline{\rho v_i' v_j'}$，其中 i，j 分别代 x、y、z 方向。

一、湍流的特征

湍流的运动参数随时间和空间都呈现出不规则的脉动，这是湍流与层流的根本区别。在经典的湍流理论中，把湍流场中各种物理量都看作是随时间和空间变化的随机量。因此湍流具有以下特征：

（1）不规则性　湍流运动是由大小不等的涡体所组成的无规则的随机运动，它的速度场和压强场都是随机的。由于湍流运动的不规则性，其不可能以时间和空间坐标的函数进行描述，但用统计的方法可得出速度、压强等各自的平均值。近代相干结构发现以后，人们认为湍流是一种拟序结构，它由小涡体的随机运动场和相干结构的相干运动场叠加而成。

（2）湍流扩散　湍流扩散增加了动量、热量和质量的传递率。湍流中由于涡体相互混杂，引起流体内部动量交换，动量大的质点将动量传递给动量小的质点，动量小的质点影响动量大的质点，使过流断面速度分布比较均匀。

（3）能量耗损　湍流中，小涡体的混杂运动通过黏性作用大量耗损能量，如果不连续供给湍流能量，则湍流将迅速衰减。

二、湍流的分类

湍流的脉动不是流体的物理本质，而是运动特征，根据湍流运动特征将湍流分成不同的类型。

（1）壁面湍流和自由湍流　将有无固体壁面对湍流运动的影响分为壁面湍流和自由湍流。壁面湍流表示由固体壁面所产生并受它连续影响的湍流，如管内湍流、渠道湍流、绕流物体湍流等；自由湍流表示不受固体壁面限制和影响的湍流，如自由射流、尾迹流等。

（2）各向同性湍流和非各向同性湍流　按湍流流场中任一空间点上各方向脉动速度的统计学特征有无差别，分为各向同性湍流与各向异性湍流。当满足 $\overline{v_x'^2}=\overline{v_y'^2}=\overline{v_z'^2}$ 时，称各向同性湍流，否则称各向异性湍流。在各向异性湍流中，由于各方向脉动速度的差异，必定存在平均的脉动速度梯度，从而产生平均切应力，因而把各向异性湍流称为剪切湍流。

（3）拟湍流和真湍流　为了模拟分析实际湍流场及研究典型的真实湍流，提出拟湍流的概念。当湍流场中的物理量在时间和空间上各自具有互不相同的恒定周期性的湍流模式时，这种流场称为拟湍流。实际湍流场在时间和空间上都是随机的，因而拟湍流是一种假想的湍流场。拟湍流中常用的一种是准定常湍流，这是指湍流场中任一物理量的平均值与时间无关，或者说随时间变化极缓慢的一种湍流运动。

三、两种湍流的统计理论

直到现在，人们普遍认为N-S方程组可用于描述湍流，而方程组的非线性使得用解析的方法精确描述湍流变得很困难，甚至根本不可能。人们关心的仍是湍流中总效的、平均的性能，这决定了对湍流的研究主要采用统计的、平均的方法。

湍流的统计研究，过去主要沿两个方向发展：一个是湍流相关函数的统计理论，另一个是湍流平均量的半经验分析。前一种理论主要用相关函数及谱分析等方法研究湍流结构，它增进了人们对湍流（特别是湍流的小尺度部分）机理的了解。由于湍流状态下影响动量和热量交换能力的主要是大尺度运动而不是小尺度运动，而相关统计理论主要涉及小尺度运动，所以它未能解决工程技术方面的实际问题。

针对工程技术上迫切需要解决的问题，如管流、边界层、自由湍流等，进行了大量实验研究以确定湍流的特征参数，形成了湍流的半经验理论。湍流的半经验理论主要涉及湍流的大尺度运动，它虽未能明显地增进人们对湍流实质的认识，但对解决实际问题却有很大的贡献。随着计算机技术和现代流动测量技术的发展，呈现出两个方向逐渐结合、相互补充的趋势。

四、雷诺时均法则

湍流场是一个拟随机场，它的特征量与随机量的统计参数紧密相连。湍流中的速度、压强随时间和空间发生随机变化，1886年，雷诺建议将湍流的物理量用平均值与脉动值的和来表示，将湍流场看成是平均运动场和脉动运动场的叠加。

设f、g为湍流中物理量的瞬时值，则

$$f=\overline{f}+f', \quad g=\overline{g}+g'$$

在准定常的均匀湍流场中具有以下的**时均运算法则**：

1）时均值的平均值等于原来的时均值，即

$$\overline{\overline{f}}=\overline{f}$$

2）脉动量的平均值等于零，即

$$\overline{f'}=0$$

3）瞬时物理量之和的平均值等于各个物理量平均值之和，即

$$\overline{f+g}=\overline{f}+\overline{g}$$

4）时均物理量与脉动物理量之积的平均值等于零，即

$$\overline{\overline{f}\cdot g'}=0, \quad \overline{f'\cdot\overline{g}}=0$$

5）时均物理量与瞬时物理量之积的平均值，等于两个时均物理量之积，即

$$\overline{\overline{f}\cdot g}=\overline{f}\cdot\overline{g}, \quad \overline{a\cdot\overline{f}}=\overline{a}\cdot\overline{f}$$

6）两个瞬时物理量之积的平均值，等于两个平均物理量之积与两个脉动量之积的平均值之和，即

$$\overline{f \cdot g}=\overline{(\bar{f}+f')(\bar{g}+g')}=\overline{\bar{f} \cdot \bar{g}+f' \cdot \bar{g}+\bar{f} \cdot g'+f' \cdot g'}$$

$$=\overline{\bar{f} \cdot \bar{g}}+\overline{f' \cdot \bar{g}}+\overline{\bar{f} \cdot g'}+\overline{f' \cdot g'}=\bar{f} \cdot \bar{g}+\overline{f' \cdot g'}$$

7）瞬时物理量对空间坐标或时间坐标各阶导数的平均值，等于时均物理量对同一坐标的各阶导数值，积分也相同，即

$$\overline{\frac{\partial f}{\partial x}}=\frac{\partial \bar{f}}{\partial x}, \quad \overline{\frac{\partial f}{\partial t}}=\frac{\partial \bar{f}}{\partial t}, \quad \overline{\int f \mathrm{d}s}=\int \bar{f} \mathrm{d}s$$

时均运算法则也称雷诺法则。这种平均意味着把湍流中各种尺度的涡的作用等同对待，它们的个性被抹平了，从而个性所具有的某些信息也被平均掉了。特别是发现大涡拟序结构以后，这种平均不能反映大涡的特征，其缺点更加明显。因此，有的学者提出改用滤波平均的方法，但目前只是一个新的方向。

五、指标表示法

指标表示法是可使流体力学中的方程更简洁的一种表示方法，现将相关点介绍如下。

1. 基本定义

将直角坐标中的 x、y、z 改写为 x_1、x_2、x_3，记为 $x_i(i=1, 2, 3)$ 或 x_i。基矢量 $\boldsymbol{i}$、$\boldsymbol{j}$、$\boldsymbol{k}$ 记为 $\boldsymbol{e}_i(i=1, 2, 3)$ 或 $\boldsymbol{e}_i$。

任一矢量 $\boldsymbol{a}$，其分量 a_x、a_y、a_z 写成 a_1、a_2、a_3，记为 $a_i(i=1, 2, 3)$ 或 a_i。

例如，梯度的表达式 $\boldsymbol{grad}\varphi=\frac{\partial \varphi}{\partial x}\boldsymbol{i}+\frac{\partial \varphi}{\partial y}\boldsymbol{j}+\frac{\partial \varphi}{\partial z}\boldsymbol{k}$，记为 $\frac{\partial \varphi}{\partial x_i}\boldsymbol{e}_i(i=1, 2, 3)$，或 $\frac{\partial \varphi}{\partial x_i}$ $(i=1, 2, 3)$，常记为 $\frac{\partial \varphi}{\partial x_i}$。

上述表达式中的下标 i 称为自由指标，在三维空间中可取 $i=1$、2、3 中的任一值。改变自由指标的字母并不影响物理量的含义，例如 a_i 可记为 a_j。在同一方程中，具有相同下标的各项中任何一项不能单独改变其下标，但可同时对其各项做同样的改变。

2. 约定求和法则

为了便于书写，约定在同一项中如有两个指标相同，就表示对该指标从 1~3 求和。

$\boldsymbol{a}$、$\boldsymbol{b}$ 两矢量的点乘

$$\boldsymbol{a} \cdot \boldsymbol{b}=a_j b_j=a_1 b_1+a_2 b_2+a_3 b_3$$

矢量 $\boldsymbol{a}$ 的散度

$$\boldsymbol{\nabla} \cdot \boldsymbol{a}=\frac{\partial a_j}{\partial x_j}=\frac{\partial a_1}{\partial x_1}+\frac{\partial a_2}{\partial x_2}+\frac{\partial a_3}{\partial x_3}=\mathrm{div}\boldsymbol{a}$$

其他常用的有

$$(\boldsymbol{v} \cdot \boldsymbol{\nabla})\boldsymbol{a}=\left(v_x \frac{\partial}{\partial x}+v_y \frac{\partial}{\partial y}+v_z \frac{\partial}{\partial z}\right)\boldsymbol{a}=v_j \frac{\partial a_i}{\partial x_j}$$

$$\Delta\varphi=\boldsymbol{\nabla}^2\varphi=\frac{\partial^2 \varphi}{\partial x^2}+\frac{\partial^2 \varphi}{\partial y^2}+\frac{\partial^2 \varphi}{\partial z^2}=\frac{\partial^2 \varphi}{\partial x_j \partial x_j}$$

$$\Delta\boldsymbol{a}=\boldsymbol{\nabla}^2\boldsymbol{a}=\frac{\partial^2 \vec{a}}{\partial x^2}+\frac{\partial^2 \vec{a}}{\partial y^2}+\frac{\partial^2 \vec{a}}{\partial z^2}=\frac{\partial^2 a_i}{\partial x_j \partial x_j}$$

另外约定，在同一等式中，如果某一指标在某项中不是求和指标，而在其他项中即使出现两次也不进行求和，如 $c_i=a_i b_i$。

第十节 雷诺方程

虽然湍流中任一物理量总是随时间做不规则的脉动变化，但实验表明，在任一瞬时湍流的运动仍然遵循连续介质的流动特征。流场中任一空间点上，在某一瞬时的流动应该遵循黏性流体运动的基本方程。湍流中的物理量具有统计学特征，可以用一个平均值和一个脉动值表示。1886 年，雷诺提出用时均值方法对流动的基本方程进行平均化处理，即将平均值和脉动值表示的瞬时值代入黏性流体运动的基本方程（N-S 方程）中，然后运用时均运算法则，即可得到不可压缩流体湍流的动量方程——雷诺方程。

一、雷诺方程的导出

采用指标表示法，将直角坐标系下不可压缩黏性流体的 N-S 方程组表示为

$$\begin{cases}\dfrac{\partial v_i}{\partial t}+v_j\dfrac{\partial v_i}{\partial x_j}=f_i-\dfrac{1}{\rho}\dfrac{\partial p}{\partial x_i}+\nu\dfrac{\partial^2 v_i}{\partial x_j\partial x_j}\\ \dfrac{\partial v_j}{\partial x_j}=0\end{cases}\tag{7-44}$$

将 $v_i=\overline{v_i}+v_i'$ 与 $p=\overline{p}+p'$ 代入式（7-44）中，得

$$\begin{cases}\dfrac{\partial(\overline{v}_j+v_j')}{\partial x_j}=0\\ \dfrac{\partial(\overline{v}_i+v_i')}{\partial t}+(\overline{v}_j+v_j')\dfrac{\partial(\overline{v}_i+v_i')}{\partial x_j}=f_i-\dfrac{1}{\rho}\dfrac{\partial(\overline{p}+p')}{\partial x_i}+\nu\dfrac{\partial^2(\overline{v}_i+v_i')}{\partial x_j\partial x_j}\end{cases}\tag{7-45}$$

对式（7-45）中第一式取时间平均，考虑时均运算法则，$\overline{v_j'}=0$，得

$$\frac{\partial\overline{v}_j}{\partial x_j}=0\tag{7-46}$$

对式（7-45）中第二式进行展开，并取时间平均，考虑时均运算法则，左端为

$$\begin{aligned}\frac{\partial(\overline{\overline{v}_i+v_i'})}{\partial t}+(\overline{\overline{v}_j+v_j'})\frac{\partial(\overline{\overline{v}_i+v_i'})}{\partial x_j}&=\frac{\partial\overline{v}_i}{\partial t}+\frac{\partial\overline{v_i'}}{\partial t}+\overline{v}_j\overline{\frac{\partial\overline{v}_i}{\partial x_j}}+\overline{v}_j\frac{\partial\overline{v_i'}}{\partial x_j}+\overline{v_j'\frac{\partial\overline{v}_i}{\partial x_j}}+\overline{v_j'\frac{\partial v_i'}{\partial x_j}}\\&=\frac{\partial\overline{v}_i}{\partial t}+\overline{v}_j\frac{\partial\overline{v}_i}{\partial x_j}+\overline{v_j'\frac{\partial v_i'}{\partial x_j}}\end{aligned}$$

式（7-45）中第二式的右端为

$$\overline{f}_i-\overline{\frac{1}{\rho}\frac{\partial(\overline{p}+p')}{\partial x_i}}+\nu\overline{\frac{\partial^2(\overline{v}_i+v_i')}{\partial x_j\partial x_j}}=f_i-\frac{1}{\rho}\frac{\partial\overline{p}}{\partial x_i}+\nu\frac{\partial^2\overline{v}_i}{\partial x_j\partial x_j}$$

于是式（7-45）中第二式为

$$\frac{\partial\overline{v}_i}{\partial t}+\overline{v}_j\frac{\partial\overline{v}_i}{\partial x_j}=f_i-\frac{1}{\rho}\frac{\partial\overline{p}}{\partial x_i}+\nu\frac{\partial^2\overline{v}_i}{\partial x_j\partial x_j}-\overline{v_j'\frac{\partial v_i'}{\partial x_j}}\tag{7-47}$$

为了清楚地表明式（7-47）右端湍流项的物理意义，把式（7-47）写成另外一种形式。由连续方程和时均运算法则，有

$$0=\overline{v_i\frac{\partial v_j}{\partial x_j}}=\bar{v}_i\frac{\partial \bar{v}_j}{\partial x_j}+\overline{v_i'\frac{\partial v_j'}{\partial x_j}}=\overline{v_i'\frac{\partial v_j'}{\partial x_j}}$$

把 $-\overline{v_i'\frac{\partial v_j'}{\partial x_j}}=0$ 加到式（7-47）的右端，则成为

$$\frac{\partial \bar{v}_i}{\partial t}+\bar{v}_j\frac{\partial \bar{v}_i}{\partial x_j}=f_i-\frac{1}{\rho}\frac{\partial \bar{p}}{\partial x_i}+\nu\frac{\partial^2 \bar{v}_i}{\partial x_j\partial x_j}-\overline{v_j'\frac{\partial v_i'}{\partial x_j}}-\overline{v_i'\frac{\partial v_j'}{\partial x_j}}$$

$$=f_i-\frac{1}{\rho}\frac{\partial \bar{p}}{\partial x_i}+\nu\frac{\partial^2 \bar{v}_i}{\partial x_j\partial x_j}-\frac{\partial \overline{(v_i'v_j')}}{\partial x_j}$$

通常写成

$$\begin{cases}\dfrac{\partial \bar{v}_j}{\partial x_j}=0\\ \dfrac{\partial \bar{v}_i}{\partial t}+\bar{v}_j\dfrac{\partial \bar{v}_i}{\partial x_j}=f_i-\dfrac{1}{\rho}\dfrac{\partial \bar{p}}{\partial x_i}+\nu\dfrac{\partial^2 \bar{v}_i}{\partial x_j\partial x_j}+\dfrac{\partial (-\overline{v_i'v_j'})}{\partial x_j}\end{cases} \tag{7-48}$$

将式（7-48）中第二式右端的二阶项合并，得

$$\begin{cases}\dfrac{\partial \bar{v}_j}{\partial x_j}=0\\ \dfrac{\partial \bar{v}_i}{\partial t}+\bar{v}_j\dfrac{\partial \bar{v}_i}{\partial x_j}=f_i-\dfrac{1}{\rho}\dfrac{\partial \bar{p}}{\partial x_i}+\dfrac{\partial}{\partial x_j}\left(\nu\dfrac{\partial \bar{v}_i}{\partial x_j}-\overline{v_i'v_j'}\right)\end{cases} \tag{7-49}$$

式（7-49）称为**湍流平均运动的雷诺方程**。在方程中出现了新的湍流应力项$-\rho\overline{v_i'v_j'}$，称为**湍流附加应力**或**雷诺应力**，是湍流运动引起的附加项。在湍流宏观研究中，把雷诺应力当作平均的脉动动量所引起的应力。

雷诺方程在直角坐标系下的形式为

$$\frac{\partial \bar{v}_x}{\partial x}+\frac{\partial \bar{v}_y}{\partial y}+\frac{\partial \bar{v}_z}{\partial z}=0$$

$$\rho\left(\frac{\partial \bar{v}_x}{\partial t}+\bar{v}_x\frac{\partial \bar{v}_x}{\partial x}+\bar{v}_y\frac{\partial \bar{v}_x}{\partial y}+\bar{v}_z\frac{\partial \bar{v}_x}{\partial z}\right)$$

$$=f_x-\frac{\partial p}{\partial x}+\mu\left(\frac{\partial^2 \bar{v}_x}{\partial x^2}+\frac{\partial^2 \bar{v}_x}{\partial y^2}+\frac{\partial^2 \bar{v}_x}{\partial z^2}\right)+\frac{\partial(-\rho\overline{v_x'^2})}{\partial x}+\frac{\partial(-\rho\overline{v_x'v_y'})}{\partial y}+\frac{\partial(-\rho\overline{v_x'v_z'})}{\partial z}$$

$$\rho\left(\frac{\partial \bar{v}_y}{\partial t}+\bar{v}_x\frac{\partial \bar{v}_y}{\partial x}+\bar{v}_y\frac{\partial \bar{v}_y}{\partial y}+\bar{v}_z\frac{\partial \bar{v}_y}{\partial z}\right)$$

$$=f_y-\frac{\partial p}{\partial y}+\mu\left(\frac{\partial^2 \bar{v}_y}{\partial x^2}+\frac{\partial^2 \bar{v}_y}{\partial y^2}+\frac{\partial^2 \bar{v}_y}{\partial z^2}\right)+\frac{\partial(-\rho\overline{v_x'v_y'})}{\partial x}+\frac{\partial(-\rho\overline{v_y'^2})}{\partial y}+\frac{\partial(-\rho\overline{v_y'v_z'})}{\partial z}$$

$$\rho\left(\frac{\partial \bar{v}_z}{\partial t}+\bar{v}_x\frac{\partial \bar{v}_z}{\partial x}+\bar{v}_y\frac{\partial \bar{v}_z}{\partial y}+\bar{v}_z\frac{\partial \bar{v}_z}{\partial z}\right)$$

$$=f_z-\frac{\partial p}{\partial z}+\mu\left(\frac{\partial^2 \bar{v}_z}{\partial x^2}+\frac{\partial^2 \bar{v}_z}{\partial y^2}+\frac{\partial^2 \bar{v}_z}{\partial z^2}\right)+\frac{\partial(-\rho\overline{v_x'v_z'})}{\partial x}+\frac{\partial(-\rho\overline{v_y'v_z'})}{\partial y}+\frac{\partial(-\rho\overline{v_z'^2})}{\partial z}$$

雷诺方程比对应的层流运动方程多出了雷诺应力项，是一个非封闭的方程组。要想对湍流雷诺应力进行研究，需要建立雷诺方程和连续方程以外的补充方程，称为**湍流模式理论**。

二、雷诺应力的物理意义

在湍流运动中，总的切应力可表示为

$$\tau=\mu\frac{\partial \vec{v}_i}{\partial x_j}-\rho\overline{v_i'v_j'}$$

将雷诺应力写成矩阵形式为

$$\rho\overline{v_i'v_j'}=\begin{pmatrix}-\rho\overline{v_x'^2} & -\rho\overline{v_x'v_y'} & -\rho\overline{v_x'v_z'}\\ -\rho\overline{v_y'v_x'} & -\rho\overline{v_y'^2} & -\rho\overline{v_y'v_z'}\\ -\rho\overline{v_z'v_x'} & -\rho\overline{v_z'v_y'} & -\rho\overline{v_z'^2}\end{pmatrix}$$

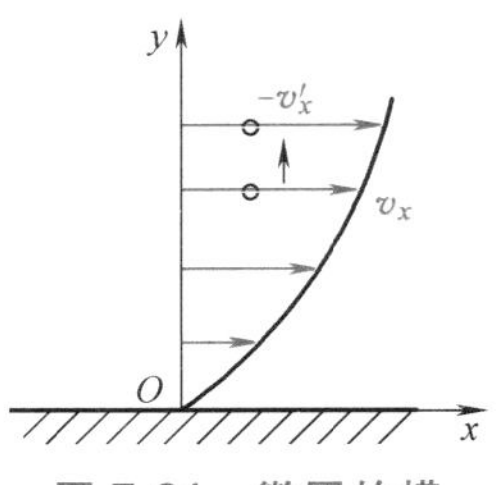

图 7-24 微团的横向脉动

这一矩阵为对称矩阵，其中$-\rho\overline{v_i'v_j'}=-\rho\overline{v_j'v_i'}$，未知数有六个。

在图 7-24 所示的二元非各向同性流动中，流体微团由慢层进入快层，通常 $v_y'>0$，$v_x'<0$。而微团由快层进入慢层时，通常 $v_y'<0$，$v_x'>0$，取平均值后，一般认为$-\rho\overline{v_i'v_j'}$ 通常为正。所以雷诺应力的作用总体上是使在截面上的速度分布趋向平均化。

雷诺应力与黏性应力有本质的差别。黏性应力对应分子热运动产生的扩散，引起界面两侧的动量交换，雷诺应力则对应流体微团的脉动引起界面两侧的动量交换。雷诺应力并不是严格意义上的表面应力，它是对真实的脉动运动进行平均处理时，将脉动引起的动量交换折算在想象的平均运动界面上的作用力。对平均运动而言，它具有表面力的效果，因而在解决实际工程问题时，可以把它和其他表面力同等看待。

湍流脉动引起的掺混运动就好像使流体黏性增大了 100 倍、1000 倍，在大多数情况下和绝大部分流动空间内，雷诺应力比分子黏性应力大得多，在这种情况下。分子黏性应力可以忽略不计。

三、湍流模式分类

湍流模式理论就是根据理论和经验，对雷诺平均运动方程的雷诺应力项建立表达式或方程，然后对雷诺应力方程的某些项提出尽可能合理的模型和假设，以使方程组封闭求解的理论。在湍流的工程应用中，常按方程组中所用的湍流量偏微分方程数目来划分，称为雷诺方法。

（1）“0”方程模式　只用湍流平均运动方程和连续方程作为方程组，并把方程组中的雷诺应力假设为平均物理量的某种代数函数，使方程组封闭。

（2）“1”方程模式　在“0”方程的基础上，增加一个湍流量的偏微分方程，再做适当的假设使方程组封闭。

（3）“2”方程模式　在“0”方程的基础上，增加两个湍流量的偏微分方程，使方程组封闭。

（4）应力方程模式　除了用湍流平均运动方程和连续方程以外，增加湍流应力的偏微分方程和三阶速度相关量的偏微分方程，然后做适当的物理假设而使方程组封闭。

第十一节　湍流模式理论

在求解不可压缩黏性湍流中的速度分布时只根据连续方程和雷诺方程加上必要的边界条件已不足以得到其解析解，而必须借助一定的经验性假设和实验数据最后才可能求出流道中或边界层内湍流时均速度分布，进而求出其流动阻力。从事湍流研究的科学家一直寻求在物理上合理地附加方程以求得湍流的封闭解。在各种湍流模式中，尽管仍然需要采用由实验确定的一些常数，但较半经验或者经验解法具有普遍性与准确性。

为了求解封闭黏性流体流动的时均方程组，需要补充一些附加方程，但补充附加方程后将会出现新的未知量。因此，必须对一些未知量做物理上合理的假设，即有根据的实验假设。根据不同的假设，具有不同的附加方程的数目，会对应不同的湍流模式。

一、零方程模型

在求解不可压缩定常湍流问题时，只依据时均连续方程和雷诺方程而不补充任何附加微分方程，即直接给出湍流附加切应力与时均场变量的经验公式使方程封闭。

（1）涡黏性模型　参照牛顿内摩擦定律 $\tau=\mu\dfrac{\mathrm{d}v_x}{\mathrm{d}y}$，在 1877 年，布辛涅斯克（Boussinesq）建议用一种假想的涡黏度，并由时均速度梯度计算雷诺应力。即

$$\tau_{\mathrm{t}}=-\rho\overline{v_x'v_y'}=\rho\nu_{\mathrm{t}}\frac{\mathrm{d}v_x}{\mathrm{d}y}$$

式中，ν_{t} 为涡黏度，与运动黏度 ν 有相同的量纲。

对于一般的三维情况，可写成

$$-\rho\overline{v_i'v_j'}=\rho\nu_{\mathrm{t}}\left(\frac{\partial\bar{v}_i}{\partial x_j}+\frac{\partial\bar{v}_j}{\partial x_i}\right)$$

提出假设的前提是认为流体质点做湍流脉动引起动量交换的机理可与分子运动引起黏性切应力的机理相类比。在布辛涅斯克假设中，ν_{t} 是一个恒定的标量。

但是两种动量交换是有实质区别的，因为分子运动通常只受分子平均速度（即温度）的影响，与宏观运动无关。而流体质点的湍动与平均湍流运动能量直接相关，所以湍流粘性 ν_{t} 既取决于流体性质，也取决于湍流的平均运动，ν_{t} 不可能是恒定的标量。为此提出如下修正假设

$$-\overline{v_i'v_j'}=-\frac{2}{3}k\delta_{ij}+\nu_{\mathrm{t}}\left(\frac{\partial\bar{v}_i}{\partial x_j}+\frac{\partial\bar{v}_j}{\partial x_i}\right) \tag{7-50}$$

其中，$k=\dfrac{1}{2}\overline{v_i'v_i'}=\dfrac{1}{2}\left(\overline{v_x'^2}+\overline{v_y'^2}+\overline{v_z'^2}\right)$，称为单位质量流体的**湍动能**；$\delta_{ij}$ 为克罗内克（Kronecker）符号，$\delta_{ij}=0$（$i\neq j$），$\delta_{ij}=1$（$i=j$）。

涡黏性模型的修正假设与实际湍流并不十分一致，但这个模型简单，提出后在解决实际问题中应用广泛，而且后来许多改进的模型常以它为基础。

（2）混合长度理论　由普朗特 1925 年提出，在湍流的半经验理论中，混合长度理论是发展最为完善、应用最广泛的一种。其基本思想是把湍流脉动与气体分子运动相比拟。

假设：1）类似于分子的平均自由程，流体微团做湍流运动时，具有混合长度的概念。即假定流体微团也要运行某一距离后才和周围流体混合或碰撞而产生动量交换，从而失去原来的特性。而在运行过程中，流体微团则保持其原有流动特征不变，流体微团运行的这个距离称为混合长度。2）x 方向与 y 方向的速度脉动值 v_x'、v_y'同阶。

图 7-25 所示为流经固体壁面的二维湍流时均速度分布。设流体微团原在位置 y_l-l，其时均速度为 $\bar{v}_x(y-l)$。这一流体微团在 y 方向运动 l 距离后方与周围流体混合，产生动量交换，这个距离即普朗特所假设的混合长度。新位置 y_l 处的速度为 $\bar{v}_x(y_l)$，两处的速度差

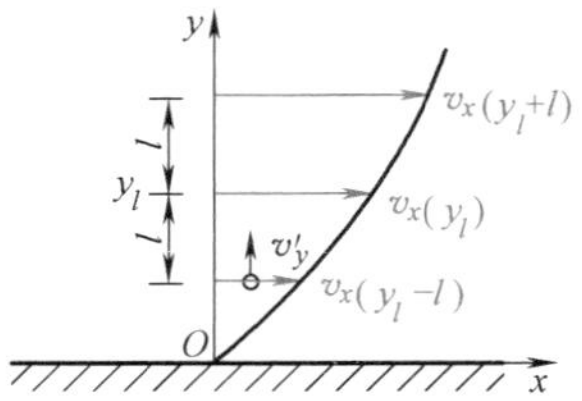

图 7-25　流经固体壁面的二维湍流时均速度分布

$$\Delta v_{x_1}=\bar{v}_x(y_l-l)-\bar{v}_x(y_l)=-l\frac{\mathrm{d}\bar{v}_x}{\mathrm{d}y}$$

此时，流体微团 y 方向的脉动速度 $v_y'>0$。反之，如果原处于 y_l+l 的流体微团向下方运动 l 后产生的速度差则为

$$\Delta v_{x_2}=\bar{v}_x(y_l+l)-\bar{v}_x(y_l)=l\frac{\mathrm{d}\bar{v}_x}{\mathrm{d}y}$$

普朗特认为 y 方向运动引起的速度差是 $y=y_l$ 处产生脉动速度的原因，并假设

$$\overline{|v_x'|}=\frac{1}{2}(|\Delta v_{x_1}|+|\Delta v_{x_2}|)=l\left|\frac{\mathrm{d}\bar{v}_x}{\mathrm{d}y}\right|$$

即到达 y_l 处的流体微团是由上下随机而来的，在一段时间内上方和下方来的机会相等。故可假设 y_l 处的速度脉动值是上下速度差的平均值，或上下扰动速度的平均值。

由假设 2，即 v_x'、v_y'同阶，则 $\overline{|v_y'|}=cl\left|\frac{\mathrm{d}\bar{v}_x}{\mathrm{d}y}\right|$

由前面对雷诺应力的讨论，v_x'、v_y'总是符号相反，即

$$\overline{v_x'v_y'}=-\overline{|v_x'|}\ \overline{|v_y'|}=-cl^2\left(\frac{\mathrm{d}\bar{v}_x}{\mathrm{d}y}\right)^2$$

令 $cl^2=L^2$，即将比例系数 c 并入未知的混合长度 l 中去，则

$$\overline{v_x'v_y'}=-L^2\left(\frac{\mathrm{d}\bar{v}_x}{\mathrm{d}y}\right)^2$$

因而雷诺切应力 τ_t 为

$$\tau_t=-\rho\overline{v_x'v_y'}=\rho L^2\left(\frac{\mathrm{d}\bar{v}_x}{\mathrm{d}y}\right)^2 \tag{7-51}$$

式（7-51）给出了雷诺应力和流场中时均量$\frac{\mathrm{d}\bar{v}_x}{\mathrm{d}y}$的关系，称为普朗特混合长度公式。将普朗特混合长度公式与布辛涅斯克的涡黏性模型相比较可得

$$\mu_t=\rho L^2\left|\frac{\mathrm{d}\bar{v}_x}{\mathrm{d}y}\right|$$

可以看出，普朗特的混合长度理论使布辛涅斯克的涡黏度具体化。通常 $\mu_t \gg \mu$。

混合长度公式将湍流切应力与时均速度场联系在一起，使雷诺方程不封闭的问题得以解决。混合长度 L 不是流体的一种物理性质而是与流动情况有关的一个量度，由实验确定。在很多情况下，可以把 L 与流动的某些尺度联系起来。

在固体壁面附近，假定 L 与从固体壁面算起的距离 y 成正比，即

$$L = ky$$

式中，k 为卡门常数，由实验确定，通常取 $k=0.4$。

二、一方程模型

一方程模式理论是指补充一个微分方程式可使雷诺方程组封闭。一方程模式理论多种多样，其中最吸引人的是普朗特在 1945 年提出的能量方程模型，即 k 方程模型。

普朗特仍采用涡黏度的概念，将运动涡黏度表示为与湍流运动特征速度和特征长度的比例，具体表达式为

$$\nu_t = C_\mu k^{\frac{1}{2}} L \tag{7-52}$$

式中，$k=\frac{1}{2}\overline{v_i'v_i'}=\frac{1}{2}(\overline{v_x'^2}+\overline{v_y'^2}+\overline{v_z'^2})$，单位质量流体的湍动能，由湍动能方程确定；$L$ 是一个湍流特征长度，由经验的代数关系式确定；C_μ 是常数。

湍动能 k 的输运方程为

$$\frac{\partial k}{\partial t}+v_j\frac{\partial k}{\partial x_j}=\frac{\partial}{\partial x_j}\left[\left(\nu+\frac{\nu_t}{\sigma_k}\right)\frac{\partial k}{\partial x_j}\right]+\nu_t\left(\frac{\partial \bar{v}_i}{\partial x_j}+\frac{\partial \bar{v}_j}{\partial x_i}\right)\frac{\partial \bar{v}_i}{\partial x_j}-C_D\frac{k^{\frac{3}{2}}}{L} \tag{7-53}$$

方程中各项依次为湍动能 k 的瞬态项、对流输运项、扩散输运项、产生项、耗散项。其中 σ_k、C_D、C_μ 为经验常数，多数文献建议：$\sigma_k=1.0$，$C_\mu=0.09$，$C_D=0.08\sim0.38$，L 可看成普朗特混合长度。

式（7-52）与式（7-53）构成了一方程模型。一方程模型考虑到湍动能的对流输运和扩散输运，因此比零方程合理。

在数值计算中，常将 k 方程写成守恒形式

$$\frac{\partial(\rho k)}{\partial t}+\frac{\partial(\rho\bar{v}_j k)}{\partial x_j}=\frac{\partial}{\partial x_j}\left[\left(\mu+\frac{\mu_t}{\sigma_k}\right)\frac{\partial k}{\partial x_j}\right]+\mu_t\left(\frac{\partial \bar{v}_i}{\partial x_j}+\frac{\partial \bar{v}_j}{\partial x_i}\right)\frac{\partial \bar{v}_i}{\partial x_j}-\rho C_D\frac{k^{\frac{3}{2}}}{L} \tag{7-54}$$

式（7-54）中含有特征长度 L，对剪切湍流，L 可用混合长度类似的经验关系确定。能量方程模型考虑了对流和湍流扩散输运，脉动特征速度通过增加湍动能 k 的输运方程求得，能量方程模型比零方程模型优越。

三、两方程模型

常用的有 k-ε 两方程模型，所谓 k-ε 两方程模型，是在湍流模式中增加 k 方程和 ε 方程，与雷诺方程和连续方程一起组成封闭的方程组。

1. ε 方程

湍动能耗散率 ε 表示为
$$\varepsilon = C_D\frac{k^{\frac{3}{2}}}{L}$$

湍动能耗散率 ε 的输运方程为

$$\frac{\partial \varepsilon}{\partial t}+\bar{v}_j \frac{\partial \varepsilon}{\partial x_j}=\frac{\partial}{\partial x_j}\left[\left(\nu+\frac{\nu_t}{\sigma_\varepsilon}\right)\frac{\partial \varepsilon}{\partial x_j}\right]+\left[C_{1\varepsilon} \frac{\nu_t}{\varepsilon}\left(\frac{\partial \bar{v}_i}{\partial x_j}+\frac{\partial \bar{v}_j}{\partial x_i}\right)\frac{\partial \bar{v}_i}{\partial x_j}-C_{2\varepsilon}\right]\frac{\varepsilon^2}{k} \tag{7-55}$$

方程中各项依次为耗散率 ε 的变化项、对流输运项、扩散输运项、产生项、衰减项。其中 σ_ε、$C_{1\varepsilon}$、$C_{2\varepsilon}$ 为经验常数，多数文献建议：$\sigma_\varepsilon=1.3$，$C_{1\varepsilon}=1.44$，$C_{2\varepsilon}=1.92$。

2. 标准 k-ε 模型

标准 k-ε 模型是典型的两方程模型，是在 k 方程模型的基础上，引入一个关于湍动能耗散率 ε 的方程后形成的，这一模型是目前使用最广泛的湍流模型。

在 1972 年，琼斯和朗道（Jones，Launder）应用量纲分析方法，得出了湍流运动涡黏度的表达式

$$\nu_t=C_\mu \frac{k^2}{\varepsilon}$$

在大雷诺数流动情况下，k、ε 分别由下面的湍动能方程和湍动能耗散率方程确定

$$\frac{\partial k}{\partial t}+\bar{v}_j \frac{\partial k}{\partial x_j}=\frac{\partial}{\partial x_j}\left[\left(\nu+\frac{\nu_t}{\sigma_k}\right)\frac{\partial k}{\partial x_j}\right]+\nu_t\left(\frac{\partial \bar{v}_i}{\partial x_j}+\frac{\partial \bar{v}_j}{\partial x_i}\right)\frac{\partial \bar{v}_i}{\partial x_j}-\varepsilon$$

$$\frac{\partial \varepsilon}{\partial t}+\bar{v}_j \frac{\partial \varepsilon}{\partial x_j}=\frac{\partial}{\partial x_j}\left[\left(\nu+\frac{\nu_t}{\sigma_\varepsilon}\right)\frac{\partial \varepsilon}{\partial x_j}\right]+\left[C_{1\varepsilon} \frac{\nu_t}{\varepsilon}\left(\frac{\partial \bar{v}_i}{\partial x_j}+\frac{\partial \bar{v}_j}{\partial x_i}\right)\frac{\partial \bar{v}_i}{\partial x_j}-C_{2\varepsilon}\right]\frac{\varepsilon^2}{k}$$

各经验常数为：$C_\mu=0.09$，$\sigma_k=1.0$，$\sigma_\varepsilon=1.3$，$C_{1\varepsilon}=1.44$，$C_{2\varepsilon}=1.92$。

3. RNG k-ε 模型

鉴于标准 k-ε 模型中 ε 模型不够精确，尤其对应变率较大的流动，如回流、旋流及分离流等难于准确预测。1986 年 Yakhot 和 Orszag 应用重整化群 RNG 理论，建立了一类新的湍流模型——RNG k-ε 模型，方程中的系数都是理论推导出来的。RNG k-ε 模型与标准 k-ε 模型形式比较相似，其中不同之处在于 ε 方程中增加了一项，它包括了涡黏度的各向异性、历史效应以及平均涡量的影响。RNG k-ε 模型常数由重整化群理论算出，是一种理性的模式理论，原则上不需要经验常数。Speziale 和 Yakhot 等的应用表明它比传统的湍流模型具有优越性和较大的发展潜力。

RNG k-ε 模型与标准 k-ε 模型有类似之处，其 k 方程和 ε 方程分别如下

$$\frac{\partial(\rho k)}{\partial t}+\frac{\partial(\rho \bar{v}_j k)}{\partial x_j}=\frac{\partial}{\partial x_j}\left(\alpha_k \mu_{\text{eff}} \frac{\partial k}{\partial x_j}\right)+G_k+G_b-\rho\varepsilon-Y_M \tag{7-56}$$

$$\frac{\partial(\rho \varepsilon)}{\partial t}+\frac{\partial(\rho \bar{v}_j \varepsilon)}{\partial x_j}=\frac{\partial}{\partial x_j}\left(\alpha_\varepsilon \mu_{\text{eff}} \frac{\partial \varepsilon}{\partial x_j}\right)+C_{1\varepsilon} \frac{\varepsilon}{k}(G_k+C_{2\varepsilon}G_b)-C_{1\varepsilon}\rho \frac{\varepsilon^2}{k}-R \tag{7-57}$$

式中，G_k 为由于平均速度梯度引起的湍动能 k 的产生项；G_b 为由于浮力产生的湍动能 k 的生成项；Y_M 为由于可压缩性引起的湍动能耗散项，不可压缩流动中可忽略；$\mu_{\text{eff}}=\mu+\mu_t$ 为等效黏度；R 为附加项，$R=\frac{C_\mu \rho \eta^3(1-\mu/\eta_0)}{1+\beta\eta^3} \frac{\varepsilon^2}{k}$，其中 $\eta=S \frac{k}{\varepsilon}$，$\eta_0=4.83$，$\beta=0.012$。

式中常数分别为：$C_\mu=0.0845$，$C_{1\varepsilon}=1.42$，$C_{2\varepsilon}=1.68$，$\alpha_k=1.0$，$\alpha_\varepsilon=0.769$。

四、湍流模式的比较

雷诺应力模式是目前所有模式中最复杂的一种模式，需要求解的微分方程个数最多，计

算所花费的时间也较长，然而该模式的普适性和预报能力均优于其他模式。

代数应力模式是目前应用得较广泛的一种模式，它比雷诺应力模式要简单得多，而计算所得的结果与雷诺应力模式所得的结果不相上下。在应用该模式时，要注意其使用场合，即必须满足对扩散项和对流项所要求的条件。

两方程模式在工程上得到了广泛的应用，它所花费的计算时间比代数应力模式短，计算结果也略为差些。在诸如三维流场存在二次流这样的问题中，该模式不适用。

其他模式，如一阶封闭模式，其预报能力较差，方程中出现的常数往往与所求的解的流场有关，因此缺乏普适性，为了获得更好的计算结果，方程中出现的某些参数要根据实验数据进行修正，而实验数据的可靠性和精度直接影响最后的计算结果。因此，用过于简单的湍流模式预测复杂的流场，其结果是不可靠的。

总而言之，对于复杂的模式，计算精度要高些，但计算所花的时间也要长些。而对于简单的模型，其精度要低些，优点是计算量相对小些。可见在现有计算条件限制的情况下，权衡利弊，合理地选择湍流模式是非常必要的。

以上的湍流模型都是从雷诺方程出发，提出补充方程，试图封闭方程组。另一个途径是直接模拟湍流，包括大涡模拟法等。

习　题

7-1　以速度 $v=13\text{m/s}$ 滑跑的冰球运动员的冰刀长度 $l=250\text{mm}$、刀刃宽 $b=3\text{mm}$。设在滑行中刀刃与冰面间因压力与摩擦作用而形成一层厚 $h=0.1\text{mm}$ 的水膜。近似计算滑行的冰面阻力。

7-2　某流体介质的动力黏度 μ 可用一毛细管黏度计测定。该黏度计的管长为 1m、管径为 0.5mm，当流量为 $1\times10^{-6}\text{m}^3/\text{s}$ 时所测得的水平管两端压差为 1MPa。确定此流体介质的动力黏度 μ。

7-3　如图 7-26 所示，汽油供给系统中的浮子室的进油管长为 4m、管径为 5mm、油流速度为 0.3m/s，油温为 20℃，运动黏度为 $0.0073\text{cm}^2/\text{s}$，水平油管至浮子室底垂直距离为 1m。若浮子室针阀在 $5.06\times10^3\text{Pa}$ 下开启，求泵出口压强。

7-4　如图 7-27 所示，一涡轮钻机其传动轴直径为 40mm，所钻下的岩浆沿直径为 160mm 的同心井管排到地面。设井深 1000m，岩浆动力黏度 $\mu=0.05\text{Pa}\cdot\text{s}$，传动轴转速为 500r/min。求岩浆作用于轴上的阻力矩。

7-5　利用边界层动量积分关系式较准确地计算平板层流边界层的速度分布，将速度分布设成三次幂多项式，求边界层厚度 $\delta(x)$。

7-6　一平底机动船的长度为 8m、宽为 2m、吃水深度为 1m。若河水温度为 15℃，船行速度为 7.2km/h，近似计算船发动机为克服河水黏性阻力所耗功率（$Re_c=3\times10^5$）。

7-7　水轮机的 24 个弦长为 500mm、高为 300mm 的径向导叶可近似地当作平板看待，则当水流无分离地沿导叶弦向以 10m/s 的速度流向转轮室时，求导叶尾缘处的边界层厚度及水流经过导叶时所受到的黏性阻力。

7-8　一冲浪板长为 1.2m、宽为 250mm。当它快冲到浪尖处时速度只有 2.5mm/s。若海水密度为 1.026kg/m^3、运动黏度为 $1.4\times10^{-6}\text{m}^2/\text{s}$，估算一下滑板遇到多大的海水阻力（$Re_c=3\times10^5$）。

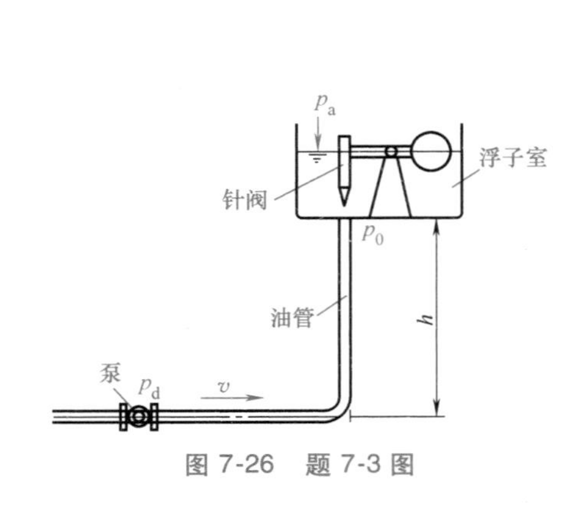

图 7-26　题 7-3 图

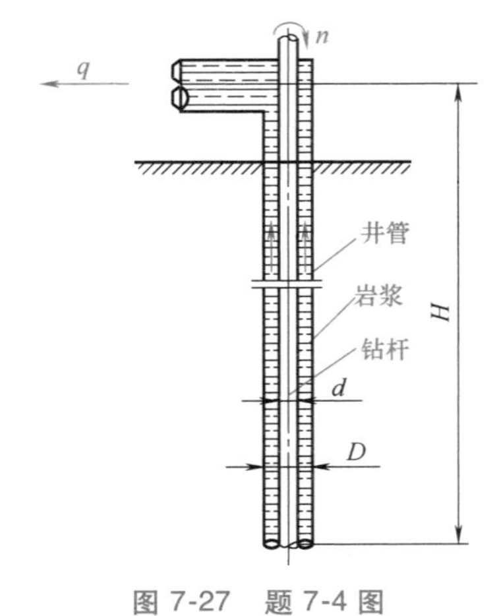

图 7-27　题 7-4 图

7-9　若上题中的冲浪者以 3m/s 的速度在海水表面滑行，求冲浪板的中间边界层的厚度。

7-10　试述雷诺方程的推导思路，说明雷诺应力的物理意义。

7-11　何谓湍动能和湍动能耗散率？分析湍动能输运方程中各项的含义以及建立湍动能耗散率输运方程的必要性。

第八章

计算流体力学导论

在自然界和各种工程领域中广泛存在大量的流体运动现象，描述这些流动的控制方程（N-S方程）是一组非线性的偏微分方程，在数学上求解存在很大的困难。只有少量特定条件下的流动，如平板绕流、圆管层流等简单边界条件下或者无黏性势流的问题，控制方程和边界条件得到大大简化，从而可以得到解析解。长期以来，大量的流动问题只能依靠实验来解决。随着计算机和计算方法的发展，数值计算已逐渐成为一个研究流体流动问题的重要手段，计算流体力学也成为流体力学的一个重要分支。

第一节　概　　述

计算流体力学（Computational Fluid Dynamics，简称CFD）是建立在经典流体力学与数值计算方法基础之上的一门新型独立学科，通过计算机计算和图像显示的方法，在时间和空间上定量描述流体流动、传热乃至燃烧等问题的数值解，从而达到研究物理问题的目的。计算流体力学兼有理论性和实践性的双重特点，其建立的许多理论和方法，成功解决了现代科学中许多复杂流动与传热问题。

计算流体力学把原来在时间域及空间域上连续的物理场，如速度场和压力场，用一系列有限个离散点上的变量值的集合来代替，即通过一定的原则和方式将描述流体流动的控制方程组离散为空间离散点上场变量之间关系的代数方程组，然后求解代数方程组以获得场变量（速度、压强、温度以及浓度等参数）的近似值。

计算流体力学的应用与计算机技术的发展密切相关。计算流体力学软件最早诞生于20世纪70年代，在21世纪初得到了较为广泛的应用。计算流体力学软件已经成为解决各种流体流动与传热问题的强有力工具，成功应用于能源、动力、水利、航运、海洋、环境、食品等科学领域。数值计算方法与传统的理论分析方法、实验测量方法共同组成了研究流体力学问题的完整体系。

一、计算流体力学的工作步骤

采用计算流体力学的方法对流动进行数值模拟，通常包括如下步骤：

1）建立反映工程问题或物理问题本质的数学模型。具体地说，就是要建立反映问题各个量之间关系的微分方程及相应的定解条件，这是数值模拟的出发点。正确完善的数学模型是保证数值计算结果合理和正确的基本前提。流体流动的控制方程通常包括质量守恒方程、动量守恒方程和能量守恒方程，以及这些方程相应的定解条件。

2）高效率、高准确度的计算方法，即建立针对控制方程的数值离散化方法，如有限差分法、有限元法、有限体积法等。计算方法不仅包括微分方程的离散化方法及求解方法，还包括贴体坐标的建立、边界条件的处理等。这些内容是计算流体力学的核心内容。

3）编制程序和进行计算。这部分工作包括计算网格划分、初始条件和边界条件的确定，以及控制参数的设定等。由于求解的问题比较复杂，比如N-S方程本身就是一个十分复杂的非线性偏微分方程，数值求解方法在理论上并不完善，需要通过反复进行程序调试来获得正确的数值解。因此，数值计算又称为数值试验。

4）数值处理和结果显示。大量的数值计算结果一般都是通过图表等方式形象地展现出来的，这对检查和判断分析计算质量和计算结果都有重要参考意义。

二、微分方程的分类

在计算流体力学中，不同流动的控制方程按其数学性质可以分为三类，即椭圆型方程、抛物型方程和双曲型方程。例如，拉普拉斯（Laplace）方程

$$\frac{\partial^2\varphi}{\partial x^2}+\frac{\partial^2\varphi}{\partial y^2}+\frac{\partial^2\varphi}{\partial z^2}=0 \tag{8-1}$$

为椭圆型方程。一维扩散方程

$$\frac{\partial u}{\partial t}=\beta\frac{\partial^2 u}{\partial x^2} \tag{8-2}$$

为抛物型方程。一维对流方程

$$\frac{\partial u}{\partial t}+\alpha\frac{\partial u}{\partial x}=0 \tag{8-3}$$

为双曲型方程。

三、数值求解方法简介

计算流体力学由于应变量在节点之间的分布假设以及推导离散方程的方法不同，就形成了有限差分法、有限元法和有限体积法等不同类型的方程离散化方法。

（1）有限差分法　**有限差分法**（Finite Difference Method，简称FDM）是数值解法中最经典的方法。它是将求解域划分为差分网格，用有限个网格节点代替连续的求解域，然后将偏微分方程（控制方程）的导数用差商代替，推导出含有离散点上有限个未知数的差分方程组。求差分方程组（代数方程组）的解，就是求微分方程定解问题的数值近似解，这是一种直接将微分问题变换为代数问题的近似数值解法。

这种方法发展较早，比较成熟，较多地用于求解双曲型和抛物型问题。但用它求解边界条件复杂，尤其是椭圆型问题不如有限元法或有限体积法方便。

（2）有限元法　**有限元法**（Finite Element Method，简称FEM）与有限差分法都是广泛应用的方程离散方法。有限元法是将一个连续的求解域任意分成适当形状的许多微小单元，并于各小单元分片构造插值函数，然后根据极值原理（变分或加权余量法），将流动问题的控制方程转化为所有单元上的有限元方程，把总体的极值作为各单元极值之和，即将局部单元总体合成，形成嵌入了指定边界条件的代数方程组，求解该方程组就可以得到各节点上待

求的函数值。

有限元法的基础是极值原理和划分插值，它吸收了有限差分法中离散处理的内核，采用了变分计算中选择逼近函数并对区域进行积分的合理方法，是这两类方法相互结合、取长补短的结果。它具有很广泛的适应性，特别适用于几何及物理条件比较复杂的问题，而且便于程序的标准化，对椭圆型方程问题有更好的适用性。

（3）有限体积法 **有限体积法**（Finite Volume Method，简称 FVM）将计算区域划分为一系列不重复的控制体积，并使每个网格点周围有一个控制体积，即每个控制体积都有一个节点作为代表。将待解的微分方程对每一个控制体积积分，得出一组离散方程。其中的未知数是网格点的因变量 Φ 的数值。有限体积法得出的离散方程，要求因变量的积分守恒对任意一组控制体积都得到满足，对整个计算区域，自然也得到满足，这是有限体积法的突出优点。

有限体积法是近年来发展非常迅速的一种离散化方法，其特点是计算效率高，目前在计算流体力学领域得到了广泛应用，大多数商用计算流体力学软件都采用这种方法。

四、计算流体力学的应用领域

近几十年来，计算流体力学有了很大的发展，替代了经典流体力学中的一些近似计算法和图解法。流体力学中典型的教学实验，如 Reynolds 实验，现在完全可以借助计算流体力学手段在计算机上实现。所有涉及流动、热交换、分子输运等现象的问题，几乎都可以通过计算流体力学的方法进行模拟和分析。计算流体力学不仅是一个研究工具，而且还可以作为设计工具在能源动力、水利、土木、环境、食品、海洋工程等领域发挥作用。典型的应用场合及相关的工程问题包括：

1）水轮机、风机和泵等流体机械内部的流体流动。

2）飞机和航天飞机等飞行器的设计。

3）汽车流线外形对性能的影响。

4）洪水波及河口潮流计算。

5）风载荷对高层建筑物稳定性及结构性能的影响。

6）温室及室内的空气流动及环境分析。

7）电子元器件的冷却。

8）换热器性能分析及换热片形状的选取。

9）河流中污染物的扩散。

10）汽车尾气对街道环境的污染。

11）食品中细菌的运移。

对这些问题的处理，过去主要借助于理论分析和物理模型实验，而现在大多采用计算流体力学的方法加以分析，并且可以解决非常复杂的流动、传热传质以及燃烧、化学反应等问题。

五、计算流体力学软件的结构

自 20 世纪 80 年代以来，出现了如 PHOENICS、CFX、STAR-CD、FIDIP、FLUENT 等多个商用计算流体力学软件，这些软件的显著特点是：功能比较全面、适用性强，可以求解工程中的各种复杂的流动与传热问题。商业软件具有前后处理系统和与其他软件的接口能力，便于用户快速完成造型、网格划分等工作。同时还具备用户扩展开发模块，具有比较完备的容错机制和操作界面，稳定性高。

计算流体力学软件均包括三个基本环节：前处理、求解和后处理，与之对应的程序模块分别称为前处理器、求解器、后处理器。

（1）前处理器　**前处理器**（Preprocessor）用于计算前处理工作。前处理环节是向计算流体力学软件输入所求问题的相关数据，该过程一般是借助与求解器相对应的对话框等图形界面来完成的。在前处理阶段需要用户进行以下工作：

1）定义所求问题的几何计算域。

2）将计算域划分成多个互不重叠的子区域，形成由单元组成的网格。

3）对所要研究的物理和化学现象进行抽象，选择相应的控制方程。

4）定义流体的属性参数。

5）为计算域边界处的单元指定边界条件。

6）对于瞬态问题，指定初始条件。

流动问题的解是在单元内部的节点上定义的，解的精度由网格中单元的数量所决定。一般来讲，单元越多、尺寸越小，所得解的精度越高，但所需要的计算机内存资源及 CPU 时间也相应增加。为了提高计算精度，在物理量梯度较大的区域，以及人们感兴趣的区域，往往要加密计算网格。在前处理阶段生成计算网格时，关键是要掌握计算精度与计算成本之间的平衡。

目前在商用计算流体力学软件计算时，超过 50%以上的时间用来定义几何区域和生成计算网格。几何模型可以由软件自身的前处理器来生成，也可以借用其他商用 CFD 或 CAD/CAE 软件（如 PATRAN、ANSYS、I-DEAS、Pro/ENGINEER）来生成。另外，指定流体参数也是在前处理阶段进行的。

（2）求解器　**求解器**（Solver）的核心是数值求解方案。常用的数值求解方案包括有限差分法、有限元法、谱方法和有限体积法等，各种数值求解方案的主要差别在于流动变量被近似的方式及相应的离散化过程。总体上讲，这些方法的求解过程大致相同，包括以下步骤：

1）借助简单函数来近似待求的流动变量。

2）将该近似关系代入连续型的控制方程中，形成离散方程组。

3）求解代数方程组。

（3）后处理器　后处理的目的是有效地观察和分析流动计算结果。随着计算机图形功能的提高，计算流体力学软件均配备了**后处理器**（Postprocessor），提供了较为完善的后处理功能，包括：

1）计算域的几何模型及网格显示。

2）矢量图（如速度矢量线）。

3）等值线图和填充型的等值线图（云图）。

4）XY 散点图。

5）粒子轨迹图及动态图。

6）图像处理功能（平移、缩放、旋转等）。

第二节 通用微分方程

流体力学的连续方程、动量方程、能量方程以及其他补充方程，构成了一组严格的控制方程，为流体力学问题的数值求解提供了基础。将这些不同的方程写成统一的标准形式，有利于编制通用的计算流体力学软件。

一、通用微分方程的表达形式

对描述流体流动的各控制方程，若用一个通用变量 Φ 代表单位质量的任意物理量，并将其作为通用微分方程的描述对象，其形式为

$$\frac{\partial(\rho\Phi)}{\partial t}+\nabla\cdot(\rho\boldsymbol{v}\Phi)=\nabla\cdot(D\nabla\Phi)+S \tag{8-4}$$

式中，ρ 为密度；$\boldsymbol{v}$ 为速度；t 为时间；D 为扩散系数；S 为源项。

式（8-4）即为通用微分方程，方程各项依次为：非定常项、对流项、扩散项、（广义）源项。对不同意义的变量 Φ、扩散系数 D 和源项 S，则方程具有特定的形式。如连续性方程

$$\frac{\partial\rho}{\partial t}+\nabla\cdot(\rho\boldsymbol{v})=0 \tag{8-5}$$

用通用微分方程式来表示，则 Φ 等于 1，D 和 S 均为零，即扩散项和源项都不存在。

运动微分方程（N-S 方程）

$$\frac{\partial(\rho\boldsymbol{v})}{\partial t}+\boldsymbol{v}\cdot\nabla(\rho\boldsymbol{v})=\rho\boldsymbol{F}-\nabla p+\nabla\cdot(\mu\nabla\boldsymbol{v}) \tag{8-6}$$

式中，Φ 为速度 $\boldsymbol{v}$；D 为动力黏度 μ；$\rho\boldsymbol{F}-\nabla p$ 归入源项。将控制微分方程各项的剩余部分归入源项的处理方法也可用于其他复杂流动的控制微分方程。

二、守恒型方程与非守恒型方程

运动微分方程（N-S 方程）中的对流项为$\boldsymbol{v}\cdot\nabla(\rho\boldsymbol{v})$，称这一方程为非守恒型方程。通用微分方程（8-4）融入了连续方程，其对流项为散度形式，称为守恒型方程。

非守恒型方程便于对生成的离散方程进行理论分析，而守恒型控制方程更能保持物理量守恒的性质。特别是在有限体积法中可方便地建立离散方程，因此得到了较广泛的应用。

三、方程的定解条件

在建立了流动的控制方程后，还必须确定所研究系统的初始条件和边界条件。只有确定了初始条件和边界条件之后，流动才具有唯一解。

1）初始条件。初始条件是指初始时刻 $t=t_0$ 时，流体运动应该满足的初始状态，即

$$\Phi(x,y,z,t_0)=F_1(x,y,z) \tag{8-7}$$

$F_1(x,\ y,\ z)$ 为已知函数。对定常流动，一般不提初始条件。

2）边界条件。边界条件是指流体流动时边界上方程组的解应满足的条件，边界条件有以下三种形式。第一类边界条件是在边界 Γ 上给定函数 Φ 值，即

$$\Phi|_{\Gamma}=f_1(x,y,z,t) \tag{8-8}$$

称为本质边界条件，$f_1(x,\ y,\ z,\ t)$ 为已知函数。

第二类边界条件是在边界 Γ 上给定函数 Φ 的法向导数值，即

$$\left.\frac{\partial \phi}{\partial n}\right|_{\Gamma}=f_2(x,y,z,t) \tag{8-9}$$

称为自然边界条件，$f_2(x,\ y,\ z,\ t)$ 为已知函数。

第三类边界条件是在边界 Γ 上给定函数 Φ 和它的法向导数之间的一个线性关系，即

$$\left.\left(a\frac{\partial \Phi}{\partial n}+b\Phi\right)\right|_{\Gamma}=f_3(x,y,z,t) \tag{8-10}$$

称为混合边界条件，式中，$a>0$，$b>0$，$f_3(x,\ y,\ z,\ t)$ 为已知函数。

在给定边界条件时，可在封闭域上全部给定第一类边界条件，也可全部给定第三类边界条件，但不能在封闭域上全部给定第二类边界条件，因为不能得到唯一解。

例如：一维热传导方程的初始条件及边界条件，如图 8-1 所示。

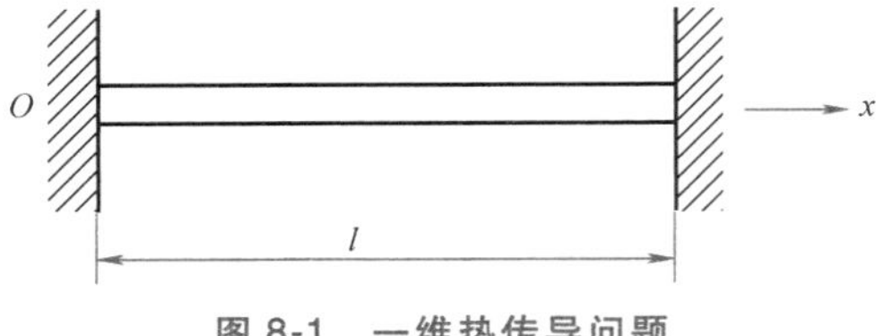

图 8-1　一维热传导问题

$$\frac{\partial u}{\partial t}=\beta\frac{\partial^2 u}{\partial x^2}+f(x,t)$$

1）初值问题：在区域 $G=\{(x,t)|_{x\in(-\infty,+\infty)},t>0\}$ 内，求满足初始条件

$$u(x,0)=\phi(x),\quad -\infty<x<+\infty$$

的解。

2）边值问题：在区域 $G=\{(x,t)|_{x\in(0,l)},t\in(0,T)\}$ 内，求满足初始条件

$$u(x,0)=\phi(x),\quad 0<x<l$$

及第一类边界条件

$$u(0,t)=\eta_1(t),\ u(l,t)=\eta_2(t),\ 0\leqslant t\leqslant T$$

的解，称之为第一类边值问题。如果把第一类边值问题换成下面的类型，则分别称为第二类边值问题，或第三类边值问题。

第二类边值条件为

$$\left.\frac{\partial u}{\partial x}\right|_{(0,t)}=\alpha_1(t),\quad 0\leqslant t\leqslant T$$

$$\left.\frac{\partial u}{\partial x}\right|_{(l,t)}=\alpha_2(t),\quad 0\leqslant t\leqslant T$$

第三类边值条件为

$$\left.\left[u+a_1(t)\frac{\partial u}{\partial x}\right|_{x=0}=\gamma_1(t),\ 0\leqslant t\leqslant T,\ a_1\geqslant 0$$

$$\left.\left[u+a_2(t)\frac{\partial u}{\partial x}\right|_{x=l}=\gamma_2(t),\ 0\leqslant t\leqslant T,\ a_2\geqslant 0$$

第三节　有限体积法

有限体积法是计算流体力学领域广泛使用的方程离散化方法，具有离散效率高、因变量

的积分守恒等特点，大多数商用计算流体力学软件都采用这种方法。因此，本节将详细介绍有限体积法的基本思想。

一、有限体积法的基本思想

有限体积法将计算区域划分为网格，并使每个网格点周围有一个互不重复的控制体积，将待解微分方程（控制方程）对每个控制体积积分，从而得出一组离散方程，其中的未知数就是网格点上的因变量 Φ。为了求出控制体积的积分，必须假定 Φ 值在网格点之间的变化规律。从积分区域的选取方法来看，有限体积法属于加权余量法中的子域法，从未知解的近似方法来看，有限体积法属于采用局部近似的离散方法。简言之，子域法加离散，就是有限体积法的基本方法。

有限体积法的基本思想易于理解，并能得出直接的物理解释。离散方程的物理意义，就是因变量 Φ 在有限大小的控制体积中的守恒原理，如同微分方程表示因变量在无限小的控制体积中的守恒原理一样。

有限体积法可视作有限元法和有限差分法的中间物。有限元法必须假定 Φ 值在网格节点之间的变化规律（即插值函数），并将其作为近似解。有限差分法只考虑网格点上 Φ 的数值，而不考虑 Φ 值在网格节点之间如何变化。有限体积法只寻求 Φ 的节点值，这与有限差分法相类似；但有限体积法在寻求控制体积的积分时，必须假定 Φ 值在网格点之间的分布，这又与有限单元法相类似。在有限体积法中，插值函数只用于计算控制体积的积分，得出离散方程之后，便可忘掉插值函数：如果需要的话，方程中不同的项可采取不同的插值函数。

二、有限体积法的网格

有限体积法的区域离散过程是：把所计算的区域划分成多个互不重叠的子区域，即计算网格，然后确定每个子区域中的节点位置及该节点所代表的控制体积。以下为有限体积法的四个几何要素：

1）节点：需要求解的未知物理量的几何位置。

2）控制体积：应用控制方程或守恒定律的最小几何单位。

3）界面：它规定了与各节点相对应的控制体积的分界面位置。

4）网格线：连接相邻两节点而形成的曲线簇。

图 8-2 所示为一维问题的有限体积法计算网格，图中标出了节点、控制体积、界面和网格线。

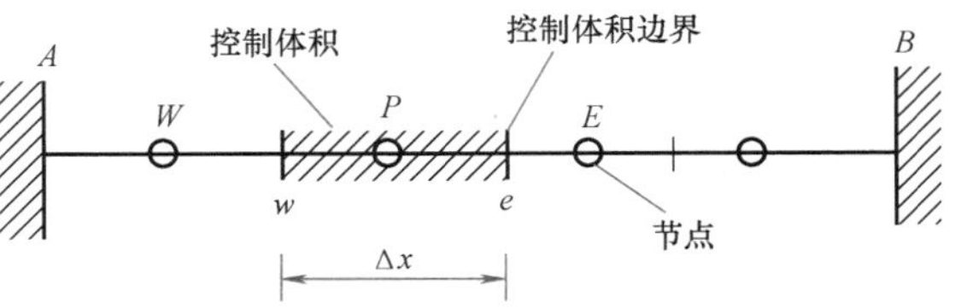

图 8-2　一维问题的有限体积法计算网格

在图 8-2 中，节点排列有序，即当给出了一个节点编号后，立即可以得出其相邻节点的编号，这种网格称为**结构网格**。

近年来，还出现了**非结构网格**。非结构网格的节点以一种不规则的方式布置在流场中，这种网格虽然生成过程比较复杂，但却有极大的适应性，尤其对具有复杂边界的流场计算问题。图 8-3 所示为一个二维非结构网格，采用的是三角形控制体积，三角形的质心是计算节点，如图中的 C_0 点。

三、一维稳态问题

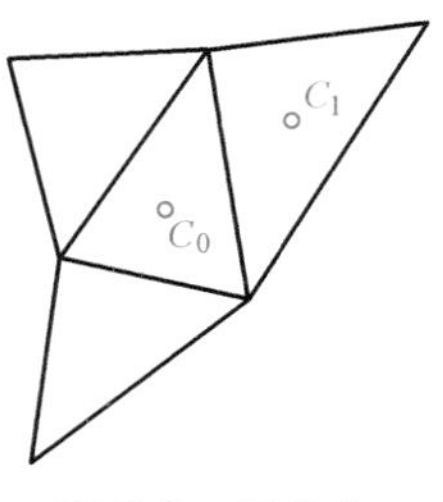

图 8-3　二维非结构网格

以一维稳态问题为例，对其控制微分方程，说明采用有限体积法生成离散方程的方法和过程，并对离散方程的求解作简要介绍。

（1）问题的描述　流体流动的控制方程，包括连续方程、动量方程和能量方程，都可以写成通用微分方程的形式。若只考虑稳态问题，可写出一维问题的控制方程为

$$\frac{\mathrm{d}(\rho u\phi)}{\mathrm{d}x}=\frac{\mathrm{d}}{\mathrm{d}x}\left(\Gamma\frac{\mathrm{d}\phi}{\mathrm{d}x}\right)+S \tag{8-11}$$

式（8-11）为一维模型方程，方程中包含对流项、扩散顶及源项。方程中的 ϕ 是广义变量，可以是速度、浓度或温度等一些待求的物理量，Γ 是相应于 ϕ 的广义扩散系数，S 为广义源项。变量 ϕ 在端点 A、B 的边界值为已知。

（2）生成计算网格　如图 8-4 所示，在空间域上放置一系列节点，将控制体积的边界取在两个节点中间的位置，这样，每个节点由一个控制体积所包围。

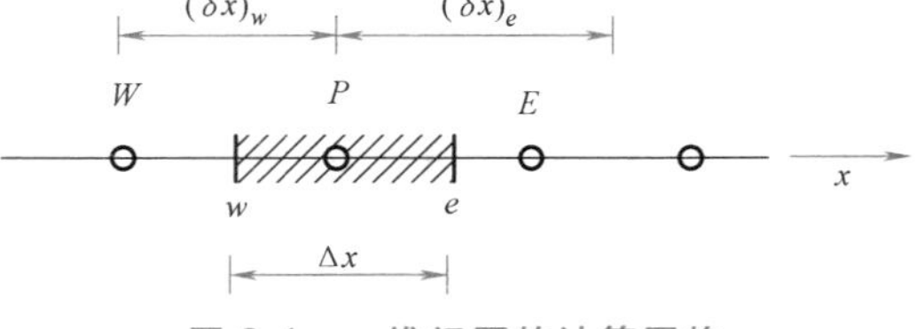

图 8-4　一维问题的计算网格

用 P 来标识一个广义节点，其东西两侧的相邻节点分别用 E、W 标识。同时，与各节点对应的控制体积也用同一字符标识。控制体积 P 的两个界面分别用 e、w 标识，两个界面的距离用 Δx 表示。E 点至节点 P 的距离用 $(\delta x)_e$ 表示，W 点至节点 P 的距离用 $(\delta x)_w$ 表示。

（3）建立离散方程　有限体积法的关键是在控制体积上对控制微分方程积分，以在控制体积节点上产生离散方程。对一维模型方程式（8-11）在控制体积 P 上积分，得

$$\int_{\Delta V}\frac{\mathrm{d}(\rho u\phi)}{\mathrm{d}x}\mathrm{d}V=\int_{\Delta V}\frac{\mathrm{d}}{\mathrm{d}x}\left(\Gamma\frac{\mathrm{d}\phi}{\mathrm{d}x}\right)\mathrm{d}V+\int_{\Delta V}S\mathrm{d}V \tag{8-12}$$

式中，ΔV 是控制体积的体积值。当控制体很微小时，ΔV 可以表示为 $\Delta x\cdot A$，这里 A 是控制体积界面的面积（对一维问题 $A=1$）。积分式（8-12）得

$$(\rho u\phi A)_e-(\rho u\phi A)_w=\left(\Gamma A\frac{\mathrm{d}\phi}{\mathrm{d}x}\right)_e-\left(\Gamma A\frac{\mathrm{d}\phi}{\mathrm{d}x}\right)_w+S\Delta V \tag{8-13}$$

式（8-13）中的对流项和扩散项均已转化为控制体积界面上的值。有限体积法的显著特点之一是离散方程中具有明确的物理插值，即界面的物理量要通过插值的方式由节点的物理量来表示。

在有限体积法中规定，ρ，u，Γ，ϕ，$\frac{\mathrm{d}\phi}{\mathrm{d}x}$等物理量均是在节点处定义和计算的。因此，为了计算界面上的这些物理参数（包括其导数），需要有一个物理参数在节点间的近似分布。可以想象，线性近似是最直接、最简单的方式，这种分布称为中心差分。

如果网格是均匀的，则扩散系数 Γ 的线性插值是

$$\Gamma_e=\frac{\Gamma_P+\Gamma_E}{2},\quad \Gamma_w=\frac{\Gamma_W+\Gamma_P}{2}$$

$(\rho u\phi A)$ 的线性插值是

$$(\rho u\phi A)_e=(\rho u)_e A_e\frac{\phi_P+\phi_E}{2},\quad (\rho u\phi A)_w=(\rho u)_w A_w\frac{\phi_W+\phi_P}{2}$$

扩散项的线性插值为

$$\left(\Gamma A\frac{\mathrm{d}\phi}{\mathrm{d}x}\right)_e=\Gamma_e A_e\left[\frac{\phi_E-\phi_P}{(\delta x)_e}\right],\quad \left(\Gamma A\frac{\mathrm{d}\phi}{\mathrm{d}x}\right)_w=\Gamma_w A_w\left[\frac{\phi_P-\phi_W}{(\delta x)_w}\right]$$

对于源项 S，它通常是时间和物理量 ϕ 的函数，为简化问题，S 作如下线性处理，即

$$S=S_C+S_P\phi_P$$

式中，S_C 是常数，S_P 是随时间和物理量 ϕ 变化的项。

将以上各式代入式（8-13）中，得

$$(\rho u)_e A_e\frac{\phi_P+\phi_E}{2}-(\rho u)_w A_w\frac{\phi_W+\phi_P}{2}$$
$$=\Gamma_e A_e\left[\frac{\phi_E-\phi_P}{(\delta x)_e}\right]-\Gamma_w A_w\left[\frac{\phi_P-\phi_W}{(\delta x)_w}\right]+(S_C+S_P\phi_P)\Delta V$$

整理后，得

$$\left[\frac{\Gamma_e}{(\delta x)_e}A_e+\frac{\Gamma_w}{(\delta x)_w}A_w-S_P\Delta V\right]\phi_P=\left[\frac{\Gamma_w}{(\delta x)_w}A_w+\frac{(\rho u)_w}{2}A_w\right]\phi_W+\left[\frac{\Gamma_e}{(\delta x)_e}A_e-\frac{(\rho u)_e}{2}A_e\right]\phi_E+S_C\Delta V$$

记为

$$a_P\phi_P=a_W\phi_W+a_E\phi_E+b \tag{8-14a}$$

式中，

$$a_W=\frac{\Gamma_w}{(\delta x)_w}A_w+\frac{(\rho u)_w}{2}A_w,\ a_E=\frac{\Gamma_e}{(\delta x)_e}A_e-\frac{(\rho u)_e}{2}A_e,\ b=S_C\Delta V,$$

$$a_P=\frac{\Gamma_e}{(\delta x)_e}A_e+\frac{\Gamma_w}{(\delta x)_w}A_w-S_P\Delta V=a_E+a_W+\frac{(\rho u)_e}{2}A_e-\frac{(\rho u)_w}{2}A_w-S_P\Delta V$$

对于一维问题，控制体积界面 e 和 w 处的面积 A_e 和 A_w 均为 1，即单位面积，于是 $\Delta V=\Delta x$，上面的系数可简化为

$$a_W=\frac{\Gamma_w}{(\delta x)_w}+\frac{(\rho u)_w}{2},\ a_E=\frac{\Gamma_e}{(\delta x)_e}-\frac{(\rho u)_e}{2},\ b=S_C\Delta x,$$

$$a_P=a_E+a_W+\frac{(\rho u)_e}{2}-\frac{(\rho u)_w}{2}-S_P\Delta x$$

在二维和三维的情况下，相邻节点的数目会增加，但离散方程仍保持式（8-14a）的形式，可将该式缩写为

$$a_P\phi_P=\sum a_{nb}\phi_{nb}+b \tag{8-14b}$$

式中，下标 nb 表示相邻节点，求和记号 $\sum$ 表示对所有相邻点求和。

（4）求解离散方程　为了求解给定的流动问题，必须在整个计算域的每一个节点上建立离散方程，从而每个节点上都有一个相应的方程。这些方程组成了一个含有节点未知量的线性代数方程组。求解这个方程组就可以得到物理量 ϕ 在各节点处的值。

四、常用的离散格式

采用有限体积法建立离散方程时，重要的一步是将控制体积界面上的物理量及其导数通过节点物理量插值求出。不同的离散方式对应于不同的离散结果。因此，插值方式常称为离散格式。

（1）术语与约定　取一维、稳态、无源项的对流扩散问题，已知速度场为 u。

$$\frac{\mathrm{d}(\rho u\phi)}{\mathrm{d}x}=\frac{\mathrm{d}}{\mathrm{d}x}\left(\Gamma\frac{\mathrm{d}\phi}{\mathrm{d}x}\right) \tag{8-15}$$

流动必须满足连续方程，即

$$\frac{\mathrm{d}(\rho u)}{\mathrm{d}x}=0 \tag{8-16}$$

在图 8-5 所示的控制体积 P 上积分方程式（8-15），得

$$(\rho uA\phi)_e-(\rho uA\phi)_w=\left(\Gamma A\frac{\mathrm{d}\phi}{\mathrm{d}x}\right)_e-\left(\Gamma A\frac{\mathrm{d}\phi}{\mathrm{d}x}\right)_w \tag{8-17}$$

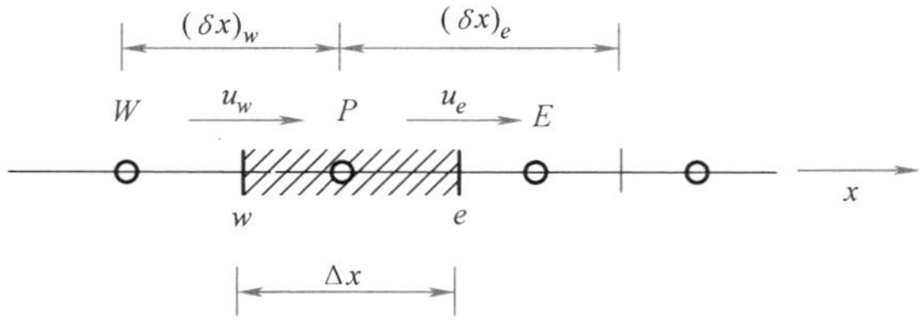

积分连续方程（8-16）得

$$(\rho uA)_e-(\rho uA)_w=0 \tag{8-18}$$

图 8-5　控制体积 P 及界面上的流速

为了得到对流扩散方程的离散方程，必须对界面上的物理量作某种近似处理。为了后面讨论方便，定义两个新的物理量 F 及 D，其中 F 表示通过界面上单位面积的对流质量通量，D 表示界面的扩散传导性。

$$F=\rho u \quad D=\frac{\Gamma}{\delta x}$$

这样，F、D 在控制体积界面上的值分别为

$$F_w=(\rho u)_w,\quad F_e=(\rho u)_e$$

$$D_w=\frac{\Gamma_w}{(\delta x)_w},\quad D_e=\frac{\Gamma_e}{(\delta x)_e}$$

在此基础上，定义一维单元的佩克莱特（Peclet）数 Pe 如下：

$$Pe=\frac{F}{D}=\frac{\rho u}{\Gamma/\delta x}$$

式中，Pe 表示对流与扩散的强度之比。

当 Pe 数为零时，对流-扩散问题演变为纯扩散问题，即流场中没有流动，只有扩散；当 $Pe>0$ 时，流体沿正 x 方向流动，当 Pe 数很大时，对流扩散问题演变为纯对流问题，扩散作用可以忽略；当 $Pe<0$ 时，情况正好相反。

此外，假定在控制体的界面 e、w 处，$A_w=A_e=A$；方程右端的扩散项，总是用中心差分格式来表示。方程式（8-17）可写为

$$F_e\phi_e-F_w\phi_w=D_e(\phi_E-\phi_P)-D_w(\phi_P-\phi_W) \tag{8-19}$$

同时，连续方程式（8-18）的积分结果为

$$F_e - F_w = 0 \tag{8-20}$$

假定速度场已通过某种方式变为已知，则 F_e、F_w 便已知。为了求解方程式（8-19），需要计算广义未知量 ϕ 在界面 e、w 处的值。必须确定界面物理量如何通过节点物理量插值表示。

（2）中心差分格式　中心差分格式是指界面上的物理量采用线性插值公式来计算。对于给定的均匀网格，写出控制体积的界面上物理量 ϕ 的值：

$$\phi_e = \frac{\phi_P + \phi_E}{2}, \quad \phi_w = \frac{\phi_P + \phi_W}{2}$$

将上式代入式（8-19）中的对流项，而扩散项通常采用中心差分格式进行离散，

$$\frac{F_e}{2}(\phi_P + \phi_E) - \frac{F_w}{2}(\phi_W + \phi_P) = D_e(\phi_E - \phi_P) - D_w(\phi_P - \phi_W)$$

改写上式，可得

$$\left[\left(D_w - \frac{F_w}{2}\right) + \left(D_e + \frac{F_e}{2}\right)\right]\phi_P = \left(D_w + \frac{F_w}{2}\right)\phi_W + \left(D_e - \frac{F_e}{2}\right)\phi_E$$

引入连续方程的离散形式式（8-20），上式变为

$$\left[\left(D_w - \frac{F_w}{2}\right) + \left(D_e + \frac{F_e}{2}\right) + (F_e - F_w)\right]\phi_P = \left(D_w + \frac{F_w}{2}\right)\phi_W + \left(D_e - \frac{F_e}{2}\right)\phi_E$$

将上式中的 ϕ_P、ϕ_W、ϕ_E 前的系数分别用 a_P、a_W、a_E 表示，得到中心差分格式的对流-扩散方程的离散形式，即

$$a_P\phi_P = a_W\phi_W + a_E\phi_E + b \tag{8-21}$$

式中，$a_W = D_w + \frac{F_w}{2}$，$a_E = D_e - \frac{F_e}{2}$，$a_P = a_W + a_E + (F_e - F_w)$。

依此可以写出所有网格节点（控制体积中心点）上的式（8-21）形式的离散方程，从而组成一个线性代数方程组，求解这一方程，可得未知量 ϕ 在空间的分布。

可以证明，当 $Pe<2$ 时，中心差分格式的计算结果与精确解基本吻合。但当 $Pe>2$ 时，中心差分格式所得的解就完全失去了物理意义。

（3）一阶迎风格式　在中心差分格式中，界面 w 处的物理量 ϕ 的值总是同时受到 ϕ_P、ϕ_W 的共同影响。在一个对流占据主导地位的由西向东的流动中，上述处理方式明显是不合理的。这是由于 w 界面受节点 W 的影响比节点 P 的影响更强烈。迎风格式在确定界面的物理量时，则考虑了流动方向，如图 8-6 所示。

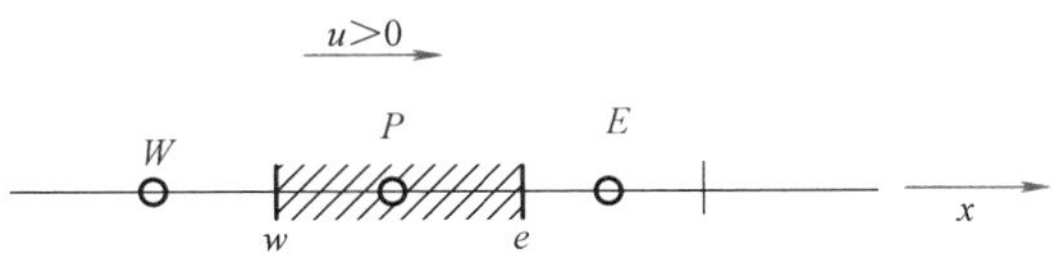

一阶迎风格式规定，因对流造成的界面上的 ϕ 值被认为等于上游节点（即迎风侧节点）的 ϕ 值。于是，当流动沿着正方向，即 $u_w>0$，$u_e>0$（$F_w>0$，$F_e>0$）时，存在

图 8-6　一阶迎风格式示意图

$$\phi_w = \phi_W, \quad \phi_e = \phi_P$$

此时，离散方程式（8-19）变为

$$F_e\phi_P - F_w\phi_W = D_e(\phi_E - \phi_P) - D_w(\phi_P - \phi_W)$$

同样，引入连续方程的离散形式式（8-20），上式变为

$$[(D_w+F_w)+D_e+(F_e-F_w)]\phi_P=(D_w+F_w)\phi_W+D_e\phi_E$$

当流动沿着负方向，即 $u_w<0$，$u_e<0$（$F_w<0$，$F_e<0$）时，一阶迎风格式规定

$$\phi_w=\phi_P,\quad \phi_e=\phi_E$$

此时，离散方程式（8-19）变为

$$F_e\phi_E-F_w\phi_P=D_e(\phi_E-\phi_P)-D_w(\phi_P-\phi_W)$$

即

$$[D_w+(D_e-F_e)+(F_e-F_w)]\phi_P=D_w\phi_W+(D_e-F_e)\phi_E$$

综合以上方程，将式中 ϕ_P、ϕ_W、ϕ_E 前的系数分别用 a_P、a_W、a_E 表示，得到一阶迎风格式对流扩散方程的离散形式，即

$$a_P\phi_P=a_W\phi_W+a_E\phi_E \tag{8-22}$$

式中，$a_P=a_W+a_E+(F_e-F_w)$，$a_W=D_w+\max(F_w,\ 0)$，$a_E=D_e+\max(0,\ -F_e)$。

这里，界面上未知量取上游节点的值，而中心差分则取上、下游节点的算术平均值，这是两种格式间的基本区别。这种迎风格式具有一阶精度，因而称作一阶迎风格式。

（4）二阶迎风格式　二阶迎风格式（图 8-7）与一阶迎风格式的相同点在于，二者都通过上游单元节点的物理量来确定控制体积界面的物理量。但二阶迎风格式不仅要用到上游最近一个节点的值，还要用到另一个上游节点的值。

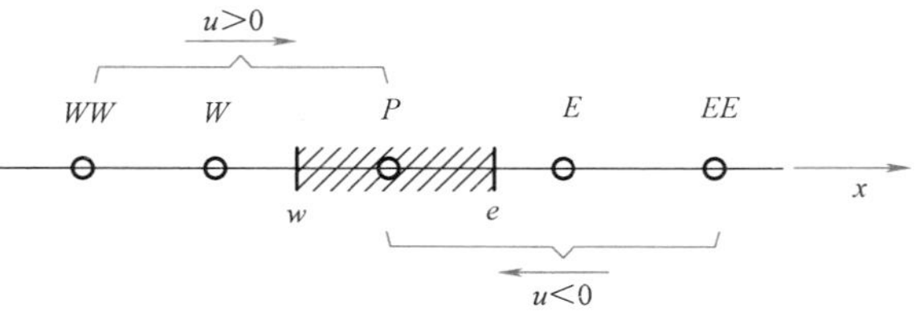

图 8-7　二阶迎风格式示意图

二阶迎风格式规定，当流动沿着正方向，即 $u_w>0$，$u_e>0$（$F_w>0$，$F_e>0$）时，

$$\phi_w=1.5\phi_W-0.5\phi_{WW},\quad \phi_e=1.5\phi_P-0.5\phi_W$$

此时离散方程式（8-19）变为

$$F_e(1.5\phi_P-0.5\phi_W)-F_w(1.5\phi_W-0.5\phi_{WW})=D_e(\phi_E-\phi_P)-D_w(\phi_P-\phi_W)$$

整理可得

$$\left(\frac{3}{2}F_e+D_e+D_w\right)\phi_P=\left(\frac{3}{2}F_w+\frac{1}{2}F_e+D_w\right)\phi_W+D_e\phi_E-\frac{1}{2}F_w\phi_{WW}$$

当流动方向沿着负方向，即 $u_w<0$，$u_e<0$（$F_w<0$，$F_e<0$）时，二阶迎风格式规定：

$$\phi_w=1.5\phi_P-0.5\phi_E,\quad \phi_e=1.5\phi_E-0.5\phi_{EE}$$

此时，离散方程为

$$F_e(1.5\phi_E-0.5\phi_{EE})-F_w(1.5\phi_P-0.5\phi_E)=D_e(\phi_E-\phi_P)-D_w(\phi_P-\phi_W)$$

整理可得

$$\left(D_e-\frac{3}{2}F_w+D_w\right)\phi_P=D_w\phi_W+\left(D_e-\frac{3}{2}F_e-\frac{1}{2}F_w\right)\phi_E+\frac{1}{2}F_e\phi_{EE}$$

综合以上方程，将式中 ϕ_P、ϕ_W、ϕ_{WW}、ϕ_E、ϕ_{EE} 前的系数分别用 a_P、a_W、a_{WW}、a_E、a_{EE} 表示，得到二阶迎风格式对流-扩散方程的离散形式为

$$a_P\phi_P=a_W\phi_W+a_{WW}\phi_{WW}+a_E\phi_E+a_{EE}\phi_{EE} \tag{8-23}$$

式中，$a_P=a_E+a_W+a_{EE}+a_{WW}+(F_e-F_w)$，$a_W=\left(D_w+\frac{3}{2}\alpha F_w+\frac{1}{2}\alpha F_e\right)$，$a_E=$

$\left[D_e-\frac{3}{2}(1-\alpha)F_e-\frac{1}{2}(1-\alpha)F_w\right]$，$a_{WW}=-\frac{1}{2}\alpha F_w$，$a_{EE}=\frac{1}{2}(1-\alpha)F_e$。其中，当流动沿着正方向，即 $F_w>0$ 及 $F_e>0$ 时，$\alpha=1$；当流动沿着负方向，即 $F_w<0$ 及 $F_e<0$ 时，$\alpha=0$。

二阶迎风格式可以看作是在一阶迎风格式的基础上，考虑了物理量在节点间分布曲线的曲率影响，其离散方程具有二阶精度。这一格式的显著特点是，单个方程不仅包含了相邻节点的未知量，还包括了相邻节点旁边的其他节点的物理量。

五、有限体积法的四条基本原则

（1）控制体积交界面上的连续原则　当一个表面为相邻的两个控制体积所共有时，在这两个控制体积的离散方程中，通过该界面的通量（包括热通量、质量、动量）表达式必须相同。显然，对于某特定界面，从一个控制体积所流出的热通量，必须等于进入相邻控制体积的热通量，否则，总体平衡就得不到满足。

（2）正系数原则　在任何输运过程中，物理量总是连续变化的。计算域内任一物理量升高时，必然引起邻近点相应物理量的升高，而决不能降低，否则连续性将被破坏。

这一性质反映在标准形式的离散方程中，所有变量系数的正负号必须相同。一般规定离散方程的系数全为正值，称为正系数原则。

（3）源项线性化负斜率原则　在大多数物理过程中，源项及应变量之间存在负斜率关系。如果 S_P 为正值，物理过程可能不稳定。如在热传导问题中，S_P 为正，意味着 T_P 增加时，源项热源也增加，若没有有效的散热机构，可能会反过来导致 T_P 增加，如此反复下去，会造成温度飞升的不稳定现象。因此，保持 S_P 负值，可避免出现计算不稳定和结果不合理。

（4）系数 a_P 等于相邻节点系数之和原则　控制方程一般是微分方程，除源项以外，变量 ϕ 都以微分形式出现。若 ϕ 是控制方程的解，则 $\phi+C$ 也一定是这个方程的解。微分方程的这一性质也必须反映在相应的离散代数方程中。因此，中心节点的系数 a_P 必须等于所有相邻节点系数之和，即 $a_P=\sum a_{nb}$。

第四节　Fluent 概述

一、Fluent 的工程应用背景

Fluent 是目前国际上比较流行的商用计算流体力学软件，在美国的市场占有率高达60%，涉及流体、热传递及化学反应等工程问题。它具有丰富的物理模型、先进的数值方法以及强大的前后处理功能，在能源动力、航空航天、汽车设计、石油天然气、涡轮机设计等方面都有着广泛的应用。例如，石油天然气工业上的应用包括燃烧井下分析、喷射控制、环境分析、油气消散/聚积、多相流、管道流动等。

Fluent 能够解决的工程问题可以归结为以下几个方面：

1）采用三角形、四边形、四面体、六面体及其混合网格计算二维和三维流动问题。计算过程中，网格可以自适应。

2）可压缩与不可压缩流动问题；稳态和瞬态流动问题。

3）无黏流、层流及湍流问题；牛顿流体及非牛顿流体；多孔介质流动。

4）对流换热（包括自然对流和混合对流）、导热与对流换热耦合以及辐射换热问题等。

5）惯性坐标系和非惯性坐标系下的流动问题模拟；多运动坐标系下的流动问题。

6）化学组分混合与反应问题，可以处理热量、质量、动量和化学组分的源项。

7）用拉格朗日函数轨道模型模拟稀疏相（颗粒、水滴、气泡等）。

8）一维风扇、热交换器性能计算。

9）两相及多相流问题；复杂表面形状下的自由面流动。

二、Fluent 的软件包

Fluent 软件设计基于计算流体力学软件群的思想，从用户需求角度出发，针对各种复杂流动和物理现象，采用不同的离散格式和数值方法，以期在特定的领域内使计算速度、稳定性和精度等方面达到最佳组合，从而可以高效率地解决各个领域的复杂流动计算问题。基于上述思想，Fluent 开发了适用于各个领域的流动模拟软件，用于模拟流体流动、传热传质化学反应和其他复杂的物理现象，各模拟软件都采用了统一的网格生成技术和共同的图形界面，它们之间的区别仅在于应用的工业背景不同，因此大大方便了用户。

Fluent 的软件包由以下几个部分组成。

（1）**前处理器** GAMBIT 用于网格的生成，它是具有超强组合构建模型能力的专用计算流体力学前置处理器。Fluent 系列产品皆采用原 Fluent 公司（现 ANSYS 公司）自行研发的 GAMBIT 前处理软件来建立几何形状及生成网格。另外，TGrid 和 Filters（Translators）是独立于 Fluent 的前处理器，其中 TCrid 用于从现有的边界网格生成体网格，Filters 可以转换由其他软件生成的网格从而用于 Fluent 计算。与 Filters 接口的程序包括 ANSYS，I-DEAS，NASTRAN，PATRAN 等。

（2）**求解器** 求解器是流体计算的核心，根据专业领域的不同，求解器主要分为以下几种类型：

1）Fluent 4.5。基于结构化网格的通用计算流体力学求解器。

2）Fluent 6.2.16。基于非结构化网格的通用计算流体力学求解器。

3）FLDAP。基于有限元方法，并且主要用于流固耦合的通用计算流体力学求解器。

4）Polyflow。针对黏弹性流动的专用计算流体力学求解器。

5）Mixsim。针对搅拌混合问题的专用计算流体力学软件接口。

6）Icepak。专用的热控分析计算流体力学软件。

（3）**后处理器** Fluent 求解器本身就附带有比较强的后处理功能。另外，Tecplot 也是一款比较专业的后处理器，可以把一些数据可视化，这对于数据处理要求比较高的用户来说是一个理想的选择。

在以上介绍的 Fluent 软件包中，求解器 Fluent 是应用范围较广的，所以在以后的章节中会对它进行详细的介绍。这个求解器既可使用结构化网格，也可使用非结构化网格。对于二维问题，可以使用四边形网格和三角形网格；对于三维问题，可以使用六面体、四面体、金字塔形以及楔形网格（图 8-8）。Fluent 15.0 可以接受单块和多块网格，以及二维混合网格和三维混合网格。

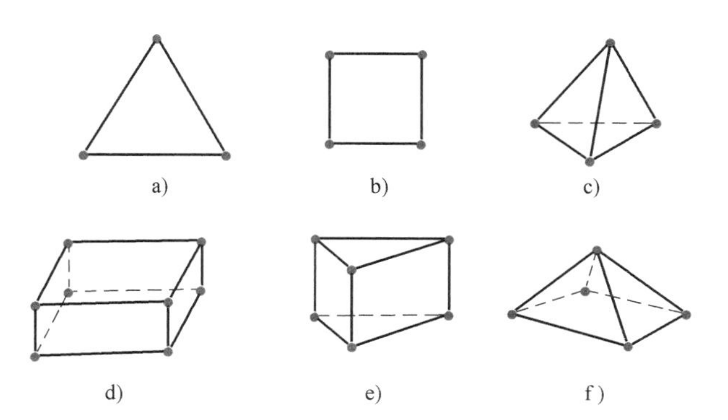

图 8-8　Fluent 使用的网格形状

a）三角形　b）四边形　c）四面体　d）六面体

e）五面体（棱锥）　f）五面体（金字塔）

三、Fluent 软件的基本组成

最基本的流体数值模拟可以通过软件的合作来完成，如图 8-9 所示。UG/AutoCAD 等属于 CAD/CAE 软件，用来生成数值模拟所在区域的几何形状。TGrid、GAMBIT 及 ICEM 是把计算区域离散化，或生成网格，其中 TCrid 可以从已有边界网格中生成体网格，而 GAMBIT 自身就可以生成几何图形和划分网格。ICEM 是目前市场上最强大的六面体结构化网格生成工具。ICEM 和 GAMBIT 同属 ANSYS 公司的同类产品，也是当今最流行的网格生成软件，ICEM 现可为多种主流计算流体力学软件 Fluent、CFX、STAR-CD 等提供高质量的网格。Fluent 求解器是对离散化且定义了边界条件的区域进行数值模拟；Tecplot 可以把从 Fluent 求解器导出的特定格式的数据进行可视化，形象地描述各种量在计算区域内的分布。

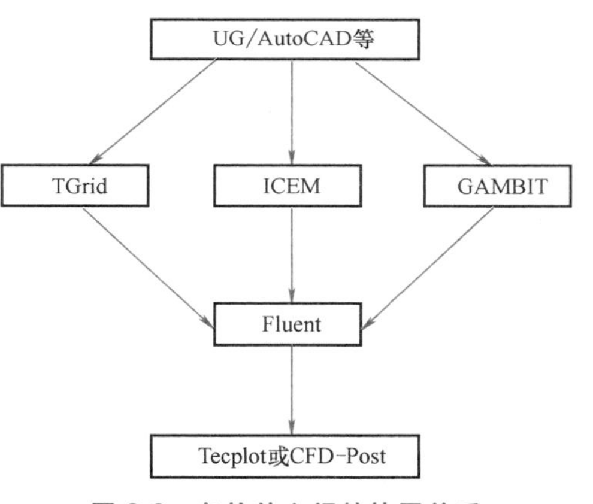

图 8-9　各软件之间的协同关系

四、Fluent 求解步骤

Fluent 是一个 CFD 求解器，在使用 Fluent 进行求解之前，必须借助 GAMBIT、TGrid 或其他 CAD 软件生成网格模型。Fluent 4 及以前版本，只使用结构网格，而 Fluent 5 之后使用非结构网格，但兼容传统的结构网格和块结构网格等。

（1）制订分析方案　同使用任何 CAE 软件一样，在使用 Fluent 前，首先应针对所要求解的物理问题，制订比较详细的求解方案。制订求解方案需要考虑的因素包括以下内容：

1）决定 CFD 模型目标。确定要从 CFD 模型中获得什么样的结果，怎样使用这些结果，需要怎样的模型精度。

2）选择计算模型。在这里要考虑怎样对物理系统进行抽象概括，计算域包括哪些区域，在模型计算域的边界上使用什么样的边界条件，模型按二维还是三维构造，什么样的网格拓扑结构最适合于该问题。

3）选择物理模型。考虑该流动是无黏、层流，还是湍流，流动是稳态还是非稳态，热交换重要与否，流体是用可压还是不可压，是否多相流动，是否需要应用其他物理模型。

4）决定求解过程。在这个环节要确定该问题是否可以利用现有求解器和算法直接求解，是否需要增加其他的参数（如构造新的源项），是否有更好的求解方式可使求解过程更快速地收敛，使用多重网格计算机的内存是否够用，得到收敛解需要多久的时间。

考虑好上述各问题后，就可以开始进行CFD建模和求解。

（2）求解步骤　当决定了前述几个要素后，便可按下列过程开展流动模拟。

1）创建几何模型和网格模型（在GAMBIT或其他前处理软件中完成）。

2）启动Fluent求解器；导入网格模型；检查网格模型是否存在问题。

3）选择求解器及运行环境。

4）决定计算模型，即是否考虑热交换，是否考虑黏性，是否存在多相等。

5）设置材料特性；设置边界条件；调整用于控制求解的有关参数。

6）初始化流场；开始求解。

7）显示求解结果；保存求解结果。

如果必要，修改网格或计算模型，然后重复上述步骤进行计算。

五、Fluent求解器

（1）分离式求解器　分离式求解器（Segregated Solver）是顺序地、逐一地求解各方程（关于u、v、w、p和T的方程）。也就是先在全部网格上解出一个方程（如u动量方程）后，再解另外一个方程（如v动量方程）。由于控制方程是非线性的，且相互之间是耦合的，因此，在得到收敛解之前，要经过多轮迭代。每一轮迭代由如下步骤组成：

1）根据当前解的结果，更新所有流动变量。如果计算刚刚开始，则用初始值来更新。

2）按顺序分别求解u、v和w动量方程，得到速度场。注意在计算时，压力和单元界面的质量流量使用当前的已知值。

3）得到的速度很可能不满足连续方程，因此，用连续方程和线性化的动量方程构造一个Poisson型的压力修正方程，然后求解该压力修正方程，得到压力场与速度场的修正值。

4）利用新得到的速度场与压力场，求解其他标量（如温度、湍动能和组分等）的控制方程。

5）对于包含离散相的模拟，当内部存在相间耦合时，根据离散相的轨迹计算结果更新连续相的源项。

6）检查方程组是否收敛。若不收敛，重复以上步骤。

（2）耦合式求解器　耦合式求解器（Coupled Solver）是同时求解连续方程、动量方程、能量方程及组分输运方程的耦合方程组，然后，再逐一地求解湍流等标量方程。由于控制方程是非线性的，且相互之间是耦合的，因此，在得到收敛解之前，要经过多轮迭代。每一轮迭代由如下步骤组成：

1）根据当前解的结果，更新所有流动变量。如果计算刚刚开始，则用初始值来更新。

2）同时求解连续方程、动量方程、能量方程及组分输运方程的耦合方程组。

3）根据需要，逐一地求解湍流、辐射等标量方程。注意在求解之前，方程中用到的有关变量要用前面得到的结果更新。

4）对于包含离散相的模拟，当内部存在相间耦合时，根据离散相的轨迹计算结果更新连续相的源项。

5）检查方程组是否收敛。若不收敛，重复以上步骤。

（3）求解器中的显式与隐式方案　在分离式和耦合式两种求解器中，都要想办法将离散的非线性控制方程线性化为在每一个计算单元中相关变量的方程组。为此，可采用显式和隐式两种方案实现这一线性化过程，这两种方式的物理意义如下。

隐式（Implicit）对于给定变量，单元内的未知量用邻近单元的已知和未知值来计算。因此，每一个未知量会在不止一个方程中出现，这些方程必须同时求解才能解出未知量。

显式（Explicit）对于给定变量，每一个单元内的未知量用只包含已知值的关系式来计算。因此未知量只在一个方程中出现，而且每一个单元内未知量的方程只需解一次就可以得到未知量的值。

在分离式求解器中，只采用隐式方案进行控制方程的线性化。由于分离式求解器是在全计算域上解出一个控制方程的解之后才去求解另一个方程，因此，区域内每一个单元只有一个方程，这些方程组成一个方程组。假定系统共有 M 个单元，则针对一个变量（如速度 u）生成一个由 M 个方程组成的线性代数方程组。Fluent 使用点隐式 Gauss-Seidel 方法来求解这个方程组。总体来讲，分离式方法同时考虑所有单元来解出一个变量的场分布（如速度 u），然后再同时考虑所有单元解出下一个变量（如速度 v）的场分布，直至所要求的几个变量（如 W、p、T）的场全部解出。

在耦合式求解器中，可采用隐式或显式两种方案进行控制方程的线性化。当然，这里所谓的隐式和显式，只是针对耦合求解器中的耦合控制方程组（即由连续方程、动量方程、能量方程及组分输运方程组成的方程组）而言的，对于其他的独立方程（即湍流、辐射等方程），仍采用与分离式求解器相同的解法（即隐式方式）来求解。

耦合隐式（Coupled Implicit）：耦合控制方程组中的每个方程在线性化时要生成一个涉及所有相关未知量的方程。如果系统中耦合的控制方程有 N 个（一般是 3~6），总共有 M 个单元，则针对计算域中每个单元生成 N 个线性方程。系统总共有 $M\times N$ 个方程。因为每一个单元中有 N 个方程，所以称这种方程组为分块方程组。Fluent 将点隐式 Gauss-Seidel 方法与代数多重网格（AMG）方法结合在一起来求解分块方程组。总的来讲，耦合隐式方案最后同时解出所有单元内的变量（u、v、w、p 和 T）。

耦合显式（Coupled Explicit）：耦合的一组控制方程都用显式的方式线性化。和隐式方案一样，通过这种方案也会得到区域内每一个单元具有 N 个方程的方程组。然而，方程中的 N 个未知量都是用已知值显式地表示出来，但这 N 个未知量是耦合的。因此，不需要线性方程求解器。取而代之的，是使用多步（Runge-Kutta）方法来更新各未知量。总的来讲，耦合显式方案同时求解一个单元内的所有变量（u、v、w、p 和 T）。

（4）求解器的比较与选择　分离式求解器以前主要用于不可压流动和微可压流动，而耦合式求解器用于高速可压流动。现在，两种求解器都适用于从不可压到高速可压的很大范围的流动，但总的来讲，当计算高速可压流动时，耦合式求解器比分离式求解器更有优势。

Fluent 默认使用分离式求解器，但是，对于高速可压流动、由强体积力（如浮力或者旋转力）导致的强耦合流动，或者在非常精细的网格上求解的流动，需要考虑耦合式求解器。耦合式求解器耦合了流动和能量方程，常常很快便可以收敛。耦合隐式求解器所需内存是分离式求解器的 1.5~2 倍，选择时可以根据这一情况来权衡利弊。在需要耦合隐式的时候，如果计算机的内存不够，就可以采用分离式或耦合显式。耦合显式虽然也耦合了流动和能量方程，但是它还是比耦合隐式需要的内存少，当然它的收敛性也相应差一些。

需要注意的是，在分离式求解器中提供的几个物理模型，在耦合式求解器中是没有的。这些物理模型包括：流体体积模型（VOF）、多项混合模型、欧拉混合模型、PDF 燃烧模型、预混合燃烧模型、部分预混合燃烧模型、烟灰和 NO_x 模型、Rosseland 辐射模型、熔化和凝固等相变模型、指定质量流量的周期流动模型、周期性热传导模型和壳传导模型等。而下列物理模型只在耦合式求解器中有效，在分离式求解器中无效：理想气体模型、用户定义的理想气体模型、NIST 理想气体模型、非反射边界条件和用于层流火焰的化学模型。

决定了采用何种求解器后，便可通过 Solver 对话框在 Fluent 中设定计划采用的求解器。

第五节　计算实例——二维定常速度场计算

如图 8-10 所示的二维变径管道计算模型，其几何尺寸大径 $D=200\text{mm}$，小径 $d=100\text{mm}$，大径处长度 $L_1=200\text{mm}$，小径处长度 $L_2=200\text{mm}$，入口处的水流速度为 0.5m/s。考虑到本算例管道是轴对称的，只需要建立二维模型进行计算。Fluent 计算时对称轴要求是 x 轴，所以在 GAMBIT 建立模型时，将对称轴放在 x 轴上。

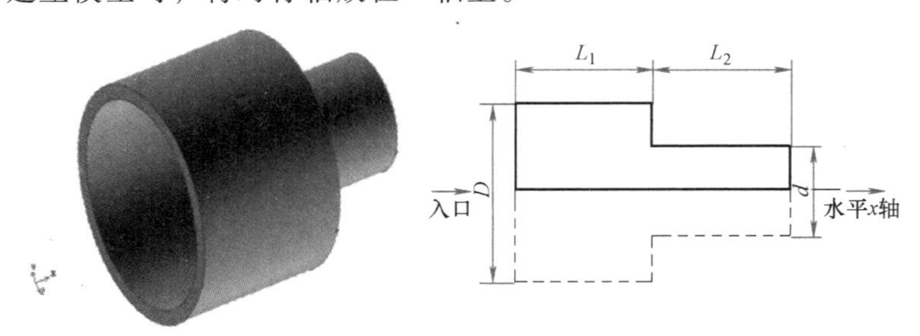

图 8-10　二维变径管道计算模型

对于二维轴对称管道速度场的数值模拟，首先利用 GAMBIT 画出计算区域，并且对边界条件类型进行相应的指定，然后导出 Mesh 文件。接着，将 Mesh 文件导入到 Fluent 求解器中，再经过一些设置就得到相应的 Case 文件，再利用 Fluent 求解器进行求解。最后，利用 Fluent 显示结果（也可以将 Fluent 求解的结果导入到 Tecplot 或 Origin 中，并对感兴趣的结果进行进一步的处理）。

一、利用 GAMBIT 建立计算区域

（1）步骤 1：文件的创建及求解器的选择　启动 GAMBIT。若 GAMBIT 已经安装，并且已经设置好 GAMBIT 的环境变量，就可以选择“开始”→“运行”打开对话框，在文本框中输入 gambit，单击“确定”按钮或在桌面单击 GAMBIT 图标→右键→管理员身份运行，系统

就会弹出对话框，单击 Run 按钮就可以启动 GAMBIT 软件了。其他版本 GAMBIT 的启动方法与提到的启动方法类似，这里不再赘述。

建立新文件。GAMBIT 窗口启动之前，可以更改工作目录，如本例更改为 D：\ exam，如图 8-11 所示。在图 8-11 中 Session Id 可创建新文件名，如本例文件命名为 2d-pipe flow。

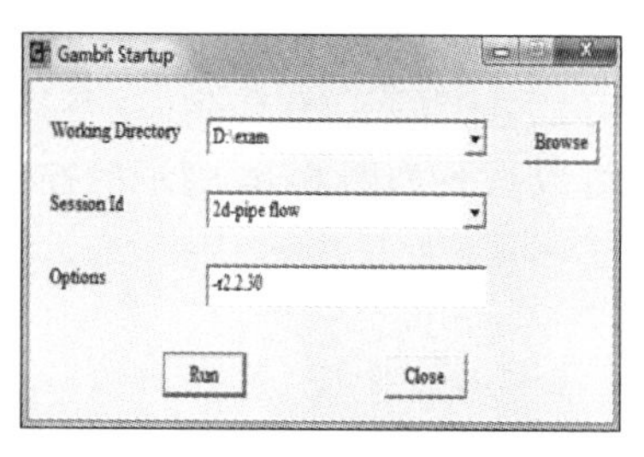

图 8-11　GAMBIT 工作目录设置对话框

文件名也可在 GAMBIT 窗口启动以后，选择 File→New，打开如图 8-12 所示的对话框，在 ID 文本框中输入 2d-pipe flow 作为 GAMBIT 要创建的文件名称，并且注意要选中 Save current session 复选框（呈现红色）才可以创建新文件。单击 Accept 按钮，会出现如图 8-13 所示的对话框。单击 Yes 按钮就可以创建一个名称为 2d-pipe flow 的新文件。

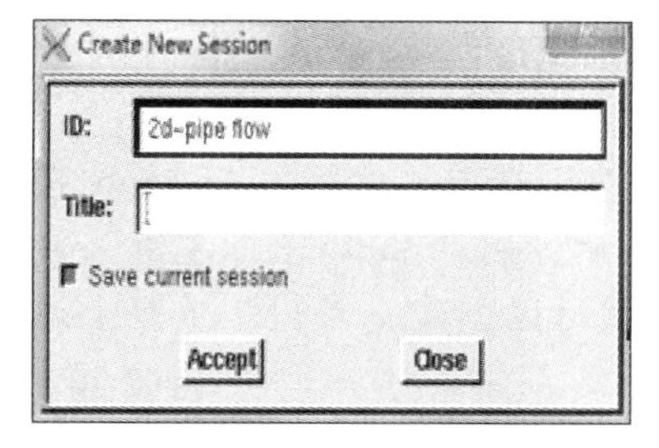

图 8-12　建立新文件

图 8-13　确认保存文件对话框

选择求解器。选择数值模拟时所用的求解器类型，例如 Fluent 求解器、ANSYS 求解器等。单击菜单中的 Solver 菜单项，就会出现如图 8-14 所示的求解器类型子菜单。本例选择 Fluent 5/6。

（2）步骤 2：创建控制点　这一步要创建几何区域的主要控制点。这里所说的控制点是用于大体确定几何区域形状的点。选择Operation→Geometry→Vertex就可以打开 Create Real Vertex 对话框，如图 8-15 所示。

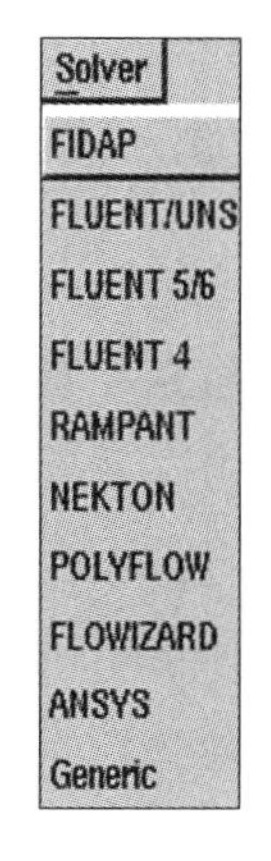

图 8-14　求解器类型子菜单

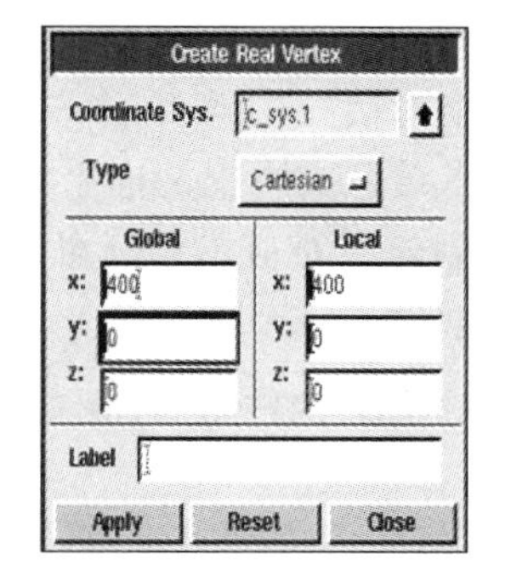

图 8-15　Create Real Vertex 对话框

在 Global 选项区域内的 x，y 和 z 文本框中输入其中一个控制点的坐标（各控制点的坐标可以参考图 8-10 得到），然后单击 Apply 按钮，该点就会在窗口中显示出来。重复这一操作可以得到如图 8-16 所示的控制点图。

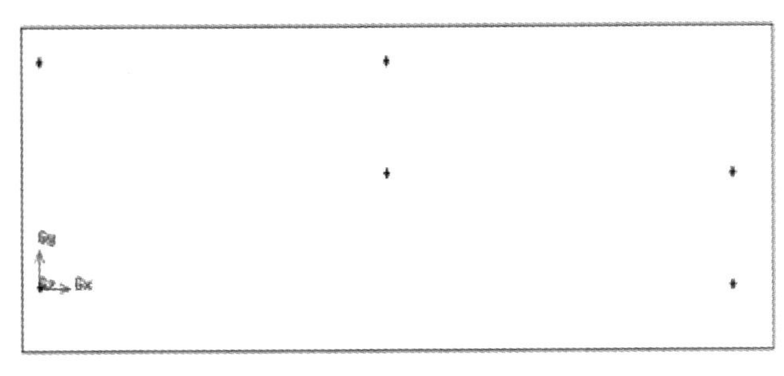

图 8-16　控制点图

（3）步骤 3：创建边　选择 Operation → Geometry → Edge，打开 Create Straight Edge 对话框，如图 8-17 所示。

在对话框的 Vertices 列表中选中将要创建边对应的两个端点，然后单击 Apply 按钮就确定了一条边。或者鼠标单击图 8-17 中的 Vertices 选择框后，用“Shift+鼠标左键”来选择创建边对应的两个端点，然后单击图 8-17 中 Apply 按钮就可以创建一条边。重复上述操作就可以创建出如图 8-18 所示的直边。

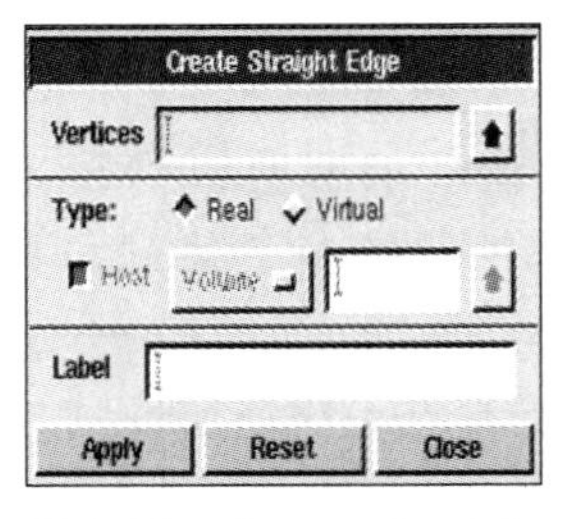

图 8-17　Create Straight Edge 对话框

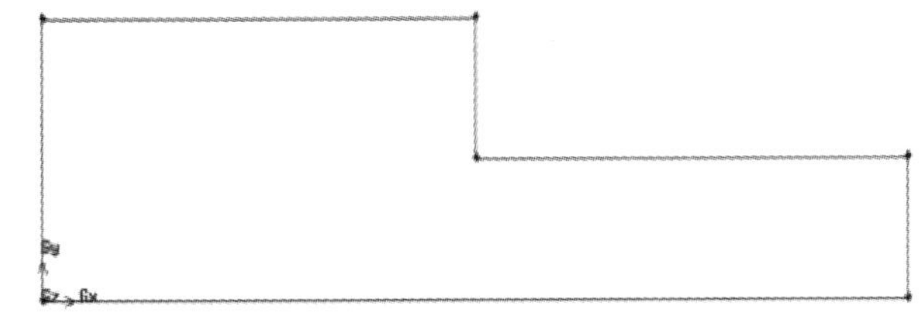

图 8-18　计算区域线框图

（4）步骤 4：创建面　选择 Operation → Geometry → Face，打开 Create Face From Wireframe 对话框，如图 8-19 所示，利用它可以创建面。

单击这个对话框中的 Edges 文本框，呈现黄色后就可以选择要创建的面所需的几何单元。本例单击黄色文本框的向上箭头，选中所有的边，如图 8-20 所示；或用“Shift+鼠标左键”来选择创建面对应的线，然后单击 Apply 按钮。在图形窗口中，若所有边都变成了蓝色，就说明创建了一个面。

利用 GAMBIT 软件右下角 Global Control 中的按钮，就可以看到图 8-21 所示的二维面。

二、利用 GAMBIT 划分网格和指定边界类型

（1）步骤 1：网格划分

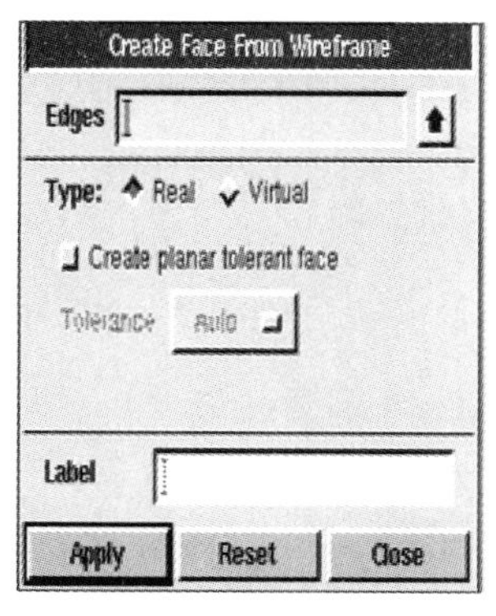

图 8-19　Create Face From Wireframe 对话框

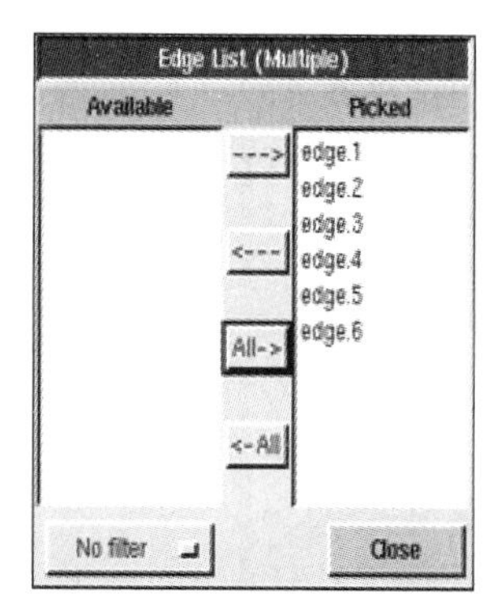

图 8-20　选择边对话框

1）边的网格划分。选择 Operation → Mesh → Edge，打开 Mesh Edges 对话框，如图 8-22 所示，利用它可以对线划分网格。设置 Spacing 时，本计算选用项目是 Interval size，在图 8-10 中半径设定为 5，长度 L_1 及 L_2 数值为 10，如图 8-22 所示，单击 Apply 按钮，可以画出如图 8-23 所示的网格。

图 8-21　二维面示意图

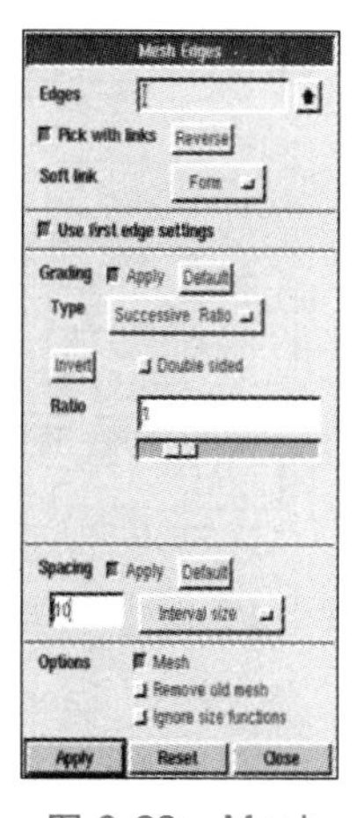

图 8-22　Mesh Edges 对话框

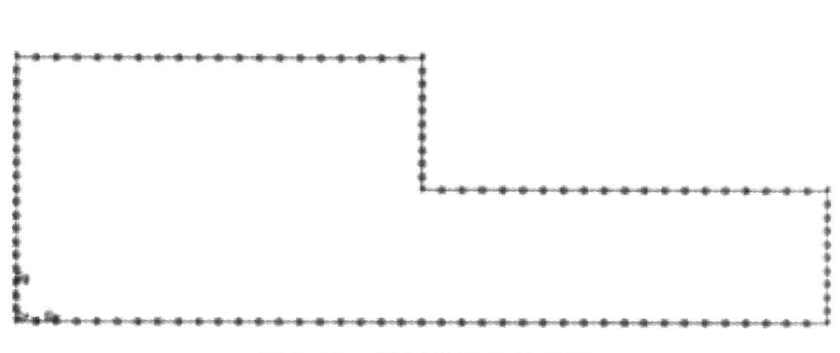

图 8-23　线划分网格示意图

2）面的网格划分。选择 Operation → Mesh → Face，打开 Mesh Faces 对话框，如图 8-24 所示，利用它可以对面划分网格。具体操作如下：单击对话框中的 Faces 文本框，呈现黄色后，用“Shift+鼠标左键”选中要进行网格划分的面。由于线已划分网格，设置 Spacing 时，可关闭其 Apply 选项，由线来控制面网格，单击 Apply 按钮，可以画出如图 8-25 所示的网格。

（2）步骤 2：边界条件类型的指定　选择 Operation → Zones，打开 Specify Boundary Types 对话框，如图 8-26 所示，利用它可以进行边界条件类型设定。具体步骤如下：

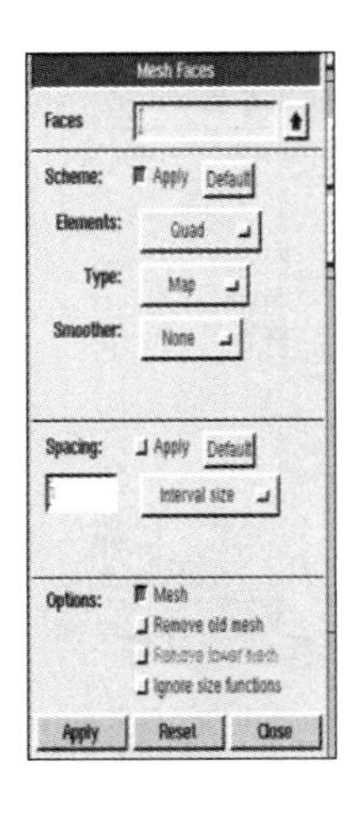

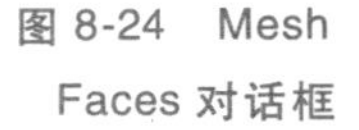
图 8-24 Mesh Faces 对话框

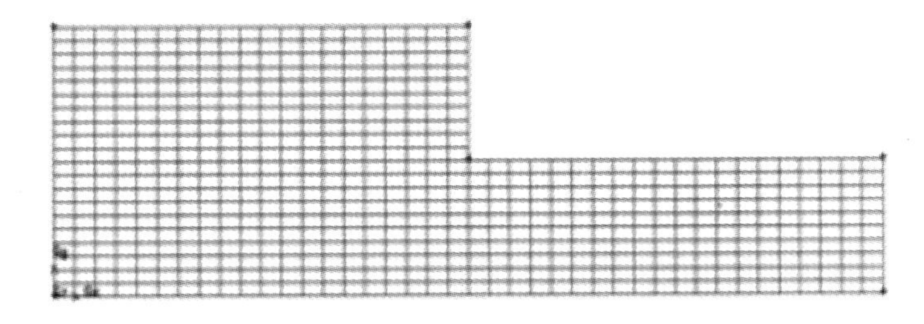
图 8-25 划分后面网格

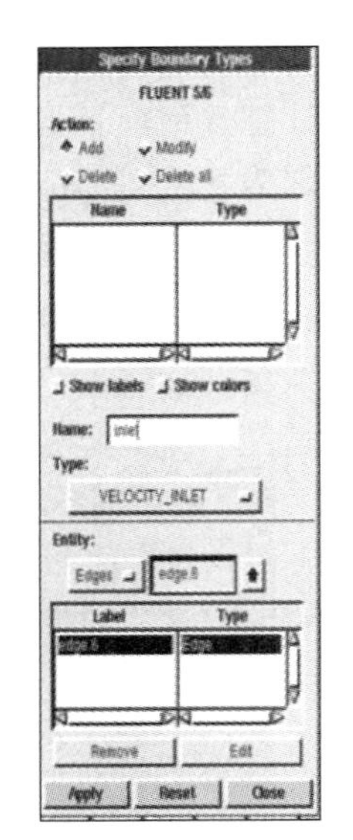

图 8-26 Specify Boundary Types 对话框

1）指定要进行的操作。在 Action 项下选 Add，也就是添加边界条件。

2）给出边界的名称。在 Name 选项后面输入一个名称给指定的几何单元。在本例中指定为 inlet。

3）指定边界条件的类型。在 Fluent 5/6 对应的边界条件中选中 VEIOCITY_ INLET，选择的方法就是利用鼠标的右键单击类型。

4）指定边界条件对应的几何单元。Entity 对应的几何单元类型，本例选择 Edges。在 Edges 文本框中单击鼠标左键，然后利用“Shift+鼠标左键”在图形窗口中选中入口处的线单元。如误选了与目标相邻的线，可以在按住 Shift 的同时单击鼠标中键，在目标线和它的相邻线之间进行切换。

5）上述的设置完成后，单击 Apply 按钮就可以看到 Name 列表中添加了 inlet；并且类型是 VELOCITY_ INLET。

重复上面的步骤就可以指定变径管道出口的边界条件，此时 Name 对应的是 outlet，Type 对应的是 OUTFLOW，Entity 对应是出口截面。此外，重复上面的步骤还可以指定变径管道轴对称边界条件，此时 Name 对应的是 axis，Type 对应的是 AXIS。设置完上述参数后单击 Apply 按钮，可以看到如图 8-27 所示的边界条件设定结果。

Gambit 默认的边界条件类型为 wall 类型，所以，其余的边界条件不需要特意指定。

（3）步骤 3：Mesh 文件的输出　选择 File→Export→Mesh 就可以打开如图 8-28 所示的输出文件的对话框。

注意：Export 2-D（X-Y）Mesh 选项要选中，因为这个选项用来输出三维的网格文件，而本例中输出的是二维网格文件。文件的输出情况可以从命令记录窗口的 Transcript 的信息看出，若是输出文件有错误，从这里可以找到错误的相关信息，用以指导修改。

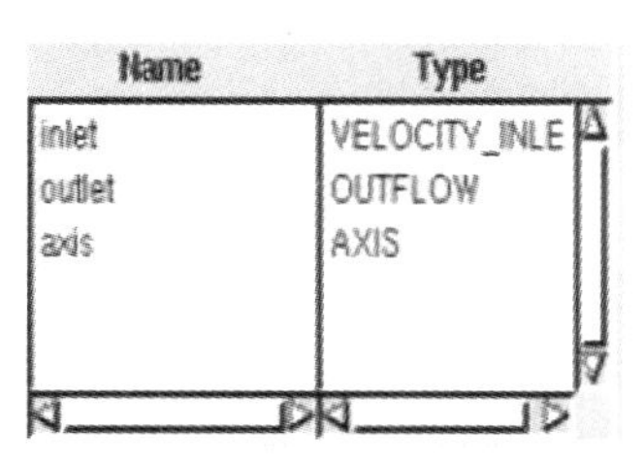

图 8-27　边界条件设定结果

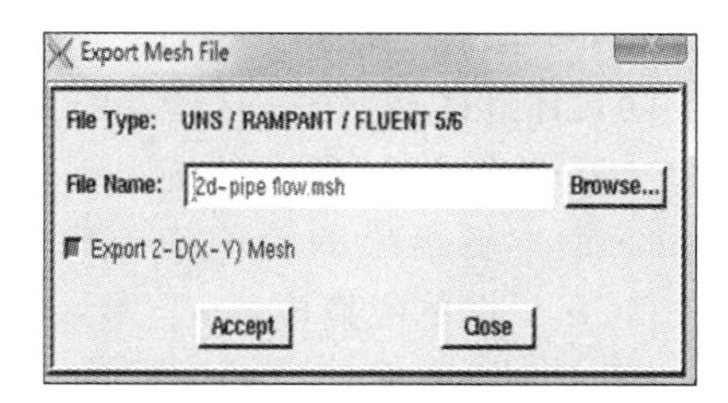

图 8-28　输出文件的对话框

三、利用 Fluent 求解器求解

上面的操作是利用 GAMBIT 软件对计算区域进行几何建构，并且指定边界条件类型，最后输出 2d-pipe flow。下面要把 2d-pipe flow 导入 Fluent 进行求解。

（1）步骤 1：Fluent 求解器的选择　本例中的管道流动是一个二维问题，对求解的精度要求不高，所以在启动 Fluent 时，要选择二维的单精度求解器，如图 8-29 所示。单击 OK 按钮就可以启动 Fluent 15．0 求解器。

（2）步骤 2：网格的相关操作

1）网格文件的读入。选择 File→Read→Case（或 Mesh），打开文件导入对话框，找到 2d -pipe fow. msh 文件，单击 OK 按钮，Mesh 文件就被导入到 Fluent 求解器中了。

2）检查网格文件。从菜单选择 Mesh→Check，如图 8-30 左图所示，对网格文件进行检查，也可从模型导航 Solution Setup→General→Mesh→Check 对网格文件进行检查，以下示例步骤均以模型导航来说明操作。网格文件读入以后，一定要对网格进行检查。Fluent 求解器会检查网格的部分信息，如图 8-30 右图所示。可以看出网格体积大于

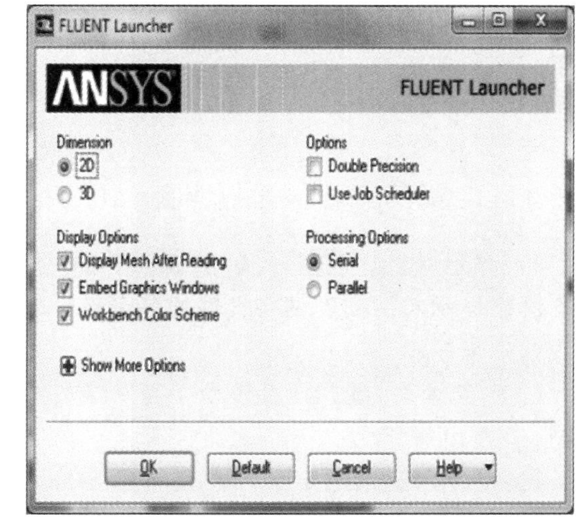

图 8-29　求解器选择

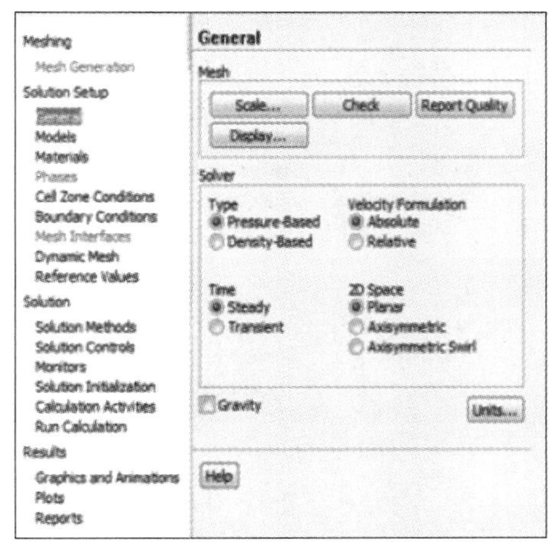


```
Domain Extents:
  x-coordinate: min (m) = 0.000000e+00, max (m) = 4.000000e-01
  y-coordinate: min (m) = 0.000000e+00, max (m) = 1.000000e-01
Volume statistics:
  minimum volume (m3): 4.999990e-05
  maximum volume (m3): 5.000013e-05
    total volume (m3): 3.000000e-02
Face area statistics:
  minimum face area (m2): 4.999995e-03
  maximum face area (m2): 1.000002e-02
Checking mesh.........................
Done.
```

图 8-30　检查网格文件对话框

0，否则网格不能用于计算。

3）设置计算区域尺寸。模型导航 Solution Setup→General→Mesh→Scale，如图 8-30 左图所示，打开如图 8-31 所示的 Scale Mesh 对话框，对几何区域的尺寸进行设置。Fluent 默认单位是 m，而本例给出的单位为 mm，在 Mesh Was Created In 列表中选择 mm，选择 View Length Unit In，将单位换成 mm，然后单击 Scale 按钮就可以对计算区域的几何尺寸进行缩放，从而使它符合求解区域的实际尺寸。最后单击 Close 按钮关闭对话框。

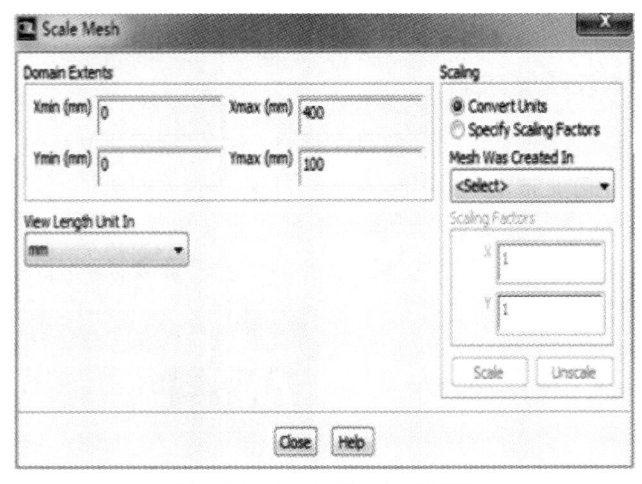

图 8-31　Scale Mesh 对话框

4）显示网格。模型导航 Solution Setup→General→Mesh→Display，如图 8-30 左图所示，打开网格显示对话框。网格文件的各个部分的显示可以通过 Surfaces 下拉列表框中某个部分是否选中来控制。

（3）步骤 3：选择计算模型　当网格文件检查完毕后，就可以为这一网格文件指定计算模型。

1）基本求解器的定义。模型导航 Solution Setup →General→Solver，打开如图 8-32 所示的对话框。本例是轴对称模型，因此在 Space 项选择 Axisymmetric，其他默认设置即可。

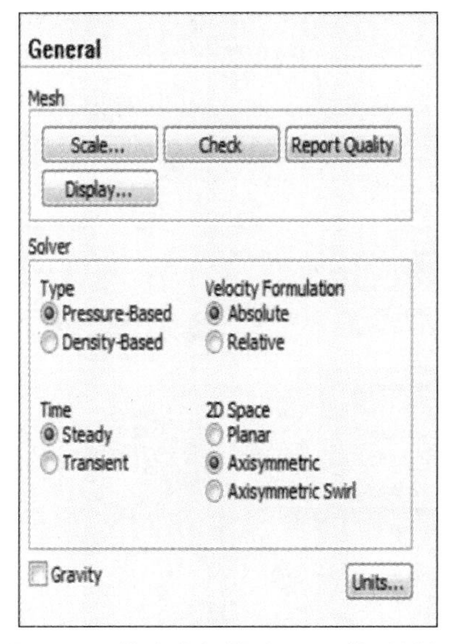

图 8-32　基本求解器 Solver 的对话框

2）湍流模型的指定。模型导航 Solution Setup→Models→Viscous Model。由雷诺数计算可知，本流场的流态为湍流，要对湍流模型进行设置。在 Viscous-双击或在 Models（见图 8-33）下单击 Edit，湍流模型设置对话框如图 8-34 所示。Fluent 默认的黏性模型是层流（Laminar），本示例选择标准 k-epsilon（κ-ε）湍流模型。设置后，单击 OK 关闭 Viscous Model 设置对话框。

（4）步骤 4：定义材料的物理性质　模型导航 Solution Setup→Materials→Create/Edit（见图 8-35 左图）。在对计算模型进行定义后，需要定义流体的物理性质。在本例中流体为水，关于它的物理性质的定义可以通过上面的操作打开如图 8-35 右图所示的对话框来进行。

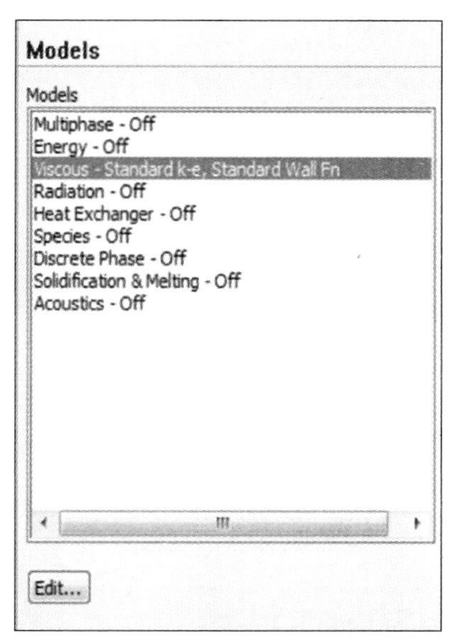

图 8-33　Models 设置对话框

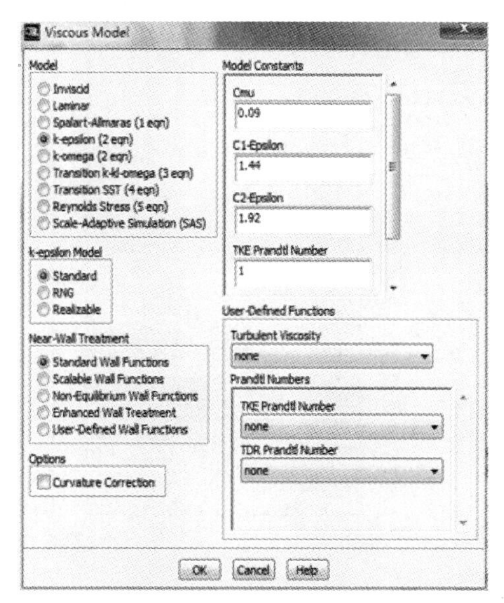

图 8-34　湍流模型设置对话框

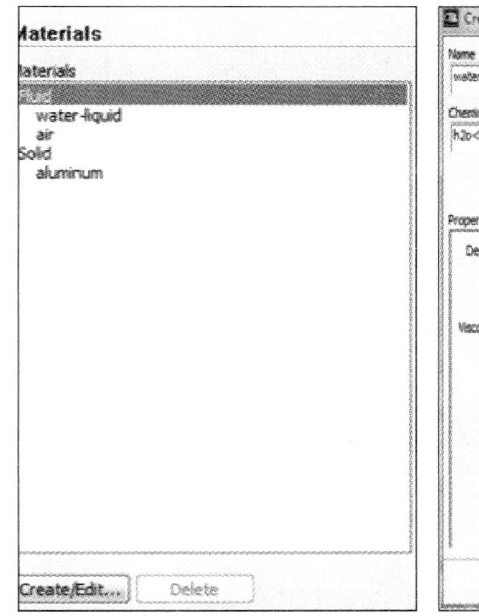

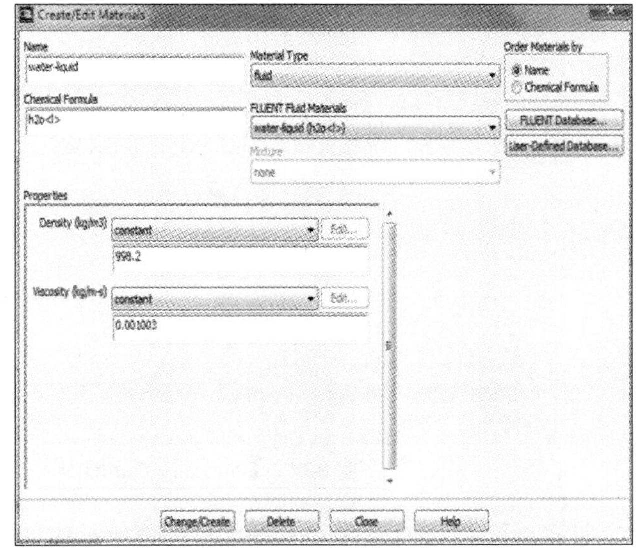

图 8-35　流体物理性质设置对话框

（5）步骤 5：设置流体区域条件　模型导航 Solution Setup→Cell Zone Conditions→Edit（见图 8-36 左图），弹出如图 8-36 右图所示对话框，选择 Material Name 为 water-liquid，单击 OK，关闭对话框。

（6）步骤 6：设置边界条件　模型导航 Solution Setup→Boundary Conditions（见图 8-37 左图）。设定物质的物理性质后，可以用图 8-37 右图所示对话框使得计算区域的边界条件具体化。

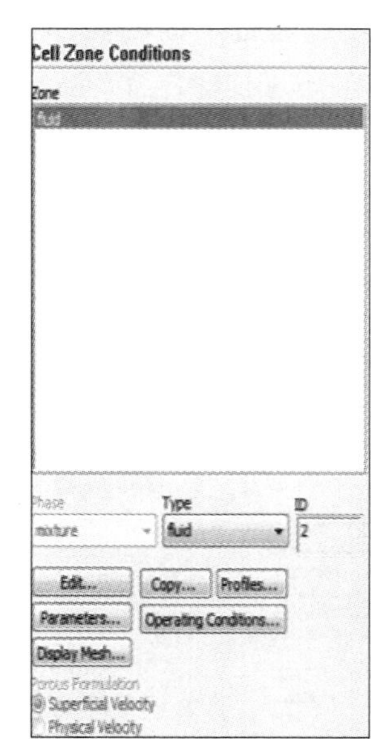

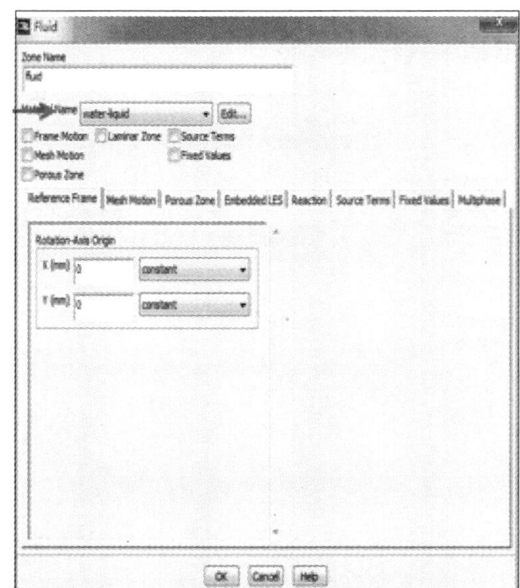

图 8-36　设置流体区域

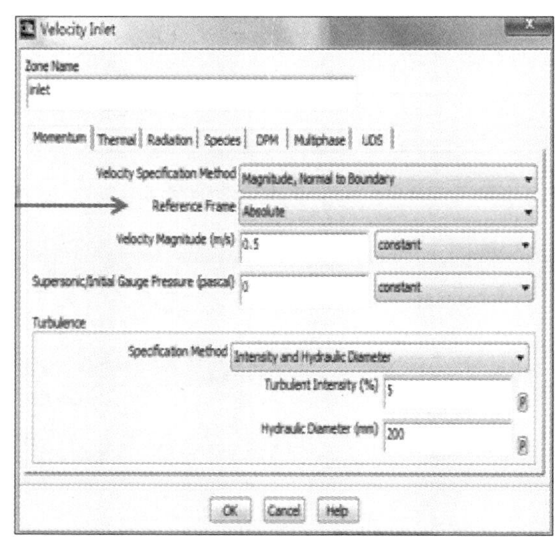

图 8-37　Boundary Conditions 设置对话框

1）设置 inlet 的边界条件。在图 8-37 左图所示的 Zone 列表中选择 inlet，也就是矩形区域的入口，可以看到它对应的边界条件类型为 velocity-inlet，然后单击 Edit 按钮。可以看到如图 8-37 右图所示的对话框。其中 Velocity Magnitude 文本框对应的是入口处的水流速度，此处设定为 0. 5，在 Turbulence（湍流强度）→Specification Method 中选 Intensity and Hydraulic Diameter，相应项 Turbulent intensity 及 Hydraulic Diameter 分别设置 5 及 200，单击 OK 按钮退出。

2）设置 outlet 的边界条件。按照同样的方法也可以指定 outlet 的边界条件，其中的参数设置保持默认。

3）设置对称轴 axis 的边界条件。按照同样的方法也可以指定 axis 的边界条件，其中的参数设置保持默认。

4）设置 wall 的边界条件。在本例中，区域 wall 处的边界条件的设置保持默认。

5）操作环境的设置。单击图 8-37 左图中 Operating Conditions 打开操作环境设置对话框。本例默认的操作环境就可以满足要求，所以没有对它进行改动，单击 OK 按钮即可。

（7）步骤 7：求解方法的设置及控制

1）求解方法。模型导航 Solution→Solution Methods，打开如图 8-38 所示的对话框，保持默认选项。

2）求解控制。模型导航 Solution→Solution Controls，打开如图 8-39 所示的对话框，保持默认选项。

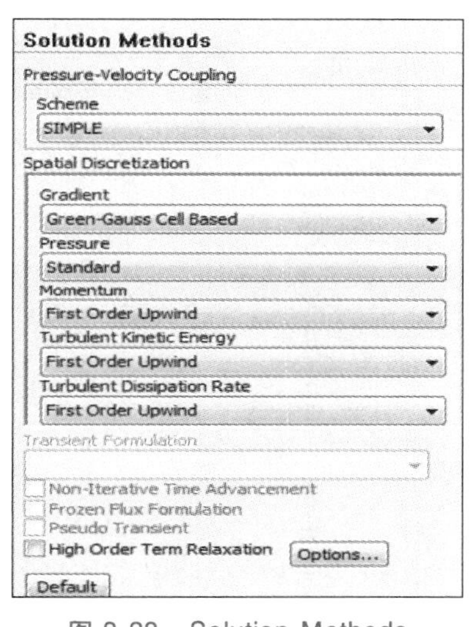

图 8-38 Solution Methods 设置的对话框

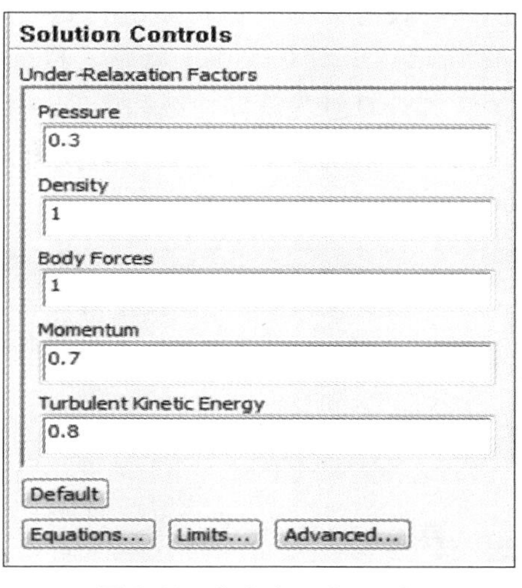

图 8-39 Solution Controls 设置的对话框

3）打开残差图。模型导航 Solution→Monitors→Residuals，打开图 8-40 所示的 Monitors 选项框，选择 Residuals，单击 Edit，弹出图 8-41 所示的 Residual Monitors 设置对话框。选择

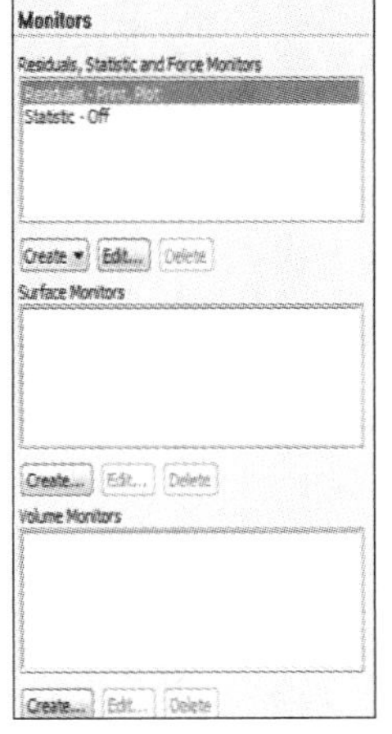

图 8-40 Monitors 选项框

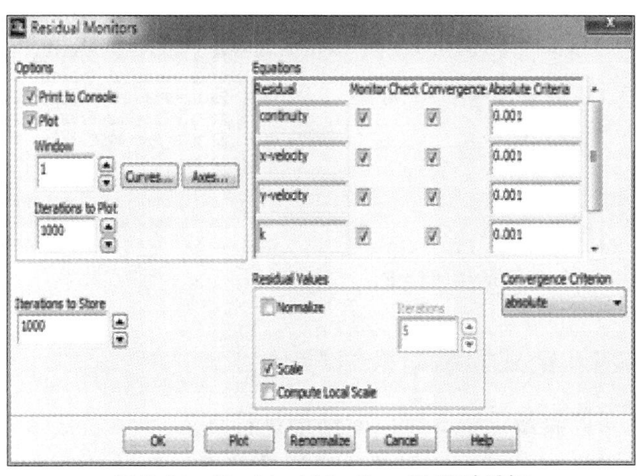

图 8-41 Residual Monitors 设置对话框

Options 后面的 Plot，从而在迭代计算时动态显示计算残差；Convergence 对应的数值均为 0. 001，最后单击 OK 按钮确认以上设置。

4）初始化。模型导航 Solution→Solution Initialization→Initialize，打开如图 8-42 所示的对话框。在 Initialization Methods 选择 Standard Initialization，并且设置 Compute from 为 inlet，依次单击 Initialize 按钮。

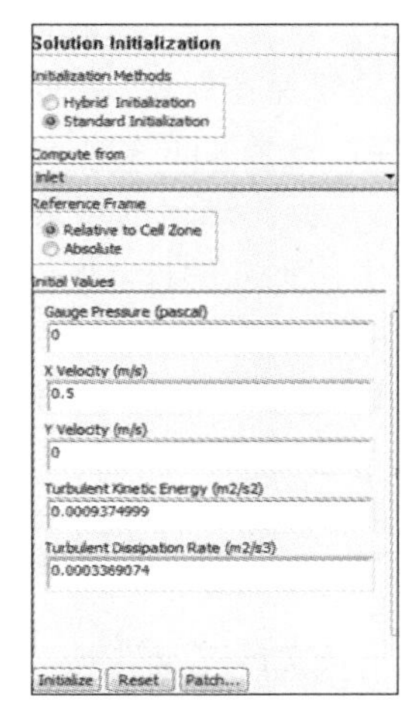

图 8-42　Solution Initialization 设置对话框

5）保存当前 Case 及 Data 文件。单击 File→Write→Case & Data，保存前面所做的所有设置。

（8）步骤 8：求解　模型导航 Solution→Run Calculation，保存好所做的设置以后，就可以进行迭代求解了，迭代的设置如图 8-43 所示。单击 Calculate 按钮，Fluent 求解器就会对问题进行求解。其计算过程残差曲线如图 8-44 所示。稳态求解过程中，要进行足够多迭代次数，收敛准则定好后，直到计算出现 solution is converged。

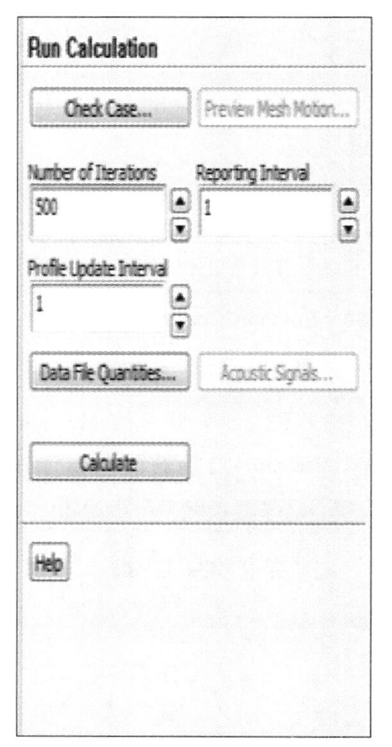

图 8-43　迭代的设置

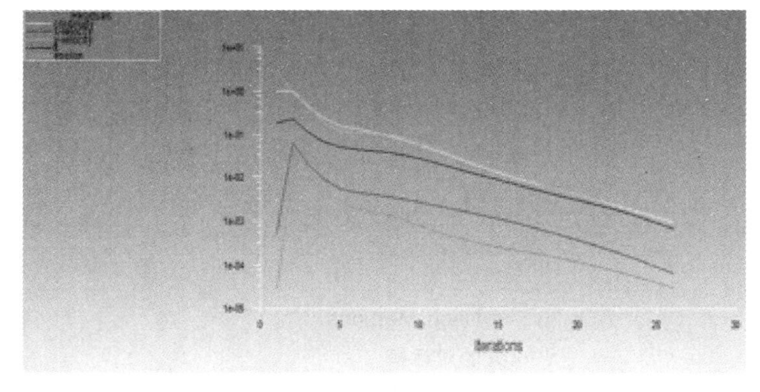


```
  12 3.1472e-02 1.8773e-03 4.5820e-04 1.6872e-02 3.5983e-02  0:00:00  488
  13 2.2561e-02 1.5856e-03 3.7412e-04 1.3160e-02 2.4891e-02  0:00:00  487
  14 1.6620e-02 1.3309e-03 3.0956e-04 1.0544e-02 1.8275e-02  0:00:00  486
  15 1.2476e-02 1.1018e-03 2.5957e-04 8.5518e-03 1.4276e-02  0:00:00  485
  16 9.6544e-03 9.1239e-04 2.2671e-04 6.8060e-03 1.0723e-02  0:00:00  484
  17 7.6047e-03 7.3862e-04 1.9775e-04 5.4219e-03 8.1051e-03  0:00:00  483
  18 6.0077e-03 5.9148e-04 1.6983e-04 4.3542e-03 6.0947e-03  0:00:00  482
  19 4.8014e-03 4.7110e-04 1.4347e-04 3.5559e-03 4.6934e-03  0:00:00  481
  20 3.7998e-03 3.7211e-04 1.1876e-04 2.9208e-03 3.6923e-03  0:00:00  480
  21 3.0132e-03 2.9009e-04 9.6917e-05 2.3898e-03 2.9112e-03  0:06:23  479
  22 2.3965e-03 2.2230e-04 7.8587e-05 1.9337e-03 2.2643e-03  0:05:06  478
iter continuity x-velocity y-velocity          k    epsilon     time/iter
  23 1.9185e-03 1.6763e-04 6.3116e-05 1.5324e-03 1.7147e-03  0:04:04  477
  24 1.5171e-03 1.2405e-04 5.0010e-05 1.1804e-03 1.2616e-03  0:03:15  476
  25 1.1967e-03 8.9845e-05 3.9163e-05 8.8855e-04 9.4593e-04  0:02:36  475
!   26 solution is converged
```

图 8-44　残差曲线

四、结果显示与数据导出

迭代收敛以后，可以对结果进行显示。

（1）显示速度轮廓线　模型导航 Results→Graphics and Animations，进入如图 8-45 所示

的图选项对话框，选择在 Graphics 项的 Contours，再单击 Set up，则弹出如图 8-46 所示的云图设置对话框，在 Contours of 中选择 Velocity 及 Velocity Magnitude，就得到图 8-47 所示的速度轮廓线。

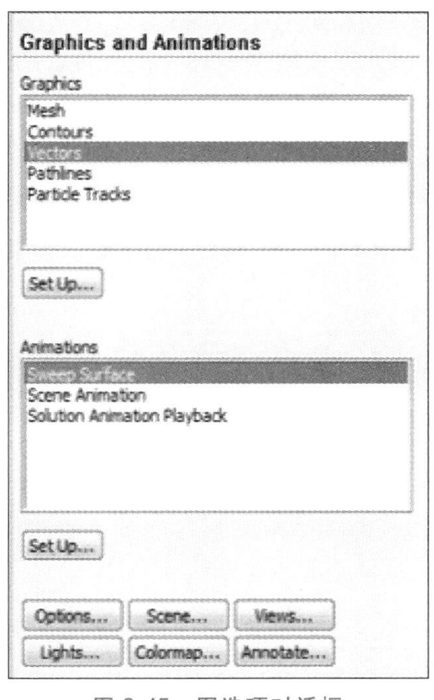

图 8-45　图选项对话框

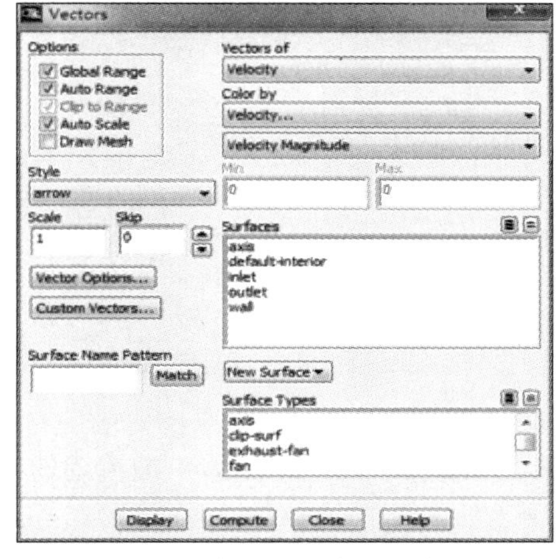

图 8-46　云图设置对话框

（2）显示速度矢量　模型导航 Results→Graphics and Animations，在图 8-45 所示的对话框中选择 Graphics 项中的 Vectors，再单击 Set up，则弹出速度矢量设置对话框，在 Vectors of 中选择 Velocity，在 Color by 选择 Velocity 及 Velocity Magnitude，就可得到速度矢量图。

（3）保存计算后的 Case 和 Data 文件　单击 File→Write Case & Data，操作步骤如图 8-48 所示。

图 8-47　速度轮廓线

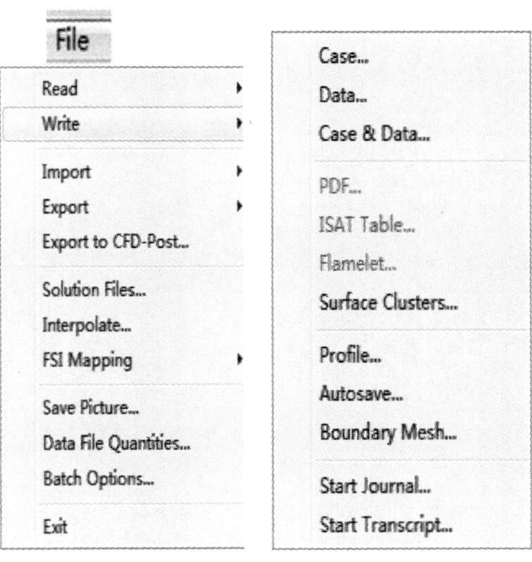

图 8-48　结果保存对话框

习　题

8-1 计算流体力学的基本任务是什么?

8-2 研究微分方程通用形式的意义何在?请分析微分方程通用形式中各项的意义。

8-3 计算流体力学商用软件与用户自行设计的计算流体力学程序相比,各有何优势?常用的商用计算流体力学软件有哪些?特点如何?

8-4 简述有限体积法的基本思想,并说明其使用的网格有何特点。

8-5 对方程 $K\frac{\mathrm{d}^2T}{\mathrm{d}x^2}+\frac{\mathrm{d}K}{\mathrm{d}x}\frac{\mathrm{d}T}{\mathrm{d}x}+S=0$,采用均匀网格$[\Delta x=(\delta x)_e=(\delta x)_w]$推导有限体积法的离散方程。其中 K 是 x 的函数,$\frac{\mathrm{d}K}{\mathrm{d}x}$为已知。可令$\frac{\mathrm{d}T}{\mathrm{d}x}=\frac{T_E-T_W}{2\Delta x}$。

8-6 讨论扩散方程$\frac{\partial u}{\partial t}=\beta\frac{\partial^2 u}{\partial x^2}$的差分格式

$$\frac{3}{2}\frac{u_i^{n+1}-u_i^n}{\Delta t}-\frac{1}{2}\frac{u_i^n-u_i^{n-1}}{\Delta t}=\beta\frac{u_{i+1}^{n+1}-2u_i^{n+1}+u_{i-1}^{n+1}}{\Delta x^2}$$

的精度($\beta>0$)。

8-7 理想不可压缩流体一维流动的 Euler 方程为

$$\frac{\partial u}{\partial t}+u\frac{\partial u}{\partial x}=-\frac{1}{\rho}\frac{\partial p}{\partial x}$$

其守恒型方程为

$$\frac{\partial u}{\partial t}+\frac{\partial}{\partial x}\left(\frac{u^2}{2}\right)=-\frac{1}{\rho}\frac{\partial p}{\partial x}$$

在流动数值计算中,一般用守恒型方程进行数值计算。试将上述守恒型方程分别构造显式、隐式迎风格式。

第九章

泵与风机概述

第一节　泵与风机的用途与分类

泵、风机、压缩机、水轮机、汽轮机等均属于流体机械。所谓流体机械，是指在流体具有的机械能和机械所做的功之间进行能量转化的机械装置。泵与风机是将原动机所做的功转化为被输送流体的能量（位能、压能与动能）的机械。输送液体的机械称为泵，输送气体的机械称为风机。造成及保持容器中真空度的机械称为真空泵。风机也称为风泵、压气机或者压缩机，其工作原理和结构形式与泵十分相似。与泵和风机逆向的流体机械是水轮机和风车（风力机），其将流体的动能转化为装置的机械能。

泵与风机属于通用机械范畴，在国民经济的各个领域广泛应用，与人们的生活及工农业生产紧密相关。例如：城市供水、排水，农业灌溉、排涝，矿道内的通风、排水，冶金工业中各种冶炼锅炉的鼓风以及气体液体的输送，石油工业中的输油与注水，化学工业中高温、腐蚀性流体的输送，厂房、车间空调以及原子防护设备的通风等都离不开泵与风机。据统计，在全国的总用电量中，泵与风机的耗电量约占30%，其中泵的耗电量占21%。随着国民经济的发展与科学技术的进步，泵与风机的应用范围日益扩大，对其性能要求也日益提高。

近年来，泵与风机都向着高转速、大容量、高效率的方向发展，并且在设计与制造过程中，不断与流动测量技术及模拟计算方法相结合，在材料、汽蚀、噪声、振动等方面的研究不断提高，力争提高泵的性能与可靠度。

世界上最早的泵是公元前3世纪由阿基米德发明的，称为阿基米德式螺旋抽水机。我国南北朝时期出现的方板链泵也是泵类机械的一项重要发明。欧洲文艺复兴后，现代意义上的泵逐渐被发明和设计出来。1475年，意大利人弗朗西斯科·迪·乔治·马丁尼提出了离心泵的原始模型。1689年，法国人丹尼斯·帕潘发明了直叶片的蜗壳离心泵，而弯曲叶片的离心泵是由英国发明家约翰·阿波尔德于1851年发明的。1785年丁·斯盖提出了一种轴流泵的雏形。1918年格瑞尼在《水泵》一书中，明确给出了艾利斯螺旋泵的混流叶片图形。此外，齿轮泵、真空泵、柱塞泵、隔膜泵等在近代相继被发明和应用。根据有关记载，截至20世纪初，由于工业化的需要，各国已经部分使用了混流泵、斜流泵和轴流泵，同时多级离心泵也出现了批量生产。

泵与风机按工作原理不同，大致可以分为三类：

1）叶片式。叶轮通过旋转作用将机械能连续地传给流体，从而使流体获得压能、位能与动能的泵与风机，如离心式、轴流式、混流式泵与风机。

2）容积式。通过工作室容积的周期性变化而实现流体输送的泵与风机，根据机械运动方式的不同还可以分为往复式和回转式，如活塞泵、螺杆泵、滑片泵、罗茨风机等。

3）其他类型。不属于上述类型的泵与风机，如射流泵、水锤泵、电磁泵等。

按产生的压力，泵可以分为：

1）低压泵。扬程低于 20m。

2）中压泵。单级扬程为 20~100m。

3）高压泵。单级扬程高于 100m。

按产生的风压，风机可以分为：

1）通风机。风压小于 15kPa。

2）鼓风机。风压在 15~340kPa。

3）压气机。风压在 340kPa 以上。

通风机中最常用的是离心通风机和轴流通风机，按其压力大小又可分为：

1）低压离心通风机。风压在 1kPa 以下。

2）中压离心通风机。风压在 1~3kPa 之间。

3）高压离心通风机。风压在 3~15kPa 之间。

4）低压轴流通风机。风压在 0.5kPa 以下。

5）高压轴流通风机。风压在 0.5~5kPa 之间。

泵的使用范围如图 9-1 所示。由图中可以看出，离心泵所占的区域最大，泵的流量在 5~20000m³/h，扬程在 8~2800m 范围内。风机的使用范围如图 9-2 所示。这两个图可以在选择泵与风机时使用。

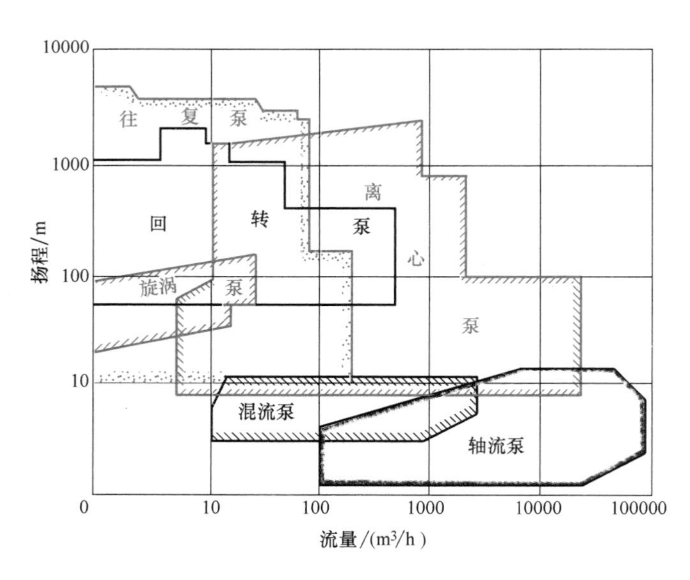

图 9-1　泵的使用范围

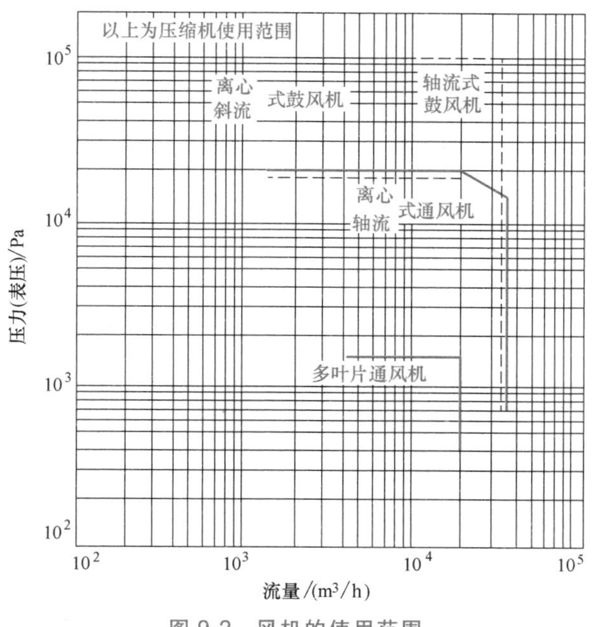

图 9-2　风机的使用范围

第二节　叶片式泵

一、叶片式泵的主要部件

叶片式泵的主要部件有吸水室、叶轮、压水室（包括导叶）等。

1. 吸水室

叶片式泵吸入管接头与叶轮进口前的空间称为吸水室。在液体由吸入管进入叶轮的流动过程中，流速要发生变化，特别是流速的分布要发生变化，以适应液体在叶轮内的流动情况。因此，在叶轮之前要设置吸水室以调整液流，其作用是以最小的流动损失引导液体平稳地进入叶轮，从而使液流在叶轮进口处具有较为均匀的速度分布。

根据泵类型的不同、容量的差异，吸水室通常被设计成直锥形、弯管形和螺旋形三种形式，如图 9-3 所示。

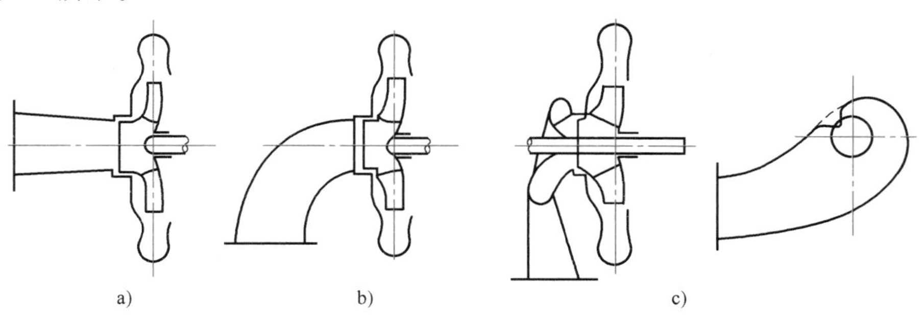

图 9-3　吸水室的类型

a）直锥形　b）弯管形　c）螺旋形

2. 叶轮

叶轮是叶片式泵最重要的工作部件，是叶片式泵的心脏。正是由于叶轮的高速旋转，才使通过叶片式泵的液体获得能量。所以，叶轮是将机械能转化成液体能量的重要部件，是对液体做功的部件。

叶轮一般由前盖板、后盖板、叶片及轮毂组成。在前、后盖板间装有叶片（轴流式除外），并形成流道。根据液体从叶轮流出的方向不同，叶轮分为径流式（离心式）、混流式（斜流式）和轴流式三种形式，如图 9-4 所示。

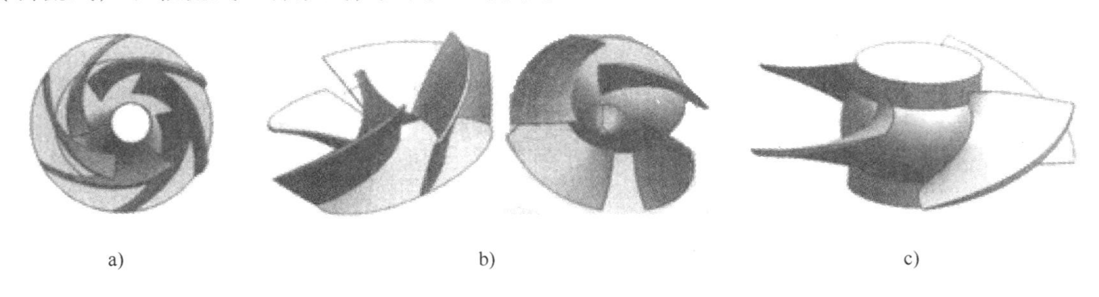

a)　b)　c)

图 9-4　叶轮的类型

a）径流式　b）混流式　c）轴流式

径流式（离心式）叶轮——液体流出叶轮的方向垂直于轴线，即沿半径方向流出。

混流式（斜流式）叶轮——液体流出叶轮的方向倾斜于轴线。

轴流式叶轮——液体流出叶轮的方向平行于轴线，即沿轴线方向流出。

3. 压水室

压水室位于叶轮外围，其作用是把叶轮出口处流出来的液体收集起来，并送入压水管或者次级叶轮入口。液体从叶轮中流出时速度是很大的，为了减小压水管中的水力损失，在将液体送入管路以前，必须降低液体流动速度，使部分动能转化为压能。另外，还应消除液体流出叶轮出口后的旋转运动，使液体流动损失减至最小。压水室主要有螺旋形（环形）压水室（蜗壳）、径向导叶和空间导叶等形式，如图 9-5 所示。

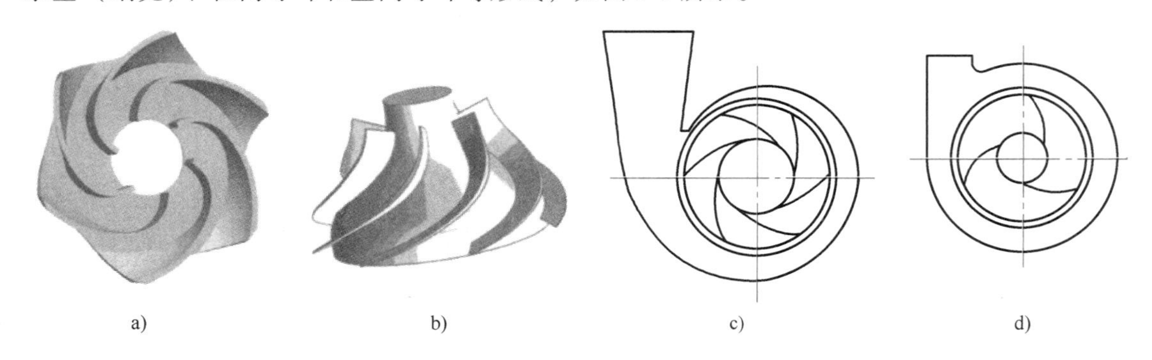

a)　b)　c)　d)

图 9-5　压水室的类型

a）径向导叶　b）空间导叶　c）螺旋形压水室　d）环形压水室

泵的过流部件如图 9-6 所示。除了图中所示的过流部件以外，叶片式泵还装有轴、轴承、密封装置、轴向力平衡装置、联轴器以及填料箱等。

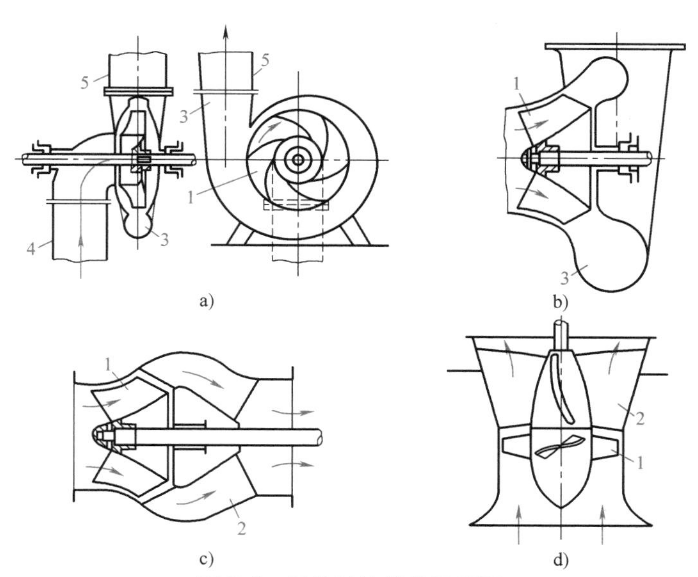

图 9-6　泵的过流部件示意图

a）离心式泵　b）蜗壳式混流泵　c）导叶式混流泵　d）轴流泵

1—叶轮　2—导叶　3—蜗壳（压水室）　4—吸入管　5—排出管

二、叶片式泵的分类

叶片式泵按结构形式，可以分为以下类型。

（1）按主轴方向　卧式：主轴水平放置；立式：主轴竖直放置；斜式：主轴倾斜放置。

（2）按叶轮种类　离心式：离心式叶轮；混流式：混流式叶轮；轴流式：轴流式叶轮。

（3）按吸入方式　单吸：安装单吸叶轮；双吸：安装双吸叶轮。

（4）按级数　单级：安装一个叶轮；多级：在同一根轴上安装两个或者多个叶轮。

（5）按叶片安装方法　可调叶片：叶片安放角是可以调节的；固定叶片：叶片安放角是固定的。

（6）按壳体剖分方式　分段式：壳体按与主轴垂直的平面剖分；节段式：在分段式结构中，每一级壳体都是分开的；中开式：壳体在通过轴中心线的平面上分开；水平中开式：在中开式中，剖分面是与水平面垂直的；斜中开式：在中开式中，剖分面是倾斜的。

（7）按泵体形式　蜗壳式：叶轮排出侧具有带蜗室的壳体；双蜗壳式：叶轮排出侧具有双蜗室的壳体；透平式：带导叶的离心式泵；筒袋式：内壳体外装有圆筒状耐压壳体。

（8）按泵体的支撑方式　悬架式：泵体下有泵脚，固定在底座上，轴承体悬在一端；托架式：轴承体下部固定在底座上，泵体被轴承体托起悬在一端；中心支撑式：泵体两侧在通过轴线的水平面上固定在底座上。

（9）特殊结构形式的叶片式泵　还有一些用途和结构特殊的叶片式泵，如潜水电泵、贯流泵、屏蔽泵、磁力泵、管道泵、无堵塞泵、自吸泵等。

第三节　叶片式风机

叶片式风机按工作原理也可以分为离心式、轴流式和混流式三种结构形式。

离心式风机输送气体时的工作原理与离心泵相同，气体沿轴向进入，经叶轮内部沿着径向流出，如图 9-7 所示。而轴流式风机中，气流由轴向进入叶轮，在风机翼型的升力作用下，仍沿轴向运动，一般在大流量的条件下采用，如图 9-8 所示。在混流式风机内，轴向进入的气体沿着与轴线倾斜的方向从叶轮流出，如图 9-9 所示。本节主要讨论在工程上应用最为广泛的离心式风机。

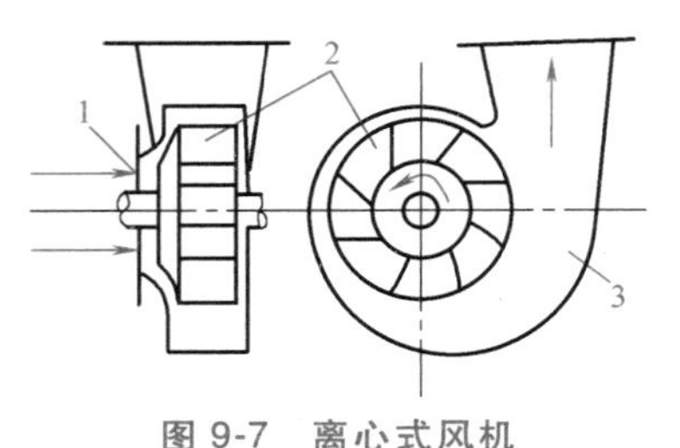

图 9-7 离心式风机

1—进风口 2—叶轮 3—机壳

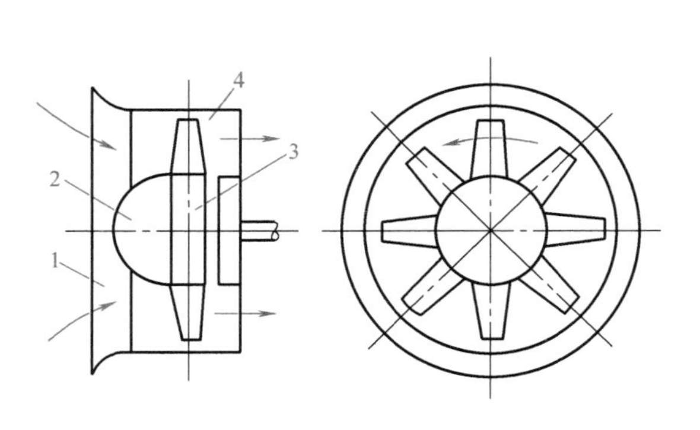

图 9-8 轴流式风机

1—进风口 2—导流器 3—叶轮 4—机壳

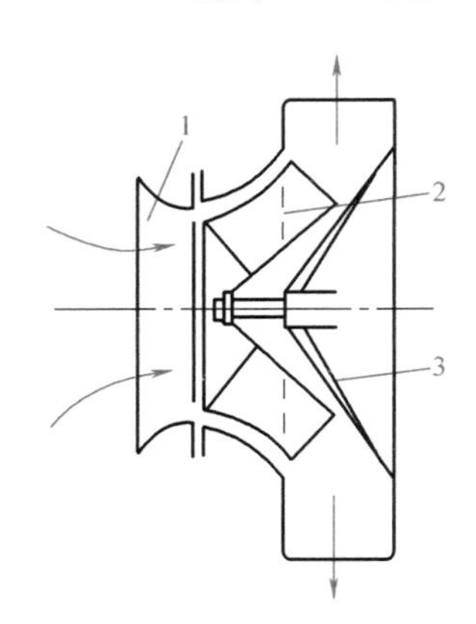

图 9-9 混流式风机

1—进风口 2—叶轮 3—机壳

一、离心式风机的主要部件

离心式风机的主要部件包括叶轮、机壳、进风口、导流器和扩压器等。

1. 叶轮

叶轮是离心式风机的心脏部分，它的尺寸和几何形状对通风机的特性有着重大影响。通常分为封闭式和开式两种，封闭式叶轮一般由前盘、后（中）盘、叶片和轮毂等组成。

叶轮前盘的形式主要有直前盘、锥形前盘和弧形前盘三种，如图 9-10 所示。直前盘制造简单，但对气流的流动情况有不良影响。锥形前盘和弧形前盘制作比较复杂，但其气动效率和叶轮强度比直前盘优越一些。

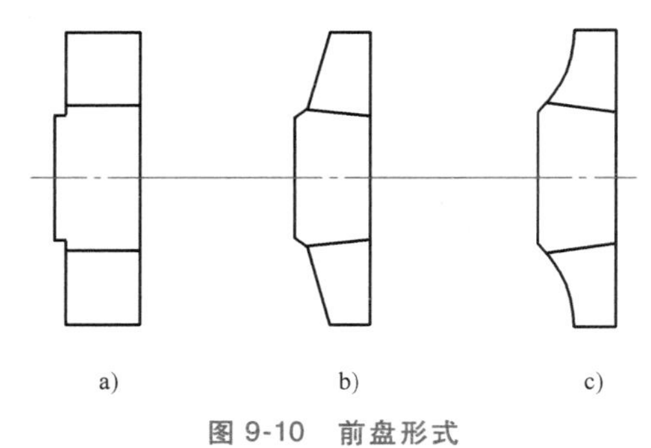

图 9-10 前盘形式

a）直前盘 b）锥形前盘 c）弧形前盘

叶轮上的主要零件是叶片，离心式风机的叶片一般为 6~64 个。叶片按照结构形式可以分为三种：平板型、圆弧型和机翼型，如图 9-11 所示。

离心式风机的叶轮，根据叶片出口（安放）角的不同，可以分为前向叶轮，径向叶轮和后向叶轮。通常，前向叶轮一般都采用圆弧型叶片，在后向叶轮中，对于大型通风机多采用机翼型叶片，对于中、小型风机，则以采用圆弧型和平板型叶片为宜。

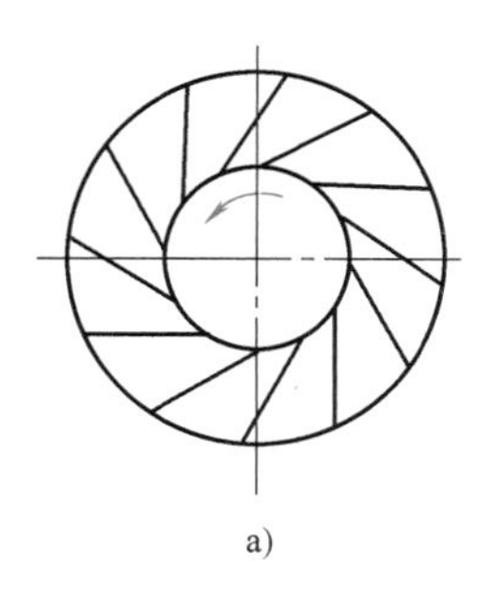

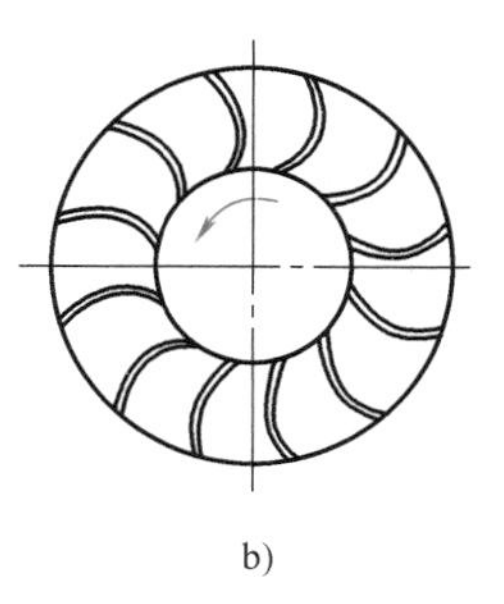

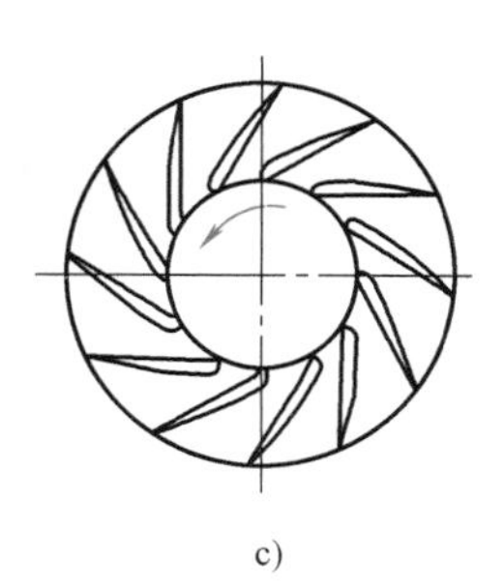

a) b) c)

图 9-11 叶片形状

a）平板型 b）圆弧型 c）机翼型

2. 机壳

机壳是由蜗板和左、右两块侧板焊接或者咬口而成的，主要由螺旋形室（蜗壳）、风舌等组成。其作用是收集从叶轮出来的气体，并引导到蜗壳的出口，经过出风口，把气体输送到管道或者排入大气。蜗壳的蜗板是一阿基米德或者对数螺旋线，它的轴面一般为等宽矩形。

3. 进风口

进风口又称集流器，其作用是使气流顺利地进入叶轮，从而减小气体的流动损失。离心式风机的进气口有筒形、锥形、筒锥形、圆弧形、锥弧形等多种形式，如图 9-12 所示。在大型风机上往往采用圆弧形或者锥形进风口，以提高风机效率。

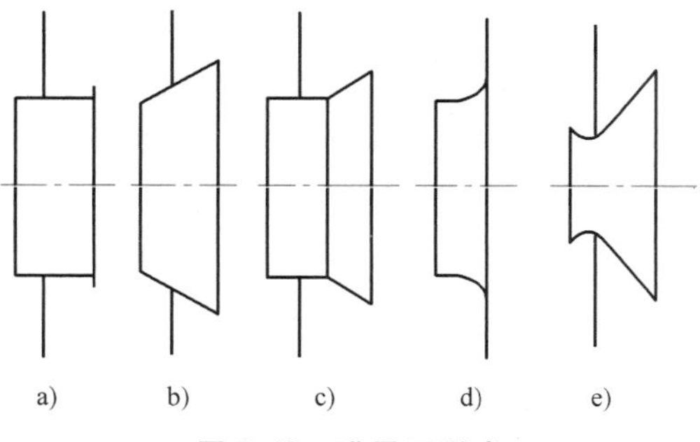

图 9-12 进风口形式

a）筒形 b）锥形 c）筒锥形 d）圆弧形 e）锥弧形

4. 导流器

一般在大型离心式风机或者要求特性曲线可以调节的通风机的进风口或者进风口的流道内装置导流器。采用改变导流器叶片角度的方法，来调节通风机的负荷，以提高其性能并扩大使用范围，提高调节的经济性。导流器可以分为轴向式和径向式两种。

5. 扩压器

扩压器安装在通风机机壳的出口，其作用是降低出口气流速度，使部分动压转化成静压，并减少机壳中的旋涡，提高风机的效率。根据出口管路的需要，扩压器有圆形和方形截面两种。扩压器一般做成向叶轮一侧扩大，其扩散角通常为 6°~8°。

二、离心式风机的分类

离心式风机按结构形式，可以分为以下类型：

（1）按旋转方式 离心式风机可以做成右旋转和左旋转两种形式。从原动机一端看风机，叶轮旋转方向为顺时针方向的称为**右旋转**，用“右”表示；叶轮旋转方向为逆时针方向的称为**左旋转**，用“左”表示，但必须注意叶轮只能顺着蜗壳螺旋线的展开方向旋转。

（2）按进气方式 离心式风机又可以分成单侧进气（单吸）和双侧进气（双吸）两种形式。单吸是气体只能从一面进入叶轮，用代号“1”表示，可以是单级或双级叶轮；双吸则是气体由两面进入叶轮，用代号“0”表示，其流量是单吸的两倍。特殊情况下，离心式风机的进风口装有进气室，按叶轮“左”或“右”的旋转方向，各有五种不同的进口角度位置，如图 9-13 所示。

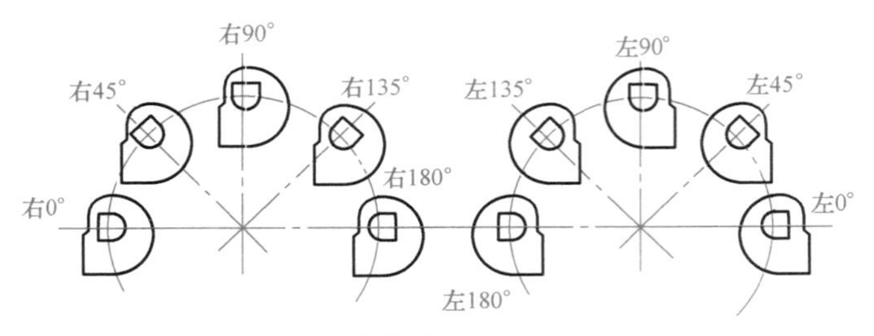

图 9-13 进气室角度位置示意图

(3) 按出风口位置 根据使用要求，离心式风机机壳出口位置依机壳的出风口角度和叶轮旋转方向，可以分为 16 种形式，如图 9-14 所示。在选择（购置）风机时必须注明出风口方向。目前国内生产的风机，有些出风口的方向可以调整。

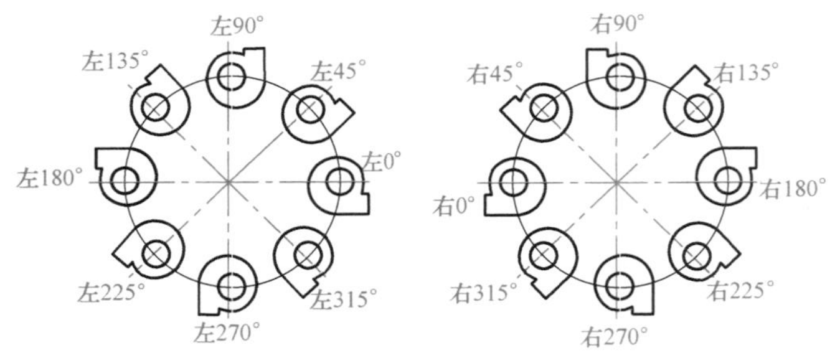

图 9-14 出风口角度位置示意图

(4) 按传动方式 根据使用情况的不同，离心式风机有 6 种传动方式（装置形式），如图 9-15 所示。A 式为无轴承，电动机直联传动；B 式为悬臂支承，带轮在轴承中间；C 式为悬臂支承，带轮在轴承外侧；D 式为悬臂支承，联轴器传动；E 式为双支承，带轮在外侧；F 式为双支承，联轴器传动。其中，电动机直联与联轴器传动的风机转速取决于电动机转速。带传动的风机转速便于调节。悬臂式结构的优点是拆卸方便，而双支承结构的优点是运转比较平稳。

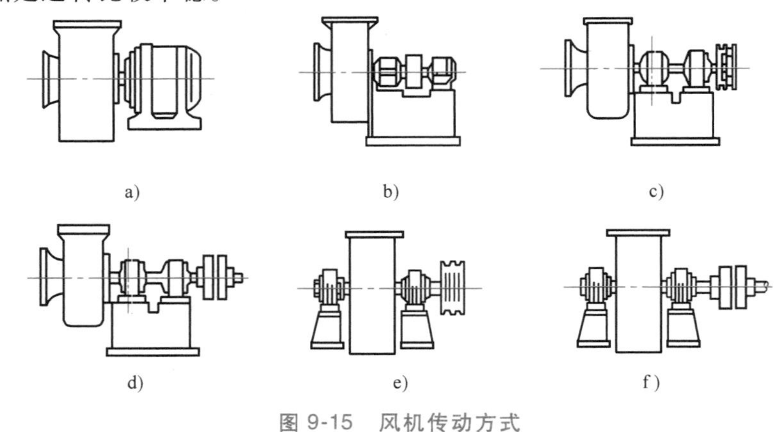

图 9-15 风机传动方式

a) A 式 b) B 式 c) C 式 d) D 式 e) E 式 f) F 式

习 题

9-1 简述泵与风机的主要分类。

9-2 简述叶片式泵、风机的主要部件和结构形式。

第十章

叶片式泵与风机的理论基础

第一节　工作原理

叶片式泵与风机是用途最广的流体机械之一。与其他形式的泵与风机相比，叶片式泵与风机具有效率高、性能可靠、易于调节等优点，并且可以根据需要制造出不同扬程和流量的泵与风机。本书着重讨论叶片式泵与风机，对其他类型的泵与风机仅做一般的介绍。

1. 离心式泵与风机的工作原理

当原动机带动叶轮高速旋转时，叶片对旋转的流体做功，即流体通过叶轮后，压力势能和动能都得到提高，从而能够被输送到高处和远处。与此同时，流体在离心力的作用下，从中心向叶轮边缘流去，并以很高的速度流出叶轮，进入压水室（导叶或蜗壳），再经过扩散管排出，这个过程称为压水过程。叶轮连续旋转，叶轮中心的液体不断流向叶轮边缘，在叶轮中心区形成低压。在吸入端与叶轮中心的压差作用下，流体不断地经吸水室进入叶轮，这个过程称为吸水过程。由于叶轮的连续旋转，流体也就连续地排出、吸入，即形成离心式泵与风机的连续工作。离心式泵与风机最典型的结构形式如图 10-1、图 10-2 所示。

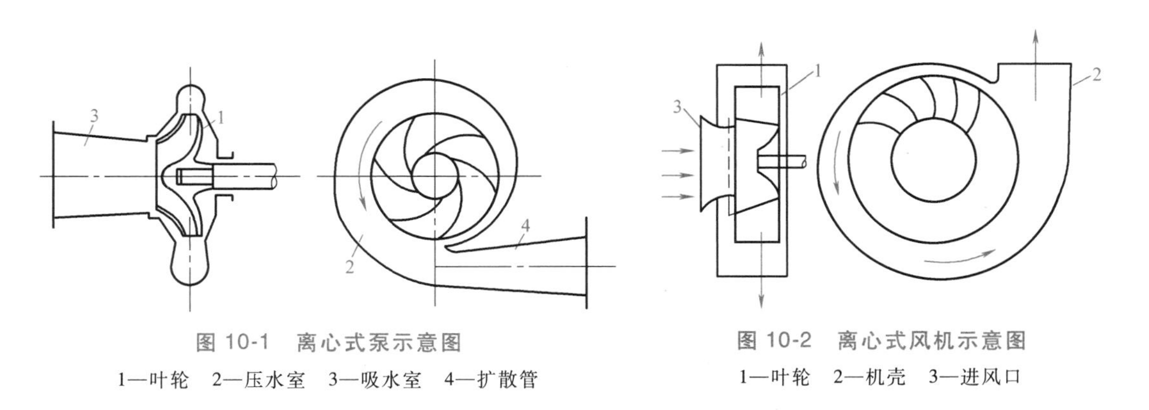

图 10-1　离心式泵示意图

1—叶轮　2—压水室　3—吸水室　4—扩散管

图 10-2　离心式风机示意图

1—叶轮　2—机壳　3—进风口

2. 轴流式泵与风机的工作原理

当原动机带动叶轮旋转时，旋转的叶片对绕流的流体产生一个轴向的推力（叶轮中流体绕流叶片时，流体对叶片有一个升力的作用；同时根据牛顿第三定律，叶片也会给流体一个力的作用），此推力对流体做功，使流体的能量增加并沿轴向排出。与此同时，随着叶轮的连续旋转，流体沿轴向也不断流入，如图 10-3 和图 10-4 所示，即形成轴流式泵与风机的连续工作。轴流式泵与风机适用于大流量、低扬程的场合。

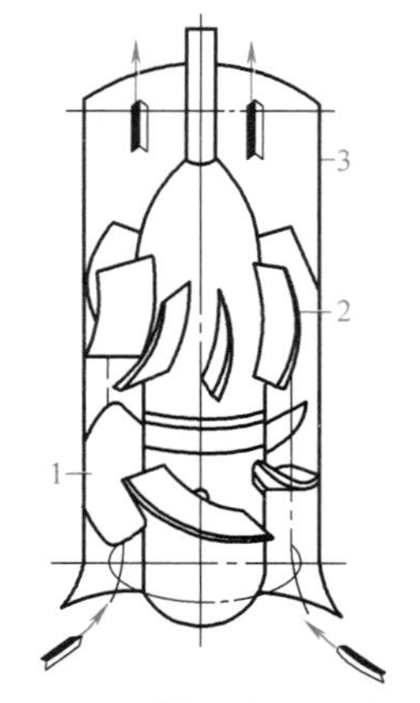

图 10-3 轴流式泵示意图

1—叶轮 2—导流器 3—泵壳

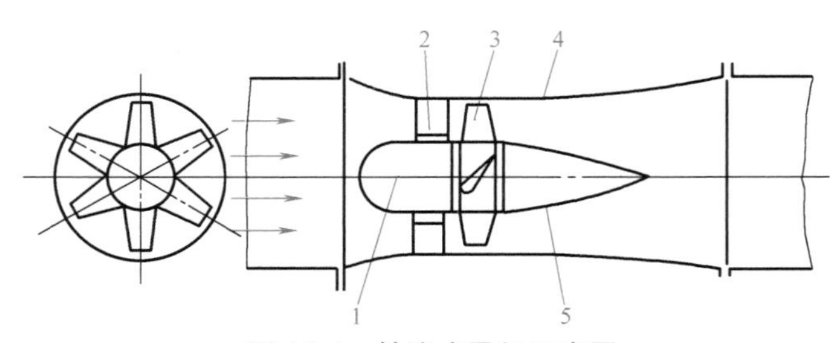

图 10-4 轴流式风机示意图

1—整流罩 2—前导叶 3—叶轮 4—扩散筒 5—整流体

第二节 性能参数

泵与风机的主要性能参数有流量 q_V、能头 H（泵称为扬程）或者压头（风机称为全压或风压）、功率 P、效率 η、转速 n，泵还有表示汽蚀性能的参数，即汽蚀余量 Δh 或吸上真空高度 H_s。这些参数反映了泵与风机的整体性能。

1. 流量

流量是指单位时间内所输送的液体的量，一般用体积流量 q_V 来表示，也可以采用质量流量 q_m 来表示。体积流量的常用单位为 m^3/s 或者 m^3/h，质量流量的常用单位为 kg/s 或者 t/h。质量流量与体积流量的关系为

$$q_m = \rho q_V$$

式中，ρ 为流体的密度（kg/m^3）。

2. 能头

1）泵的能头称为扬程，指单位重量液体通过泵后获得的能量，即流体从泵进口断面 1—1 到泵出口断面 2—2 所获得的能量增加值，用符号 H 来表示，如图 10-5 所示。水泵的扬程为

$$H = E_2 - E_1$$

式中，E_2 为泵出口断面处单位重量液体的机械能（m）；E_1 为泵进口断面处单位重量液体的机械能（m）。

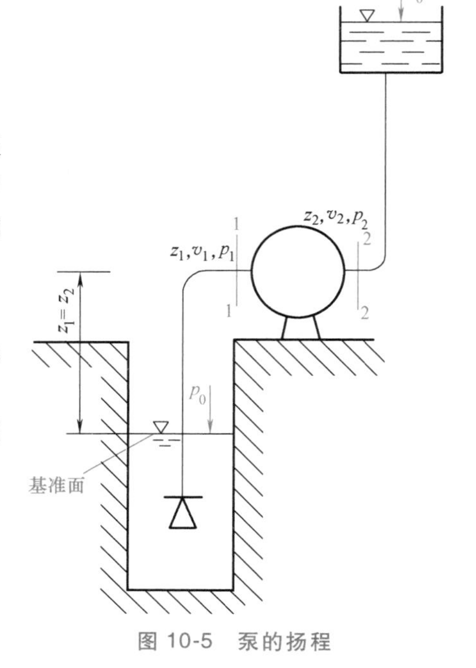

图 10-5 泵的扬程

单位重量液体的机械能通常由位置势能（z）、压力势能（$p/\rho g$）和动能（$v^2/2g$）三部分组成，即

$$E_1 = z_1 + \frac{p_1}{\rho g} + \frac{v_1^2}{2g}$$

$$E_2 = z_2 + \frac{p_2}{\rho g} + \frac{v_2^2}{2g}$$

式中，z_1、z_2 分别为泵进、出口断面中心到基准面的垂直距离（m）；p_1、p_2 分别为泵进、出口断面处液体的表压强（Pa）；v_1、v_2 分别为泵进、出口断面处液体的平均速度（m/s），ρ 为液体的密度（kg/m^3）。

因此，泵的扬程可以写为

$$H=(z_2-z_1)+\frac{p_2-p_1}{\rho g}+\frac{v_2^2-v_1^2}{2g}=\frac{p_2-p_1}{\rho g}+\frac{v_2^2-v_1^2}{2g}$$

2）风机的能头称为**全压**或者**风压**，包括静压和动压。全压是指单位体积气体流过风机时所获得的总能量的增加值，用符号 p 来表示，故风机的全压为

$$p=p_2+\frac{\rho v_2^2}{2}-\left(p_1+\frac{\rho v_1^2}{2}\right)$$

式中，p_1、p_2 分别为风机进、出口断面处气体的压强（Pa）；v_1、v_2 分别为风机进、出口断面处气体的平均速度（m/s）；ρ 为气体的密度（kg/m^3）。

对于风机，由于输送的是气体（可压缩流体），即使进、出口风管直径相差不大，但流速仍可相差很大，其动压改变较大，在全压中所占的比例较大，甚至可达全压的50%及以上。风机中克服管路阻力要由静压来承担，因此风机的全压为动压 p_d 和静压 p_j 之和，其中动压 p_d 为

$$p_d=\frac{\rho v^2}{2}$$

风机的静压为

$$p_j=p_2-\left(p_1+\frac{\rho v_1^2}{2}\right)$$

3. 功率与效率

泵与风机的功率可以分为有效功率、轴功率和原动机功率。**有效功率**是指单位时间内通过泵与风机的流体所获得的功率，即泵与风机的输出功率，用符号 P_e 来表示，单位为 kW。**轴功率**是指原动机传到泵或风机轴上的功率，又称为输入功率，用符号 P 表示。

轴功率与有效功率之差是泵与风机内的损失功率。泵与风机的效率为有效功率与轴功率之比。效率的表达式为

$$\eta=\frac{P_e}{P}$$

由于原动机轴与泵或风机轴的连接存在机械损失（用传动效率 η_{tm} 表示），所以，**原动机功率** P_g 通常比轴功率大，其表达式为

$$P_g=\frac{P}{\eta_{tm}}$$

考虑泵与风机运转时可能出现超负荷的情况，所以原动机的配套功率 P_m 通常要更大一些，即

$$P_m=KP_g=\frac{KP}{\eta_{tm}}$$

式中，K 为原动机容量富裕系数或安全系数。

4. 转速

转速是指泵与风机轴每分钟的转数，常用符号 n 来表示，单位为 r/min。

第三节 离心式泵与风机的叶轮理论

一、流体在叶轮中的流动

叶轮流道的几何形状常用图 10-6a 所示的轴面投影图和图 10-6b 所示的平面投影图来表示。其中 D_0 为叶轮进口直径，D_1、D_2 分别为叶轮的进、出口直径，b_1、b_2 分别为叶片的进、出口宽度，β_1、β_2 分别为叶片进、出口的安放角。安放角指叶片进、出口处的切线与圆周速度反方向线之间的夹角，用来表示叶片的弯曲方向。

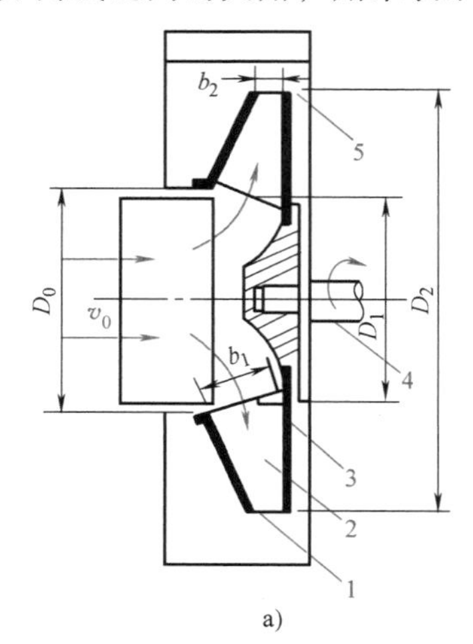

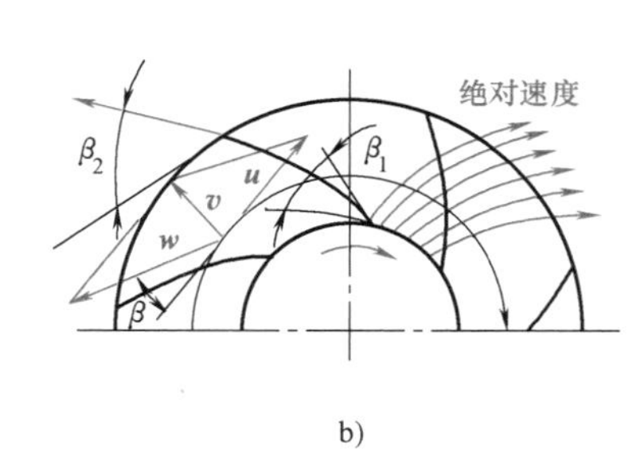

图 10-6 流体在叶轮流道中的流动

a）风机的叶轮 b）流体在叶轮中的速度

1—叶轮前盘 2—叶片 3—后盘 4—轴 5—机壳

流体在叶轮流道中的运动十分复杂，为了便于分析其流动规律，提出了“理想叶轮”的假设：

1）流体通过叶轮的流动是定常流动，且可以看成是无数层垂直于转动轴线的流面的总和，在层与层的流面之间其流动互不干扰。

2）叶轮具有无穷多的叶片，叶片的厚度无限薄。

3）叶轮内部流动的流体是理想不可压缩流体。

离心式泵与风机叶片进、出口处的流体运动情况如图 10-7 所示。当叶轮旋转时，在叶片进口“1”处，流体一方面随叶轮旋转做圆周牵连运动，其圆周速度为 $\boldsymbol{u}_1$；另一方面又沿叶片方向做相对流动，其相对速度为 $\boldsymbol{w}_1$。因此，流体在进口处的绝对速度 $\boldsymbol{v}_1$ 应为 $\boldsymbol{u}_1$ 与 $\boldsymbol{w}_1$ 两者的矢量和。同理，在叶片出口“2”处，流体的圆周速度 $\boldsymbol{u}_2$ 与相对速度 $\boldsymbol{w}_2$ 的矢量和为绝对速度 $\boldsymbol{v}_2$。

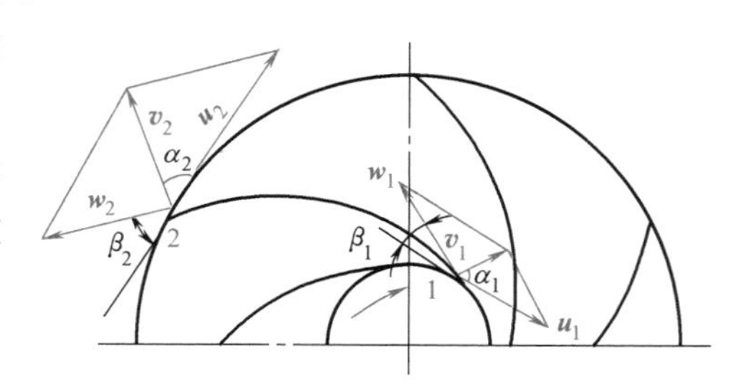

图 10-7 离心式泵与风机叶片进、出口处的流体运动情况

1—进口 2—出口

为了便于分析，通常将流体质点的圆周速

度、相对速度和绝对速度共同绘制在一张速度图上，即流体质点的速度三角形，如图 10-8 所示。在速度三角形中，通常绝对速度$\boldsymbol{v}$分解为与流量有关的径向分速度$\boldsymbol{v}_r$和与压头有关的切向分速度$\boldsymbol{v}_u$。径向分速度$\boldsymbol{v}_r$的方向与叶轮的半径方向相同，切向分速度$\boldsymbol{v}_u$与叶轮的圆周运动方向相同。

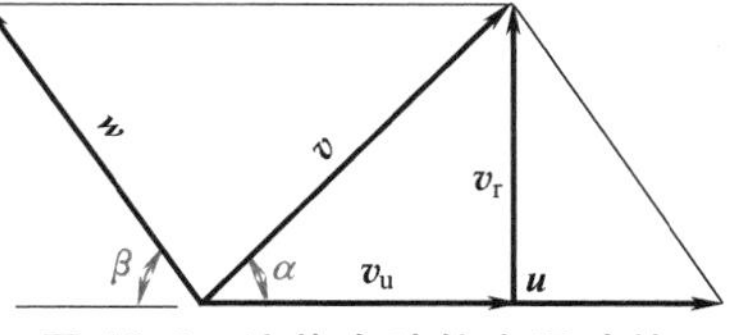

图 10-8　流体在叶轮中运动的速度三角形

绝对速度$\boldsymbol{v}$和圆周速度$\boldsymbol{u}$之间的夹角α称为叶片的**工作角**（绝对液流角）。α_1、α_2分别是叶片进口工作角（绝对液流角）与出口工作角（绝对液流角）。

流体在叶轮中运动的速度三角形清楚地表达了流体在叶轮流道中的流动情况，同时也是研究泵与风机内部流动特性与完善水力设计的一个重要手段。

当叶轮流道的几何形状（安放角β已定）及尺寸确定后，如已知叶轮转速n和流量q_{VT}，即可求得叶轮内任何半径r上某点处的速度三角形。其中，流体在叶轮中的圆周速度u可以表示为

$$u=\omega r=\frac{\pi Dn}{60}$$

流体在离心式泵与风机的叶轮中运动时，轴向流到叶轮进口处，然后流体通过叶片与前后盖板组成的流道径向流出，流体在叶轮中的过流断面为一圆周环面。因此，泵与风机在叶轮中流量q_{VT}等于径向速度v_r乘以垂直于v_r的过流断面（圆周环面）面积A，即

$$q_{VT}=v_rA$$

式中，A是一个圆周环面，可以近似认为它等于以半径r处的叶轮宽度为母线，绕轴线旋转一周所形成的曲面，即$A=\varepsilon\pi Db$。

因此，离心式泵与风机的流量可以表示为

$$q_{VT}=\varepsilon\pi Dbv_r$$

式中，ε为叶片排挤系数，它反映了叶片厚度对流道过流面积的排挤程度。

二、叶轮机械的欧拉方程

根据“理想叶轮”的假设，当流体进入叶轮之后，叶轮从外界向流体所供给的能量，就全部转化为流体具有的能量。

采用流体力学中的动量矩定理可以得到这种能量关系。动量矩定理告诉我们：质点系对某一转轴的动量矩$\boldsymbol{L}$对时间的变化率，等于作用于该质点系的所有外力对同一轴的力矩矢量和$\boldsymbol{M}$，即

$$\frac{\mathrm{d}\boldsymbol{L}}{\mathrm{d}t}=\boldsymbol{M}$$

取叶轮前、后盖板以及叶片进、出口边形成的旋转面所包围的这部分区域为控制体，如图 10-9 所示。对所取控制体内的流体应用质点系的动量矩定理。轴线取为叶轮旋转轴线。

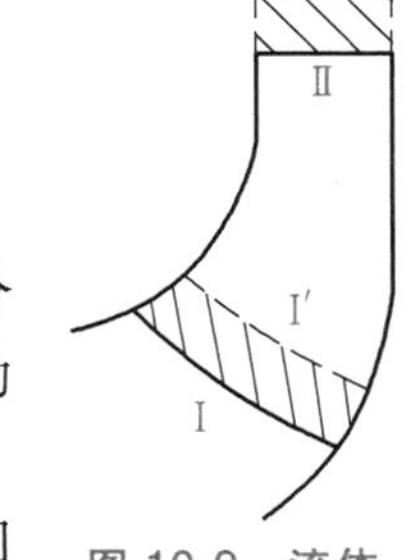

图 10-9　流体在叶轮中流动的控制体

经过微小的时间Δt，在控制面Ⅰ和Ⅱ之间的流体运动到Ⅰ′和Ⅱ′之间的新位置，所以该流体对于轴线动量矩的变化值应是新旧位置时动量矩之差，即

$$\Delta \boldsymbol{L}=\boldsymbol{L}_{\mathrm{I}'\mathrm{II}'}-\boldsymbol{L}_{\mathrm{I}\,\mathrm{II}}$$

式中，$\Delta \boldsymbol{L}$ 为动量矩的变化量；$\boldsymbol{L}_{\mathrm{I}'\mathrm{II}'}$为新位置的动量矩；$\boldsymbol{L}_{\mathrm{I}\,\mathrm{II}}$为初始位置的动量矩。

通过观察发现，在流体运动前后的动量矩中存在共同的部分$\boldsymbol{L}_{\mathrm{I}'\mathrm{II}}$，所以流体实际动量矩的变化量可以改写为

$$\Delta \boldsymbol{L}=\boldsymbol{L}_{\mathrm{II}\,\mathrm{II}'}-\boldsymbol{L}_{\mathrm{I}\,\mathrm{I}'}$$

根据流体运动的连续性方程可知，流进控制面Ⅰ的流体质量必等于流出控制面Ⅱ的流体质量。若将流体的有关参数都注以“T∞”的下标，如 $q_{V\mathrm{T}\infty}$，$H_{\mathrm{T}\infty}$ 等，其中“T”表示理想流体，“∞”表示叶片无穷多，通过控制面的流体质量为 $\rho q_{V\mathrm{T}\infty}\Delta t$，则通过控制面流出与流入控制体的动量矩分别表示为

$$\boldsymbol{L}_{\mathrm{II}\,\mathrm{II}'}=\rho q_{V\mathrm{T}\infty}\Delta t v_{2\mathrm{uT}\infty}r_2$$

$$\boldsymbol{L}_{\mathrm{I}\,\mathrm{I}'}=\rho q_{V\mathrm{T}\infty}\Delta t v_{1\mathrm{uT}\infty}r_1$$

根据动量矩定理，作用于流体的合外力矩为

$$M=\rho q_{V\mathrm{T}\infty}\Delta t(r_2 v_{2\mathrm{uT}\infty}-r_1 v_{1\mathrm{uT}\infty})/\Delta t=\rho q_{V\mathrm{T}\infty}(r_2 v_{2\mathrm{uT}\infty}-r_1 v_{1\mathrm{uT}\infty})$$

合外力矩 M 乘以叶轮角速度 ω 即为加在转轴上的外加功率 P，并将 $u=\omega r$ 代入上式，可得

$$P=\rho q_{V\mathrm{T}\infty}(\omega r_2 v_{2\mathrm{uT}\infty}-\omega r_1 v_{1\mathrm{uT}\infty})=\rho q_{V\mathrm{T}\infty}(u_{2\mathrm{T}\infty}v_{2\mathrm{uT}\infty}-u_{1\mathrm{T}\infty}v_{1\mathrm{uT}\infty})$$

在理想条件下，单位时间内叶轮对流体所做的功 P 全部转化为流体的能量，即

$$P=\rho g q_{V\mathrm{T}\infty}H_{\mathrm{T}\infty}=\rho q_{V\mathrm{T}\infty}(u_{2\mathrm{T}\infty}v_{2\mathrm{uT}\infty}-u_{1\mathrm{T}\infty}v_{1\mathrm{uT}\infty})$$

因此，理想条件下单位重量流体的能量增量与流体在叶轮中运动的关系，即叶轮机械的欧拉方程，可表示为

$$H_{\mathrm{T}\infty}=\frac{1}{g}(u_{2\mathrm{T}\infty}v_{2\mathrm{uT}\infty}-u_{1\mathrm{T}\infty}v_{1\mathrm{uT}\infty}) \tag{10-1}$$

三、有限数叶片对叶轮机械欧拉方程的修正

有限数叶片的叶轮流道中，除有一个均匀的相对流动外，还有一个相对的轴向旋涡运动存在。这种旋涡运动可以用一个简单的例子说明：一个充满理想流体的圆形容器，以角速度 ω 绕中心 O 点旋转，A 点为容器的顶点，浮在流体上的指针指向固定坐标系统 N 点，如图 10-10 所示。当容器绕 O 点旋转时，流体因其本身的惯性保持原来的状态，即箭头始终指向 N 点，这就相当于流体逆容器转向有一个角速度为 ω 的相对旋涡运动，如图 10-11a 所示。

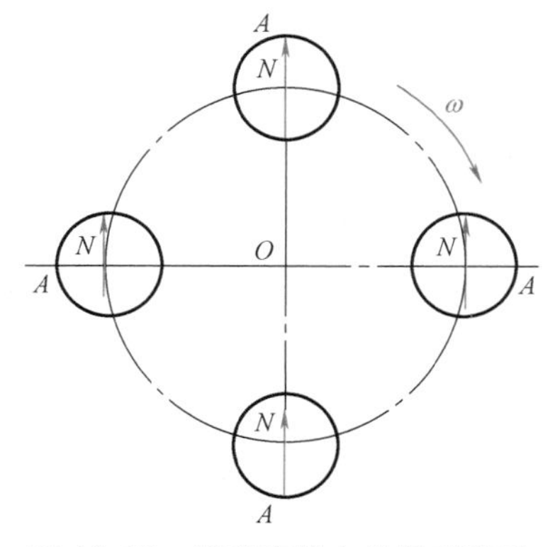

图 10-10　圆形容器内的相对流动

相对的涡流运动与原来的均匀相对流合成之后，在顺叶轮转动方向的流道前部，相对涡流助长了原有的相对流速；而在后部，则抑制原有的相对流速。结果，相对流速在同一半径的圆周上分布不均匀，它一方面使叶片两面形成压差，作为作用于轮轴上的阻力矩，需要原动机克服此力矩而消耗额外的能量；另一方面，在叶轮出口处，相对速度将朝旋转的反方向偏离切线，如图 10-11a 中由原来的 $w_{2\mathrm{T}\infty}$ 变

为 w_{2T}。相对旋涡运动的影响还体现在 10-11b 所示的速度三角形中，切向分速度由原来的 $v_{2uT\infty}$ 减小为 v_{2uT}。

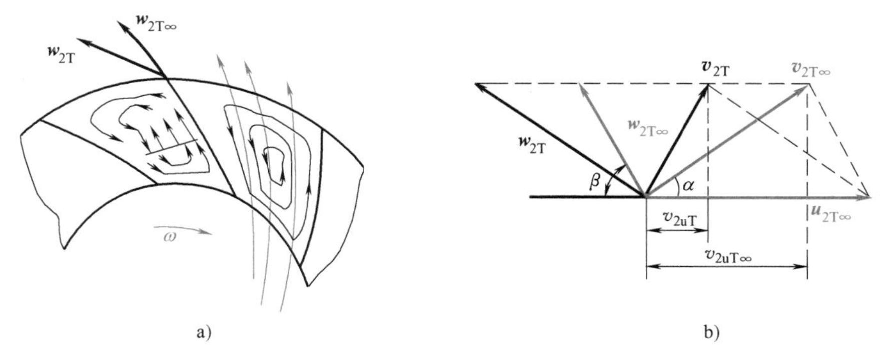

图 10-11　流体在叶轮中的相对涡流与出口速度的偏移
a）相对涡流　b）出口速度的偏移

根据同样的分析，叶片进口处相对速度将朝叶轮转动方向偏移，从而使进口切向分速度由原来的 $v_{1uT\infty}$ 增大到 v_{1uT}。

相对旋涡运动的影响，按式（10-1）计算的叶片无限多的扬程 $H_{T\infty}$ 要降低到叶片有限多的扬程 H_T。通过无限多叶片的欧拉方程得出的 $H_{T\infty}$ 与通过有限叶片实际叶轮的欧拉方程得出的 H_T 之间的关系，至今还只能以经验公式来表征，而这些经验公式的适用范围也极其有限。通常采用小于 1 的涡流修正系数 k 来表示，即

$$H_T = kH_{T\infty} = \frac{k}{g}(u_{2T\infty}v_{2uT\infty} - u_{1T\infty}v_{1uT\infty})$$

对离心式泵与风机，k 一般在 0.78～0.85 之间，涡流修正系数是离心式叶轮设计的重要参数。

或有

$$H_T = \frac{1}{g}(u_{2T}v_{2uT} - u_{1T}v_{1uT})$$

为简明起见，将流体速度中用来表示理想条件的下标“T”去掉，可得

$$H_T = \frac{1}{g}(u_2v_{2u} - u_1v_{1u}) \tag{10-2}$$

式（10-2）表示了实际叶轮工作时，流体从外加能量所获得的理论扬程值 H_T。

四、理论扬程的组成

离心式泵与风机的理论扬程 H_T 与流体在叶轮中的运动紧密相关，总扬程中动压水头和静压水头所占的比例也不同。将图 10-7 中的进、出口速度三角形按三角形的余弦定理展开，即

$$w_2^2 = u_2^2 + v_2^2 - 2u_2v_2\cos\alpha_2 = u_2^2 + v_2^2 - 2u_2v_{2u}$$

$$w_1^2 = u_1^2 + v_1^2 - 2u_1v_1\cos\alpha_1 = u_1^2 + v_1^2 - 2u_1v_{1u}$$

两式移项后代入式（10-2），经过整理可得出理论扬程式的另一种表达形式，即

$$H_T = \frac{u_2^2 - u_1^2}{2g} + \frac{w_1^2 - w_2^2}{2g} + \frac{v_2^2 - v_1^2}{2g} \tag{10-3}$$

可以清楚地发现流体所获得的总扬程是由以下三个部分组成的：

1）式（10-3）中的第三项是单位重量流体的动能增加，也称动压水头增量，即

$$H_{\mathrm{Td}}=\frac{v_2^2-v_1^2}{2g} \tag{10-4}$$

通常在总扬程相同的条件下，该项动压水头的增量不易过大。

因叶轮进、出口断面是同轴的圆环面，其平均位能相等，即 $z_2-z_1=0$，故式（10-3）的其余两项是总扬程中压能的增量，也称静压水头增量，用 H_{Tj} 表示

$$H_{\mathrm{Tj}}=\frac{u_2^2-u_1^2}{2g}+\frac{w_1^2-w_2^2}{2g}=\frac{p_2-p_1}{\rho g} \tag{10-5}$$

2）式（10-5）中的第一项指单位重量流体在叶轮旋转时所产生的离心力所做的功，使流体自进口（r_1 处）到出口（r_2 处）产生一个向外的压能（静压水头）增量 ΔH_{jR}，即

$$\Delta H_{\mathrm{jR}}=\frac{u_2^2-u_1^2}{2g}$$

该式说明，因离心式泵与风机中流体呈径向流动，且圆周速度 $u_2>u_1$，故其离心力作用很强。对轴流式泵与风机，流体沿轴向流动，$u_2=u_1$，不受离心力的作用。

3）式（10-5）中的第二项是由于叶片间流道展宽，以致相对速度有所降低而获得的静压水头增量，它代表着流体经过叶轮时动能转化为压能的部分。叶片间的流道宽度有限，相对速度变化不大，故其增量较小。

第四节　叶型及其对泵与风机性能的影响

当进口切向风速度 $v_{1\mathrm{u}}=v_1\cos\alpha_1=0$ 时，根据式（10-2）计算的理论扬程 H_{T} 将达到最大值。在设计泵或风机时，总是使进口绝对速度 v_1 与圆周速度 u_1 间的工作角 $\alpha_1=90°$。此时，流体按照径向流入叶片间的流道，理论扬程方程式简化为

$$H_{\mathrm{T}}=\frac{1}{g}u_2v_{2\mathrm{u}} \tag{10-6}$$

按照叶轮叶片出口速度三角形（图 10-8）对应的参数进行讨论，可得

$$v_{2\mathrm{u}}=u_2-v_{2\mathrm{r}}\cot\beta_2$$

代入式（10-6）中得

$$H_{\mathrm{T}}=\frac{1}{g}(u_2^2-u_2v_{2\mathrm{r}}\cot\beta_2) \tag{10-7}$$

假定叶轮直径固定不变的某一设备，在相同的转速下，叶片出口安放角 β_2 的大小对理论扬程 H_{T} 有直接影响。

在离心式泵与风机中，有三种不同出口安放角 β_2 的叶轮叶型，如图 10-12 所示。当 $\beta_2=90°$时，$\cot\beta_2=0$，此时 $H_{\mathrm{T}}=u_2^2/g$，叶轮出口按径向装设，这种叶型称为径向叶型。当 $\beta_2<90°$时，$\cot\beta_2>0$，此时 $H_{\mathrm{T}}<u_2^2/g$，叶轮出口方向和叶轮旋转方向相反，这种叶型称为后向叶型。当 $\beta_2>90°$时，$\cot\beta_2<0$，此时 $H_{\mathrm{T}}>u_2^2/g$，叶轮出口方向和叶轮旋转方向相同，这种叶型称为前向叶型。

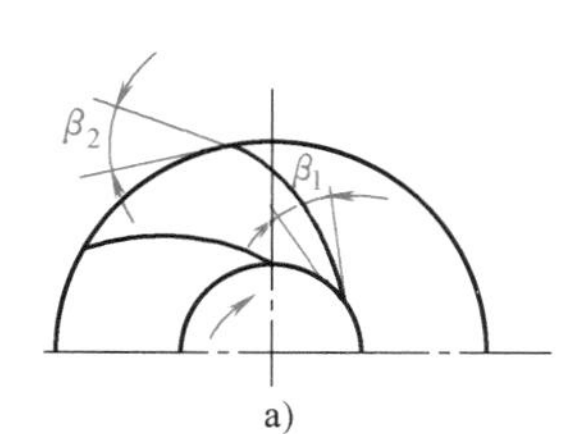

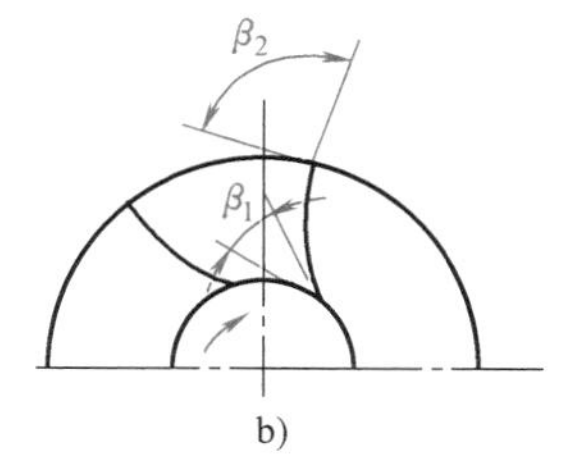

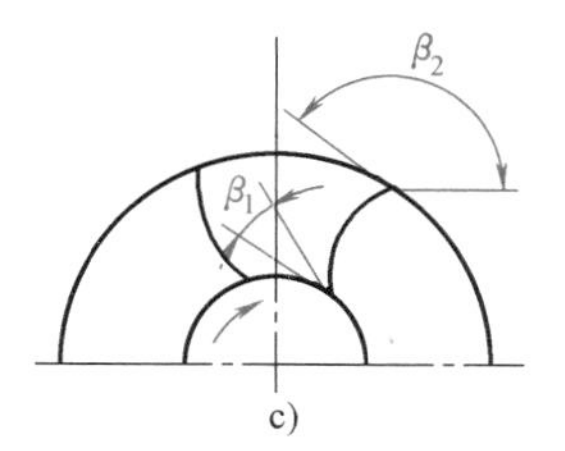

图 10-12　叶轮叶型与出口安放角

a）后向叶型　b）径向叶型　c）前向叶型

通常在离心式泵与风机的设计中，除使流体径向流入流道外，常令叶片进口截面面积等于出口截面面积。以 A 代表这些截面面积时，根据连续性方程可得出

$$v_1 A = v_{1r} A = v_{2r} A$$

$$v_1 = v_{1r} = v_{2r}$$

所以按照速度三角形，可得动压头 H_{Td} 与出口切向速度 v_{2u} 之间的关系，可以表示为

$$H_{Td} = \frac{v_2^2 - v_1^2}{2g} = \frac{v_2^2 - v_{2r}^2}{2g} = \frac{v_{2u}^2}{2g}$$

理论扬程 H_T 中的动压水头部分 H_{Td} 与出口速度的切向分速度 v_{2u} 的二次方成正比。在同一叶轮直径和叶轮转速固定的条件下，具有 $\beta_2<90°$ 的后向叶型叶轮（$\triangle ABC$）的出口切向分速度 v_{2u} 较小，全部理论扬程中的动压水头部分较少；具有 $\beta_2>90°$ 的前向型叶轮（$\triangle ABC'$）的出口切向分速度 v'_{2u} 较大，动压水头部分较大而静压水头部分有所减小，如图 10-13 所示。

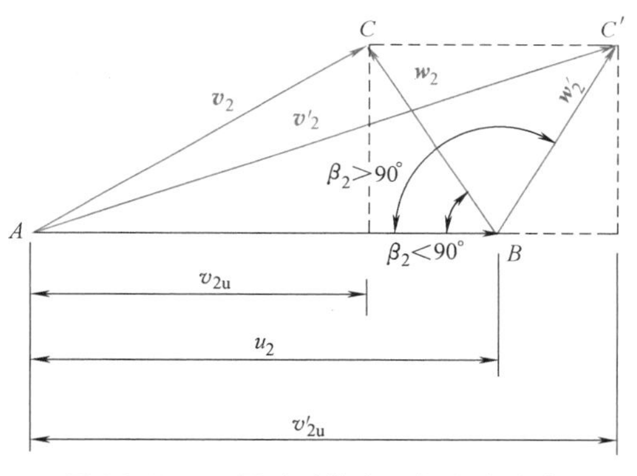

图 10-13　不同叶型的出口切向分速度

如前所述，动压水头部分较大，流体在蜗壳以及扩压器中的流速较大，动、静压转换损失必然较大。在其他条件相同的情况下，尽管前向型叶轮的泵与风机的总扬程较大，但能量损失也较大，效率较低。因此，离心式泵全部采用后向叶型叶轮。在大型风机中，为了提高效率或者降低噪声，也都采用后向叶型叶轮。对于中小型风机，当效率不是主要考虑的因素时，也可以采用前向叶型叶轮，这是因为采用前向叶型叶轮时，风机在相同的压头下，轮径和外形可以做得较小。

第五节　泵与风机的性能曲线

通常情况下，泵与风机的主要性能参数有：扬程 H、流量 q_V、转速 n、功率 P、效率 η。表示泵与风机主要性能参数间关系的曲线称为**性能曲线**或**特性曲线**。泵与风机的性能曲线包括在一定转速下的流量-扬程（q_V-H）曲线、流量-功率（q_V-P）曲线和流量-效率（q_V-η）曲线，对应不同的转速具有不同的性能或特性。通常用流量作为横坐标，其他几个参数作为纵坐标，每一个流量 q_V 均有相对应扬程 H、功率 P 和效率 η，它代表泵与风机的一种工作状态，简称泵与风机的工况。最高效率的工况称为最佳工况，设计泵与风机时所选定的一组参数代表设计工况。最理想的状况是设计工况应与最佳工况重合。目前泵与风机内部流动规律并没有完全掌握，所以往往两者并不能做到重合。

一、理论性能曲线

从叶轮机械的欧拉方程出发，研究无流动损失这一理想条件下的流量-扬程（q_V-H）曲线、流量-功率（q_V-P）曲线和流量-效率（q_V-η）曲线。

假定叶轮出口前盘与后盘之间的轮宽为 b_2，则叶轮在工作时所排出流体的理论流量可以表示为

$$q_{VT}=\varepsilon\pi D_2 b_2 v_{2r}$$

通过上式获得径向速度后，代入式（10-7）中，可得

$$H_T=\frac{u_2^2}{g}-\frac{u_2}{g}\frac{q_{VT}}{\varepsilon\pi D_2 b_2}\cot\beta_2 \tag{10-8}$$

当泵与风机的尺寸确定后，若其保持转速不变，则上式中 u_2、g、ε、D_2 及 b_2 均为定值，故上式可以改写为

$$H_T=A-Bq_{VT}\cot\beta_2 \tag{10-9}$$

式中，$A=u_2^2/g$，$B=u_2/(\varepsilon\pi D_2 b_2 g)$，均为常数；$\cot\beta_2$ 代表叶型种类，也为常量。

式（10-9）说明在固定转速下，无论叶型如何，泵与风机理论上的流量与扬程的关系是线性的。同时还可以看出，当理论流量为零时，$H_T=A=u_2^2/g$。图 10-14 给出了三种不同叶型的泵与风机理论上的流量-扬程曲线。显然，由 $B\cot\beta_2$ 所代表的曲线斜率是不同的，因而三种叶型具有各自的曲线倾向。

通过叶轮机械的欧拉方程得出了泵与风机理论上的流量-扬程曲线，可得到水力效率与流量的关系曲线。根据 $P_T=\rho g q_{VT}H_T$，将 q_{VT}-H_T 曲线上各点处的值代入功率公式可得每一点处的 P_T，从而得出 q_{VT}-P_T 曲线，如图 10-15 所示。

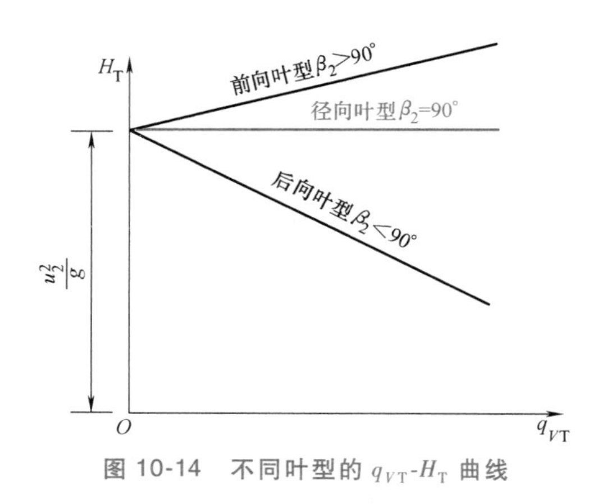

图 10-14 不同叶型的 q_{VT}-H_T 曲线

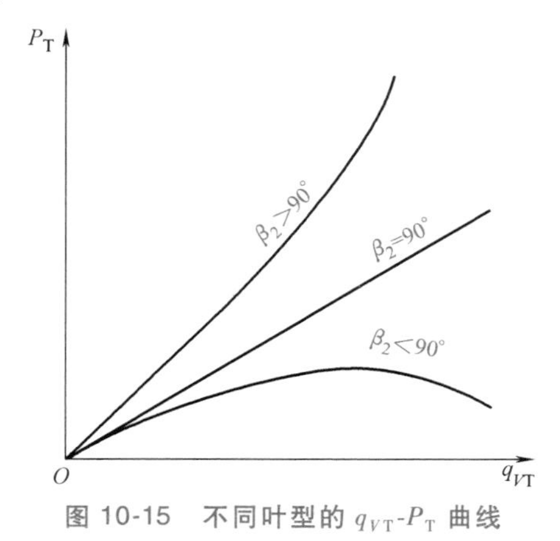

图 10-15 不同叶型的 q_{VT}-P_T 曲线

二、实际性能曲线

泵或风机的损失可以分为流动损失或水力损失（降低实际压力）、容积损失（减少流

量）和机械损失。轴功率和机内损失的关系如图 10-16 所示。

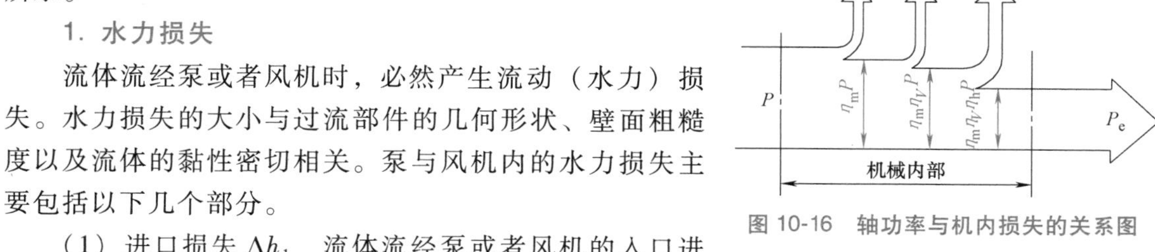

图 10-16 轴功率与机内损失的关系图

1. 水力损失

流体流经泵或者风机时，必然产生流动（水力）损失。水力损失的大小与过流部件的几何形状、壁面粗糙度以及流体的黏性密切相关。泵与风机内的水力损失主要包括以下几个部分。

（1）进口损失 Δh_1　流体流经泵或者风机的入口进入叶片进口之前，发生的沿程损失以及 90°转弯所引起的局部损失之和。

（2）撞击损失 Δh_2　当泵或者风机实际运行流量与设计的额定流量不同时，相对速度的方向就不再同叶片进口安放角的切线方向相一致，从而发生撞击损失。

（3）叶轮中的水力损失 Δh_3　包括叶轮中的摩擦损失和流道中流体速度大小、方向变化以及离开叶片出口等局部阻力损失。

（4）动压转换和机壳出口损失 Δh_4　流体离开叶轮进入机壳后，由动压转换为静压的转换损失以及机壳出口损失。

撞击损失、其他水力损失及总水力损失与流量的关系如图 10-17 所示。q_{Vd} 表示泵与风机的设计流量。

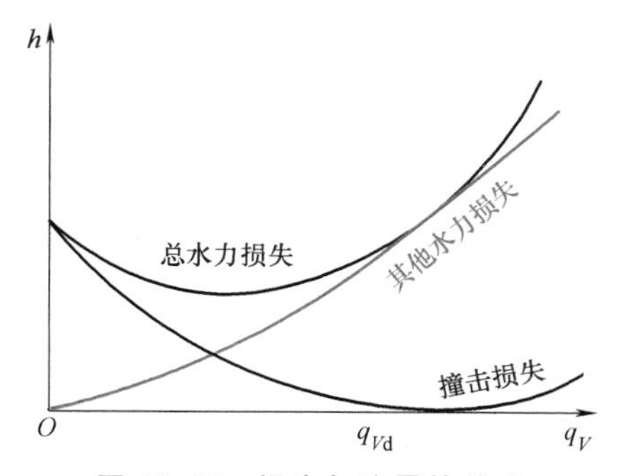

图 10-17 损失与流量的关系

水力损失常以水力效率 η_h 来估算。$\sum \Delta h$ 表示各过流部件水力损失的总和，则水力效率 η_h 可以表示为

$$\eta_h = \frac{H_T - \sum \Delta h}{H_T}$$

式中，$H_T - \sum \Delta h$ 为泵或者风机的实际扬程。

2. 容积损失

叶轮工作时，泵与风机内存在压力较高和压力较低两个部分。泵与风机结构上有运动部件和固定部件之分，两种部件之间必然存在一定的间隙（缝隙）。这就使流体有从高压区通过缝隙泄漏到低压区的可能性，如图 10-18 所示。显然，这部分回流到低压区的流体经过叶轮时也获得了能量，但此能量未得到有效利用。通常采用容积效率 η_V 来表示容积损失的大小。假定 q 表示泄漏的总回流量，则

$$\eta_V = \frac{q_{VT} - q}{q_{VT}} = \frac{q_V}{q_{VT}}$$

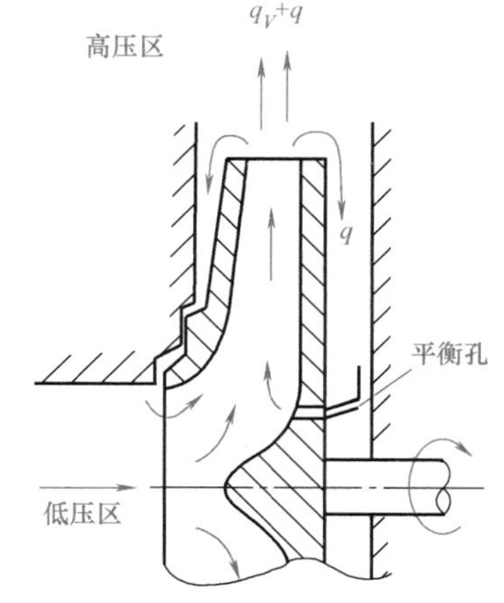

图 10-18 机内流体泄漏回流示意图

3. 机械损失

泵与风机的机械损失包括轴承和轴封之间的摩擦损失，还包括叶轮转动时叶轮的前后盖板（叶轮的外表面）与机壳内流体之间发生的圆盘摩擦损失。通常，泵的机械损失中圆盘摩擦损失占主要部分。

根据实际经验，正常情况下，泵的轴承和轴封摩擦损失的功率 ΔP_1 和泵的圆盘摩擦损

失的功率 ΔP_2 可以分别达到以下程度

$$\Delta P_1=(0.01-0.03)P,\quad \Delta P_2=kn^3D_2^5$$

式中，P 为泵的轴功率；k 为经验系数。

机械损失总的功率 ΔP_m 可表示为

$$\Delta P_m=\Delta P_1+\Delta P_2$$

泵与风机的机械损失可以用机械效率 η_m 表示为

$$\eta_m=\frac{P-\Delta P_m}{P}$$

4. 泵与风机的全效率

若只考虑机械效率，供给泵或者风机的轴功率为

$$P=\frac{\rho g q_{VT}H_T}{\eta_m}$$

而流体经过泵与风机后所获得的有效功率为

$$P_e=\rho g q_V H$$

按照效率的定义，泵与风机的全效率可以由下式求出

$$\eta=\frac{P_e}{P}=\frac{\rho g q_V H}{\rho g q_{VT}H_T}\eta_m=\eta_V\eta_h\eta_m$$

可见，泵与风机的全效率等于容积效率、水力效率及机械效率的乘积。

5. 泵与风机的实际性能曲线

根据理论流量和扬程的关系可以绘制出一条流量-扬程（q_{VT}-H_T）曲线。以后向叶型的叶轮为例，扬程-流量曲线为一条下倾的直线，如图 10-19 中Ⅱ所示。当 $q_{VT}=0$ 时，$H_T=u_2^2/g$。显然，若按照无限多叶片的欧拉方程，可绘制出一条 $q_{VT\infty}$-$H_{T\infty}$ 曲线，该曲线Ⅰ位于 q_{VT}-H_T 曲线Ⅱ的上方。

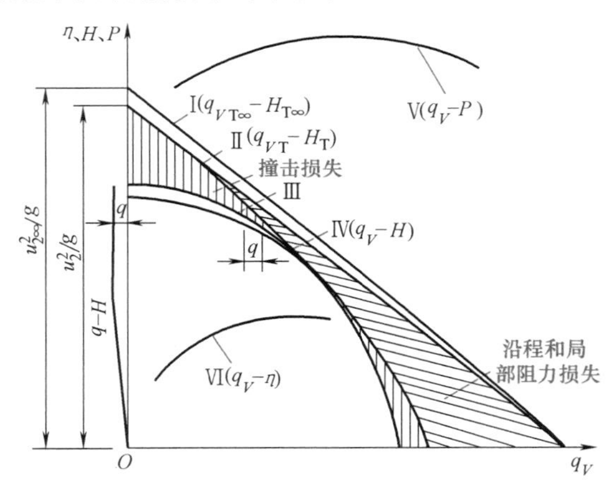

图 10-19 离心式泵与风机的性能曲线分析

当泵与风机内存在水力损失时，流体必将消耗部分能量用来克服流动阻力。这部分水力损失应从曲线Ⅱ中扣除，就可以得出图 10-19 中Ⅲ所示的曲线。所扣除的损失包括以竖直影线部分代表的撞击损失和以倾斜影线部分代表的其他水力损失。

除水力损失之外，还应从曲线Ⅲ扣除泵与风机的容积损失。容积效率是以泄漏流量 q 的大小来估算的。可以证明当泵与风机结构不变时，泄漏量 q 与扬程的平方根成比例，因此能够做出一条 q-H 曲线，如图 10-19 中的左侧曲线所示。曲线Ⅳ就是从曲线Ⅲ扣除相应的泄漏量引起的容积损失后得出的泵或风机的实际性能曲线，即 q_V-H 曲线。

流量-功率曲线表明泵和风机的流量与轴功率之间的关系。轴功率 P 是理论功率 $P_T=\rho g q_{VT}H_T$ 与机械损失功率 ΔP_m 之和，即

$$P=P_T+\Delta P_m=\rho g q_{VT}H_T+\Delta P_m$$

根据这一关系，可以绘制出一条 q_V-P 曲线，如图 10-19 中的曲线Ⅴ所示。

获得 q_V-P 和 q_V-H 两条特性曲线后，可以计算不同流量下的 η 值，从而得出 q_V-η 曲线，如图 10-19 中的曲线Ⅵ所示。q_V-η 曲线的最高点为最大效率点，它应该与设计流量相对应。

流量-扬程（q_V-H）、流量-功率（q_V-P）和流量-效率（q_V-η）三条曲线是泵与风机在一定转速 n 下的基本性能曲线。

通常按照 q_V-H 曲线的大致倾向，可将其分为平坦型、陡降型和驼峰型三种，如图 10-20 所示。

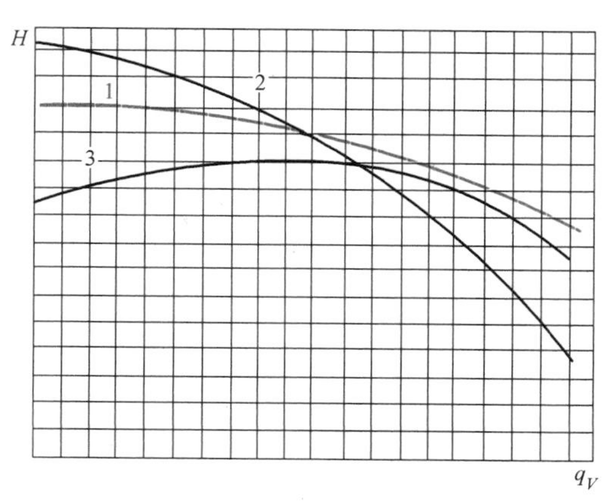

图 10-20　三种不同的 q_V-H 曲线

1—平坦型　2—陡降型　3—驼峰型

具有平坦型 q_V-H 曲线的泵或风机，当流量变动较大时仍能保持基本恒定的扬程。陡降型曲线的泵与风机则相反，即流量变化时，扬程的变化相对较大。驼峰型曲线的泵或风机，当流量自零逐渐增加时，相应的扬程最初上升，达到最高值后开始下降。具有驼峰型性能曲线的泵与风机在一定的运行条件下可能出现不稳定工作，这种不稳定工作是应当避免的。

如前所述，泵和风机的实际性能曲线是根据实验得出来的。这些性能曲线是选用泵或风机和分析其运行工况的依据。

11/2BA-6 型离心式水泵在转速为 2900r/min 时的性能曲线如图 10-21 所示。该泵的标准叶轮直径为 128mm，图中还提供了两种经过切割后的较小直径叶轮的泵的性能曲线，叶轮直径分别为 115mm 和 105mm。

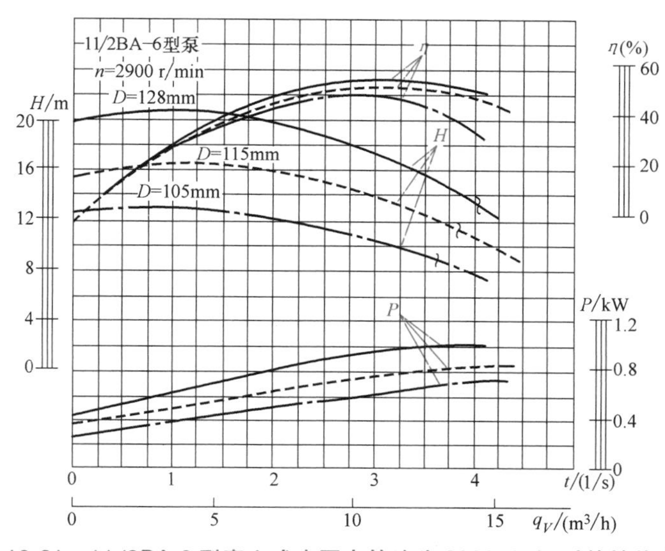

图 10-21　11/2BA-6 型离心式水泵在转速为 2900r/min 时的性能曲线

第六节　轴流式泵与风机的叶轮理论

轴流式和离心式的泵与风机同属叶片式，但两者的性能及结构有所不同。轴流式泵与风机的特点是流量大、扬程（全压）低、比转数大、结构简单、重量轻，且流体沿轴向流入、流出叶轮。

轴流式泵与风机根据叶片的角度是否可以调节，可以分为：① 固定叶片轴流式泵与风机——叶片固定不可调；② 半调节叶片轴流式泵与风机——叶轮拆下后可以调节叶片的角度；③ 全调节叶片轴流式泵与风机——在运行中或停机时，可以通过一套调节机构来改变叶片的角度。

叶片可以调节的轴流式泵与风机，叶片角度可随外界负荷的变化而改变，在变工况时调节性能好，可保持较宽的高效工作区。

一、翼型与叶栅的定义及主要几何参数

轴流式泵与风机的叶轮没有前后盖板，流体在叶轮中的流动，类似飞机飞行时机翼与空气的作用。研究轴流式泵和风机内叶片与流体之间的能量转换时，采用机翼理论。下面介绍翼型、叶栅及其主要几何参数。

1. 翼型及机翼的几何参数

机翼型叶片的横截面称为翼型，一般为瘦长形的前钝后尖的结构。翼型前部曲率半径较大，后部曲率半径较小，这样的翼型具有较大的升力和较小的阻力。翼型的主要几何参数如图 10-22 所示。

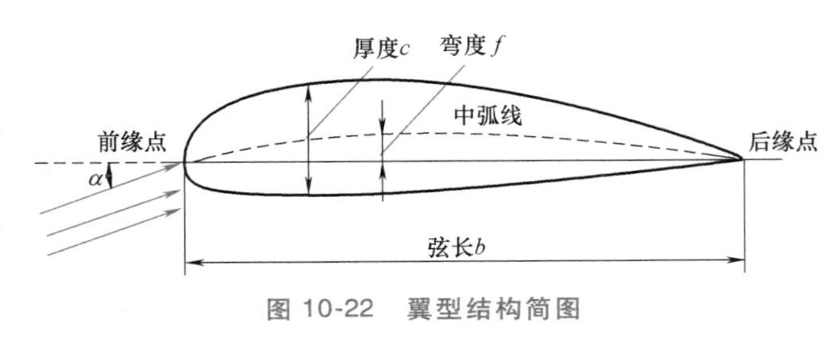

图 10-22 翼型结构简图

1）翼弦：通过翼型前后缘圆角中心的直线称为翼弦，又称为几何翼弦。翼弦被翼型轮廓线所截长度称为弦长，以 b 表示。

2）中弧线：翼型轮廓线的内切圆圆心的连线称为中弧线，也称为翼型的骨线。

3）厚度：翼弦的各垂线被翼型上下表面型线所截各线段的最大者称为翼型的厚度（或最大厚度）。

4）弯度：中弧线到翼弦的最大距离称为弯度。

5）前缘点、后缘点：中弧线与型线的交点，前端称为前缘点，后端称为后缘点。

6）翼展：垂直于纸面方向叶片的长度（机翼的长度），以 l 表示。

7）展弦比：翼展与弦长之比（l/b）。

8）攻角：翼型前来流速度方向与几何翼弦的夹角，以 α 表示。攻角在翼弦以下时为正，在翼弦以上时为负。

9）前驻点、后驻点：来流接触翼型后，开始分离的点（速度为零）称为前驻点；流体绕流翼型后的汇合点（速度为零）称为后驻点。

2. 叶栅及其主要的几何参数

轴流式泵与风机叶轮中，流体的运动仍是复杂的三元流动，即具有圆周分速度、轴向分速度和径向分速度。为了简化分析问题，一般把三元流动简化为径向分速度为零的圆柱层分层的流动，即认为流体的流面为圆柱面，各相邻圆柱面上的流动互不相关。

图 10-23 所示为一轴流式叶轮，现在用任意半径 r 和半径为 $r+\mathrm{d}r$ 的两个同心圆柱面截取一个微小圆柱层，将圆柱层沿母线切开，展成平面。在此面上，形成垂直于纸面厚度为 $\mathrm{d}r$

的翼型。由相同翼型等距排列的翼型系列称为叶栅。这种叶栅称为平面直列叶栅，如图 10-24 所示。轴流式叶轮内部的流动就简化为平面直列叶栅中绕翼型的流动，在直列叶栅中每个翼型的绕流情况都相同，因此只要研究一个翼型的绕流情况即可。

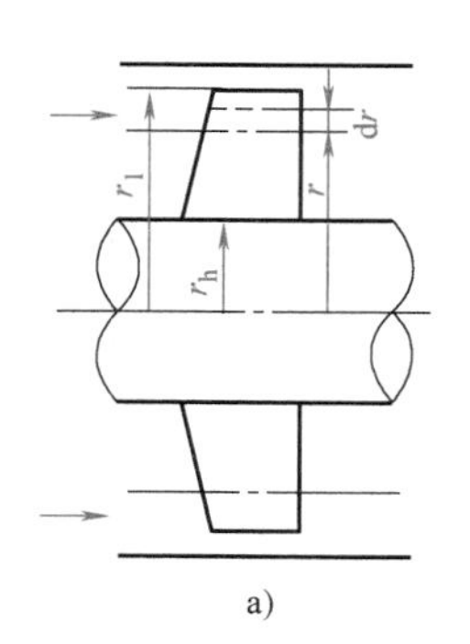

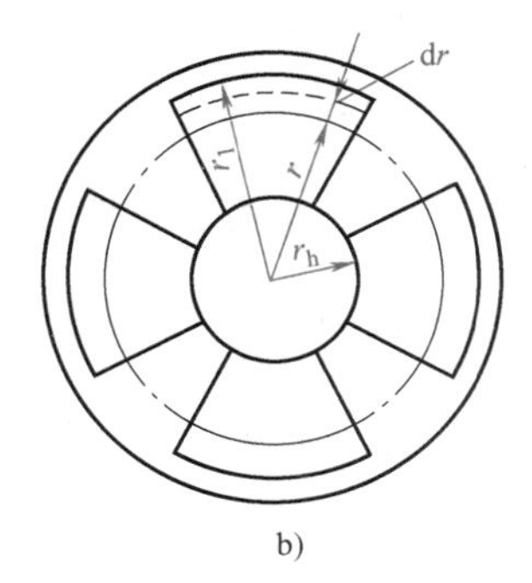

图 10-23　轴流式叶轮

叶栅的主要几何参数如下。

1）栅距 t：在叶栅的圆周方向上，两相邻翼型对应点的距离。

2）轴线：与列线相垂直的直线。

3）叶栅稠度 σ：弦长与栅距之比，即 $\sigma=\dfrac{b}{t}$。

4）叶片安放角 β_a：弦长与列线之间的夹角。

5）流动角 β_1、β_2：叶栅进、出口处相对速度方向和圆周速度反方向之间的夹角。

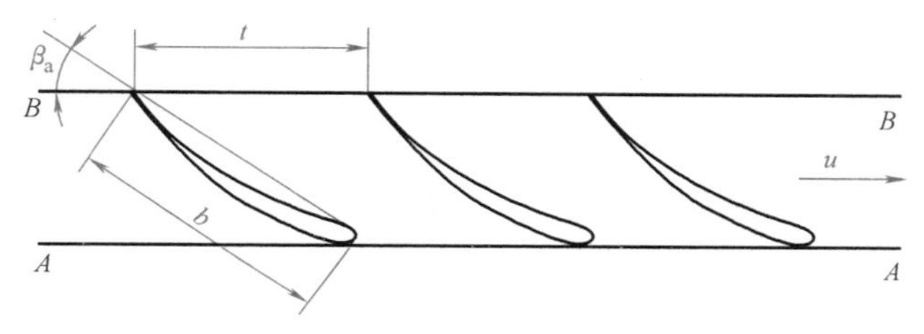

图 10-24　平面直列叶栅

二、翼型及叶栅的空气动力学特性

1. 翼型的空气动力学特性

翼型的空气动力学特性是指翼型上的升力和阻力特性，即这些特性与翼型的几何形状、气流参数的关系。

流体绕翼型流动时，在翼型上产生一个垂直于来流方向的升力 $\boldsymbol{F}_{y1}$ 和平行于来流方向的阻力 $\boldsymbol{F}_{x1}$，如图 10-25 所示。

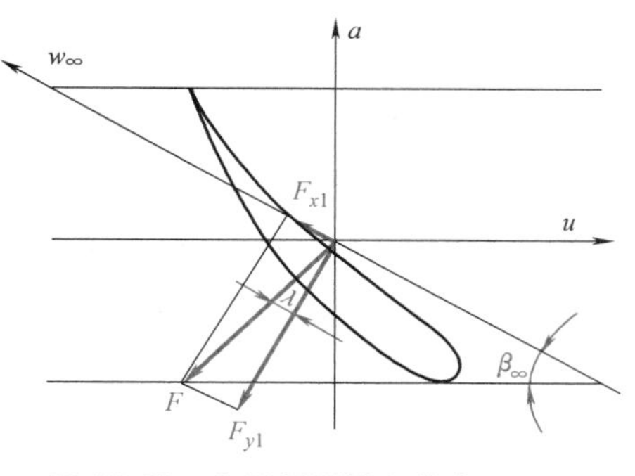

图 10-25　作用于翼型上的力

翼型上的升力和阻力分别采用以下公式计算，即

$$F_{y1}=c_{y1}\rho lb\frac{v_{\infty}^{2}}{2},\quad F_{x1}=c_{x1}\rho lb\frac{v_{\infty}^{2}}{2}$$

式中，c_{y1} 为翼型升力系数；c_{x1} 为翼型阻力系数；ρ 为流体密度（kg/m^3）；b 为弦长（m）；l 为翼展（m）；v_{∞} 为无穷远处未受扰动流体的速度（m/s）。

升力系数 c_{y1} 和阻力系数 c_{x1} 与翼型的几何形状（即攻角）有关。各种翼型的升力系数和阻力系数的值，均由风洞实验求得，并将实验结果绘制成 c_{y1} 和 c_{x1} 与攻角 α 的关系曲线，如图 10-26 所示。这种曲线称为翼型的空气动力学特性曲线。

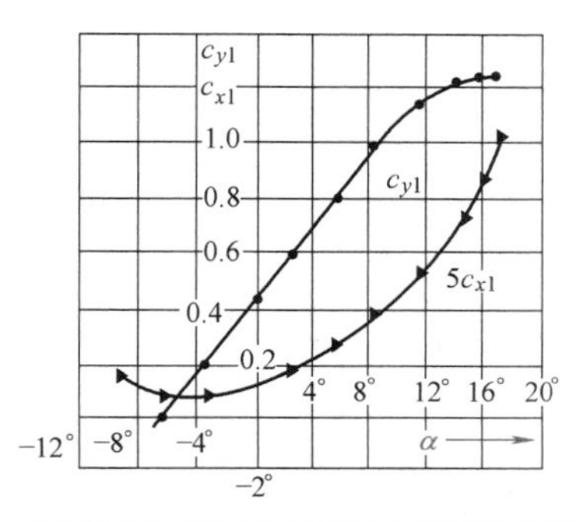

图 10-26　翼型的空气动力学特性曲线

作用在翼型上的力应该是升力 $\boldsymbol{F}_{y1}$ 和阻力 $\boldsymbol{F}_{x1}$ 的合力 $\boldsymbol{F}$，合力 $\boldsymbol{F}$ 和升力 $\boldsymbol{F}_{y1}$ 之间的夹角称为升力角，用符号 λ 表示。λ 越小，则升力越大而阻力越小，翼型的空气动力学特性越好，可用升力角的正切值 $\tan\lambda=\dfrac{c_{x1}}{c_{y1}}$来表示。对每种翼型，都对应一个最小的 λ 值：如果将升力系数表示为阻力系数的函数，即 $c_{y1}=\dfrac{c_{x1}}{\tan\lambda}$，则可以得到一条以升力系数 c_{y1} 为纵坐标、以阻力系数 c_{x1} 为横坐标的曲线，此曲线称为翼型的极曲线，如图 10-27 所示。从坐标原点做极曲线的切线，其切点就是该翼型升力角最小的攻角。

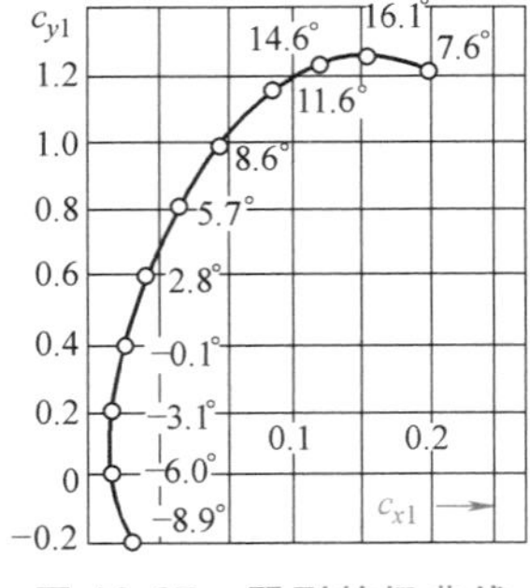

图 10-27　翼型的极曲线

2. 叶栅的空气动力学特性

叶栅是由多个单翼型组成的，叶栅中的升力和阻力分别用以下公式计算，即

$$F_y=c_y\rho lb\,\frac{w_\infty^2}{2},\quad F_x=c_x\rho lb\,\frac{w_\infty^2}{2}$$

叶栅中翼型上的升力 F_y 和阻力 F_x 的计算与单翼型有所不同，考虑到叶栅相邻翼型间的相互影响，除用叶栅进出口相对速度的几何平均值 w_∞ 代表 v_∞ 以外，其升力系数 c_y 和阻力系数 c_x 也与单翼型不同，因此叶栅的升力系数 c_y 和阻力系数 c_x 可以借用平板直列叶栅的数据进行修正，即用修正系数 ξ 进行修正

$$\xi=\frac{c_y}{c_{y1}}$$

式中，c_y 为叶栅中平板的升力系数；c_{y1} 为单个平板的升力系数。

修正系数 ξ 与叶栅的相对栅距 t/b 及翼型的安放角 β_a 有关。对翼型组成的叶栅，应将翼型叶栅转化为等价的平板直列叶栅后再进行修正。实际中往往直接借用平板直列叶栅的修正资料。对于阻力系数 c_x，由于叶栅中翼型间相互影响不大，且阻力系数自身又很小，对叶栅计算无显著影响，所以一般不做修正，即 $c_x\approx c_{x1}$。

三、轴流式泵与风机的基本形式

轴流式泵与风机可以分为以下四种基本形式。

1）机壳中只有一个叶轮，没有导叶，如图 10-28a 所示。这是最简单的一种形式，由图中的出口速度三角形可以看出，绝对速度 v_2 可以分解为轴向分速度 v_{2a} 和切向分速度 v_{2u}，其中 v_{2a} 是沿输出管平行流动的速度，而 v_{2u} 则形成旋转运动，产生能量损失。这种形式只适用于低压风机。

2）机壳中装一个叶轮和一个固定的出口导叶，如图 10-28b 所示。在叶轮出口加装导叶，可以消除叶轮出口处流体的圆周分速度 v_{2u} 而导向轴向流动，并使这部分动能通过导叶出口断面增大转化为压力能。泵与风机的这种形式减少了旋转运动所造成的损失，提高了效率，常用于高压风机及泵。

3）机壳中装一个叶轮和一个固定的入口导叶，如图 10-28c 所示。流体轴向进入前置导叶，经过导叶后产生与叶轮旋转方向相反的旋转速度，即产生反预旋。此时 $v_{1u}<0$，在设计工况下，流出叶轮的速度是轴向的，即 $v_{2u}=0$。在非设计工况下，当流量减小时，w_2 减小，

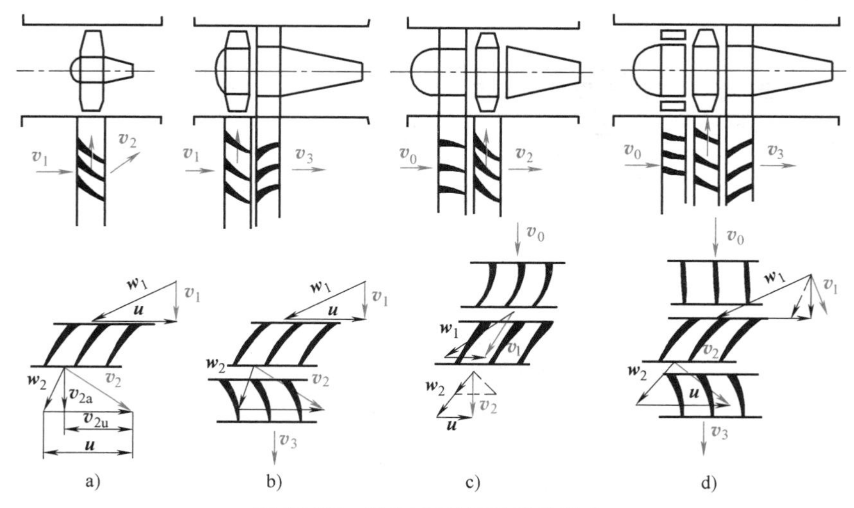

图 10-28 轴流式泵与风机的形式

而 u 不变，故 v_2 成为非轴向的，使 $v_{2u} \neq 0$，如图 10-28c 中虚线所示。

这种前置导叶型，流体进入叶轮时的相对速度 w_1 比后置导叶型的大，因此泵与风机的能量损失也较大，效率低。但这种形式的泵与风机具有以下优点：

① 转速和叶轮尺寸相同时，前置导叶型叶轮进口产生反预旋，可使 w_1 增加，所以获得的能量比后置导叶型的高。如果流体获得相同的能量，则前置导叶型的叶轮直径可以比后置导叶型的稍小，因而体积小，可以减轻重量。

② 工况变化时，攻角的变动较小，因而效率变化较小。

③ 假定前置导叶是可调的，则工况变化时，改变进口导叶角度，使其在变工况下仍能保持较高效率。

目前一些中小型风机常采用这种形式。通常泵因存在汽蚀问题而不采用这种形式。

4）机壳中有一个叶轮并具有进出口导叶，如图 10-28d 所示。假定前置导叶是可调的，在设计工况下前置导叶的出口速度为轴向，当工况变化时，可以改变导叶角度来适应流量的变化。因而可以在很大的流量范围内保持较高的效率。这种形式适用于流量变化较大的情况，其缺点是结构复杂，增加了制造、操作、维护等的困难，所以较少采用。

第七节 贯流式风机

近年来由于空气调节技术的发展，要求有一种风量小、噪声低、压头适当和在安装上便于与建筑物相配合的小型风机。贯流式风机就是适应这种要求的新型风机，如图 10-29 所示。贯流式风机具有以下主要特点：

1）叶轮一般是多叶片前向叶型，两个端面是封闭的。

2）叶轮的宽度没有限制，当宽度加大时，流量会增加。

3）贯流式风机不像离心式风机是在机壳侧板上开口使气流轴向进入风机，而是将机壳部分地敞开使气流直接径向进入风机，气流横穿叶片两次。某些贯流式风机在叶轮内缘加设不动的导流叶片，以改善气流状态。

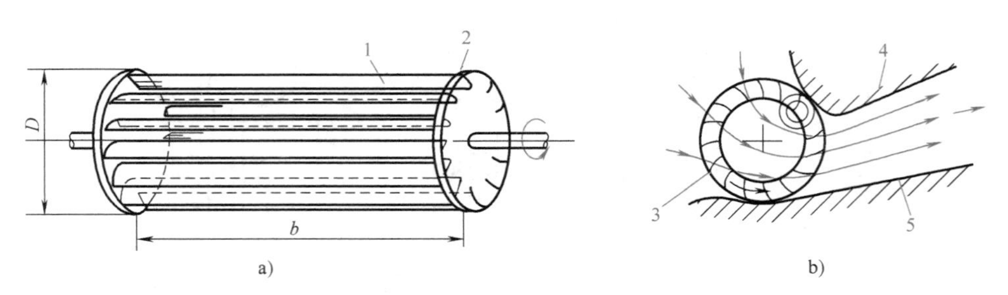

图 10-29　贯流式风机示意图

a）贯流式风机叶轮结构示意图　b）贯流式风机中的气流

1—叶片　2—封闭端面　3—叶轮　4—涡舌　5—背板

4）贯流式风机的全压系数较大，$\overline{q}_V$-$\overline{H}$ 曲线是驼峰型的，效率较低，一般为 30%～50%。图 10-30 所示为贯流式风机的无量纲性能曲线。

$$\overline{p}=\frac{p}{\frac{1}{2}\rho u^2},\quad \overline{\varphi}=\frac{q_V}{bD_2u},\quad \overline{P}=\frac{\overline{p\varphi}}{\eta},\quad \overline{p}_{\mathrm{j}}=\frac{p_{\mathrm{j}}}{\frac{1}{2}\rho u^2}$$

式中，$\overline{p}$ 为全压系数；$\overline{\varphi}$ 为流量系数；$\overline{P}$ 为功率系数；$\overline{p}_{\mathrm{j}}$ 为静压系数。

5）进风口与出风口都是矩形的，易与建筑物相配合。贯流式风机至今还有许多问题有待解决，特别是各部分的几何形状对其性能有重大影响。小型贯流式风机的使用范围正在稳步扩大。

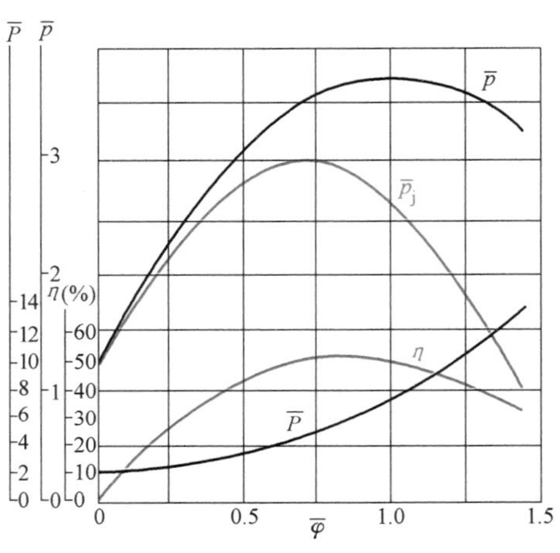

图 10-30　贯流式风机的无量纲性能曲线

第八节　泵的性能试验

泵与风机的实际性能曲线不能用理论计算得到，而只能用试验方法得到。本节主要探讨叶片式泵的性能试验。

叶片式泵的性能试验装置可以分为开式和闭式两种，开式装置一般只能做泵的能量试验，装置示意图如图 10-31 所示。闭式装置既可以做能量性能试验，又可以做汽蚀试验，其试验装置示意图如图 10-32 所示。

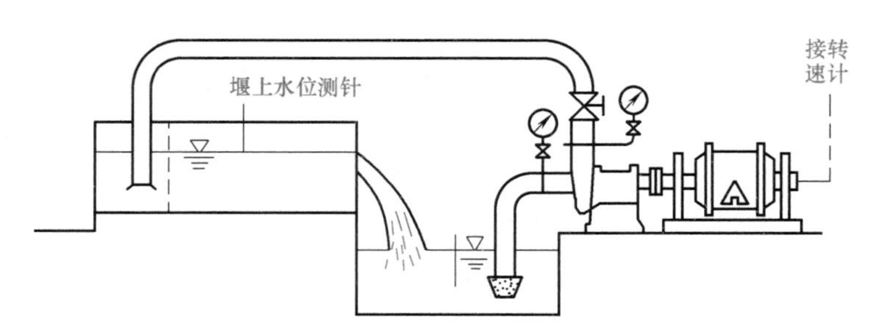

图 10-31　离心式泵开式试验装置示意图

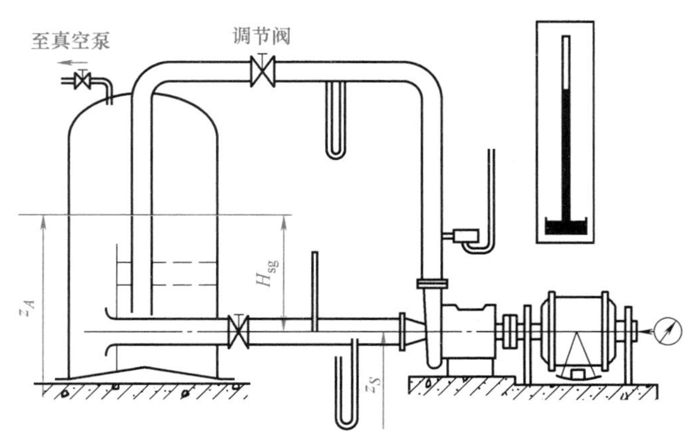

图 10-32　离心式泵闭式试验装置示意图

叶片式泵的特性曲线是指当泵的转速 n 为常数时扬程和流量的关系曲线、功率和流量的关系曲线以及效率和流量的关系曲线。在试验过程中要求保持转速 n 不变，但交流电动机的功率会因泵的流量改变而改变，进而电动机的转速也随之有些改变。因此，为了保证试验过程中转速 n 不变，测功电动机最好采用直流电动机。当转速改变时可以调节到原来的转速，而后再进行各种参数测量。

要绘制出叶片式泵的特性曲线，就需要测量及计算叶片式泵在不同工况（通常取 11~13 个工况点）时的流量、扬程、功率及效率。试验过程中，首先将流量调节阀门全开，使流量达到最大值，测量流量、扬程和功率，然后将流量大致地分成若干等份，调小流量至各等分点附近，再测量流量、扬程及功率。这样自大流量向小流量调节，至流量等于零为止。有时为了防止真空计接管进水，流量可由小做到大。

一、叶片式泵的流量

叶片式泵流量的测量中，若试验装置为开式装置，则可用堰测量；若为闭式装置，则可用文丘里流量计、孔板流量计、涡轮流量计等测量。通常开式装置的压力管路上也装有流量计，这时用流量计测量的结果可以与用堰测量的结果互相校核。

试验装置中流量测量的精度十分重要，它在很大程度上决定了试验装置的精度等级，因为现在扬程和功率的测量都达到相当高的精度，而流量的测量精度比它们低。例如测试结果要求效率误差不超过±1%，功率和扬程测量误差的总和不超过±0.4%，流量测量误差必须小于 0.6%。而流量计本身的精度等级通常为 1 级，即流量计的测量误差为 1%，必须选 0.5 级以上的流量计。这对流量计的要求还是比较高的。流量计还需经常率定，在使用一段时间以后，就应率定一次，即重新求一次流量计的流量系数或校正曲线，以保证流量计的测量精度，通常可把流量计送往计量单位进行率定。为了防止率定好的流量计重新装上试验台后系数或曲线又发生变化，最好在试验台上对流量计进行原位率定，这就要求设计试验台时就同时设计试验台的流量原位率定装置。

二、叶片式泵的扬程

叶片式泵扬程的计算公式为

$$H=z_2-z_1+\frac{p_2-p_1}{\rho g}+\frac{v_2^2-v_1^2}{2g}$$

式中的下标“2”和“1”，分别表示叶片式泵的压出口和吸入口，不表示叶轮叶片的出口边及进口边处。对确定的泵，叶片式泵压出口和吸入口的位能之差(z_2-z_1)是定值，可精确测量得到。

压出口和吸入口处的平均流速可以通过流量、压出口与吸入口直径直接求出。因此，泵试验时只需测量每一工况点的压出口和吸入口的液体压强 p_2 和 p_1，可用压强计及真空计测量得到。测量 p_2 时，首先将靠近压强计的三通阀（图 10-31）旋转一次，使小管内充满液体，然后测得压强计读数为 p_M，则

$$\frac{p_2}{\rho g}=\frac{p_M-\Delta p}{\rho g}+a$$

式中，Δp 为压强计误差校正值。

压强计在测量不同的压强时，其误差不等，故应在标准压强计校正台上进行压强计的校核，并做出压强计的校正曲线，根据压强计的读数 p_M 与校正曲线可以得到校正值 Δp。a 为三通阀与泵压出口的垂直距离，测 p_1 时也先将真空计与小管接头之间的三通阀旋转，使小管与大气接通一次，这样，小管内将充满空气。测得真空计读数为 V，目前真空计刻度单位通常为 mmHg（1mmHg = 133. 322Pa），则

$$\frac{p_1}{\rho g}=\frac{p_a}{\rho g}-(V-\Delta V)\ a\ \frac{\rho_{Hg}}{1000\rho}$$

在实验室中测量压强或真空度时，最好避免采用汞，因为它容易掉在地面上，使实验室总有汞的蒸气存在，危害实验人员的健康。此外，汞能融化金属，使汞本身不纯，密度容易发生改变，影响测量精度。

三、叶片式泵的输入功率

泵的输入功率等于电动机的输出功率，若测出电动机转子的转速及转子的输出力矩，则泵的输入功率就可以求得。

转子转速的测量可以达到很高的精度，可在联轴器外圆的圆柱面上以白漆面画上直线，如一周画有 x 条白漆线条，则每转一圈就向晶体管数字转速仪输入 x 个信号，转速仪就显示出每分钟 xn（n 为转速）个信号，误差只有约每分钟 $1/x$。

泵的输入力矩可以用转矩仪或测功电动机测得，测功电动机又称为马达天平，可用普通交流或者直流电动机改装而成，如图 10-33 所示。利用轴承将电动机外壳架起来，使它能轻便地转动，为了尽量减小摩擦力矩，一般采用球轴承，可以适当减小其滚动体数，或采用静压轴承。在电动机外壳两旁装两个铁臂，一个铁臂的末端挂一砝码盘，另一个铁臂则装一个可以移动的对重，末端装一对针，砝码盘距电动机转动中心的距离即是铁臂的臂长 l。测功电动机改装完成以后，移动对重位置，使测功电动机的重心位于轴线的垂直平面上，并要求此时的对针与固定对针对准。在测功电动机未与水泵相连时，起动电动机，这时由于电动机内的风机摩擦等原因，产生一个力矩，采用砝码平衡后，得到初荷重为 G_0。然后将测功电动机与水泵相连，起动水泵，开始试验。这时电动机外壳传给电动机转子一个力矩，这个力矩就是电动机传给水泵转子及克服风损等的力矩。这里力矩采用砝码测量得到，砝码重力为

G，于是电动机外壳传给转子的力矩 $M=Gl$，其中很小的部分 $M_0=G_0l$ 用于平衡风损等形成的力矩，其余部分（$M-M_0$）传给水泵，即

$$M_1=M-M_0=(G-G_0)l$$

测得转速和力矩以后，水泵的输入功率按下式计算

$$P=\omega M_1=\frac{2\pi n}{60}(G-G_0)l$$

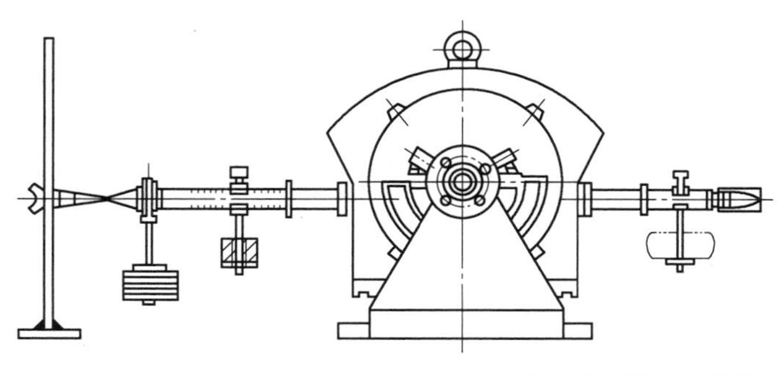

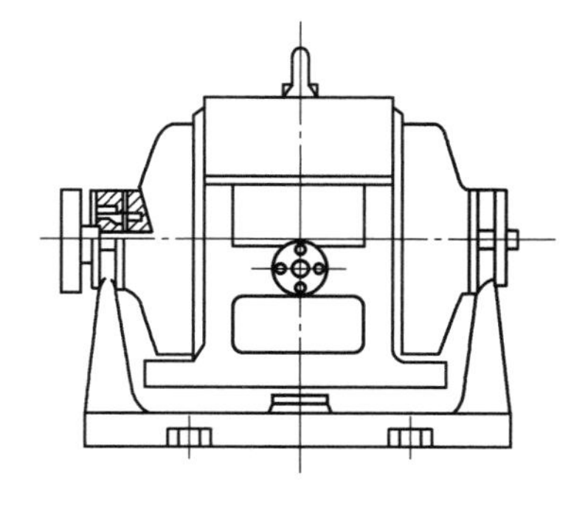

图 10-33　测功电动机

四、叶片式泵的效率

通过试验获得水泵的流量 q_V、扬程 H 及输入功率 P 以后，即可求出水泵的效率，其表达式为水泵的输出功率（有效功率）和水泵的输入功率之比，即

$$\eta=\frac{P_e}{P}=\frac{\rho g q_V H}{P}$$

式中，P 为泵的输入功率；P_e 为泵的输出功率。

在固定转速 n 下，各工况点的流量 q_V、扬程 H、功率 P 及效率 η 均获得后，就可以做出叶片式泵的性能曲线。

习　题

10-1　简述离心式泵的工作原理。

10-2　简述轴流式风机的工作原理。

10-3　设有一水泵叶轮，$D_2=300\text{mm}$，$b_2=18\text{mm}$，叶片数 $z=8$，水泵的流量 $q_V=0.058\text{m}^3/\text{s}$，水泵的容积效率 $\eta_V=0.91$，叶轮叶片出口安放角 $\beta_{2b}=30°$。叶片出口处的厚度 $S_2=4\text{mm}$（取叶片的圆周厚度 $S_{u2}=S_2/\sin\beta_{2b}$），叶轮转速 $n=2950\text{r/min}$，绘制叶轮叶片出口边前和出口边后的速度三角形。

10-4　简述离心式泵内的损失及相应的效率表示方式。

第十一章

泵与风机的相似理论

相似理论广泛地应用在许多科学领域中，在泵与风机的设计、制造、研究及使用等方面也起着十分重要的作用。流体在泵与风机流道中的运动非常复杂，现有的理论无法精确地预测其内部流动，也不可能精确地预测泵与风机的性能。相似理论在泵与风机中的应用主要体现在以下几个方面：

1）针对现有的大量性能良好的泵与风机，按照相似理论统计出一些经验系数值，可以用于指导泵与风机的设计。

2）新设计的泵与风机，需要将原型泵与风机缩小为模型泵或者风机，对模型进行系统试验，再用相似理论来预测原型的性能。

3）根据泵与风机性能参数之间的相互关系，在改变转速、叶轮几何尺寸及流体密度时，进行性能参数的相似换算。

第一节　泵与风机的相似条件

流体力学中讨论过两个流动要力学相似，必须满足几何相似、运动相似和动力相似以及初始条件和边界条件相似，即必须满足模型和原型流动中任一对应点上的同一物理量之间保持相同的比例关系。以下标“m”表示模型机参数，“n”表示原型机参数。

一、几何相似

几何相似是指模型和原型各对应点的几何尺寸成比例，比值相等，各对应角、叶片数相等，即

$$\begin{cases}\dfrac{D_{1\mathrm{n}}}{D_{1\mathrm{m}}}=\dfrac{D_{2\mathrm{n}}}{D_{2\mathrm{m}}}=\dfrac{b_{1\mathrm{n}}}{b_{1\mathrm{m}}}=\dfrac{b_{2\mathrm{n}}}{b_{2\mathrm{m}}}=\cdots=\lambda_l\\ \beta_{1\mathrm{n}}=\beta_{1\mathrm{m}}\\ \beta_{2\mathrm{n}}=\beta_{2\mathrm{m}}\end{cases} \tag{11-1}$$

式中，λ_l 为相应线性尺寸的比值。

通常选取叶轮的外径 D_2 作为线性特征尺寸。严格地说，过流部分的壁面的粗糙度也应该相似。

二、运动相似

运动相似是指模型和原型各对应点的速度方向相同，大小成同一比例，对应角相等，即流体在各对应点的速度三角形相似。

$$
\begin{cases}
\dfrac{v_{1n}}{v_{1m}}=\dfrac{v_{2n}}{v_{2m}}=\dfrac{u_{1n}}{u_{1m}}=\dfrac{u_{2n}}{u_{2m}}=\dfrac{w_{1n}}{w_{1m}}=\dfrac{w_{2n}}{w_{2m}}=\cdots=\lambda_v \\
\alpha_{1n}=\alpha_{1m} \\
\alpha_{2n}=\alpha_{2m}
\end{cases}
\tag{11-2}
$$

式中，λ_v 为相应速度的比值。

三、动力相似

动力相似是指模型和原型中相对应点的各种力的方向相同、大小成同一比例。不可压缩黏流体的动力相似，意味着模型与原型流动中反映惯性力与重力比值的弗劳德相似准则数$\left(Fr=\dfrac{v^2}{gl}\right)$相等，同时反映惯性力与黏性力比值的雷诺数$\left(Re=\dfrac{vl}{\nu}\right)$也相等。

在泵或风机的流道中，不存在自由表面，且流体的静压力与重力对流体的作用力相互平衡，故可以不考虑 Fr。对黏性力的影响，考虑到泵或者风机内部流动的雷诺数非常大，处于自动模化区（即湍流水力粗糙区），因此也可以忽略不计。

因此，动力相似在泵与风机中可忽略。

第二节　泵与风机的相似定律

泵与风机相似时，通常不采用相似准则数来判断流动是否相似，而是根据运行工况相似来提出相似关系。

相似工况是指若原型性能曲线上某一工况点 A 与模型性能曲线上工况点 A'所对应的流体运动相似，也就是相应的速度三角形相似，则 A 与 A'两个工况点为相似工况，如图 11-1 所示。相似工况下模型和原型性能参数之间的关系又称相似定律。

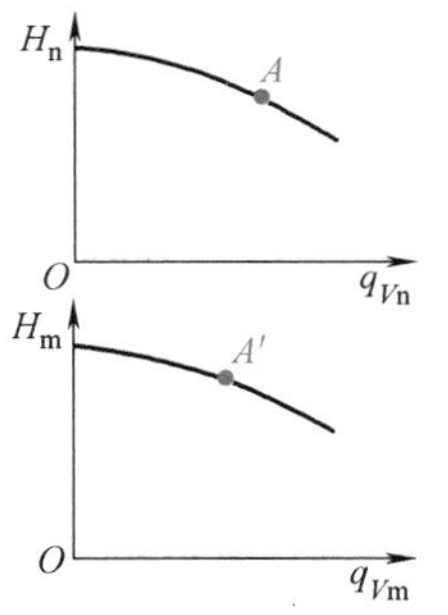

图 11-1　相似工况

一、流量相似关系

泵与风机的流量分别为

$$q_{VT}=\varepsilon\pi D_2 b_2 v_{r2}$$

$$q_V=\eta_V q_{VT}=\eta_V\varepsilon\pi D_2 b_2 v_{r2}$$

在相似工况下，流量的相似关系为

$$\frac{q_{Vn}}{q_{Vm}}=\frac{\eta_{Vn}\varepsilon_n\pi D_{2n}b_{2n}v_{2rn}}{\eta_{Vm}\varepsilon_m\pi D_{2m}b_{2m}v_{2rm}} \tag{11-3}$$

如几何相似，则排挤系数相等，即

$$\varepsilon_n=\varepsilon_m$$

并且存在

$$\frac{D_{2n}}{D_{2m}}=\frac{b_{2n}}{b_{2m}}$$

如运动相似，则有

$$\frac{v_{2rn}}{v_{2rm}}=\frac{u_{2n}}{u_{2m}}=\frac{D_{2n}n_n}{D_{2m}n_m}$$

代入式（11-3）得

$$\frac{q_{Vn}}{q_{Vm}}=\left(\frac{D_{2n}}{D_{2m}}\right)^3\frac{n_n}{n_m}\frac{\eta_{Vn}}{\eta_{Vm}} \tag{11-4}$$

式（11-4）称为流量相似定律，它表明：几何相似的泵与风机，在相似的工况下运行时，其流量之比与几何尺寸之比（一般用叶轮出口直径 D_2）的三次方成正比，与转速比的一次方成正比，与容积效率比的一次方成正比。

二、扬程（全压）相似关系

泵的扬程为

$$H_T=\frac{u_2v_{2u}-u_1v_{1u}}{g}$$

$$H=\eta_hH_T=\frac{u_2v_{2u}-u_1v_{1u}}{g}\eta_h$$

在相似工况下，扬程的相似关系为

$$\frac{H_n}{H_m}=\frac{u_{2n}v_{2un}-u_{1n}v_{1un}}{u_{2m}v_{2um}-u_{1m}v_{1um}}\frac{\eta_{hn}}{\eta_{hm}} \tag{11-5}$$

如运动相似，则有

$$\frac{u_{2n}v_{2un}}{u_{2m}v_{2um}}=\frac{u_{1n}v_{1un}}{u_{1m}v_{1um}}=\left(\frac{D_{2n}n_n}{D_{2m}n_m}\right)^2$$

代入式（11-5）中，可得

$$\frac{H_n}{H_m}=\left(\frac{D_{2n}}{D_{2m}}\right)^2\left(\frac{n_n}{n_m}\right)^2\frac{\eta_{hn}}{\eta_{hm}} \tag{11-6}$$

式（11-6）称为扬程相似定律，它表明：几何相似的泵与风机，在相似工况下运行时，其扬程之比与几何尺寸比的二次方成正比，与转速比的二次方成正比，与水力效率比的一次方成正比。

风机的全压 p 可以表示为

$$p=\rho gH$$

全压相似关系为

$$\frac{p_n}{p_m}=\frac{\rho_n}{\rho_m}\left(\frac{D_{2n}}{D_{2m}}\right)^2\left(\frac{n_n}{n_m}\right)^2\frac{\eta_{hn}}{\eta_{hm}} \tag{11-7}$$

三、功率相似关系

泵与风机的总轴功率为

$$P=\frac{\rho gq_VH}{\eta}=\frac{\rho gq_VH}{\eta_m\eta_V\eta_h}$$

在相似工况下，轴功率的相似关系为

$$\frac{P_n}{P_m}=\frac{\rho_nq_{Vn}H_n}{\rho_mq_{Vm}H_m} \tag{11-8}$$

将式（11-4）、式（11-6）代入式（11-8）中，得

$$\frac{P_n}{P_m}=\left(\frac{D_{2n}}{D_{2m}}\right)^5\left(\frac{n_n}{n_m}\right)^3\frac{\rho_n}{\rho_m}\frac{\eta_{mn}}{\eta_{mm}} \tag{11-9}$$

式（11-9）称为功率相似定律，它可以表述为：几何相似的泵与风机，在相似工况下运行时，其功率之比与几何尺寸比的五次方成正比，与转速比的三次方成正比，与密度比的一次方成正比，与机械效率比的一次方成正比。

经验表明，若模型与原型的转速和几何尺寸相差不大，可以认为在相似工况下运行时，各种效率相等，则流量、扬程、全压、功率相似关系可以简化为

$$\frac{q_{V\mathrm{n}}}{q_{V\mathrm{m}}}=\left(\frac{D_{2\mathrm{n}}}{D_{2\mathrm{m}}}\right)^3\frac{n_\mathrm{n}}{n_\mathrm{m}} \tag{11-10}$$

$$\frac{H_\mathrm{n}}{H_\mathrm{m}}=\left(\frac{D_{2\mathrm{n}}}{D_{2\mathrm{m}}}\right)^2\left(\frac{n_\mathrm{n}}{n_\mathrm{m}}\right)^2 \tag{11-11}$$

$$\frac{p_\mathrm{n}}{p_\mathrm{m}}=\frac{\rho_\mathrm{n}}{\rho_\mathrm{m}}\left(\frac{D_{2\mathrm{n}}}{D_{2\mathrm{m}}}\right)^2\left(\frac{n_\mathrm{n}}{n_\mathrm{m}}\right)^2 \tag{11-12}$$

$$\frac{P_\mathrm{n}}{P_\mathrm{m}}=\left(\frac{D_{2\mathrm{n}}}{D_{2\mathrm{m}}}\right)^5\left(\frac{n_\mathrm{n}}{n_\mathrm{m}}\right)^3\frac{\rho_\mathrm{n}}{\rho_\mathrm{m}} \tag{11-13}$$

为了简明起见，将下标“m”“n”“2”去掉，泵与风机的相似工况点各性能参数之间的相似关系可以表示为更为一般的形式，即

$$\frac{q_{V\mathrm{m}}}{n_\mathrm{m}D_{2\mathrm{m}}^3}=\frac{q_{V\mathrm{n}}}{n_\mathrm{n}D_{2\mathrm{n}}^3}=\frac{q_V}{nD^3}=\lambda_{q_V} \tag{11-14}$$

$$\frac{H_\mathrm{m}}{n_\mathrm{m}^2D_{2\mathrm{m}}^2}=\frac{H_\mathrm{n}}{n_\mathrm{n}^2D_{2\mathrm{n}}^2}=\frac{H}{n^2D^2}=\lambda_H \tag{11-15}$$

$$\frac{p_\mathrm{m}}{\rho_\mathrm{m}n_\mathrm{m}^2D_{2\mathrm{m}}^2}=\frac{p_\mathrm{n}}{\rho_\mathrm{n}n_\mathrm{n}^2D_{2\mathrm{n}}^2}=\frac{p}{\rho n^2D^2}=\lambda_p \tag{11-16}$$

$$\frac{P_\mathrm{m}}{\rho_\mathrm{m}n_\mathrm{m}^3D_{2\mathrm{m}}^5}=\frac{P_\mathrm{n}}{\rho_\mathrm{n}n_\mathrm{n}^3D_{2\mathrm{n}}^5}=\frac{P}{\rho n^3D^5}=\lambda_P \tag{11-17}$$

式中，λ_{q_V}、λ_H、λ_p 和 λ_P 为四个比例常数。

四、相似定律的特例

实际生产中应用相似定律时，往往并不是几何尺寸、转速和密度三个参数同时改变，通常只是其中一个参数发生改变。

1. 改变转速时各参数的变化

如两台泵与风机的几何尺寸相等或者是同一台泵或者风机，且输送着相同的流体介质，则相似定律简化为

$$\frac{q_{V\mathrm{n}}}{q_{V\mathrm{m}}}=\frac{n_\mathrm{n}}{n_\mathrm{m}},\quad \frac{H_\mathrm{n}}{H_\mathrm{m}}=\left(\frac{n_\mathrm{n}}{n_\mathrm{m}}\right)^2,\quad \frac{p_\mathrm{n}}{p_\mathrm{m}}=\left(\frac{n_\mathrm{n}}{n_\mathrm{m}}\right)^2,\quad \frac{P_\mathrm{n}}{P_\mathrm{m}}=\left(\frac{n_\mathrm{n}}{n_\mathrm{m}}\right)^3$$

以上四式表示同一台泵或者风机，只改变转速时的流量、扬程（泵）、全压（风机）、功率与转速的比例关系，故称为比例定律。

2. 改变叶轮直径 D 时各参数的变化

切割叶轮外径将使泵或者风机的流量、扬程（全压）、功率降低。同样，加大叶轮外径将使泵与风机的流量、扬程（全压）、功率增加。当叶轮外径变化量不大时，可近似认为改

变前后的流动状态近似相似，应用相似定律可得

$$\frac{q_{V\mathrm{n}}}{q_{V\mathrm{m}}}=\left(\frac{D_{2\mathrm{n}}}{D_{2\mathrm{m}}}\right)^3,\quad \frac{H_\mathrm{n}}{H_\mathrm{m}}=\left(\frac{D_{2\mathrm{n}}}{D_{2\mathrm{m}}}\right)^2,\quad \frac{p_\mathrm{n}}{p_\mathrm{m}}=\left(\frac{D_{2\mathrm{n}}}{D_{2\mathrm{m}}}\right)^2,\quad \frac{P_\mathrm{n}}{P_\mathrm{m}}=\left(\frac{D_{2\mathrm{n}}}{D_{2\mathrm{m}}}\right)^5$$

以上这组公式称为切割定律。

3. 改变密度时参数的变化

若两台泵与风机的转速相同，几何尺寸也相同，则仅改变密度时，只有全压 p 和功率发生变化

$$\frac{p_\mathrm{n}}{p_\mathrm{m}}=\frac{\rho_\mathrm{n}}{\rho_\mathrm{m}},\quad \frac{P_\mathrm{n}}{P_\mathrm{m}}=\frac{\rho_\mathrm{n}}{\rho_\mathrm{m}}$$

第三节　比　转　数

泵与风机的相似定律是根据相似原理导出的在相似工况下流量、扬程（全压）、功率之间的相互关系。在具体设计、选型以及判断泵与风机是否相似时，使用相似定律并不十分方便。本节将在相似定律的基础上得出一个包含流量 q_V、扬程 H 及转速 n 在内的综合相似特征数，这个特征数称为比转数，用符号 n_s 来表示。比转数在泵与风机的理论研究和设计中具有十分重要的意义。

一、泵的比转数n_s

将式（11-14）和式（11-15）两端分别求二次方和三次方得

$$\left(\frac{q_{V\mathrm{m}}}{n_\mathrm{m}D_{2\mathrm{m}}^3}\right)^2=\left(\frac{q_{V\mathrm{n}}}{n_\mathrm{n}D_{2\mathrm{n}}^3}\right)^2,\quad \left(\frac{H_\mathrm{m}}{n_\mathrm{m}^2D_{2\mathrm{m}}^2}\right)^3=\left(\frac{H_\mathrm{n}}{n_\mathrm{n}^2D_{2\mathrm{n}}^2}\right)^3$$

将两式相除并开四次方得

$$\frac{n_\mathrm{n}\sqrt{q_{V\mathrm{n}}}}{H_\mathrm{n}^{3/4}}=\frac{n_\mathrm{m}\sqrt{q_{V\mathrm{m}}}}{H_\mathrm{m}^{3/4}}$$

即

$$\frac{n\sqrt{q_V}}{H^{3/4}}=C$$

式中常数习惯用符号 n_s 来表示，即比转数

$$n_\mathrm{s}=\frac{n\sqrt{q_V}}{H^{3/4}} \tag{11-18}$$

式中，流量 q_V 的单位取 $\mathrm{m^3/s}$，扬程 H 的单位为 m，转速 n 的单位 r/min。

式（11-18）是在相似定律的基础上，消去了几何参数后得到的与性能参数有关的比转数 n_s 的计算公式。式（11-18）在国外较为通用，我国习惯在式（11-18）上乘以系数 3.65，即

$$n_\mathrm{s}=\frac{3.65n\sqrt{q_V}}{H^{3/4}} \tag{11-19}$$

式中，系数 3.65 是由水轮机的比转数公式推导得来的。

二、风机的比转数n_y

风机的比转数习惯上用符号 n_y 来表示，它与泵的比转数公式完全相同，只是将扬程改

为全压，并采用以下公式计算，即

$$n_y = \frac{3.65n\sqrt{q_V}}{p_0^{3/4}} \tag{11-20}$$

式中，p_0 为常温状态下（$t=20℃$，$p_a=1.013\times10^5\text{Pa}$）气体的全压（Pa）。

三、比转数公式的说明

同一台泵或风机在不同的工况下具有不同的比转数 n_s 或 n_y，作为相似判别数的比转数是指对应最高工作效率工况下的值。

比转数以单级单吸叶轮为标准，双吸泵流量取为 $q_V/2$，多级泵扬程取单级扬程。

比转数是一个相似准则数，即几何相似的泵与风机在相似工况下其比转数相等。比转数相等的泵与风机不一定相似，因为同一比转数的泵或风机，可以设计成不同的形式。

比转数是有量纲的，但不影响它作为相似判别数的实际意义。几何相似的泵或者风机，在相似工况下，用统一单位计算的 n_s 或 n_y 相等。

四、比转数的应用

1）比转数反映了某系列泵或风机性能上的特点。比转数大时表明泵与风机的流量大而压头小；反之，比转数小时表明流量小而压头大。

2）比转数反映了该系列泵或风机结构上的特点。因为比转数大的泵或者风机流量大而压头小，故其进出口叶轮面积必然较大，即进口直径 D_0 与出口宽度 b_2 较大，而轮径 D_2 则较小，因此叶轮厚而小；反之，比转数小的泵或者风机流量小而压头大，叶轮的进口直径 D_0 与出口宽度 b_2 较小，而轮径 D_2 则较大，因此叶轮相对扁而大。

当比转数由小不断增大时，叶轮的 D_2/D_0 值不断减小，而 b_2/D_2 值则继续增大。从整个叶轮结构来看，将由最初的径向流出的离心式叶轮最后变成轴向流出的轴流式叶轮。这种变化也必然涉及机壳的结构形式。风机与泵叶轮形状与比转数的关系见表 11-1 和表 11-2。

表 11-1　风机叶轮形状与比转数的关系

风机类型	离心式风机		斜(混)流风机	轴流式风机	贯流(横流)风机
比转数 n_s	49.8	90.5	98.8	347~359	48.8~82
叶轮形状	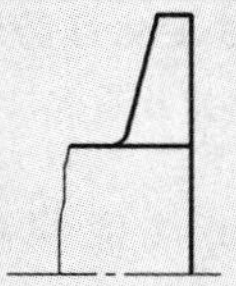	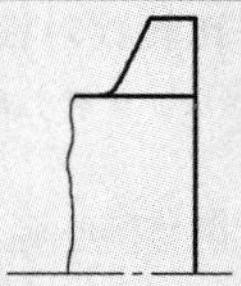	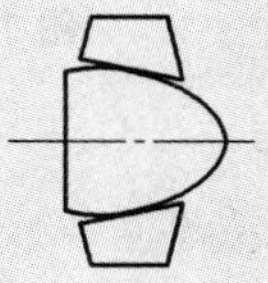	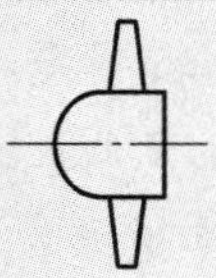	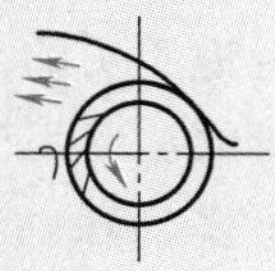

表 11-2　泵叶轮形状与比转数的关系

泵的类型	离心泵			混流泵	轴流泵
	低比转数	中比转数	高比转数		
比转数	30~80	80~150	150~300	300~500	500~1000
叶轮形状	D_0 D_2	D_0 D_2	D_0 D_2	D_0 D_2	D_0 D_2

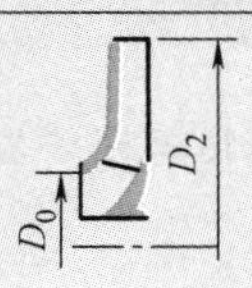

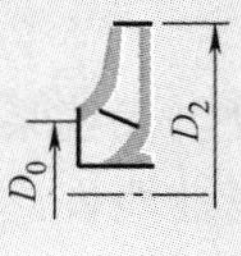

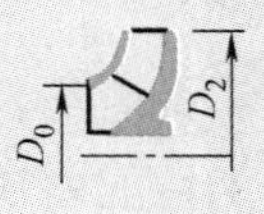

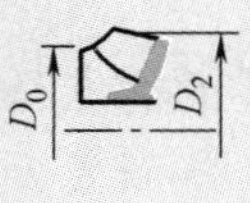

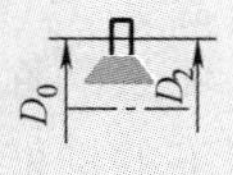

（续）

泵的类型	离心泵			混流泵	轴流泵
	低比转数	中比转数	高比转数		
D_2/D_0	≈3	≈2.3	≈1.8~1.4	≈1.2~1.1	≈1
叶片形状	圆柱形	入口处扭曲 出口处为圆柱形	扭曲	扭曲	机翼型
性能曲线大致的形状	H,P,η；H；P；η；O；q_V	H,P,η；H；P；η；O；q_V	H,P,η；H；P；η；O；q_V	H,P,η；H；P；η；O；q_V	H,P,η；H；P；η；O；q_V

3）比转数反映了性能曲线的变化趋势。直径相同的叶轮，低比转数的泵与风机压头增加较多，流道一般较长，比值 D_2/D_0 和出口安放角 β_2 也较大，如图 11-2 所示。当流量变化 Δq_V 相同时，β_2 大的泵与风机具有较小的切向分速度变化 Δv_{2u}；同时，根据叶轮机械欧拉方程式推知相应的压头变化 ΔH 也较小，如图 11-2 中的速度三角形所示。若以 $\Delta H/\Delta q_V$ 来表示泵与风机的性能变化，可以清楚地发现：β_2 大的泵与风机，相对压头变化率 $\Delta H/\Delta q_V$ 较小。这说明低比转数的泵与风机（对应的 β_2 较大）的 H-q_V（扬程-流量）曲线比较平坦，或者说压头的变化比较缓慢。泵与风机的功率因流量的增加而压头减小不多，轴功率上升较快，q_V-P（流量-功率）曲线较陡，q_V-η（流量-效率）曲线则较平坦。

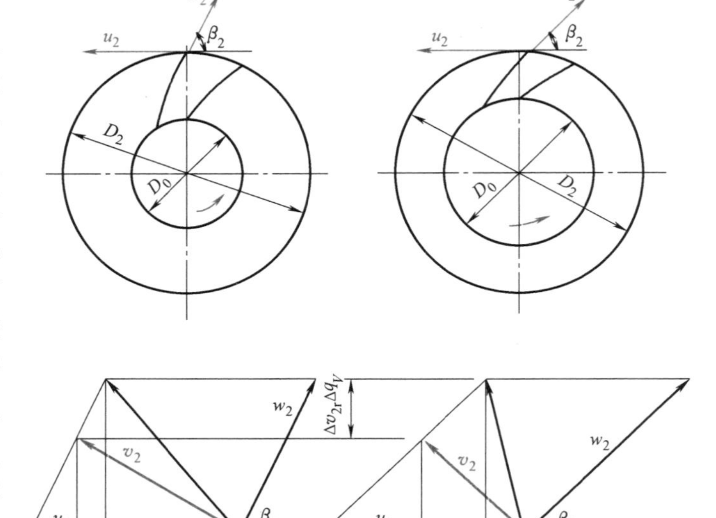

图 11-2 比转数对性能曲线变化趋势影响的原理图
a）比转数较低 b）比转数较高

比转数大体上反映了泵与风机的性能、结构形式和使用上的一些特点，通常将比转数作为泵与风机分类的重要依据。

第四节 泵与风机的无量纲性能曲线

无量纲性能曲线的优点是只需一条曲线，就可以代替某一整个系列所有泵或风机在各种转速下的性能曲线，从而大大简化了性能曲线图或性能表。

一、无量纲性能参数

1. 压力系数 $\overline{p}$

在式（11-16）中，用叶轮外径处的圆周速度 u_2 代替乘积 nD_2，并用压力系数 $\overline{p}$ 代替 λ_p，则可得到压力系数 $\overline{p}$ 为

$$\overline{p}=\frac{p}{\rho u_2^2}$$

式中，p 的单位为 Pa；ρ 的单位为 kg/m^3；u_2 的单位为 m/s。

2. 流量系数 $\overline{q}_V$

在式（11-14）中，将叶轮外径处圆周速度 u_2 代替乘积 nD_2，同时用面积$\frac{\pi D_2^2}{4}$代替 D_2^2，并用流量系数 $\overline{q}_V$ 代替 λq_V，则流量系数 $\overline{q}_V$ 可表示为

$$\overline{q}_V=\frac{q_V}{3600u_2\times\frac{\pi D_2^2}{4}}$$

式中，q_V 的单位为 m^3/h；D_2 的单位为 m；u_2 的单位为 m/s。

3. 功率系数 $\overline{P}$

在式（11-17）中，以叶轮外径处圆周速度 u_2 代替乘积 nD_2，同时用面积$\frac{\pi D_2^2}{4}$代替 D_2^2，并用功率系数 $\overline{P}$ 代替 λ_P，则功率系数 $\overline{P}$ 可表示为

$$\overline{P}=\frac{1000P}{\frac{\pi D_2^2}{4}\rho u_2^3}$$

式中，功率 P 的单位为 kW。

4. 效率

效率本身就是无量纲（量纲一的）量，所以其意义与前面所讲的一致，它同样可以采用无量纲系数计算，即

$$\eta=\frac{\overline{p}\,\overline{q}_V}{\overline{P}}$$

值得注意的是，$\overline{p}$、$\overline{q}_V$ 及 $\overline{P}$ 是无量纲比例常数，它是取决于相似工况点的函数，不同的相似工况点对应的 $\overline{p}$、$\overline{q}_V$ 及 $\overline{P}$ 的值是不同的。

二、无量纲性能曲线

在某一系列中选用一台泵或风机作为模型机，在不同的流量 q_{V1}、q_{V2}、q_{V3}…条件下开启泵或风机并以固定转速 n 运行，测出相应的 p_1、p_2、p_3…和 P_1、P_2、P_3…，同时取得所输送介质的密度 ρ，就可以计算出 u 值和相对应 $\overline{p}_1$、$\overline{p}_2$、$\overline{p}_3$…，$\overline{q}_{V1}$、$\overline{q}_{V2}$、$\overline{q}_{V3}$…，$\overline{P}_1$、$\overline{P}_2$、$\overline{P}_3$…，η_1、η_2、η_3…。用光滑的曲线连接这些点，就可以描绘出一组**无量纲性能曲线**，其中包括 $\overline{q}_V$-$\overline{p}$、$\overline{q}_V$-$\overline{P}$ 及 $\overline{q}_V$-η 三条曲线。图 11-3 所示为 4-72-11 型离心式风机的无量纲性能曲线。

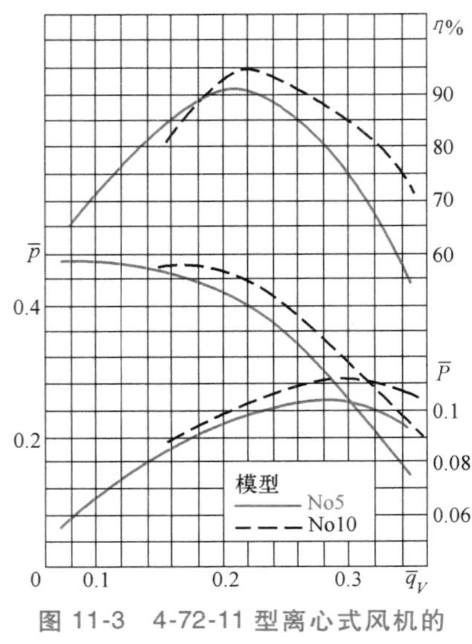

图 11-3 4-72-11 型离心式风机的无量纲性能曲线

第五节 通用性能曲线

前面讨论的是转速为定值时的性能曲线，若泵与风机的转速是可以改变的，则需要绘制出在不同转速时的性能曲线，并将等效率曲线也绘制在同一张图上，这种曲线称为**通用性能曲线**，如图 11-4 所示。通用特性曲线可以由比例定律求得，也可以用试验方法求得，通常泵与风机厂所提供的是通过性能试验所得到的通用性能曲线。

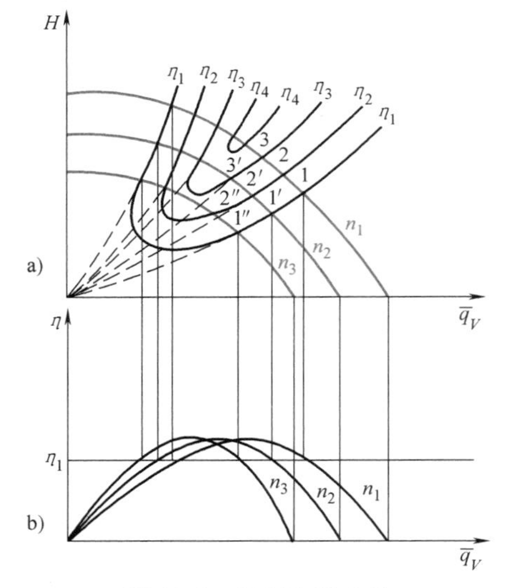

图 11-4 通用性能曲线

用比例定律可以进行性能参数间的换算，若已知转速为 n_1 时的性能曲线，欲求转速为 n_2 时的性能曲线，则可在转速为 n_1 的 q_V-H 性能曲线上取任意点 1、2、3…的流量与扬程代入比例定律，得

$$q_{V2}=\frac{n_2}{n_1}q_{V1}, \quad H_2=\frac{n_2}{n_1}H_1$$

由此可得转速为 n_2 时与转速为 n_1 时相对应的工况点 1′、2′、3′、…。将这些点连成光滑的曲线，则得转速为 n_2 时的 q_V-H 性能曲线。所求出的相对应的工况点 1、1′与 2、2′等分别为相似工况点，相似工况点的连线为一抛物线。

由比例定律

$$\frac{q_{Vn}}{q_{Vm}}=\frac{n_n}{n_m}, \quad \frac{H_n}{H_m}=\left(\frac{n_n}{n_m}\right)^2$$

可得

$$\frac{H_2}{H_1}=\left(\frac{q_{V2}}{q_{V1}}\right)^2$$

即

$$\frac{H_1}{q_{V1}^2}=\frac{H_2}{q_{V2}^2}=\cdots=\frac{H}{q_V^2}=k$$

或

$$H=kq_V^2$$

式中，k 为比例常数（也即相似工况的等效率常数）。

$H=kq_V^2$ 为一抛物线方程，凡满足抛物线方程的泵与风机工况点，都为**相似工况点**。因此，该抛物线为相似抛物线，而相似工况点的效率在相似定律推导中视为相等。所以，相似抛物线又称为**等效率曲线**。等效率曲线通过坐标原点，如图 11-4 中虚线所示。

通用性能曲线也可以用试验的方法求得，但需指出，由试验所得的通用性能曲线中的等效率曲线和用比例定律计算出的通过坐标原点的等效率曲线，在转速改变不大时是一致的。但在转速改变较大时，两者形成较大的差别，由试验所得的等效率曲线向效率较高的方向偏移，因而实际的等效率曲线不通过坐标原点而连成椭圆形状。原因是比例定律是在假设各种损失不变的情况下换算得到的，当转速相差较大时，相应损失变化也较大，因而等效率曲线的差别也较大。

习　题

11-1　泵或风机在相似工况下运行，当泵或风机的各种效率相等时，简述其流量、扬程（全压）、功率相似关系。

11-2　什么是泵的比转数？简述泵的比转数的意义。

第十二章

泵的汽蚀

第一节　汽蚀现象及其影响

一、汽蚀现象

一个标准大气压下的水，当温度升高到100℃时，水就开始汽化。当在高山上时，由于当地大气压低，水不到100℃时就开始汽化。如果使水在某一温度下保持不变，逐渐降低液面上的绝对压强，当该压强降至某一数值时，水同样会发生汽化，把这个压强称为水在该温度下的汽化压强，用符号 p_v 表示。如果水温为20℃，则其对应的汽化压强为2.4kPa。如果在流动过程中，某一局部的压强等于或者低于该水温相对应的汽化压强，水就在该处发生汽化。

汽化发生以后，就有大量的蒸汽及溶解在水中的气体逸出，形成许多蒸汽与气体混合的小气泡（图12-1）。当气泡随水流从低压区向高压区流动时，气泡在高压的作用下，迅速凝结而破碎，在气泡破裂的瞬间，产生局部气穴，高压水以极高的速度流向这些原气泡所占据的空间，形成一个巨大的冲击应力。在冲击力的反复作用下，材料开始疲劳，从开始的点蚀到形成严重的蜂窝状空间，最后甚至将材料的壁面蚀穿。

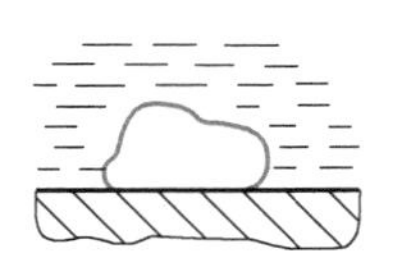
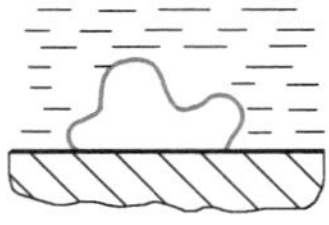
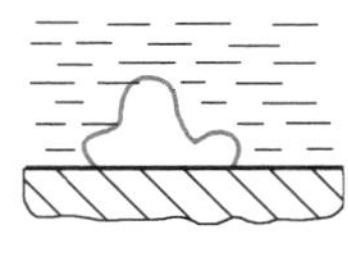
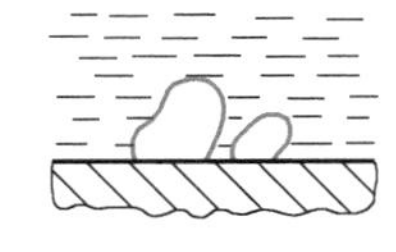

图12-1　金属表面形成的气泡

另外，自由液体中逸出的氧气等活性气体，借助气泡凝结时释放出的热量，也会产生对金属壁面的氧化作用，产生化学腐蚀。

这种气泡的形成、发展和破裂以至于材料疲劳受到破坏的全部过程，称为汽蚀现象。

二、汽蚀对泵工作的影响

水在泵内流动过程中，若出现了局部的压强下降，且该处压强降低到等于或者低于水温对应下的汽化压强时，则水将发生汽化现象。

汽化开始发生时，只有少量气泡，叶轮堵塞不严重，泵的正常工作没有受到明显影响，泵的外部性能也没有明显的变化。当汽化发展到一定程度时，气泡大量产生，并发生聚集，叶轮流道被气泡严重堵塞，致使汽蚀进一步发展，影响到泵的外部特性，导致泵难以维持正常的运行。当汽蚀发生时，容易产生以下破坏：

1）机械剥蚀与化学腐蚀的共同作用，致使材料受到破坏。

2）不仅材料受到破坏，而且还会出现噪声和振动现象。

3）汽蚀发生严重时，大量气泡的存在会堵塞流道的截面积，减少液体从叶轮获得的能量，导致扬程下降，效率降低。

泵的外部性能有明显的变化，不同比转数的泵情况不同，如图 12-2 所示。

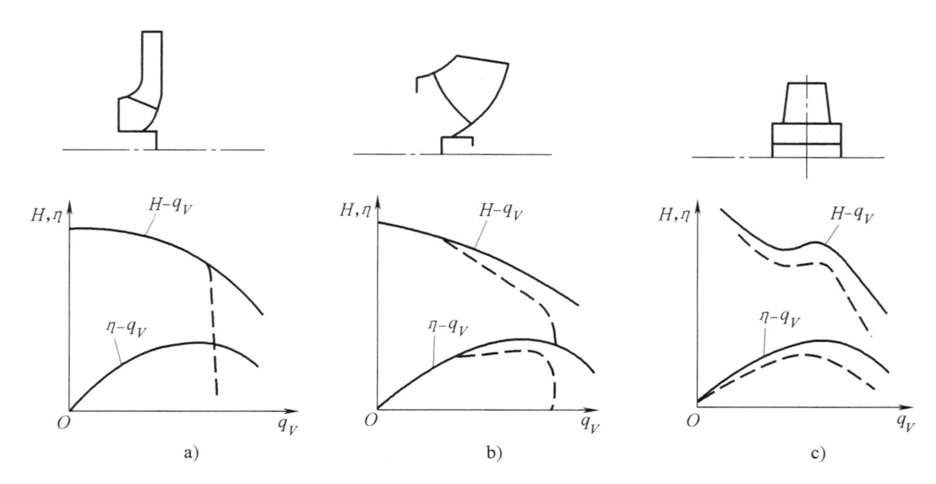

图 12-2　不同比转数泵因汽蚀引起的性能曲线下降的形式

a）离心泵　b）混流泵　c）轴流泵

经泵的试验可知，当 n_s<105 时，因汽蚀所引起的扬程曲线的断裂工况具有急剧陡降的形式；当 n_s = 150~350 时，断裂工况比较缓和；当 n_s>425 时，在性能曲线上没有明显的汽蚀断裂点。低比转数的离心泵，叶片宽度小，流道窄且长，在发生汽蚀后，大量气泡很快就充满流道，影响流体的正常流动，造成断流，致使扬程和效率急剧下降。大比转数的离心泵，叶片宽度大，流道宽且短，气泡发生后，并不立即充满流道，因而对性能曲线上断裂工况点的影响就比较缓和。高比转数的轴流泵，叶片数很少，具有相当宽的流道，气泡发生后，不可能充满流道，从而不会造成断流，所以在性能曲线上，当流量增加时，就不会出现断裂工况点。

第二节　泵吸上真空高度

当增加泵的几何安装高度时，会在更小的流量下发生汽蚀，对某一台泵来说，尽管其性能可以满足使用要求，但是如果几何安装高度不合适，由于汽蚀的原因，流量的增加会被限制，从而导致性能达不到设计要求。因此，正确地确定泵的几何安装高度是保证泵在设计工况下工作时不发生汽蚀的重要条件。

中小型卧式离心泵的几何安装高度如图 12-3 所示。立式离心泵的几何安装高度是指第一级工作叶轮进口端的中心线至水池液面的垂直距离，对大型泵则应按进口或入口边最高点来决定泵的几何安装高度。

泵样本中有一项性能指标为允许吸上真空高度，用符号［H_s］来表示，这项性能指标和泵的几何安装高度有关。

允许吸上真空高度 $[H_s]$ 和几何安装高度之间的关系可以通过图12-3来进行分析和讨论。取吸水池液面为基准面，列水面 $e—e$ 至泵入口断面 $s—s$ 的伯努利方程，即

$$\frac{p_e}{\rho g}+\frac{v_e^2}{2g}=\frac{p_s}{\rho g}+\frac{v_s^2}{2g}+H_g+h_w \tag{12-1}$$

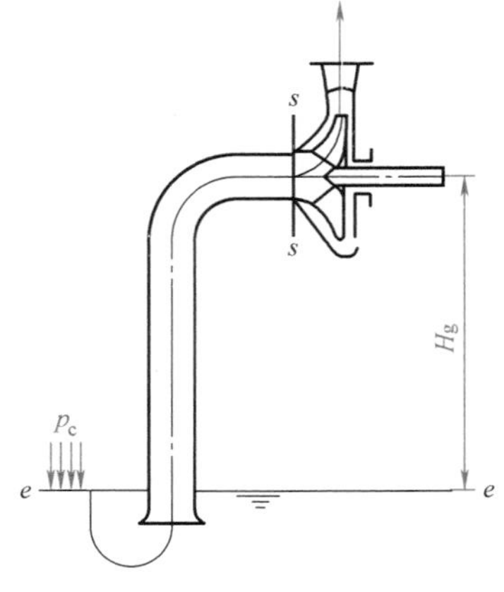

图12-3 中小型卧式离心泵的几何安装高度

因为水池较大，可以认为 $v_e\approx0$，于是式（12-1）移项得出

$$H_g=\frac{p_e}{\rho g}-\frac{p_s}{\rho g}-\frac{v_s^2}{2g}-h_w \tag{12-2}$$

式中，H_g 为几何安装高度（m）；p_e 为吸水池液面压强（Pa）；p_s 为泵吸入口压强（Pa）；v_s 为泵吸入口平均速度（m/s）；h_w 为泵吸入管的流动损失（m）；ρ 为流体密度（kg/m^3）。

若液面压强就是大气压，则 $p_e=p_a$，由式（12-2）得

$$H_g=\frac{p_a}{\rho g}-\frac{p_s}{\rho g}-\frac{v_s^2}{2g}-h_w \tag{12-3}$$

式（12-3）中，$\frac{p_a}{\rho g}$与$\frac{p_s}{\rho g}$这两项之差称为吸上真空高度，用符号 H_s 表示，即

$$H_s=\frac{p_a}{\rho g}-\frac{p_s}{\rho g}$$

在发生断裂工况时的吸上真空高度称为最大吸上真空高度或临界吸上真空高度，用符号 H_{smax} 表示。为保证泵不发生汽蚀，允许吸上真空高度通常取

$$[H_s]=H_{smax}-(0.3\sim0.5)\text{m}$$

或

$$[H_s]=H_{smax}/(1.1\sim1.3)$$

将上式代入式（12-3）得出允许几何安装高度 $[H_g]$

$$[H_g]=[H_s]-\frac{v_s^2}{2g}-h_w \tag{12-4}$$

允许几何安装高度与允许吸上真空高度之间的关系指出：

1）泵的允许几何安装高度应从泵样本中所给出的允许吸上真空高度中减去泵吸入口的速度水头和吸入管管路的流动损失。通常情况下，允许吸上真空高度随着流量的增加而降低，所以应按样本中最大流量所对应的允许吸上真空高度来计算。

2）为了提高泵允许的几何安装高度，应该尽量减小泵吸入口的速度水头和吸入管管路的流动损失。为了减小泵吸入口的速度水头，在同一流量下，尽量选用直径较大的吸入管路；为了减小吸入管管路的流动损失，除了选用直径较大的吸入管外，吸入管段尽可能短，并尽量减少增加局部阻力损失的管路附件，如弯头和阀门等。

3）泵样本中所给出的允许吸上真空高度值是已经换算成标准大气压下、水温为20℃条件下所对应的数值。若泵的使用条件与常态不同，则应把样本给出的允许吸上真空高度值换算为使用条件下的允许吸上真空高度值。

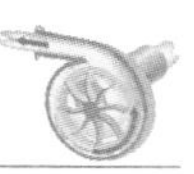

制造的泵产品只能给出允许吸上真空高度值，而不能直接给出允许几何安装高度值，因为每台泵由于使用地区不同、水温不同，吸入管路的布置情况也不同。因此，只能由用户根据具体使用条件进行计算来确定允许几何安装高度。

第三节　泵汽蚀余量

泵汽蚀性能还可以采用泵汽蚀余量 Δh 或 NPSH 表示。汽蚀余量又分为有效汽蚀余量 Δh_a(或[NPSH]$_a$)和必需汽蚀余量 Δh_r(或[NPSH]$_r$)。

一、泵有效汽蚀余量 Δh_a

有效汽蚀余量 Δh_a 是指泵在吸入口处，单位重量液体所具有的超过汽化压强的富余能量，即液体所具有的避免泵发生汽化的能力。有效汽蚀余量 Δh_a 由吸入系统的装置条件确定，与泵本身无关。

根据泵有效汽蚀余量的定义，得

$$\Delta h_a=\frac{p_s}{\rho g}+\frac{v_s^2}{2g}-\frac{p_v}{\rho g} \tag{12-5}$$

由式（12-1）得

$$\frac{p_s}{\rho g}+\frac{v_s^2}{2g}=\frac{p_e}{\rho g}-H_g-h_w \tag{12-6}$$

代入式（12-5）得

$$\Delta h_a=\frac{p_e}{\rho g}-\frac{p_v}{\rho g}-H_g-h_w \tag{12-7}$$

由式（12-7）可知：

1）有效汽蚀余量 Δh_a 就是吸入容器中液面上的压力水头 $\frac{p_e}{\rho g}$ 在克服吸水管路装置中的流动损失 h_w，并把水提高到 H_g 的高度后，所剩余的超过汽化压力水头的能量。

2）在 $\frac{p_e}{\rho g}$、H_g 和液体温度保持不变的情况下，当流量增加时，由于吸水管路中流动损失与流量的二次方成正比，所以使 Δh_a 随流量的增加而减小。因而，当流量增加时，发生汽蚀的可能性增大。

3）在非饱和容器中，泵所输送的液体温度越高，对应的汽化压强越大，Δh_a 也越小，发生汽蚀的可能性就越大。

二、泵必需汽蚀余量 Δh_r

必需汽蚀余量 Δh_r 与吸入系统的装置情况无关，是泵本身的汽蚀性能所决定的。泵吸入口处的压强并非泵内部液体的最低压强，而最低压强点通常在叶片进口边稍后的 k 点，如图 12-4 所示。这是因为液体从泵吸入口（一般指泵进口法兰 $s—s$ 截面处）至叶轮进口有能量损失，从而致使压强继续降低到 k 点。从泵吸入口至泵出口的压强变化曲线示于图 12-4 中。

必需汽蚀余量 Δh_r 即指液体从泵吸入口至压强最低点 k 的压降。压强降低有如下原因：

1）吸入口 s—s 截面至 k—k 截面间（图 12-4）有流动损失，致使液体压强下降。

2）从 s—s 截面至 k—k 截面时，由于液体转弯等引起绝对速度分布不均匀，导致液体压强下降。

3）吸入管一般为收缩形，因速度改变而导致压强下降。

4）液体进入叶轮流道时，以相对速度绕流叶片进口边，从而引起相对速度的分布不均匀，致使压强下降。

导致压强降低的因素中，1、2 两项的流动损失和绝对速度分布不均匀所造成的流动损失难以正确计算，因而推导公式时，暂不考虑，以后加以修正。

由伯努利方程可求出总压降，即 Δh_r

$$\Delta h_r = \lambda_1 \frac{v_0^2}{2g} + \lambda_2 \frac{w_0^2}{2g} \tag{12-8}$$

式（12-8）又称为**汽蚀的基本方程式**，其中，λ_1、λ_2 为压降系数。通常情况下，$\lambda_1 = 1 \sim 1.2$（低比转数的泵取大值），$\lambda_2 = 0.2 \sim 0.3$（高比转数的泵取小值）。

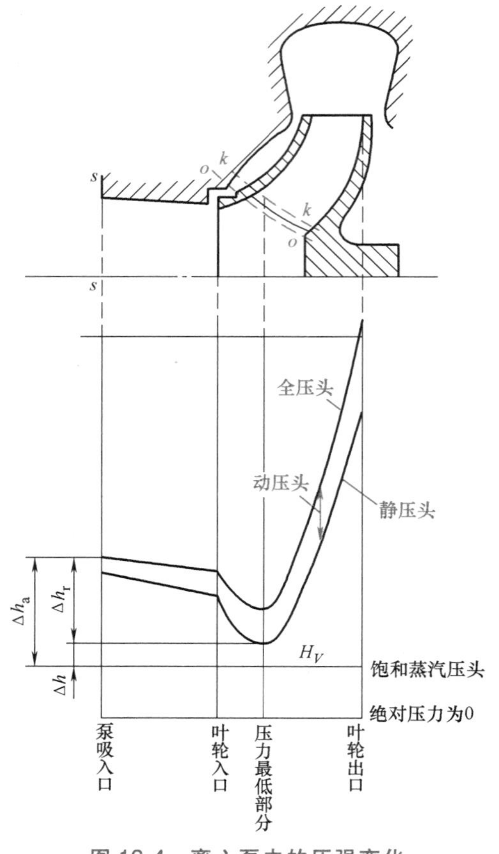

图 12-4 离心泵内的压强变化

三、有效汽蚀余量 Δh_a 与必需汽蚀余量 Δh_r 的关系

Δh_a 是吸入系统所提供的在泵吸入口大于饱和蒸汽压力的富余能量，Δh_a 越大，表示泵抗汽蚀性能越好。而必需汽蚀余量是液体从泵吸入口至 k 点的压降，Δh_r 越小，表示泵抗汽蚀性能越好，可以降低对吸入系统提供的有效汽蚀余量 Δh_a 的要求。

在临界状态点 $p_k = p_v$，则

$$\Delta h_a = \Delta h_r = \Delta h_c$$

式中，Δh_c 为临界汽蚀余量。

Δh_c 由汽蚀试验求得，为保证泵不发生汽蚀，Δh_c 需加一安全余量，得允许汽蚀余量 $[\Delta h]$，通常取

$$[\Delta h] = (1.1 \sim 1.3)\Delta h_c \quad 或 \quad [\Delta h] = \Delta h_c + K$$

式中，K 为安全余量，通常 $K = 0.3 \sim 0.5\text{m}$。

四、汽蚀余量 Δh 与允许吸上真空高度 h_s 的关系

汽蚀余量 Δh 和允许吸上真空高度 H_s 这两个表示汽蚀性能的参数之间存在一定的关系。由式（12-5）已知

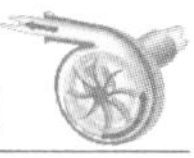

$$\Delta h_a=\frac{p_s}{\rho g}+\frac{v_s^2}{2g}-\frac{p_v}{\rho g}$$

而吸上真空高度为

$$H_s=\frac{p_a}{\rho g}-\frac{p_s}{\rho g}$$

于是

$$\frac{p_s}{\rho g}=\frac{p_a}{\rho g}-H_s$$

代入式（12-5），得

$$H_s=\frac{p_a}{\rho g}-\frac{p_v}{\rho g}+\frac{v_s^2}{2g}-\Delta h_a \tag{12-9}$$

由前面的分析已知，汽蚀发生的条件为

$$\Delta h_a=\Delta h_r=\Delta h_c$$

这时所对应的吸上真空高度为 H_{smax}，因此式（12-9）可以表示为

$$H_{smax}=\frac{p_a}{\rho g}-\frac{p_v}{\rho g}+\frac{v_s^2}{2g}-\Delta h_c \tag{12-10}$$

如将允许汽蚀余量［Δh］代入式（12-10），则

$$H_s=\frac{p_a}{\rho g}-\frac{p_v}{\rho g}+\frac{v_s^2}{2g}-[\Delta h] \tag{12-11}$$

由式（12-7）可得允许几何安装高度

$$[H_g]=\frac{p_e}{\rho g}-\frac{p_v}{\rho g}-[\Delta h]-h_w \tag{12-12}$$

对有效汽蚀余量和允许几何安装高度这两个表示汽蚀性能的参数，过去多采用允许几何安装高度。但使用有效汽蚀余量不需要进行换算，特别是对电厂的锅炉给水泵和凝结水泵等吸入液面都不是大气压力的情况尤为方便。同时，有效汽蚀余量更能说明汽蚀的物理概念。目前，已经较多地使用有效汽蚀余量。

第四节 汽蚀相似定律及汽蚀比转数

汽蚀余量只能反映泵汽蚀性能的好坏，而不能对不同泵进行汽蚀性能的比较，因此需要一个包含泵的性能参数及汽蚀性能参数在内的综合相似特征数，这个特征数称为**汽蚀比转数**，用符号 C 来表示。

一、汽蚀相似定律

式（12-8）为汽蚀的基本方程，反映了泵的汽蚀性能，如果原型泵和模型泵进口部分几何相似，工况又相似，则满足下列关系：

几何相似的泵，在工况相似时，压降系数相等，即 $\lambda_{1n}=\lambda_{1m}$，$\lambda_{2n}=\lambda_{2m}$。

由运动相似得到汽蚀相似定律

$$\frac{\Delta h_{rn}}{\Delta h_{rm}}=\frac{(v_1^2+w_1^2)_n}{(v_1^2+w_1^2)_m}=\frac{u_{1n}^2}{u_{1m}^2}=\frac{(D_{1n}n_n)^2}{(D_{1m}n_m)^2} \tag{12-13}$$

汽蚀相似定律指出：进口几何尺寸相似的泵，在相似工况下运行时，原型泵和模型泵必需汽蚀余量之比等于叶轮进口几何尺寸的二次方比和转速二次方比的乘积。

对同一台泵，即 $D_{1n}=D_{1m}$，则由式（12-13）得

$$\frac{\Delta h_r}{\Delta h_r'}=\frac{n^2}{n'^2} \tag{12-14}$$

式（12-14）指出，对同一台泵来说，当转速变化时，汽蚀余量随转速的二次方成正比关系变化，即当泵的转速提高后，必需汽蚀余量呈二次方增加，泵的抗汽蚀性能大为恶化。

当两台泵入口几何形状和转速相差不大时，式（12-13）和式（12-14）同样适用，其结果与实际情况也可近似一致；相差较大时，其误差就较大。经验表明，当转速的变化范围不超过20%时，换算结果的误差较小。

二、汽蚀比转数

我国习惯上采用下式计算汽蚀比转数 C

$$C=\frac{5.62n\sqrt{q_{V0}}}{\Delta h_r^{3/4}} \tag{12-15}$$

式中，Δh_r 为必需汽蚀余量（m）；q_{V0} 为流量（m^3/s）；n 为转速（r/min）。

泵必需汽蚀余量 Δh_r 小，则汽蚀比转数 C 值较大，即表示汽蚀性能好；反之，则汽蚀性能差，如式（12-15）所表达的。因此，汽蚀比数的大小可以反映泵抗汽蚀性能的好坏。为了提高比转数 C 值往往使泵的性能有所下降，目前汽蚀比转数的大致范围如下：

1）主要考虑效率的泵，$C=600\sim800$。

2）兼顾汽蚀和效率的泵，$C=800\sim1200$。

3）汽蚀性能要求高的泵，$C=1200\sim1600$。

4）一些有特殊要求的泵，如电厂的凝结泵、给水泵、火箭中用的燃料泵等，C 值可达1600~3000。

泵汽蚀比转数和泵比转数一样，都是用最高效率点的 n、q_{V0}、Δh_r 值计算得来的。因此，汽蚀比转数通常指最高效率点的汽蚀比转数。凡入口几何相似的泵，在相似工况下运行时，汽蚀比转数必然相等，因此，泵汽蚀比转数可以作为汽蚀相似准则数。与比转数 n_s 不同，只要进口部分几何形状和流动相似，即使出口部分不相似，在相似工况下运行时，其汽蚀比转数仍相等。最后，汽蚀比转数公式中流量以单吸为标准，双吸叶轮流量应为 $q_{V0}/2$。

三、提高泵抗汽蚀性能的措施

汽蚀带来了严重的危害，影响了泵的正常工作，所以必须设法防止汽蚀的发生。提高泵的抗汽蚀性能可以从以下几个方面考虑。

1）设计方面。在同样转速和流量下，采用双吸叶轮，可以提高泵的汽蚀性能；增大叶轮进口的过流面积和叶片进口处宽度，即相应减小进口流速，从而可以提高泵的抗汽蚀性能；合理绘制叶轮前盖板的形状，适当选定叶片进口边的位置并向吸入口方向延伸；在叶轮吸入口前增加诱导轮。

2）安装与使用方面。减小几何吸上高度；增加管径，尽量减小管路长度和减少局部装

置，以减小吸入损失；泵在大流量运行时容易产生汽蚀，所以应尽量在低于设计流量下运行；吸水池的尺寸和形状应有利于避免发生旋涡和偏流等；泵在运行时不应采用在吸入管上安装阀门调节流量的方法；使用抗汽蚀的材料。

第五节　叶片式泵的汽蚀试验

叶片式泵的汽蚀性能可以用汽蚀比转数 C 来衡量，而汽蚀比转数 C 可以采用式（12-15）来计算。通过式（12-15）求出的汽蚀比转数 C 不是很精确，有时与试验所得的汽蚀比转数相差很大，若要得到精确的汽蚀比转数，还要依靠泵汽蚀试验。

泵汽蚀试验装置如图 10-32 所示。在试验过程中，要在特性曲线上取 8~12 个工况点，然后求出每个工况点对应的 Δh_r 与 q_V，然后在特性曲线上给出 Δh_r-q_V 曲线。

对于每个工况点下的流量 q_V，在做试验时，需要保持 $q_V=\text{constant}$ 以及 $n=\text{constant}$，测量扬程 H、功率 P 以及计算效率 η 的方法都与做性能试验时相同。汽蚀筒内先不抽真空，在气压计 B 上测得当时的大气压 p_a，测得液体的温度 t，并查到汽化压强 p_V，再测得功率 P 及扬程 H，计算出效率 η，然后计算得到 H_A-H_S。

列试验台汽蚀筒吸水面到泵吸入口处的伯努利方程

$$z_A+\frac{p'}{\rho g}=z_S+\frac{p_S}{\rho g}+\frac{v_S^2}{2g}+h_{A-S}$$

由上式求得

$$\frac{p'}{\rho g}=(z_S-z_A)+\frac{p_S}{\rho g}+\frac{v_S^2}{2g}+h_{A-S}$$

其中，$\frac{p_S}{\rho g}$可以从气压计 B 读数减去真空计 V 读数求得，其单位为 m。

$$(z_S-z_A)+h_{A-S}=H_{sg}+h_{A-S}=H_S$$

于是上式可以表示为

$$\frac{p'}{\rho g}=\frac{p_S}{\rho g}+\frac{v_S^2}{2g}+H_S$$

上式两边同时减去 $p_V/\rho g$，可得

$$\frac{p'}{\rho g}-\frac{p_V}{\rho g}=\frac{p_S}{\rho g}+\frac{v_S^2}{2g}+H_S-\frac{p_V}{\rho g}$$

于是 H_A-H_S 最后可以表示为

$$H_A-H_S=\frac{p_S}{\rho g}+\frac{v_S^2}{2g}-\frac{p_V}{\rho g}$$

获得 H_A-H_S 后，然后将汽蚀筒中抽掉一部分空气，使汽蚀筒中的真空度增加，再测量及计算扬程 H、功率 P、效率 η 以及 H_A-H_S，而后再抽真空，直到扬程、功率、效率均下降为止，这时可以做出扬程 H、功率 P、效率 η 与 H_A-H_S 的关系曲线图，如图 12-5 所示。当扬程 H 或功率 P 或效率 η 下降 1%处定为泵的汽蚀点时，泵内已经发生汽蚀，此时的 H_S 称为 H_{SI}^{cr}。当 H_A-H_S 继续减小时，则扬程 H、功率 P、效率 η 还会以不太大的斜率下降一段，而后再直线下降，如图 12-5 所示。这时在扬程 H、功率 P、效率 η 直线下降的地方，又可找到一个临界值 H_{SII}^{cr}。于是，求得了一个流量下的两个临界值 $H_A-H_{SI}^{cr}$ 和 $H_A-H_{SII}^{cr}$，对于低比转速水泵则只能求出一个临界值，即 $H_A-H_{SII}^{cr}$。

通过分析获得了一个流量的临界值，如在泵特性曲线上取 8~12 个流量点，每个流量均

求出其临界值 $H_A-H_{S\mathrm{I}}^{\mathrm{cr}}$ 和 $H_A-H_{S\mathrm{II}}^{\mathrm{cr}}$，则就可在特性曲线上做出 $H_{S\mathrm{I}}^{\mathrm{cr}}$-$q_V$ 及 $H_{S\mathrm{II}}^{\mathrm{cr}}$-$q_V$ 曲线，如图 12-6 所示。

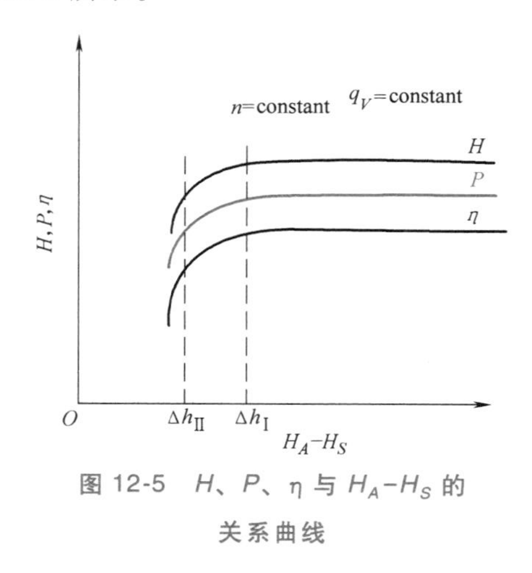

图 12-5 H、P、η 与 H_A-H_S 的关系曲线

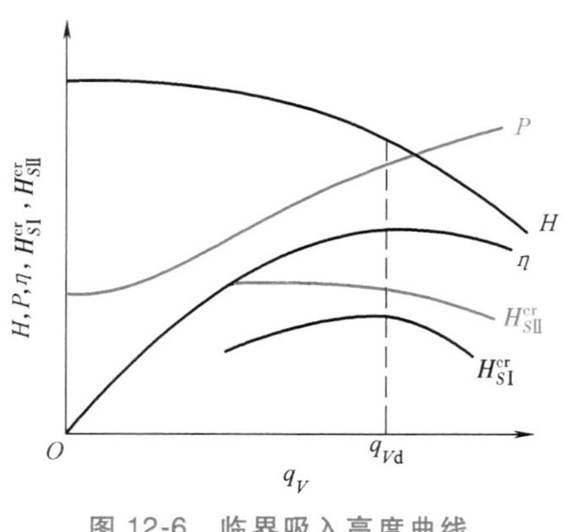

图 12-6 临界吸入高度曲线

习 题

12-1 简述泵内的汽蚀现象，以及影响泵内汽蚀的主要因素。

12-2 泵内汽蚀的评价标准有哪些？

第十三章

泵与风机的运行、调节及选型

第一节　管路性能曲线及工作点

某一台泵或风机在某一转速下，所提供的流量和扬程是密切相关的，并有无数组工况点的对应值(q_{V1}, H_1)、(q_{V2}, H_2)、(q_{V3}, H_3)、…。一台泵或风机究竟能在何种工况(q_V,H)下运行，即在泵或风机性能曲线上的哪一点工作，并非任意的，而是取决于所连接的管路的性能。当泵或风机提供的压头与管路所需要的压头达到平衡时，也就确定了泵或风机所提供的流量，这就是泵与风机的“自动平衡性”。

一、管路特性曲线

通常泵或风机是与一定的管路相连接而工作的。一般情况下，流体在管路中流动时所消耗的能量由以下几个方面组成。

1）用来克服管路系统两端的压差以及两端间的高差 H_z（图 13-1），即

$$\frac{p_2-p_1}{\rho g}+H_z=H_1 \tag{13-1}$$

当 $p_2=p_1=p_a$，即两过流断面上的压强均为大气压时，式中的第一项等于零，这是常见的情况。对于风机，由于被输送的介质为气体，因气柱产生的压头通常可以略去不计，此时 $H_z=0$。通常，对一定的管路系统来说，H_1 是一个不变的常量。

2）用来克服流体在管路中的流动阻力及由管道排出时的动压头$\frac{v^2}{2g}$（风机为$\frac{\rho v^2}{2}$），两者均与流量的二次方成正比，即

$$h_1=Sq_V^2 \tag{13-2}$$

式中，S 为阻抗系数，与管路系统的沿程阻力、局部阻力及管路几何尺寸有关（s^2/m^5）。

流体在管路系统中的流动特性可以表达为下式

$$H=\frac{p_2-p_1}{\rho g}+H_z+h_1=H_1+Sq_V^2 \tag{13-3}$$

式（13-3）表明实际工程条件所决定的要求。若将这一关系绘制在以流量 q_V 与压头 H 组成的直角坐标系上，就可以得到一条曲线，通常称为管路性能曲线。

二、泵或风机的工作特点

管路系统的特性是由工程实际要求所决定的，与泵和风机本身的性能无关。但所需的流

量及其相应的压头必须由泵或风机来满足。这是一对供求矛盾，利用图解方法可加以解决。

将泵与风机的性能曲线和管路系统的性能曲线绘制在同一张坐标图上（图 13-1）。管路的性能曲线 CE 是一条二次曲线。选用某一适当的泵或风机，其性能曲线为 AB。AB 与 CE 相交于 D 点。显然，D 点表明所选定的泵或风机可以提供的流量与扬程分别为 q_{VD} 和 H_D。若 D 点所表明的参数能够满足工程中提出的要求，而又处在泵或风机的高效率（图中 q_V-η 曲线上的加粗部分）范围内，这样的安排是恰当的、经济的。管路的性能曲线和泵或风机的性能曲线的交点 D 就是泵或风机的工作点。

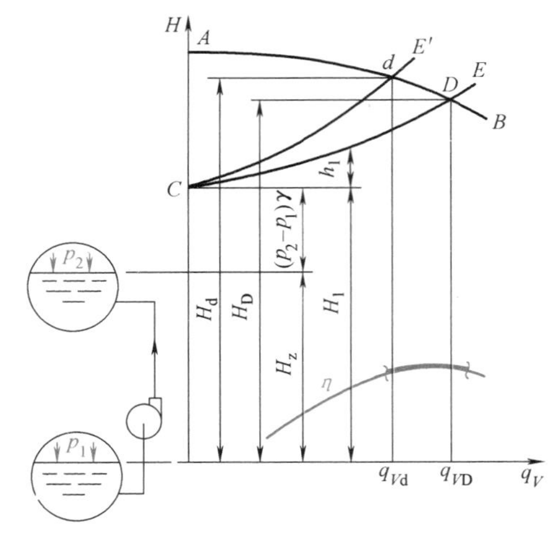

图 13-1　管路系统的性能曲线与泵或风机的工作点

此时泵或风机所耗轴功率 P 及效率 η 皆在 D 点的垂线上。

例 13-1　当某管路系统的风量为 $500m^3/h$ 时，系统的阻力为 300Pa。现在选定一个风机的特性曲线如图 13-2 所示。试计算：

（1）风机的实际工作点。

（2）当系统阻力增加 50%时的工作点。

（3）当空气送入有正压 150Pa 的密封舱时的工作点。

解：（1）先绘制出管网特性曲线。由经验公式 $p_1=S'q_V^2$（S'对应压力损失下的管路阻抗系数）得

$$S'=\frac{p_1}{q_V^2}=\frac{300}{500^2}=0.0012$$

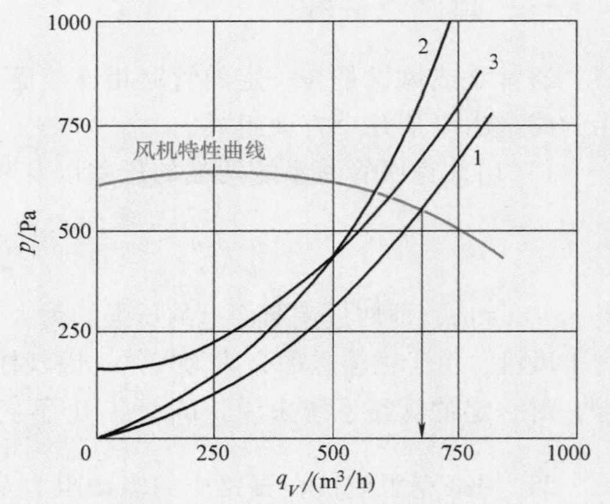

图 13-2　风机工况计算举例（$n=2800r/min$）

由此可以绘制出管网特性曲线 1。由曲线 1 与风机的特性曲线交点（工作点）得出，当 $p=500Pa$ 时，$q_V=690m^3/h$。

（2）当阻力增加 50%时，管网特性曲线将有所改变。求得

$$S'=\frac{300\times1.5}{500^2}=0.0018$$

由此可以绘制出管网特性曲线 2。由曲线 2 与风机特性曲线交点得出，当压力为 610Pa 时，$q_V=570m^3/h$。

（3）对第一种情况附加 150Pa 的压力（即管路系统两端的压差）

$$p=150+S'q_V^2$$

按此点做出管网特性曲线 3（它相当于曲线 1 平移 150Pa），由它和风机特性曲线的

交点可以得出，当压强为 590Pa 时，$q_V = 590\text{m}^3/\text{h}$。

此例中可看出，当压力增加 50%时，风量减少$\frac{690-570}{690}\times 100\% = 17\%$，即压力急剧增加时，风机风量相应降低，但不与压力增加成比例。因此，当管网计算压力与实际应耗压力存在某些偏差时，对实际风量的影响并不突出。

此例的计算结果表明风量均不能等于所要求的 $q_V = 590\text{m}^3/\text{h}$。当风机供给的风量不能符合实际要求时，可采用以下三种方式进行调整：

1）增加或减少管网的阻力（压力）损失。增大或者减小管网中管路的直径（有时不得已要关小阀门），使管网特性改变，例如曲线 C_1，由阻力降低而变为曲线 C_2，风量因而由 q_{V1} 增加到 q_{V2}，如图 13-3a 所示。

2）更换风机。这时管网特性没有变化，用适合于所需风量的另一台风机（曲线 2）代替原来预选的风机（曲线 1），以满足流量 q_{V2}，如图 13-3b 所示。

3）改变风机转速。改变风机转速，以改变风机特性，使曲线由曲线 1 变为曲线 2，如图 13-3c 所示。改变转速的方法很多，例如采用变速电动机、改变供电频率、改变带轮的传动比及采用水力联轴器等。

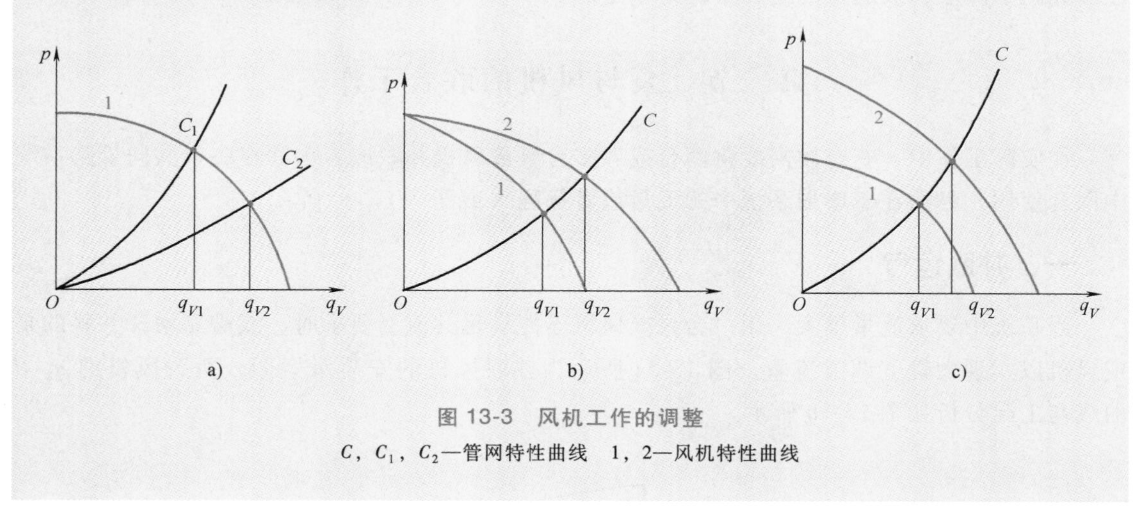

图 13-3 风机工作的调整

C，C_1，C_2—管网特性曲线 1，2—风机特性曲线

三、泵与风机稳定运行的工作条件

泵或风机能够在 D 点（图 13-1）运转，是因为 D 点表示的泵或风机输出流量刚好等于管道系统所需要的流量；同时，泵或风机所提供的压头或扬程恰好满足管路在该流量时的需要。

若泵或风机在比 D 点流量大的点处运行，此时泵或风机所提供的压头（或扬程）就小于管路的需要，流体因能量不足而减速，流量减小，工作点沿性能曲线向 D 点移动。反之，若泵或风机在比 D 点流量小的 2 点处运行，则所提供的压头（或扬程）就大于管路的需要，造成流体能量过剩而加速，于是流量增大，该工作点向 D 点靠近，可见 D 点是稳定工作点。

有些低比转数泵或风机的性能曲线呈驼峰形，如图 13-4 所示。这样的泵与风机的性能曲线有可能与管路特性曲线有两个交点，即 K 和 D。若 D 点为稳定工作点，K 点则为不稳定

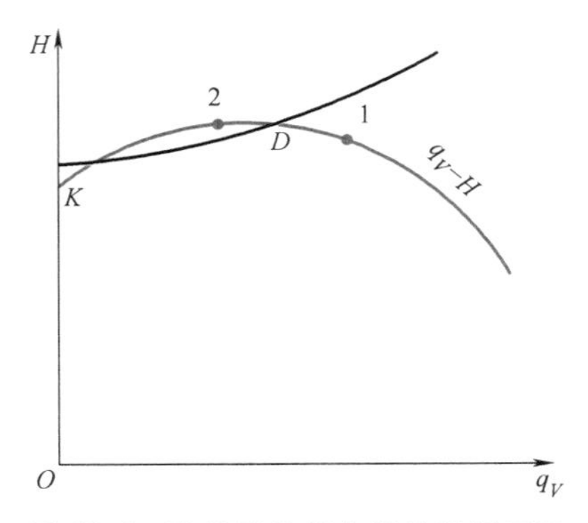

图 13-4　驼峰形性能曲线的运行工况

工作点。工作点是否稳定可以用下式判断，如果两条性能曲线在某交点的斜率存在

$$\frac{\mathrm{d}H_\mathrm{p}}{\mathrm{d}q_V}>\frac{\mathrm{d}H_\mathrm{m}}{\mathrm{d}q_V}$$

则此点为稳定工况点，反之，为不稳定工况点。

大多数泵与风机的特性都是具有平缓下降的曲线，当少数曲线有驼峰时，则工作点应选在曲线的下降段，故通常的运转工况是稳定的。

第二节　泵与风机的联合工作

在实际工作中，有时候需要将两台或者多台泵或风机并联或者串联在一个共同管路系统中联合使用，目的在于增加系统中的流量或者扬程（或压头）。

一、并联运行

当系统中要求流量很大，用一台泵或风机不能满足其流量要求时，或需靠增开并联的泵或风机以实现大幅度调节流量。图 13-5a 所示为并联风机的安装示意图，两台风机的 q_V-H 曲线与工况分析如图 13-5b 所示。

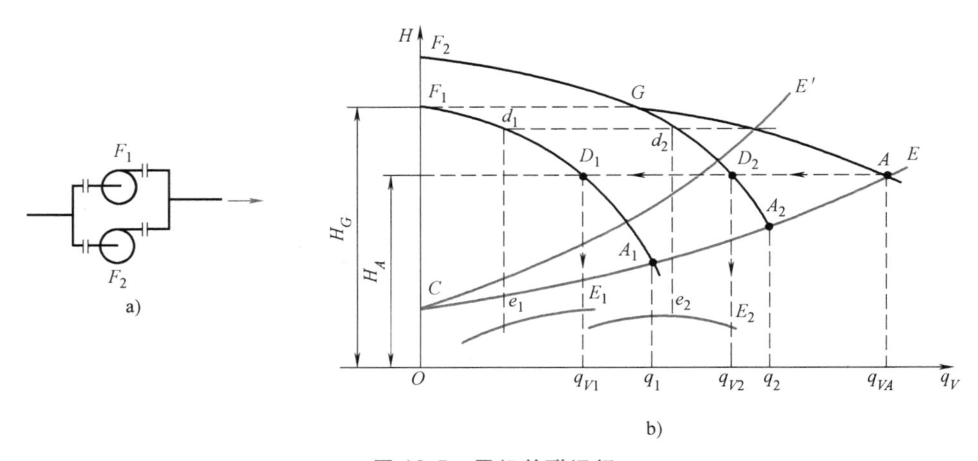

图 13-5　风机并联运行

a）并联风机的安装示意图　b）并联风机的 q_V-H 曲线与工况分析

这时，两台风机吸入口与压出口均处在相同的压头下运行，总管中的流量为两风机流量之和。于是并联泵或风机的总性能曲线，是由同一压力下的各风机流量叠加而得的。具体做法是：在性能曲线图上绘制一系列水平虚线，这就是一系列等压线，然后，在每根水平线（如 D_1-D_2 线）上，将与各单机性能曲线交点所对应的流量相加（如 $q_{V1}+q_{V2}$）便找到了两风机并联总性能曲线上的一点 A。两风机并联工作的总性能曲线，如图 13-5b 中的 GA 线，这条曲线左端终于 G 点的原因是，第一台风机所能提供的最大压头不能大于 H_G。

针对图 13-5b 进行工况分析，CE 为管路曲线，它与风机联合总性能曲线的交点 A，就是并联运行的工作点，其流量为 q_{VA}，压头为 H_A，它代表联合运行的最终效果。过点 A 做水平虚线与各风机性能曲线交于点 D_1 和 D_2，它们各自代表并联运行时每台风机所“贡献”的工况，各自所提供的流量分别是 q_{V1} 和 q_{V2}，各自所提供的压头均为 H_A。

二、串联运行

当管路性能曲线较陡，单机不能提供所需的压头时，就应串联一台，以增加压头或扬程。这时，第一台风机的出口与第二台风机的吸入口相连，如图 13-6a 所示。

两台风机串联运行时，联合性能曲线是在同一流量下将各单机的扬程或全压叠加而成的，如图 13-6b 所示。图中点 A 为串联后的工作点，点 D_1 和 D_2 是串联运行时各机的工作点，A_1 和 A_2 为不联合单开某一机的工作点。

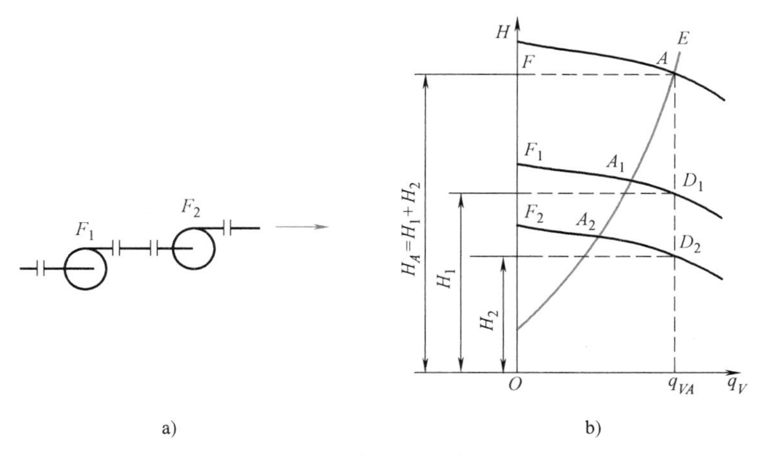

图 13-6 泵或风机的串联运行

a）安装示意图 b）工况分析

下面介绍一下两台性能曲线不同的风机串联时的特殊情况：A 和 B 是两台不同性能曲线的风机。当管路的性能曲线 1 不与 $A+B$ 联合曲线相交时（图 13-7），会发生串联后的全压或者与单台相同，或者还小于单台风机，同时风量也有所减少，功率消耗却增加的情况，如图 13-7 所示。此外，单机性能曲线分别是 A_1B_1 与 A_2B_2（图 13-8），第一台风机的最大扬程为 H_{10}，第二台为 H_{20}，管路性能曲线表示出 C 点所需扬程为 H_1，这里 $H_1>H_{10}>H_{20}$，所以任何单机单独运行都不能满足管路装置对扬程的需要，势必进行串联工作。

由此可见，只有在管路系统中流量小而阻力大的情况下，多机串联才是合理的，同时，要尽可能采用性能曲线相同的泵或者风机进行串联。

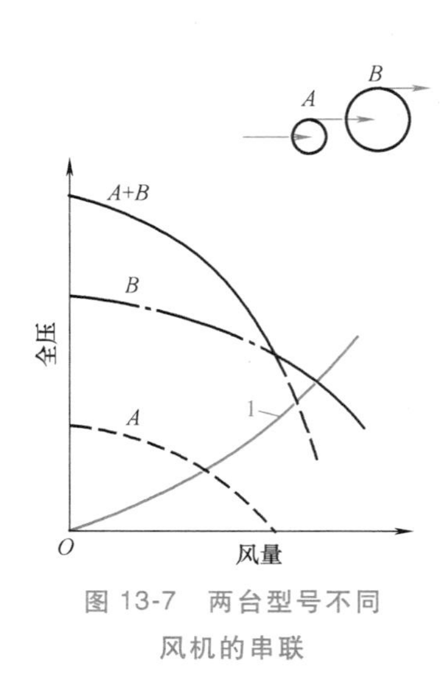

图 13-7 两台型号不同风机的串联

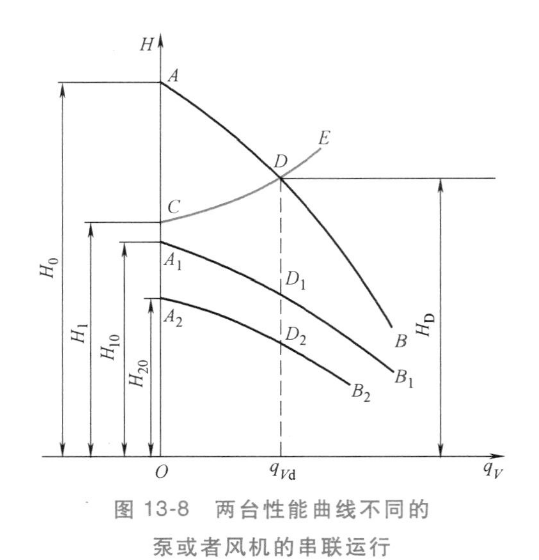

图 13-8 两台性能曲线不同的泵或者风机的串联运行

第三节 泵与风机的工况调节

在实际工作中，随着外界的需求，泵与风机都要经常进行流量调节。如前所述，泵或者风机在管网中工作，其工作点是泵或风机的性能曲线与管路的性能曲线的交点。要改变这个工作点，就应从改变泵或风机的性能曲线或者改变管路的性能曲线这两个途径着手。

一、管路性能曲线的调节方法

在泵或风机转速不变的情况下，只调节管路阀门开度（节流），人为地改变管路性能曲线。

1. 压出管上阀门节流

利用开大或者关小泵或风机压出管上的阀门开度，从而改变管路的阻抗系数 S，使管路性能曲线改变，以达到调节流量的目的。这种调节方法十分简单，故应用甚广，但因它是靠改变阀门阻力（即增、减管网阻力）来改变流量的，当流量减小时，就需额外增加阻力，故不太节能。

为了估算这一节流损失，下面分析一下阀门全开和关到某一开度时两种情况。当阀门全开时，其管路性能曲线为 H'_c(图 13-9)，设此时管路的阻抗系数为 S_1，流量 q_{V1} 最大，则管路损失最小为 $S_1q_{V1}^2$，工作点为 D。

当阀门关至某一开度时，则管路曲线由 H'_c 变为 H''_c，此时管路阻抗系数为 S_2，流量减至 q_{V2}，工作点由 D 转到 D'，阻力损失为 $S_2q_{V2}^2$，而该流量 q_{V2} 对应于管路的损失才为 $S_1q_{V2}^2$，其余部分$(S_2-S_1)\ q_{V2}^2$ 为

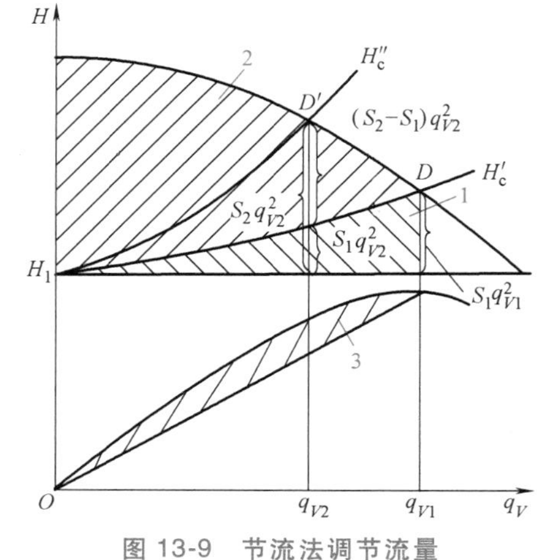

图 13-9 节流法调节流量

节流的额外压头损失。图 13-9 中 1 区为管路阻力损失部分，2 区为节流损失部分，3 区为节流所带来的泵或风机效率下降的损失部分。

2. 吸入管上阀门节流

当关小风机吸入管上阀门时，不仅使管路性能曲线由原来 OE 改变为 OE'（图 13-10），实际上也改变了风机的性能曲线，由 AB 变为 AB'。因为当吸入阀门关小时，风机入口气体的压强也降低，相应的气体密度 ρ 就变小，其风机性能曲线也发生相应的改变，于是节流后的工作点由原 D 点移至 D'点上，其节流的额外压头损失也相应减小，所以比压出端节流有利。应当注意，对于水泵，通常只能采用压出端节流，调节阀装在吸水管上，会使泵吸入口真空度增大，容易引起汽蚀。

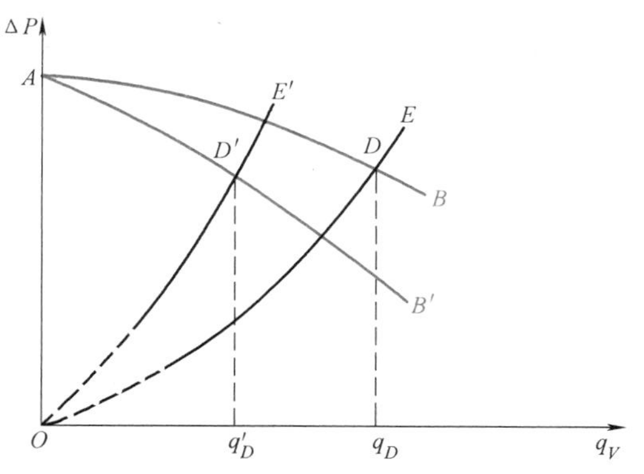

图 13-10 吸风管路中的调节阀及调节工况

除节流法外，在某些化工厂还通过吸水池液位变化来自动调节流量，这相当于管路曲线平移，使泵的运转工作点改变。

二、改变泵或风机性能曲线的调节方法

1. 改变泵或风机的转速

由相似定律可知，当改变泵或者风机转速 n 时，其效率基本不变，但流量、压头及功率都按照下式改变

$$\frac{q_{Vn}}{q_{Vm}}=\sqrt{\frac{H_n}{H_m}}=\sqrt{\frac{P_n}{P_m}}=\frac{n_n}{n_m}$$

按照上式可将泵或风机在某一转速下的性能曲线换算成另一转速下的新的性能曲线，它与不变的管路性能曲线 CE 的交点即工作点由 A 点变至 D 点，则泵或风机的流量由 q_{VA} 变至 q_{VD}，如图 13-11 所示。采用变速法时，应验算泵或风机是否超过最高允许转速和电动机是否过载。

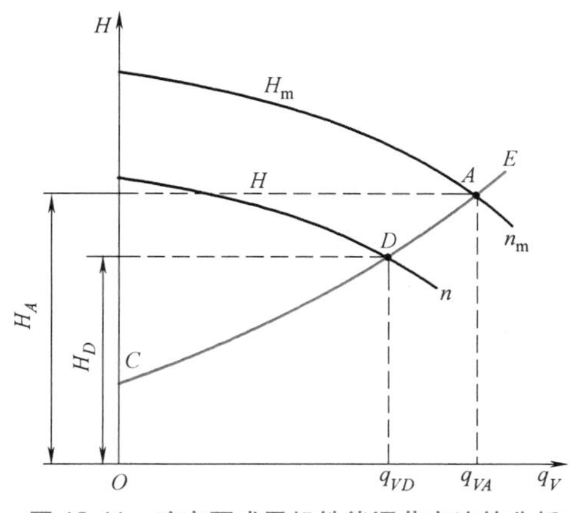

图 13-11 改变泵或风机性能调节方法的分析

（1）改变电动机转速　由电工学知识，异步电动机的理论转速 n（r/min）为

$$n=\frac{60f}{P}(1-s)$$

式中，f 为交流电频率（Hz），在我国取 $f=50\text{Hz}$；P 为电动机磁极对数；s 为电动机转差率，通常异步电动机在 0~0.1 之间。

从上式看出，改变转速可从改变 P 或者 f 着手，因而产生了如下常用的电动机调速法：

1）采用可变磁极对（数）的双速电动机。此种电动机有两种磁极数，通过变速电气开关，可方便地进行改变极数运行，它的调速范围目前只有两级，故调速是跳跃式的（即从 3000r/min 调至 1500r/min，从 1500r/min 调至 1000r/min，或从 1000r/min 调至 750r/min）。

2）变频调速。变频调速是通过均匀地改变电动机定子供电频率 f 达到平滑地改变电动机的同步转速的。只要在电动机的供电线路上跨接变频调速器即可按用户所需的某一控制参量（如流量、压力或温度等）的变化自动地调整频率及定子供电电压，实现电动机无级调速。不仅如此，还可以通过逐渐上升频率和电压，使电动机转速逐渐升高（电动机的这种起动方式称软起动），当泵或风机达到设计的流量或者压力时就自动地以稳定的转速旋转。

（2）其他变速调节方法　有调换带轮变速、齿轮箱变速及水力耦合器变速等。

泵或风机变转速调节方法，不仅调节范围宽，而且并不产生其他调节方法所带来的附加能量损失，是一种经济性最佳的方法。

2. 改变风机进口导流叶片角度

在风机进口处装导流器（又称前导叶或静导叶）和动叶调节阀，它有轴向和径向两种。当改变导流叶片角度时，能使风机本身的性能曲线改变。这是由于导流叶片使气流预旋转改变了进入叶轮的气流方向所致。

导流器结构简单、使用方便，其调节效率不但比改变转速差要高，还比单纯改变管路性能曲线要高，是风机常用的调节方法。目前导流器已有标准图，有些风机出厂的时候就附有此阀，有时则由设计者按风机入口的直径选装。

3. 切削水泵叶轮调节其性能曲线

切削水泵叶轮是调节离心泵的一种独特的方法。叶轮直径切小后，叶轮出口处参数的变化对泵性能的影响可由前述公式（10-8）看出，当 D_2 减小时如转速不变，u_2 要减小，使性能曲线下降，以达到调节流量的目的，如图 13-12 所示。

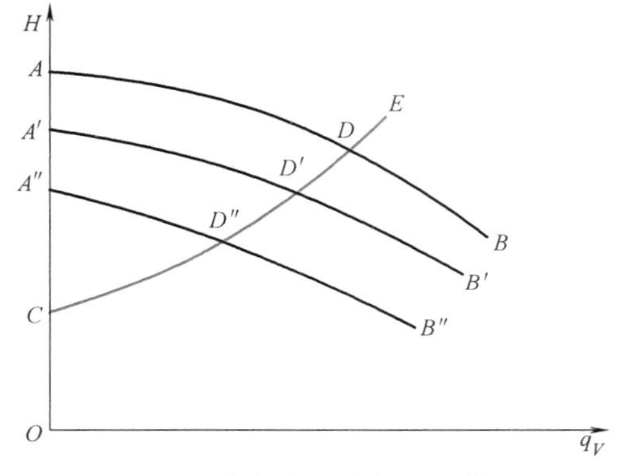

图 13-12　车削水泵叶轮的调节方法

叶轮切小后，与原叶轮并不相似了。因为叶轮直径与叶轮宽度之比及出口安放角 β_2 都发生了改变，所以前述的相似叶轮关系只能近似采用。

通常水泵厂对同一型号的泵除提供标准叶轮外，还提供两三种不同直径的叶轮供用户选用。例如 2BA-6 型泵的标准轮径为 162mm，第一次切削后轮径为 148mm（称为 2BA-6A 型），第二次切削后轮径为 132mm（称为 2BA-6B 型），性能曲线分别如图 13-12 中的 AB、$A'B'$、$A''B''$所示。当切削量太大时，则泵的效率明显下降。通常叶轮的切削量与其比转数 n_s 有关，具体见表 13-1。

表 13-1　叶轮的切削量与比转数 n_s 的关系

n_s	60	120	200	300	350
$\frac{D_0-D_2}{D_2}$	0.2	0.15	0.11	0.09	0.01

4. 改变叶片宽度和角度的调节方法

改变叶片角度的调节方法，可以在轴流式泵或风机上采用；改变叶片宽度的调节方法，

在国外变风量风机上有所采用。在风机入口处插一个可以沿轴向滑动的套管，如图 13-13 所示，调节此套管插入叶轮的深度，就能起到调节叶片宽度的效果，从而改变了风机性能曲线。

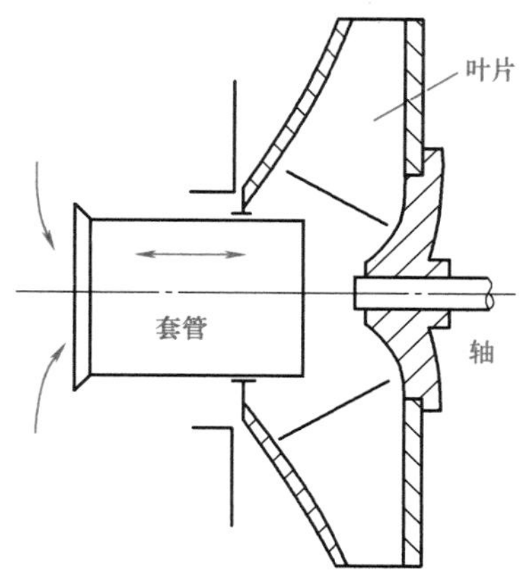

图 13-13 调节叶片宽度的方法

三、泵与风机的起动

泵或风机的起动，对原动机而言属于轻载荷起动。因为在中、小装置中，机组起动并无多大问题。但对大型机组的起动，则因机组惯性大，阻力矩大，会引起很大的冲击电流，影响电网的正常工作和运行，必须对起动予以足够的重视。

当转速不变时，离心式泵或风机的轴功率 P 随流量 q_V 的增加而增大；对轴流式泵或风机，轴功率 P 随流量 q_V 的增加而减小；而混流式泵则介于两者之间。所以离心式泵或风机在 $q_V=0$ 时 P 最小，故应关闭阀门起动；轴流泵或风机在 $q_V=0$ 时 P 最大，故应打开阀门起动。

据统计，在关闭阀门时，泵或风机的功率 $P_{q=0}$ 的变化范围如下：

1）离心式泵或风机，$P_{q=0}=(30\%\sim90\%)P$。

2）混流泵，$P_{q=0}=(100\%\sim130\%)P$。

3）轴流式泵或风机，$P_{q=0}=(140\%\sim200\%)P$。

第四节 泵与风机的选型

一、选型原则

泵与风机选型时，应根据实际的工作条件，通过分析和计算，在已经和可以生产的系列产品中选出符合设计参数、安全可靠、经济性高、结构和安装都较合理的设备。选型的主要内容是确定泵或风机的结构形式、台数、规格、转速以及与之配套的原动机功率等。

选型时应具体考虑以下几个原则：

1）所选的泵或风机应满足运行中所需要的最大流量和最大压头，从而不至于使主要设备的出力受到限制。同时，要使选择的泵或风机正常运行的工况点尽可能靠近它的设计工况点，从而使其能长期地在高效区运行，以提高设备长期运行的经济性。

2）选择结构简单、体积小、占地面积少、重量轻的泵或风机。在允许的条件下，应尽量选择较高的转速。

3）运行时安全可靠，对水泵来说还应考虑其抗汽蚀性能。保证运转的稳定性，尽量使泵或风机的性能曲线保持非驼峰形状或在驼峰右边的稳定工况区运行。

4）对于有特殊要求的泵或风机，除以上要求外，还应尽可能地满足一些其他要求，如安装地理位置受限制时应考虑体积要小、进出口管路要能配合等。

常用各类水泵与风机的性能及适用范围见表 13-2 与表 13-3。

表 13-2　常用水泵的性能及适用范围（示例）

型　号	名　　称	扬程/m	流量/(m^3/h)	电动机功率/kW	介质最高温度/℃	适 用 范 围
BG	管道泵	8~30	6~50	0.37~7.5		输送清水或者理化性质类似的液体,装于水管上
NG	管道泵	2~15	6~27	0.20~1.3	95~150	输送清水或者理化性质类似的液体,装于水管上
SG	管道泵	10~100	1.8~400	0.50~26		有耐腐蚀型、防爆型、热水型,装于水管上
XA	离心式清水泵	25~96	10~430	1.50~10	105	输送清水或者理化性质类似的液体
IS	离心式清水泵	5~25	6~400	0.55~110		输送清水或者理化性质类似的液体
BA	离心式清水泵	8~98	4.5~360	1.5~55	80	输送清水或者理化性质类似的液体
BL	直联式离心泵	8.8~62	4.5~120	1.5~18.5	60	输送清水或者理化性质类似的液体
Sh	双吸离心泵	9~140	126~12500	22~1150	80	输送清水,也可作为热电站循环泵
D.DG	多级分段泵	12~1528	12~700	2.2~2500	80	输送清水或者理化性质类似的液体
GC	锅炉给水泵	46~576	6~55	3~185	110	小型锅炉给水
N.NL	冷凝泵	54~140	10~510		80	输送发电厂冷凝水
J.SD	深井泵	24~120	35~204	10~100		提取深井水
4PA-6	氨水泵	86~301	30	22~75		输送质量分数为 20% 的氨水,吸收式冷冻设备主机

表 13-3　常用风机的性能及适用范围（示例）

型　号	名　　称	全压/Pa	风量/(km^3/h)	电动机功率/kW	介质最高温度/℃	适 用 范 围
4-68	离心式通风机	170~3370	0.565~79.0	0.55~50	80	一般厂房通风换气、空调
4-72-11	塑料离心式风机	200~1410	0.991~55.7	1.10~30	60	防腐防爆厂房通风排气
4-72-11	离心式通风机	200~3240	0.991~257.5	1.1~210	80	一般厂房通风换气
4-79	离心式通风机	180~3400	0.99~17.72	0.75~15	80	一般厂房通风换气
7-40-11	排尘离心式通风机	500~3230	1.31~20.8	1.0~40		输送含尘量较大的空气
9-35	锅炉通风机	800~6000	2.4~150	2.8~570		锅炉送风助燃
Y4-70-11	锅炉引风机	670~1410	2.43~14.36	3.0~75	250	用于 1~4t/h 的燃气锅炉
Y9-36	锅炉引风机	550~4540	4.43~473	4.5~1050	200	锅炉烟道排气
G4-73-11	锅炉离心式通风机	590~7000	15.9~680	10~1250	80	用于 2~670t/h 蒸汽锅炉或者矿井通风
30K4-11	轴流通风机	26~516	0.55~49.5	0.09~10	45	一般工厂、车间办公室换气

二、泵的选型方法

1. 利用泵性能来选择泵

适用于在泵结构形式已定的情况下选择单台泵。选型步骤：

1）确定计算流量和计算扬程

$$q_V=(1.05\sim1.10)q_{V\max},\quad H=(1.10\sim1.15)H_{\max}$$

2）在已定的泵系列中查找某一型号的泵时，要使计算流量、计算扬程与泵性能表列出的有代表性的流量、扬程一致。或者虽不一致，但在上、下两行工作范围内，如果有两种以上型号的泵都能满足计算流量和计算扬程，通常选择比转数 n_s 较高、效率较高、结构尺寸小、重量轻的泵。若在某一形式的性能表中，未能选到合适的型号，则应另行选择或者选择与计算值相接近的泵，通过变径改造或变速等措施，以改变泵的性能参数使之符合运行要求。

3）在选定了泵的型号后，要检查泵在系统中运行时的工作情况，检测在流量、扬程变化范围内，泵是否处在最高效率区附近工作。若运行工况点偏离最高效率区，则说明泵在系统中的工作经济性较差，最好另外选型。

2. 利用泵综合性能图选择泵

泵综合性能图是将型号不同的所有泵的性能曲线的合理工作范围（四边形）表示在一个图上。这个四边形是由叶轮切割与不切割的 q_V-H 曲线和与设计点效率相差不大于7%的等效率曲线所组成的，如图13-14所示。

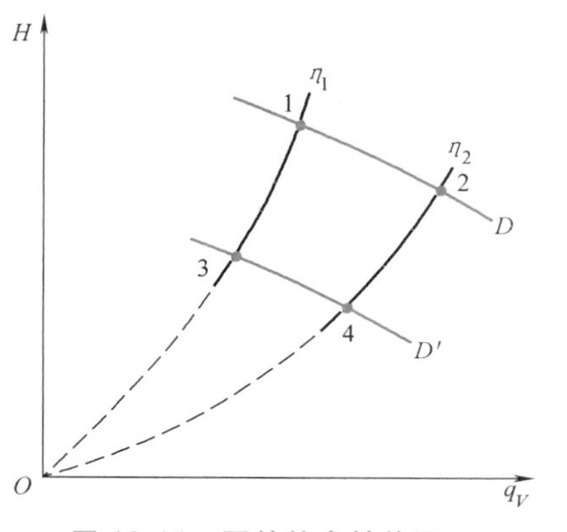

图13-14　泵的综合性能图

曲线1-2表示叶轮未切割时的 q_V-H 曲线；曲线3-4表示叶轮在允许切割范围内切割后的 q_V-H 曲线；曲线1-3和2-4均是等效率曲线，它的数值一般规定与泵设计点效率相差不超过7%。

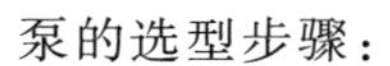

泵的选型步骤：

1）确定计算流量 q_V 和计算扬程 H。

2）选定设备的转速 n，算出比转数 n_s。

3）根据 n_s 的大小，确定所选泵的类型。

4）根据所选的类型，在该型的泵的综合性能图上选取最合适的型号，确定转速、功率、效率和工作范围。

5）从泵样本中查出该台泵的性能曲线，根据泵在系统中的运行方式（单台、并联或串联运行），绘制出运行方式的工况曲线。

6）根据泵的管路特性曲线和运行方式的工况曲线，确定该泵在系统中的工况点。如果变化的幅度不太大，则选择就到此为止。否则应重复上述步骤，另选其他型号的泵，直到满意为止。

三、风机的选型方法

1. 按风机类型、性能曲线选择风机

这种方法简单方便，但不能保证所选风机在系统中的最佳工况，其步骤是：

1）根据运行需要决定计算流量 q 和计算风压 p

$$q_V=(1.05\sim1.10)q_{V\max},\quad p=(1.10\sim1.15)p_{\max}$$

2）根据风机用途，如引风机，在常用的引风机性能表中查出合适的型号（含叶轮直径）、转速和电动机功率，这样就能确定所选择的风机。

2. 利用风机的选择曲线图来选择风机

这是最常用的一种方法。风机的选择曲线图是以对数坐标表示的，它把几何相似但叶轮

直径 D_2 不同的风机的风压、风量、转速和功率绘制在一幅图上。风机的工作范围一般规定为设计点最高效率的90%以上的一区段。图中包含了三组等值线，即等 D_2 线、等 n 线和等 p 线。由于采用了对数坐标，这三组等值线均是直线。等 D_2 线和等 n 线通过每条性能曲线中效率最高的点，而等 p 线则不一定通过最高效率设计点。等 D_2 线所通过的几条性能曲线，表示同一机号（即 D_2）不同转速下的性能曲线。对图上任意一条性能曲线来说，其线上各点的转速、叶轮直径都是相同的，可以通过效率最高点的等 D_2 线和等 n 线查出叶轮直径和转速。等 p 线表示线上各点功率相等，但性能曲线上每一点的功率都不相等，可以查出它所在处的功率，经过密度换算，得出实际工作状况下的功率。

风机的选型步骤：

1）按 $q_V=(1.05\sim1.10)q_{V\max}$ 和 $p=(1.10\sim1.15)p_{\max}$ 确定计算流量和计算风压。如果输送的介质参数与常态状况不符合，则应进行换算。

2）从安全经济的原则出发，确定合理运行方式和设备的台数。如果选定两台或多台设备并联运行，则应将计算流量除以设备台数，但计算风压保持不变。要考虑在管道阻力一定的情况下，并联后的总流量比各台单独运行的流量之和有所减小；如果选定为两台或者多台以上的设备串联运行，则应使计算流量 q_V 保持不变，而将计算风压除以设备的台数。也应该考虑串联后总风压有所减少。从而决定单台设备所需要的选择参数。

3）由已定的选择参数，在风机的选择曲线上作相应坐标轴的垂线，通过其交点即可知所选风机的型号、转速和功率。当交点不是落在风机的性能曲线上时，如图13-15中的1点，通常是在满足风量的条件下由垂直线往上找，找出最接近的一条性能曲线上的2点和3点，并由2点和3点所在的性能曲线分别查出最高效率时所选用风机的型号（叶轮直径 D_2）、转速和功率再用插入法经密度换算，求出该机型号在需要参数状态下的功率。然后考虑一定的余量来选定电动机。电动机的安全因数，通风机采用1.15，引风机采用1.30，排尘风机采用1.20。

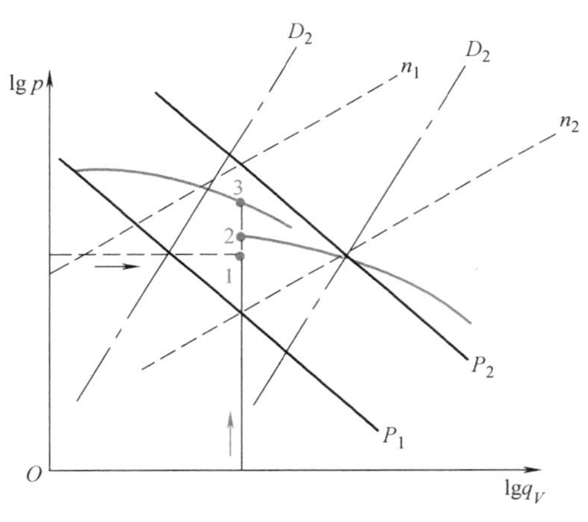

图13-15 风机选择曲线的使用

根据上面2、3两点可选得两台风机，经过权衡分析，并核查运行工况点是否处在高效区，一般选取转速较高、叶轮直径较小、运行经济（风机在流量减小时，可较长时期保持高效率）的第3点为所选定的风机。

3. 利用风机的无量纲性能曲线选择风机

风机的无量纲性能曲线是叶轮外径和转速不同，但几何形状和性能完全相似的同一类风机的特性曲线。其选择步骤为：

1）根据实际需要，选择几种可用的风机形式，由所选类型的设计点效率 η（一般为 $\eta_{\max}$）查出各类型的流量系数 $\bar{q}_V$ 和压力系数 $\bar{p}$。由公式

$$q_V=\frac{\pi}{4}D_2^2u_2\bar{q}_V \quad 和 \quad p=\rho u_2^2\bar{p}$$

联立可得选型用的风机的外径 D_2 为

$$D_2=\sqrt[4]{\frac{16\rho q_V^2\overline{p}}{\pi^2 p\overline{q}_V^2}}=1.131\sqrt[4]{\frac{\rho q_V^2\overline{p}}{p\overline{q}_V^2}}$$

式中，q_V 为风机的计算风量（m^3/s）；p 为风机的计算全压（Pa）；ρ 为流体密度，对于常态状况下的空气 $\rho=1.2kg/m^3$。

2）由选用的 D_2，并根据下列公式

$$n=\frac{60}{\pi D_2}\sqrt{\frac{p}{\rho\overline{p}}}$$

求得所需的转速 n（r/min）。选取与算出的 n 值相接近的电动机转速。

3）由上面选用的 D_2 和 n，算出需要的 $\overline{q}_V'$和 $\overline{p}'$。

4）由 $\overline{q}_V'$和 $\overline{p}'$查所选类型的无量纲性能曲线图，如果由 $\overline{q}_V'$和 $\overline{p}'$确定的点落在 $\overline{p}'$-$\overline{q}_V'$曲线下面且紧靠曲线，即认为合适。否则，应加大叶轮外径 D_2 或转速 n 进行重选。

5）根据 $\overline{q}_V'$和 $\overline{p}'$查无因次 η-$\overline{q}_V'$曲线得 η，并利用公式 $P=pq_V/1000\eta$ 或者直接查 P-$\overline{q}_V'$曲线后算出轴功率 P。考虑电动机选用的余量系数，选用标准的电动机。

例 13-2　已知流量 $q_{V\max}=1200m^3/h$，管路系统中总损失水头 $\sum h_w=40m$，吸水池液面到压水池液面的几何高度 $H=70m$，泵由电动机直接驱动，输送的介质为常温水，试选择一台水泵。

解： 泵的扬程

$$H_{\max}=H+\sum h_w=70m+40m=110m$$

泵的计算流量

$$q_V=1.05q_{V\max}=1.05\times1200m^3/h=1260m^3/h$$

泵的计算扬程

$$H=1.1H_{\max}=1.1\times110m=121m$$

由于泵的流量要求较大，扬程中等，决定采用双吸单级离心清水泵。由泵手册查得，14Sh-6 型泵可以满足要求。该泵具体参数如下：$q_V=1250m^3/h$、$H=125m$、$n=1470r/min$、$\eta=78\%$、原动机功率 $P=680kW$、叶轮外径 $D_2=655mm$、$H_s=3.5m$。

习　题

13-1　简述离心式泵在管路中稳定运行的工作条件。

13-2　简述泵的选型原则与选型方法。

第十四章 其他常用泵与压缩机

第一节 其他常用泵

一、往复式泵

往复式泵是最早发明的提升液体的机械，往复式泵具有在压头剧烈变化时仍能维持几乎不变的流量的特点，特别适合于小流量、高扬程的情况下输送黏性较大的液体，例如机械装置中的润滑设备和水压机等。

往复式泵属于容积泵，主要结构包括泵缸、活塞或柱塞、连杆、吸水阀和压水阀等。图 14-1 所示为双作用活塞往复式泵的工作原理图。当活塞 1 与连杆 2 受原动机驱动做往复运动时，左右两工作室 3 的容积交替发生变化。左工作室容积受压缩时，其中液体推开压水阀 6 被排向排水管 7。与此同时，右工作室膨胀而形成真空，于是打开右吸水阀 5 从进水管 4 吸水。然后，活塞向右运动，两工作室交替进行上述相似的工作，完成吸水、排水的输水过程。

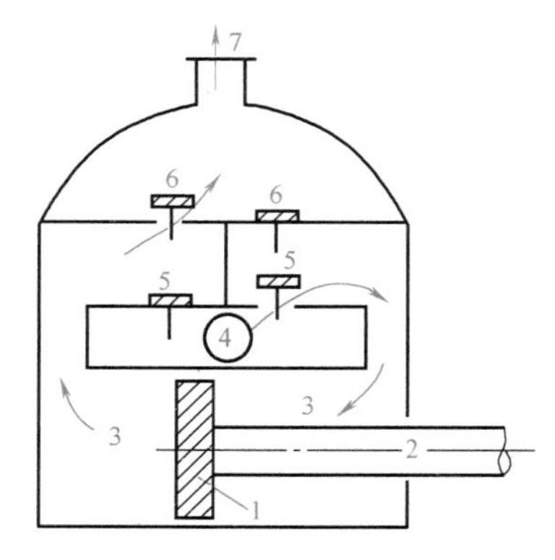

图 14-1 双作用活塞往复式泵的工作原理图

1—活塞 2—连杆 3—泵缸或工作室 4—进水管 5—吸水阀 6—压水阀 7—排水管

活塞往复式泵的理论流量 q_{VT} 与活塞面积 A、活塞行程 S 及活塞在单位时间内往复次数 n 有关。双作用泵的理论流量是单位作用泵的两倍。单作用往复式泵的理论流量可按下式计算，即

$$q_{VT}=ASn$$

往复式泵的吸入性能应该考虑流量实际上的非恒定性带来的附加损失，所以它的允许几何安装高度较离心泵低。

往复式泵的实际流量由于液体的漏损和吸水阀与压水阀动作的滞后而有所减小，通常由容积效率 η_V 乘以理论流量得出。η_V 的值为 85%~99%。

从理论上说，往复式泵的扬程与流量有关，也就是说，这种泵理论上可以达到任意的扬程，它的 q_{VT}-H_T 曲线实际上是一条垂直于横坐标 q_V 轴的直线（图 14-2 中的虚线）。实际上由于受泵的部件机械强度和原动机功率的限制，泵的扬程不可能无限增大。同时，在较高的增压下，漏损会增大，以致实际 q_V-H 曲线向左略有偏移。应当指出，往复式泵的流量是不均匀的，因为活塞在一个行程中的运动速度总是从零到最大再减小到零，然后重复，如此往

复循环。在图 14-2 中，q_V-H 曲线是按平均流量绘制的。

往复式泵在一定往复次数工作时，理论流量 $q_{VT}=ASn$ 为定值，理论轴功率 $P_T=\rho g q_{VT} H_T$，H_T 只与 P_T 有关，故 H_T-P_T 曲线是一条通过原点的直线。实际的 H-P 曲线因高压水头下流量有所减小而稍微向下弯曲，如图 14-2 中所示。注意：该图中，功率 P 和效率 η 尺度都标注在横坐标轴上。

效率曲线一般随扬程的增加而下降。当扬程很小时，有效功率很小而机械损失基本未变，效率下降很快，扬程-效率（H-η）曲线如图 14-2 所示。

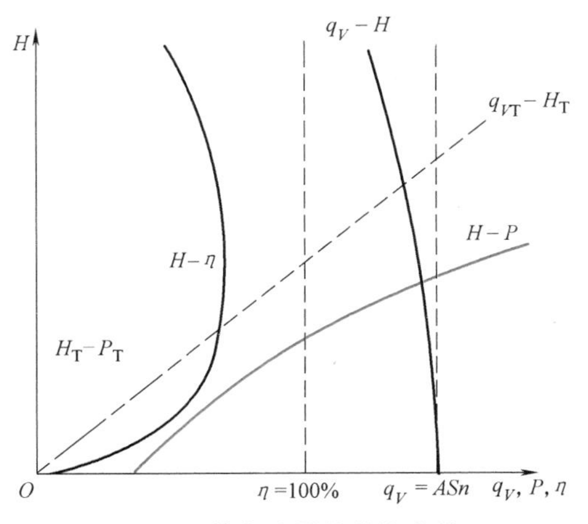

图 14-2　往复式泵的性能曲线

二、真空泵

真空式气力输送系统中，要利用真空泵在管路中保持一定的真空度。有吸升式吸入管段的大型泵装置中，在起动时也常用真空泵抽气充水。常用的真空泵是水环式真空泵。

水环式真空泵实际上是一种压气机，它抽取容器中的气体并加压到高于大气压，从而能够克服排气阻力将气体排入大气。

水环式真空泵结构示意图如图 14-3 所示。有 12 个叶片的叶轮 1 偏心地装在圆柱形泵壳 2 内，泵内注射有一定量的水。叶轮旋转时，将水甩至泵壳内形成一个水环，水环的内表面与叶轮轮毂相切。由于泵壳与叶轮不同心，右半轮毂与水环间的进气空间 4 逐渐扩大，从而形成真空，使气体经进气管 3 进入泵内进气空间 4。随着气体进入左半部，毂环之间的容积被逐渐压缩，从而增大了压强，于是气体经排气空间 5 及排气管 6 被排至泵外。

真空泵在工作时应不断补充水，用来保证形成水环和带走摩擦引起的热量。

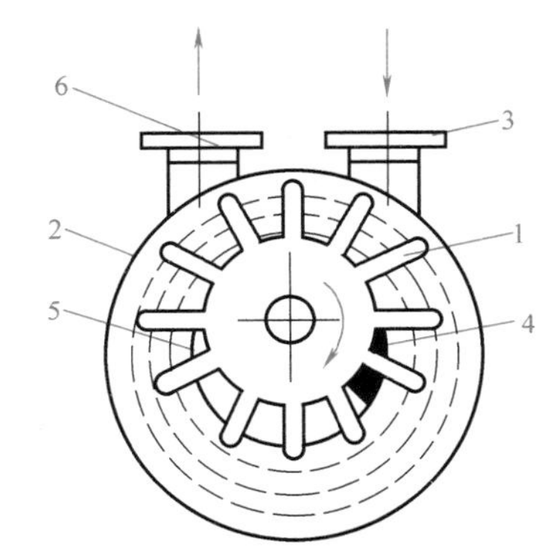

图 14-3　水环式真空泵结构示意图

1—叶轮　2—泵壳　3—进气管　4—进气空间　5—排气空间　6—排气管

三、潜水电泵

潜水电泵是由泵和电动机组装成一体的抽水设备，是近年来应用较广的一种水泵。潜水电泵是机泵合一式结构，所以结构紧凑、重量轻、易于搬动、噪声低。因能潜入水面以下工作，故一般不必修建泵房。

潜水电泵机组一般由潜水电动机、水泵和扬水管三部分组成，如图 14-4 所示。水泵部分多用离心式结构，也有用轴流式泵、混流式泵及潜水电动机组合成的。因此，水泵部分是按照一般的水泵原理工作和设计的。根据叶轮的数目，潜水电泵也有单级和多级之分。

水泵和电动机直接连在一起，其电源设在地面上，通过附在扬水管上的防水电缆连接水下的电动机，潜水电泵起动时不需抽气充水。

潜水电泵的总扬程 H 按图 14-4 得到，即

$$H = H_0 + \sum h_w$$

式中，H_0 是实际扬程或几何扬程，是从井内动水位至扬水管出口间的垂直高度；$\sum h_w$ 是扬水水力损失，按照流体力学中的有关公式计算。

这里要注意的是，潜水电泵的总扬程应以井筒内的动水位为基准进行计算。

潜水电泵的类型主要依据电动机的特点加以区分。一般分为四种：干式潜水电泵、半干式潜水电泵、充油式潜水电泵、充水湿式潜水电泵。

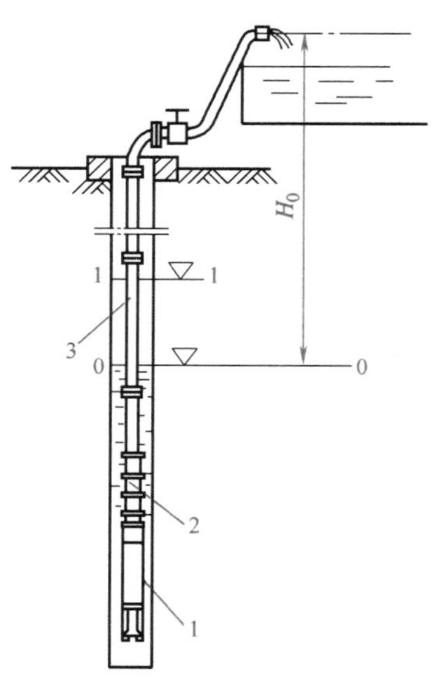

图 14-4 潜水电泵机组

1—潜水电动机 2—水泵
3—扬水管 0—0—动水位
1—1—静水位

四、旋涡泵

旋涡泵在性能上的特点是小流量、高扬程和低效率，但是有只需在第一次运转前充液的自吸优点。目前，旋涡泵大都用于小型锅炉给水和输送无腐蚀性、无固体杂质的液体。

旋涡泵的叶轮如图 14-5a 所示。叶轮圆盘外周两侧加工成许多凹槽，凹槽之间铣成叶片。泵壳的吸入口与排出口之间设有隔离壁 1，隔离壁与叶轮间的缝隙很小，这就使泵内分隔为吸水腔 2 与压水腔 3，如图 14-5b 所示。吸水腔与压水腔外侧，绕叶轮周边有不大的混合室，如图 14-5c 所示。

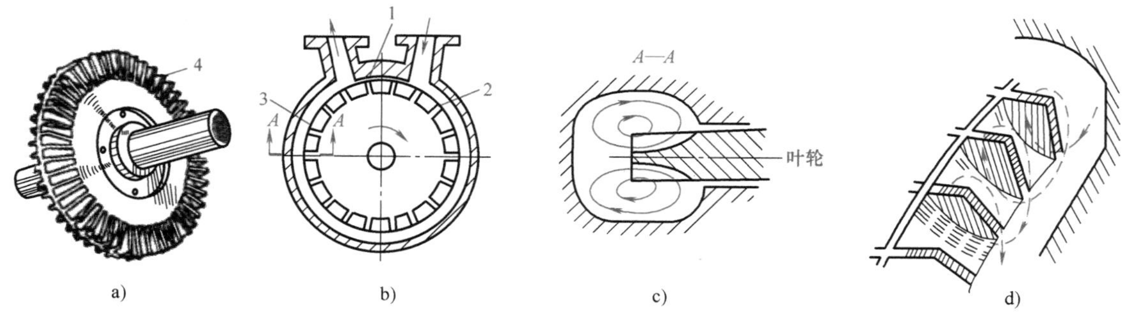

图 14-5 旋涡泵的结构与工作原理

a）叶轮 b）泵内结构示意图 c）混合室 d）液体在泵内的流动情况
1—隔离壁 2—吸水腔 3—压水腔 4—叶片

叶轮旋转时带动来自吸入口的液体前进，同时液体在叶片间的流道内借助离心力加压后到达混合室，在混合室内部分地转换为压力能，然后又被叶轮带动向前重新进入叶片流道内加压。所以流体可以看作受多级离心式泵的作用被多次增压，直到从压水腔的末端引向排出口。液体在泵内的流动情况如图 14-5d 所示。

国产的 W 系列旋涡泵可以输送−20～80℃的液体，流量范围为 0.36～16.9m^3/h，扬程最高可达 132m。

第二节　压　缩　机

一、活塞式压缩机

在活塞式压缩机中，气体是依靠在气缸内做往复运动的活塞进行加压的。单级单作用活塞式压缩机如图 14-6 所示。当活塞 2 向右移动，气缸 1 中的活塞左端的压强略低于低压气体管道内的压强 p_1 时，吸气阀 7 被打开，空气在 p_1 的作用下进入气缸 1 内，这个过程称为吸气过程；当活塞返回时，吸入的气体在气缸内被活塞挤压，这个过程称为压缩过程；当气缸内的空气被压缩到压强略高于高压气体管内压强 p_2 后，排气阀 8 被打开，被压缩的气体排入高压气体管道内，这个过程称为排气过程。至此，已经完成了一个工作循环。

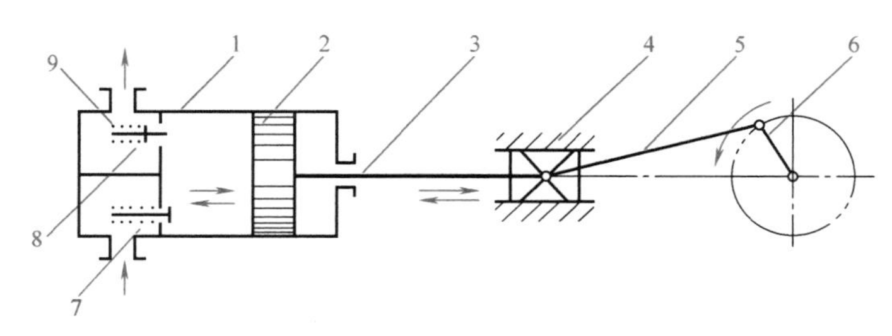

图 14-6　单级单作用活塞式压缩机工作原理图

1—气缸　2—活塞　3—活塞杆　4—十字头　5—连杆　6—曲柄
7—吸气阀　8—排气阀　9—弹簧

压缩机的排气量通常是指单位时间内压缩机最后一级排出的气体量换算到第一级进口状态时的气体体积值，常用单位为 m^3/min 或 m^3/h。

压缩机的理论排气量：

对单作用式压缩机

$$q_{VT}=ASn$$

对双作用式压缩机

$$q_{VT}=(2A-A_f)Sn$$

压缩机的实际排气量

$$q_V=\lambda_0 q_{VT}$$

式中，A_f 为一级活塞杆面积（m^2）；q_V 为压缩机实际排气量（m^3/min）；λ_0 为排气系数；其余符号与往复式泵相同。

二、滑片式压缩机

滑片式压缩机是由气缸部件、壳体和冷却器等主要部件组成的，如图 14-7 所示，气缸主要部件由气缸、转子和滑片等组成。气缸呈圆筒形，上面开有进、排气孔口。转子偏心安置在气缸内，在转子上开有若干径向的滑槽，内置滑片。当通过联轴器和电动

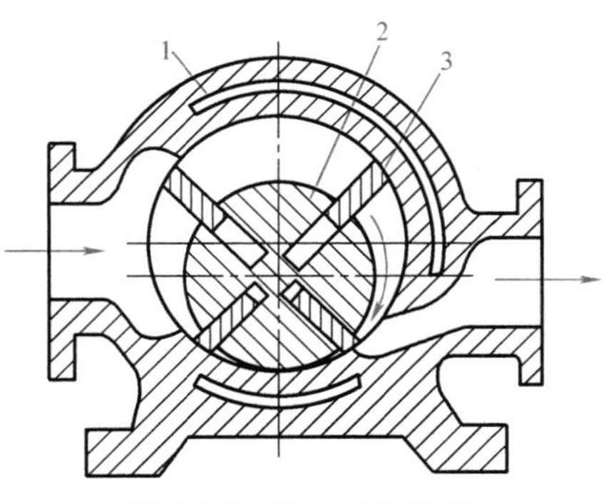

图 14-7　滑片式压缩机

1—气缸　2—转子　3—滑片

机轴直联的转子轴旋转时，滑片在离心力的作用下，紧压在气缸的内壁上。气缸、转子、滑片及前、后气缸盖组成了若干封闭小室，依靠这些小室容积的周期性变化，完成压缩机几个基本工作过程：吸气、压缩、排气和可能发生的膨胀。

滑片式压缩机的理论排气量可用下式确定，即

$$q_{VT}=2ml\pi Dn$$

式中，q_{VT} 为压缩机的理论排气量（m^3/min）；m 为偏心距（m）；l 为气缸长度（m）；D 为气缸直径（m）；n 为转速（r/min）。

滑片式压缩机的实际排气量为

$$q_V=\lambda_1\lambda_2 q_{VT}$$

式中，q_V 为压缩机的实际排气量（m^3/min）；λ_1 为考虑漏气的修正系数；λ_2 为考虑滑片占用容积的系数。

通常，取偏心距 $m=(0.05\sim0.1)D$，气缸长度 $l=(1.5\sim2.0)D$，滑片数 $z=8\sim24$，滑片厚度 $\delta=1\sim3$mm。

这种压缩机有单级压缩和二级压缩，通常压力不高，流量较小，可作为中、低压压缩机。

三、罗茨回转式压缩机

罗茨回转式压缩机一般习惯性称为罗茨式鼓风机，它是利用一对反向旋转的转子来输送气体的设备，其工作情况如图 14-8 所示。

在椭圆形机壳内，有两个铸铁或铸钢的转子，装在两个相互平行的轴上，在轴段装有两个大小及样式完全相同的齿轮配合传动，由于传动齿轮做相反的旋转而带动两个转子也做相反方向的转动。两转子相互之间有一极小的间隙，使转子能自由地运转，而又不引起气体过多的泄漏。左边转子做逆时针方向旋转，则右边的转子做顺时针方向旋转，气体由上边吸入，从下部排出，如图 14-8 所示。利用下面压力较高的气体抵消一部分转子与轴的重力，使轴承承受的压力减小，因此也能相应地减小磨损。

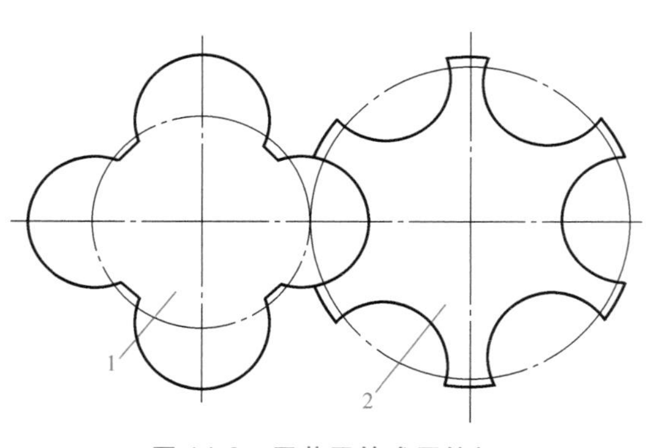

图 14-8　罗茨回转式压缩机

1—机壳　2—转子

罗茨式压缩机每旋转一周的理论排气量为压缩室容积的四倍，而每一个压缩室的截面积略等于转子横截面面积的一半。故压缩机每转一周的排气量近似等于以转子长径为直径的圆周长与转子厚度的乘积。因此排气量为

$$q_V=\lambda_V n\pi R^2 B$$

式中，q_V 为排气量（m^3/min）；n 为转速（r/min）；R 为转子长半径（m）；B 为转子的厚度（m）；λ_V 为容积系数，一般取 0.7~0.8。

罗茨回转式压缩机的转速一般是随着尺寸的加大而减小。小型压缩机的转速可达 1450r/min，大型压缩机的转速通常不大于 960r/min。转子的厚度 B 通常等于转子长径。

罗茨回转式压缩机的优点是，当转速一定而出口压力稍有波动时，排气量不变，转速和排气量之间保持恒正比的关系，没有气阀及曲轴等装置，重量较轻，应用方便。缺点是当压缩机有磨损时，对效率有较大的影响。若排出的气体受到阻碍，则压力逐渐升高。为了保护压缩机不受损坏，在出气管上必须安装安全阀。

四、螺杆式压缩机

螺杆式压缩机的气缸呈“8”字形，内装两个转子——阳转子（或称阳螺杆）和阴转子（或称阴螺杆）。

螺杆式压缩机的转子采用对称型线或者非对称型线，国内多用钝齿双边对称圆弧型线为转子的端面型线，如图 14-9 所示。阳转子有四个凸而宽的齿，为左旋向。阴转子有六个凹而窄的齿，为右旋向。阳转子和阴转子的转速比为 1.5∶1。压缩机外壳的两端，设有进气口和排气口，它们分别设在阴、阳转子啮合线（密封线）的两侧，成对角线设置。阴、阳转子的啮合点随着转子的回转而移动，因此每一对啮合的沟槽和外壳之间形成的密封空间的容积，也随着转子的回转而时刻发生变化。吸气过程开始时，气体经过吸气口进入上述空间，随着转子的回转，空间容积逐渐增大，这个容积达到最大值时，吸气口被遮断。转子继续旋转，容积逐渐减小，气体被压缩。当此空间和排气口接通时开始排气过程，排气过程一直进行到此空间容积为零时为止。因此，螺杆式压缩机没有间隙容积。

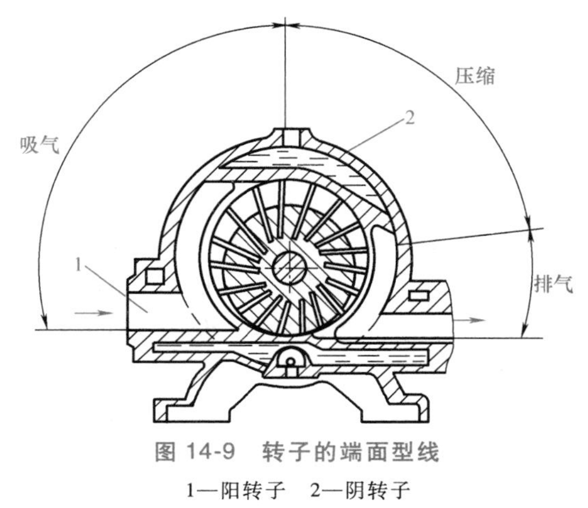

图 14-9 转子的端面型线

1—阳转子 2—阴转子

螺杆式气体压缩机的排气量为

$$q_V=(F_1z_1n_1+F_2z_2n_2)L\lambda$$

式中，q_V 为压缩机排气量（m^3/min）；F_1 为阳转子两个齿间面积（m^2）；F_2 为阴转子两个齿间面积（m^2）；z_1、z_2 分别为阳、阴转子的齿数；L 为转子长度（m）；n_1、n_2 分别为阳、阴转子的转速（r/min）；λ 为考虑泄漏的供气系数，一般取 0.85~0.92。

螺杆式压缩机的特点是排气连续，没有脉动和喘振现象；排气量容易调节，可以压缩湿空气和有液滴的气体。构造上由于没有金属的接触摩擦和易损件，因此，螺杆式压缩机的转速高、寿命长、维修简单、运行可靠，一般没有备用机。该压缩机构造较为复杂，制造较为困难，噪声较大（达 90dB 以上），且噪声属于中高频，对人体危害较大。目前，国产螺杆式压缩机的排气量为 10~400m^3/min，压力为 100~700kPa。

五、离心式压缩机

离心式压缩机的工作原理及构造如图 14-10 所示。压缩机的主轴带动叶轮旋转时，气体自轴向进入并以很高的速度被离心力甩出叶轮，进入扩压器中。在扩压器中由于有较宽的通道，气体部分动能转变为压力能，速度降低而压力提高。接着通过弯道和回流器又被第二级吸入，通过第二级进一步提高压力。依此逐渐压缩，一直达到额定压力。

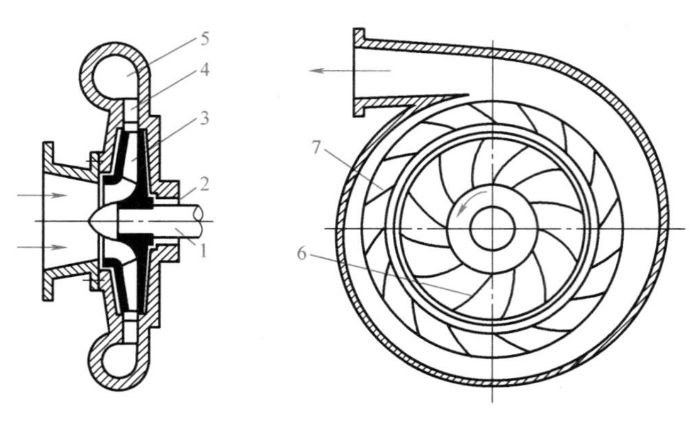

图 14-10 离心式压缩机的工作原理及构造

1—主轴 2—轴封 3—工作轮 4—扩压器 5—蜗壳

6—工作轮叶片 7—扩压器叶片

气体经过每一个叶轮，相当于进行一级压缩，单级叶轮的叶顶速度越高，每级叶轮的压缩比就越高，压缩到额定压力所需要的级数就越少。由于材料极限强度的限制，用普通钢制造的叶轮，其叶顶速度可达 200~300m/s；用高强度钢制造的叶轮，叶顶速度可达 300~450m/s。为了得到较高的压力，需将多个叶轮串联起来压缩。通常在一个缸内叶轮级数不应该超过 10，当叶轮级数较多时，可用两个或者两个以上的缸串联。

离心式压缩机的优点是输气量大而且连续，运转平稳，机组尺寸小，易损部件少，维修工作量小，使用年限长，其广泛用于制冷压缩机及天然气远距离输气干管的压气站。

离心式压缩机的缺点是高速的气体与叶轮表面摩擦损失大，气体在流经扩压器、弯道和回流器时也存在压头损失，因此，效率比活塞式低，对压力的适应范围也较窄，有喘振现象。

习 题

14-1 列举出其他类型的泵与风机，并指出其主要用途。

14-2 列举几种常用的压缩机，并指出其主要用途。

参考文献

[1] 闻建龙. 工程流体力学 [M]. 2版. 北京：机械工业出版社，2018.
[2] 罗惕乾. 流体力学 [M]. 4版. 北京：机械工业出版社，2017.
[3] 杜广生. 工程流体力学 [M]. 北京：中国电力出版社，2007.
[4] 张也影. 流体力学 [M]. 2版. 北京：高等教育出版社，1999.
[5] 孔珑. 工程流体力学 [M]. 4版. 北京：中国电力出版社，2014.
[6] 闻建龙. 流体力学实验 [M]. 镇江：江苏大学出版社，2010.
[7] 毛根海. 应用流体力学 [M]. 北京：高等教育出版社，2006.
[8] 莫乃榕. 工程流体力学 [M]. 武汉：华中科技大学出版社，2000.
[9] 周光垌，等. 流体力学 [M]. 2版. 北京：高等教育出版社，2000.
[10] 刘天宝，程兆雪. 流体力学与叶栅理论 [M]. 北京：机械工业出版社，1990.
[11] 莫乃榕，槐文信. 流体力学 水力学题解 [M]. 武汉：华中科技大学出版社，2002.
[12] 张也影，王秉哲. 流体力学题解 [M]. 北京：北京理工大学出版社，1996.
[13] 武文斐，牛永红. 工程流体力学习题解析 [M]. 北京：化学工业出版社，2008.
[14] 沙毅，闻建龙. 泵与风机 [M]. 合肥：中国科学技术大学出版社，2005.
[15] 安连锁. 泵与风机 [M]. 北京：中国电力出版社，2001.
[16] 张世芳. 泵与风机 [M]. 北京：机械工业出版社，1996.
[17] 张克危. 流体机械原理：下册 [M]. 北京：机械工业出版社，2001.
[18] 关醒凡. 现代泵技术手册 [M]. 北京：宇航出版社，1995.
[19] 王朝晖. 泵与风机 [M]. 北京：中国石化出版社，2007.
[20] 贺礼清. 工程流体力学 [M]. 北京：石油工业出版社，2004.
[21] 王惠民. 流体力学基础 [M]. 3版. 北京：清华大学出版社，2013.